普通高等教育"十三五"规划教材

机械制造技术基础

杨丙乾　主　编
康红艳　姬爱玲　副主编

化学工业出版社
·北京·

本书以金属切削原理为理论基础，以金属切削刀具、金属切削机床、机床夹具为加工平台，围绕金属切削加工对"优质、高产、低成本"的要求，共分8章，分别介绍机械加工中工程技术人员应该具备的理论知识，主要内容包括：机械制造过程的基本概念、金属切削机床概述、金属切削原理及刀具、机械加工工艺规程设计、机械加工质量、机床夹具设计原理、装配工艺设计基础及先进制造技术概述等。

本书力求结构新颖、体系完整、内容充实，从设计、加工的原始要求作导入，围绕机械加工生产现场对"能设计工艺规程、能解决加工质量问题、能设计工装"能力的要求，不但全面系统地介绍有关传统机械加工的理论知识，也全面地介绍有关先进制造技术的相关知识，以期培养"能以科学思维方式解决工程实际问题"的高技术人才。

本书可作为高等院校机械类和近机类专业本科、高职高专学生的教学用书或参考书，也可供从事机械设计与制造的工程技术人员参考。

图书在版编目（CIP）数据

机械制造技术基础/杨丙乾主编．—北京：化学工业出版社，2016.1（2025.2重印）
普通高等教育"十三五"规划教材
ISBN 978-7-122-25759-8

Ⅰ.①机⋯　Ⅱ.①杨⋯　Ⅲ.①机械制造工艺-高等学校-教材　Ⅳ.①TH16

中国版本图书馆 CIP 数据核字（2015）第 282459 号

责任编辑：高　钰　　　　　　　　　　　　　文字编辑：陈　喆
责任校对：程晓彤　　　　　　　　　　　　　装帧设计：刘丽华

出版发行：化学工业出版社（北京市东城区青年湖南街13号　邮政编码100011）
印　　装：北京虎彩文化传播有限公司
787mm×1092mm　1/16　印张 22¼　字数 556 千字　2025 年 2 月北京第 1 版第 5 次印刷

购书咨询：010-64518888　　　　　　　　　　售后服务：010-64518899
网　　址：http://www.cip.com.cn
凡购买本书，如有缺损质量问题，本社销售中心负责调换。

定　　价：59.00元　　　　　　　　　　　　　　　　　　　　　版权所有　违者必究

前言

为顺应教育改革，提高教学质量，遵照高校教学质量工程建设要求，根据多年的教学、科研及生产实践经验，通过认真仔细的讨论，我们组织编写了本书。

本书作为"十三五"普通高等教育机电类专业规划教材，从教与学的需要出发，以"宽口径、重理论、偏应用"作为编写原则，力求做到：重点性与系统性的统一——既要突出课程的教学内容，又要照顾到学生自学的需要；理论性与实用性的统一——对机械制造中的理论详尽介绍，对理论的应用尽量通过应用实例说明；传统性与先进性的统一——既系统介绍传统机械加工技术，也尽量系统地介绍先进制造技术。以满足师生教与学需要为目的，以讲清理论概念、强化应用为重点。

本书以金属切削原理为理论基础，以金属切削刀具、金属切削机床、机床夹具为加工平台，围绕金属切削加工对"优质、高产、低成本"的要求，采用"新颖的结构、完整的体系、充实的内容"，从设计、加工的原始要求作导入，围绕机械加工生产现场对"能设计工艺规程、能解决加工质量问题、能设计工装"的能力要求，不但全面系统地介绍有关传统机械加工的理论知识，也系统地介绍有关先进制造技术的相关知识。按照培养生产第一线高技术应用人才的培养要求，突出应用能力的培养，以期培养"能以科学思维方式解决工程实际问题"的高技术人才。

全书共分8章，分别介绍机械加工中工程技术人员应该具备的理论知识。第1章主要介绍机械加工工艺过程中的一些基本概念；第2章介绍机械加工中常用设备的基础知识；第3章介绍金属切削加工的原理、现象、控制和常用刀具；第4章讲解机械加工工艺规程编制及相关理论；第5章讲解机械加工的加工质量与控制；第6章讲解机床夹具的设计原理；第7章主要介绍装配工艺的基础知识和装配精度保证；第8章介绍先进制造技术的体系构成和相关概念。

本书主要作为本科院校机械类和近机类专业的教学用书，或作为广大自学者及工程技术人员的自学和培训用书，对从事机械设计、机械制造的科技人员也有一定的参考价值。

本书参考学时72课时，有关章节内容可根据专业要求及学时情况酌情调整。

参加本书编写的单位及人员有：绪论、第1章、第6章由河南科技大学杨丙乾编写；第2章由洛阳理工学院康红艳编写；第3章由河南科技大学吴孜越编写；第4章由河南科技大学姬爱玲编写；第5章由河南科技大学许惠丽编写；第7章由河南科技大学贾晨辉、洛阳理工学院王艳红编写；第8章由河南科技大学贾晨辉编写。

本书由河南科技大学杨丙乾任主编，洛阳理工学院康红艳、河南科技大学姬爱玲任副主编，全书由河南科技大学杨丙乾统稿。

本书在编写过程中得到河南科技大学、洛阳理工学院的大力支持，在此一并表示感谢。

本书在编写过程中参阅了同行专家学者和一些院校的教材、资料和文献，在此谨致谢意。由于编者水平有限，书中难免存在不足之处，敬请读者批评指正，以便进一步修改。

编者
2015年10月

目 录

| 0 | 绪论 | 1 |

0.1 制造业和机械制造技术 …………………………………………………………… 1
0.2 机械制造技术的发展 ……………………………………………………………… 2
0.3 本课程的内容和学习要求 ………………………………………………………… 3
0.4 本课程的特点和学习方法 ………………………………………………………… 4

| 第1章 | 机械制造过程的基本概念 | 5 |

1.1 机械制造过程 ……………………………………………………………………… 5
   1.1.1 机器的组成与制造过程 ……………………………………………………… 5
   1.1.2 生产过程与工艺过程 ………………………………………………………… 9
   1.1.3 工艺过程的组成 ……………………………………………………………… 9
1.2 生产类型及其工艺特点 …………………………………………………………… 11
   1.2.1 生产类型与生产纲领 ………………………………………………………… 11
   1.2.2 生产类型的划分 ……………………………………………………………… 13
   1.2.3 不同生产类型的工艺特点 …………………………………………………… 13
1.3 工件在机床上的装夹 ……………………………………………………………… 14
   1.3.1 工艺系统组成及调整 ………………………………………………………… 14
   1.3.2 工件的安装方法 ……………………………………………………………… 15
1.4 基准及其分类 ……………………………………………………………………… 16
   1.4.1 基准概述 ……………………………………………………………………… 16
   1.4.2 设计基准及其选择 …………………………………………………………… 17
   1.4.3 工艺基准及其选择 …………………………………………………………… 19
1.5 加工精度的获得方法 ……………………………………………………………… 24
   1.5.1 尺寸精度的获得方法 ………………………………………………………… 24
   1.5.2 形状精度的获得方法 ………………………………………………………… 25
   1.5.3 位置精度的获得方法 ………………………………………………………… 28
习题与思考题 …………………………………………………………………………… 28

| 第2章 | 金属切削机床概述 | 30 |

2.1 金属切削机床的分类及型号 ……………………………………………………… 30
   2.1.1 机床的组成和传动原理 ……………………………………………………… 30
   2.1.2 机床的分类 …………………………………………………………………… 33

  2.1.3 机床型号编制 ·· 33
 2.2 车床 ··· 36
  2.2.1 车床的工艺范围 ·· 36
  2.2.2 车床的种类 ·· 37
  2.2.3 CA6140车床的传动和典型结构 ··· 37
 2.3 磨床 ··· 51
  2.3.1 磨床的工艺范围 ·· 51
  2.3.2 磨床的种类 ·· 51
  2.3.3 无心磨床的工作原理 ·· 54
 2.4 齿轮加工机床 ··· 55
  2.4.1 齿轮的加工方法 ·· 55
  2.4.2 齿轮机床的种类 ·· 56
  2.4.3 Y3150E滚齿机的传动原理 ··· 56
 2.5 其他机床 ·· 62
  2.5.1 钻床及其应用 ·· 62
  2.5.2 镗床及其应用 ·· 62
  2.5.3 铣床及其应用 ·· 64
  2.5.4 刨床及其应用 ·· 66
  2.5.5 拉床及其应用 ·· 67
 习题与思考题 ·· 67

第3章 金属切削原理及刀具 70

 3.1 金属切削刀具概述 ··· 70
  3.1.1 刀具的组成 ·· 70
  3.1.2 加工表面与切削要素 ·· 71
  3.1.3 刀具材料 ··· 73
  3.1.4 刀具几何参数 ·· 76
 3.2 金属切削过程的基本原理 ·· 79
  3.2.1 金属切削变形过程 ·· 80
  3.2.2 切削力与切削功率 ·· 84
  3.2.3 切削热产生与扩散 ·· 87
  3.2.4 刀具的磨损和刀具寿命 ··· 88
 3.3 金属切削过程的控制 ·· 95
  3.3.1 材料的切削加工性 ·· 96
  3.3.2 切屑的形态及控制 ·· 98
  3.3.3 切削液及其作用 ·· 101
  3.3.4 刀具几何参数的合理选择 ·· 104
  3.3.5 切削用量的选择 ·· 106
 3.4 金属切削刀具 ·· 110

  3.4.1 车刀 ·· 110
  3.4.2 孔加工刀具 ·· 112
  3.4.3 铣刀 ·· 117
  3.4.4 拉刀 ·· 118
  3.4.5 螺纹刀具 ··· 121
  3.4.6 齿轮刀具 ··· 123
  3.4.7 砂轮 ·· 125
  3.4.8 数控机床刀具简介 ·· 127
 习题与思考题 ·· 129

第4章 机械加工工艺规程设计   130

 4.1 机械加工工艺规程概述 ·· 130
  4.1.1 工艺规程及组成 ··· 130
  4.1.2 工艺规程的作用 ··· 131
  4.1.3 工艺规程制订的方法步骤 ··· 132
 4.2 工艺规程制订的依据 ··· 134
  4.2.1 工艺规程制订的原始资料 ··· 134
  4.2.2 零件的结构工艺性 ·· 135
  4.2.3 工艺规程制订原则 ·· 137
 4.3 工艺路线的拟订 ·· 137
  4.3.1 表面加工方法和加工次数的确定 ·· 137
  4.3.2 工序组合 ··· 139
  4.3.3 加工阶段划分 ·· 140
  4.3.4 机械加工工艺路线安排 ·· 141
  4.3.5 其他辅助工序的安排 ··· 146
 4.4 工序设计 ·· 148
  4.4.1 工序余量确定 ·· 148
  4.4.2 工序尺寸确定 ·· 151
  4.4.3 设备与工装的选择 ·· 152
  4.4.4 切削用量的选择 ··· 153
  4.4.5 工时定额与工艺过程的技术经济分析 ······································ 153
 4.5 工艺尺寸链及其应用 ··· 156
  4.5.1 尺寸链概述 ··· 156
  4.5.2 尺寸链计算原理 ··· 156
  4.5.3 工艺尺寸链应用 ··· 163
 4.6 数控加工工艺 ·· 169
  4.6.1 数控加工工艺特点 ·· 169
  4.6.2 数控加工工艺设计的主要内容 ·· 169
  4.6.3 数控加工工艺文件的形式 ··· 176

习题与思考题 178

第5章 机械加工质量 180

5.1 加工质量概述 180
5.1.1 加工精度概述 180
5.1.2 表面质量概述 182

5.2 影响加工精度的因素及控制 184
5.2.1 加工前误差 185
5.2.2 加工中误差 195
5.2.3 加工后误差 202
5.2.4 提高加工精度的工艺措施 203

5.3 影响加工表面质量的因素及控制 206
5.3.1 影响表面粗糙度的因素及控制 206
5.3.2 表面层物理机械性能的影响因素及控制 207
5.3.3 表面层金相组织变化的影响因素及控制 211

5.4 加工误差的统计分析方法 212
5.4.1 加工误差的分类 213
5.4.2 分布曲线分析法 213
5.4.3 点图分析法 218

习题与思考题 220

第6章 机床夹具设计原理 222

6.1 机床夹具概述 222
6.1.1 机床夹具的作用 222
6.1.2 机床夹具的组成 224
6.1.3 机床夹具的种类 225

6.2 工件在夹具中的定位设计 225
6.2.1 工件的定位方案设计 226
6.2.2 定位尺寸分析与计算 237
6.2.3 定位误差的分析与计算 240

6.3 工件在夹具中的夹紧设计 249
6.3.1 夹紧装置概述 249
6.3.2 夹紧力设计计算 250
6.3.3 典型夹紧机构分析 254

6.4 典型机床夹具设计原则 263
6.4.1 车床类夹具设计原则 264
6.4.2 钻床夹具设计原则 267
6.4.3 铣床夹具设计原则 273
6.4.4 其他机床夹具设计原则 277

6.5　专用机床夹具设计的方法步骤 279
　　6.5.1　专用机床夹具设计的原则 279
　　6.5.2　专用机床夹具设计的步骤 279
　　6.5.3　专用机床夹具的技术要求 280
　　6.5.4　专用机床夹具设计举例 280
习题与思考题 284

第7章　装配工艺设计基础　288

7.1　机器装配概述 288
　　7.1.1　机器装配的内容 288
　　7.1.2　机器装配的组织形式 289
　　7.1.3　机器装配工艺过程 290
7.2　装配精度的保证方法 293
　　7.2.1　装配尺寸链及应用 293
　　7.2.2　保证装配精度的方法 295
7.3　装配工艺规程制定 304
　　7.3.1　装配工艺规程制定原则 304
　　7.3.2　装配工艺规程制定的方法和步骤 304
习题与思考题 305

第8章　先进制造技术概述　308

8.1　先进设计技术 309
　　8.1.1　先进设计思想 309
　　8.1.2　先进设计方法 311
8.2　先进制造工艺技术 316
　　8.2.1　精密、超精密加工技术 319
　　8.2.2　高速加工技术 324
　　8.2.3　特种加工技术 327
　　8.2.4　快速成形技术 330
8.3　制造自动化技术 332
　　8.3.1　数控加工技术 333
　　8.3.2　机器人技术 334
　　8.3.3　自动化检测与监控技术 337
　　8.3.4　自动化控制技术 339
8.4　先进组织、管理技术 341
　　8.4.1　先进制造生产模式 341
　　8.4.2　先进生产管理技术 344
习题与思考题 347

参考文献　348

0 绪论

0.1 制造业和机械制造技术

制造业涉及国民经济各个行业，如机械、电子、轻工、食品、石油、化工、能源、交通、军工和航空航天等。社会的进步和发展离不开制造业的革新和发展。制造业是一个国家或地区经济发展的重要支柱，是一个国家经济的命脉。强大的制造业是一个国家综合实力的体现。其整体能力和发展水平标志着一个国家的经济实力、国防实力、科技水平和生活水平。也决定着一个国家，特别是发展中国家实现现代化和民族复兴的进程。没有强大的制造业，就不能在激烈的国际市场竞争中取胜，一个国家将无法实现经济快速、健康和稳定的发展，人民的生活水平就难以提高。

机械制造业是制造业的重要组成部分，是为用户创造和提供机械产品的行业，包括机械产品的开发、设计、制造、流通和售后服务。机械制造业是制造业的核心，是为国民经济各部门提供各种技术装备的工业部门，带动性强，涉及面广，其生产能力和发展水平不仅决定了相关产业的质量、效益和竞争力的高低，而且成为传统产业借以实现产业升级的基础和根本手段。

制造技术是制造业为国民经济建设和人民生活生产各类必需物资所使用的一切生产技术的总称，是将原材料和其他生产要素经济合理地转化为可直接使用的具有较高附加值的成品/半成品和技术服务的技术群。制造技术支撑着制造业的健康发展，是国家经济上获得成功的关键技术。世界上所有国家，特别是经济比较发达的国家都非常重视制造技术的发展。美国一直是制造业的大国，但是在20世纪50年代，由于只重视高新技术和军用技术的发展，忽视了制造技术的发展，从而严重影响其在国际经济竞争中的竞争力，在汽车、家电等产业上受到了日本有力的挑战，丧失了许多市场，导致了20世纪90年代初的经济衰退。这一严重局面引起了美国决策层的重视，重新审视和反省自己的产业政策。随后制定了一系列振兴制造业的计划，使先进制造技术在美国迅速发展，从而促进了美国经济的全面复苏。

新中国成立后，经过五十多年、几代人的前赴后继和奋发努力，我国的制造业和制造技术得到了长足进步和发展，为国民经济各部门提供重大装备的能力不断提高，一个具有相当规模和水平的制造体系已经形成，使得中国成为世界瞩目的制造业大国。经过三十多年的改革开放，中国的制造业产量占世界的近25%，超过德国成为世界制造业产出最大的国家，制造业的快速发展，带动了国内其他产业的创新和发展，在扩大就业、增加收入和改善人民生活等方面发挥了巨大作用，有力地推动了我国工业化和现代化进程。制造业已成为提升我国综合国力和参与全球竞争的战略基石。

但是，我国总体上仍然是一个发展水平较低的发展中国家，按可比价格计算，我国人均 GDP 排名世界 100 名左右。其根本原因在于，我国的制造业产品质量水平不高，导致市场竞争力不强，从而使得产品的利润率较低，处于价值链的低端，我国总体上还只是"世界工厂"。应该看到我国的制造业和制造技术与西方工业发达国家、制造业强国相比还存在着明显的差距，自主开发和技术创新能力还比较薄弱。

当今高新技术的迅猛发展，正悄然改变着人类的生活方式，推动着世界迈入了知识经济时代，而知识经济的本质与核心就是创新。如何用高新技术改造传统的制造业、特别是机械制造业，不断进行概念创新、技术创新、产品创新和管理创新，以适应更快、更好、更便宜、更能满足特殊要求的市场需求，是摆在我国制造业，特别是机械制造业面前的一个十分艰巨的任务。为此，必需紧紧抓住薄弱环节，紧扣战略重点，以先进的装备制造和机电一体化产品为突破口，加速机械制造业的发展，使我国能成为真正意义上的制造强国。

0.2 机械制造技术的发展

机械制造技术是人类历史上最早发展起来的实用技术之一，1775 年，英国人威尔肯逊为了制造瓦特发明的蒸汽机制造了汽缸镗床，生产方式从手工作坊式生产转变为以机械加工和分工原则为中心的工厂生产，自此，人类用机器代替手工的机械化时代步入了新的时期。从 20 世纪 20 年代起到第二次世界大战结束，各国为了赢得战争，不计成本地大力发展军火工业使制造业取得飞速发展，实现了以刚性自动化制造技术为特征的大规模生产方式。20 世纪 50 年代，人类进入了和平发展时期，那种不计成本的生产制造模式已经不能为企业所接受，为了降低成本提高效率广泛采用了"少品种、大批量"的做法，强调的是"规模效益"，从而为社会提供了大量的价廉物美的产品。这种"刚性"的生产制造模式，很快为人们所接受，并被誉为制造业的最佳模式。

20 世纪 70 年代以后，随着市场竞争的加剧，各企业为了击败竞争对手，主要通过提高产品质量，降低生产成本来实现。其基本原则是"消灭一切浪费"和"不断改善品质"，以最优质量和最低成本的产品提供给市场，提出了一种新的生产制造模式，即被称为"精益生产"的制造模式。

20 世纪 80 年代，随着世界经济和人民生活水平的提高，市场环境发生了巨大的变化，一方面表现为消费者需求日趋主体化、个性化和多样化，另一方面是制造企业之间竞争逐渐全球化。制造业若仍沿用传统的做法，企图依靠制造技术的改进和管理方法的创新来适应这种变化，已不再可能。此时，以单项的先进制造技术，如计算机辅助设计与制造（CAD/CAM）、计算机辅助工艺设计（CAPP）、成组技术（GT）、数控技术（CNC）、并行工程（CE）、柔性制造系统（FMS）、计算机集成制造系统（CIMS）、全面质量管理（TQC）等作为工具与平台，来缩短生产周期，提高产品质量，降低生产成本和改善服务质量应运而生。这些单元技术为单一产品大批量刚性自动化生产向多品种小批量柔性自动化生产方向发展提供了技术基础。尽管这些单项的先进制造技术和全面质量管理的采用为企业带来不少效益。但是，这些单项的技术对整个制造业的改造也还只停留在具体的制造技术和管理方法上，而对不适应当前时代要求的传统的大批量封闭式的生产制造模式并没有进行变革。

20世纪90年代，由于信息科学和技术的发展，使全球经济打破了传统的地域经济发展模式，全球经济一体化的进程加快。在这种形式下，快速响应市场需求成为制造业发展的一个主要方向。敏捷制造、精益—敏捷—柔性（LAF）生产系统、快速可重组制造、动态制造联盟、基于网络的制造、全球制造等模式就是在这种形式下而产生的新的生产制造模式。这其中LAF生产系统是在全面吸收精益生产、敏捷制造和柔性制造的精髓后的一种全新的生产制造模式，是当今21世纪极有发展前景的先进制造模式。这种模式的主要特征是：以用户需求为中心、制造的战略重点是时间和速度，并兼顾质量和品种，以柔性、精益和敏捷为竞争的优势，把技术进步、人因改善和组织创新作为三项并重的基础工作，实现资源快速有效的集成是其中心任务，集成对象涉及技术、人员、组织和管理，组织形式采用如"虚拟公司"在内的多种类型。

进入21世纪，世界经济、科学技术和人类社会的发展将呈现出新的特点，如随着经济全球化进程，国际经济分工和产业结构调整加速推进，随着关税壁垒的消失，"全球制造"将成为更合理的选择。随着新材料（纳米材料、复合材料、智能材料、环境友好材料等）的不断进展，将进一步改变未来机器和产品的结构和特性。

21世纪的制造技术将普遍采用以计算机和现场总线局域网为核心，对物流、工艺、质量、成本等信息进行综合管理与控制的CIMS集成制造系统，并可依托超级宽带Internet网，实行全球化虚拟制造和经营管理。网络化制造是按照敏捷制造的思想，采用Internet技术，建立灵活有效、互惠互利的动态企业联盟，实现研究、设计、生产和销售各种资源的重组，从而提高企业的市场快速响应和竞争能力的新模式。同时21世纪的制造技术与制造产业将是绿色技术，是可持续发展的技术与产业，仍然是创造人类物质文明的支柱和人类精神文明和国家竞争力的基础。

0.3 本课程的内容和学习要求

本课程主要介绍机械产品的生产过程及生产活动的组织，机械加工过程及其系统。内容包括机械制造概论、机械加工装备、金属切削过程及控制、机械制造质量分析与控制、机械加工工艺规程设计和先进制造技术等。

本课程是机械类本科相关专业一门主干技术基础课，涵盖了《金属切削原理与刀具》、《金属切削机床概论》、《机械制造工艺学》等课程中的基本内容，并将这些课程中最基本的概念和知识要点有机整合形成本课程的要点。在内容编排和体系结构上进行了较大的调整和变动，遵循学生认识机械制造技术的认知规律，首先介绍机械制造的基本概念，继而介绍机械制造中所用装备（机床、刀具和夹具），然后进一步深入介绍金属切削过程及控制，机械制造质量分析与控制和机械制造工艺规程的设计，最后介绍机械制造技术的发展——先进制造技术的有关知识。

通过课程的学习，要求学生能对整个机械制造过程有一个总体的了解与把握，初步掌握金属切削过程的基本规律和机械加工的基本知识。具体应达到以下几项要求。

① 认识制造业、特别是机械制造业在国民经济中的作用，了解机械制造技术的发展。

② 认识并掌握金属切削过程的基本规律，并能按具体工艺要求选择合理的加工条件。

③ 了解机械加工所用装备（机床、刀具、机床夹具）的基本组成、结构和原理，具有

根据具体加工工艺要求，选择机床、刀具和夹具的能力。

④ 掌握机械加工过程中影响加工质量（加工精度和表面质量）的因素，能针对具体的工艺问题进行分析。

⑤ 掌握制定机械加工工艺规程和机器装配工艺规程的基本理论（包括定位和基准理论、工艺和装配尺寸链理论等），初步具备制定中等复杂零件机械加工工艺规程的能力。

⑥ 了解当今先进制造技术的发展概况，初步具备对制造单元以及制造系统选择决策的能力。

0.4 本课程的特点和学习方法

《机械制造技术基础》是机械设计、制造及其自动化专业的一门重要的专业基础课程，它有"综合性、实践性、灵活性"强的特点。

(1) 综合性

机械制造技术是一门技术性很强的技术，要用到多种学科的理论和方法，包括物理学、化学的基本原理，数学、力学的基本方法，以及机械学、材料科学、电子学、控制论、管理科学等多方面的知识。而现代机械制造技术则更是有赖于计算机技术、信息技术和其他高新技术的发展，反过来机械制造技术的发展又极大地促进了这些高新技术的发展。

(2) 实践性

机械制造技术本身是机械制造生产实践的总结，因此具有极强的实践性。机械制造技术是一门工程技术，它所采用的基本方法是"综合"。机械制造技术要求对生产实践活动不断地进行综合，并将实际经验条理化和系统化，使其逐步上升为理论；同时又要及时地将其应用于生产实践之中，用生产实践检验其正确性和可行性；并用经过检验的理论和方法对生产实践活动进行指导和约束。

(3) 灵活性

生产活动是极其丰富的，同时又是各异的和多变的。机械制造技术总结的是机械制造生产活动的一般规律和原理，将其应用于生产实际要充分考虑企业的具体情况，如生产规模的大小，技术力量的强弱，设备、资金、人员的状况等等。对于不同的生产条件，所采用的生产方法和生产模式可能完全不同。而在基本相同的生产条件下，针对不同的市场需求和产品结构以及生产进行的实际情况，也可以采用不同的工艺方法和工艺路线。这充分体现了机械制造技术的灵活性。

针对上述特点，在学习本课程时，要特别注意紧密联系和综合应用以往所学过的知识，注意应用多种学科的理论和方法来分析和解决机械制造过程中的实际问题；同时要特别注意紧密联系生产实际，充分理解机械制造技术的基本概念。只有具备较多的实践知识，才能在学习时理解得深入透彻。因此，在学习本课程时，必须加强实践性环节，即通过生产实习、课程实验、课程设计、电化教学、现场教学及工厂调研等来更好地体会和加深理解所学内容，并在理论与实际的结合中，培养分析和解决实际问题的能力。

第1章

机械制造过程的基本概念

1.1 机械制造过程

一个优质的产品，材料是基础，设计是根本，工艺是保证。所谓工艺，就是技术、手段和方法，再好的设计也需要通过工艺来实现。

机械制造技术就是研究如何优质、高效、低消耗地制造机械产品的一门应用科学。为此，需要先从机器的结构设计入手，了解机器的结构组成，进而研究零件的加工工艺过程和机器装配工艺过程，从而全面学习和掌握优质机械的制造工艺。

1.1.1 机器的组成与制造过程

(1) 机器及其组成

机器是由众多零件组装而成，用来转换和传递能量、传送物料和信息、能执行机械运动产生有用功的装置，如机床、汽车、飞机等。

部件是机器中一个可以独立装拆的一部分，由若干装配在一起的零件所组成，一般具有自己的独立功能和运动，图1-1所示为普通车床的主要部件构成。

组件是由一组零件通过装配在一起而形成的一个独立结构单元，以便进一步装配到部件或机器中，图1-2所示为传动轴组件。

由多个零件装配后而形成的一个刚性结构单元，也可以看作是一个"组合零件"，称为合件或套件，如图1-3所示。

采用合件结构形式，可以使结构紧凑，方便加工，能满足零件对不同材质的需要。采用图1-3（a）合件结构，方便装、拆，便于零件更换，但零件装配后存在有相互位置误差。图1-3（b）合件装配后一般不再拆分，通过对装配后的合件主要装配基准面进行加工，可以最大限度消除零件间的相互位置误差。

零件是组成机器不可分拆的单个制件，是机械制造过程中的基本单元，它可以由一种材料或几种材料制成，如图1-3的合件均有三种零件构成。

(2) 机器的装配结构工艺性

机器是由众多零件组装在一起而形成的一个复杂有机整体，不同的装配结构会对机器的装配精度、维修方便性等产生不同的影响。把机器的装配结构是否满足优质、高产、低成本

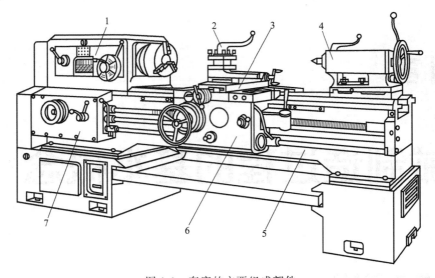

图 1-1　车床的主要组成部件
1—主轴箱；2—刀架；3—滑鞍；4—尾架；5—床身；6—溜板箱；7—进给箱

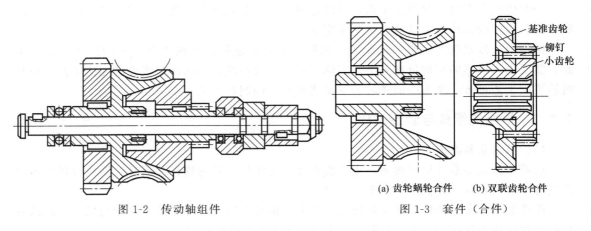

图 1-2　传动轴组件　　　　　　　　图 1-3　套件（合件）

进行装配的性能，称为装配结构工艺性。为获得优良的装配结构工艺性，机器结构设计需要注意下列问题。

① 尽量设计成独立装配单元。在机器设计中，机器应尽量由部件构成，部件尽量由组件构成。这样便于实现装配工作的平行进行，可以大大缩短装配周期，同时也便于后期维护时的拆装。

图 1-4 所示传动系统设计方案：图 1-4（a）采用一体式设计方案，其装配和拆卸都极为不便；图 1-4（b）通过联轴器 3，将传动系统分成两个部件—操纵箱和传动箱，其装配工艺性就大为改观。

② 便于零件的装拆。装配图的设计，必须要保证零件能装能拆，且要方便装拆。图 1-5 所示装配设计中，都可以装拆，但在图 1-5（a）中，由于齿轮直径较大，无法由轴承孔处装入，由于箱体内部空间一般都很狭小，因此装配就很不方便。图 1-5（b）采用了较小的齿轮直径，装配就变得比较容易。

③ 便于保证零件间相互位置精度。零件间的相互位置精度，直接影响着机器的装配精

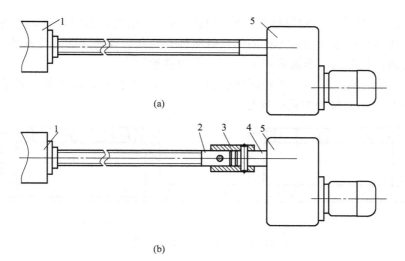

(a)

(b)

图 1-4 传动系统设计方案

1—操纵箱；2—传动轴；3—联轴器；4—输出轴；5—传动箱

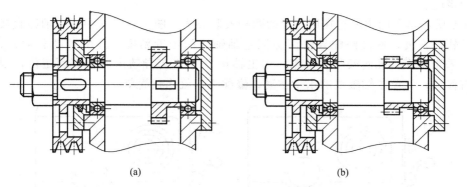

图 1-5 传动轴装配设计

度，进而影响机器的工作性能。对相互位置精度要求较高的零件，在机器装配结构设计时，必须采用便于保证零件间相互位置精度的装配结构。

如图 1-6 所示，A 尺寸需要精确保证。在图 1-6（a）中，定位套采用双销钉定位，则需要在定位套和本体上各加工两个定位孔，孔心距精度保证困难，所以尺寸 A 的精度也就不便保证；而图 1-6（b）中，定位套也直接与本体采用孔定位，所以 A 尺寸精度保证就比较方便。

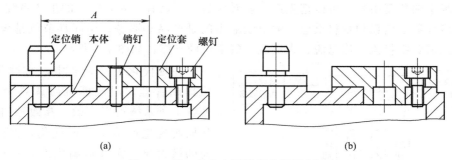

图 1-6 销、套中心距精度的保证方法

④ 便于保证零件的装配定位精度。装配基准面的完全贴合接触，可以保证零件定位的稳定性和唯一性，从而也会增加零件间的接触刚性。为此，零件间的定位基准面最好采用单一简单结构表面；接触的基准面要尽量采用"周边接触"。

如图 1-7 所示，图 1-7（a）下底面接触方式不好，由于平面度误差，可能导致定位不稳；图 1-7（b）下底面接触方式比较好。

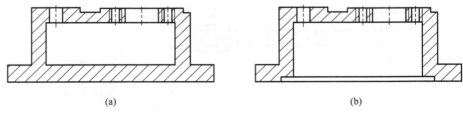

图 1-7 基准面的接触方式

⑤ 尽量减少装配中的机械加工和修配量。对于装配精度要求较高的配合表面，在装配过程中有时需要进行修配，以保证装配精度，此时就要尽量采用结构简单、修配量小的结构表面进行修配。

图 1-8 所示是车床主轴箱在床身上的两种安装方式。图 1-8（a）中，主轴箱直接在"平—山"导轨上安装，通过修配导轨面保证主轴轴线的位置精度，修配难度非常大。图 1-8（b）中，采用平面基准面安装主轴箱，用主轴箱 B 平面与导轨内侧垂直面定位，限制主轴箱的左右移动，以及主轴轴线的水平摆动，修配工作就比较简单。

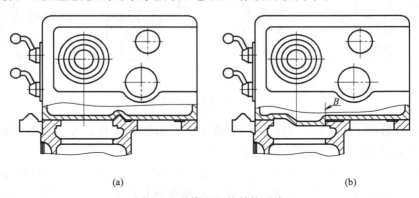

图 1-8 对修配面的结构要求

(3) 机器的制造过程

从系统学的角度出发，可以把生产企业看成是一个具有输入和输出的生产系统，输入端输入的是市场需求信息和物料供应，输出端输出的是产品和服务，中间环节就是设计制造，中间环节又需要物料流、信息流、人员流、资金流做支撑，如图 1-9 所示。

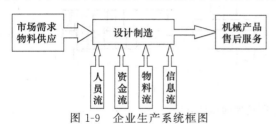

图 1-9 企业生产系统框图

在现代化生产企业中，通过采用计算机集成管理，用计算机协调各个子系统，使各个子系统可以有效、高效地协调运行，从而实现生产系统的最优化，保证企业效益的最大化，大大提高生产企业的现代化管理水平。

1.1.2 生产过程与工艺过程

(1) 生产过程

生产过程指的是将原材料（或半成品）转变为成品（机械）所进行的全部过程。生产过程包含的主要阶段是：

① 毛坯制造阶段（铸、锻、型材、粉末冶金）；
② 零件加工阶段（机加工、冲压、焊接、铆接、热处理等车间）；
③ 装配阶段（装配车间）；
④ 试验调整阶段（试验车间或工段）；
⑤ 油漆、包装；
⑥ 出厂（入库）。

此外还包括：

生产准备工作阶段，制订生产计划、制订工艺文件、准备生产工具；
生产辅助工作阶段，设备维修，原料的运输、保管、准备，刀具刃磨、生产统计、核算等。

(2) 工艺过程

工艺过程指的是在生产过程中，直接改变生产对象的形状、尺寸、表面间相互位置和性质（机械性能、物理性能、化学性能），使其成为成品或半成品的过程。它是生产过程的主要组成部分。

机械制造工艺过程又可分为：毛坯制造工艺过程、机械加工工艺过程、机械装配工艺过程等。本书内容主要包括机械加工工艺过程和机械装配工艺过程，以后将其统称为机械制造工艺过程。

1.1.3 工艺过程的组成

机械加工工艺过程指的是用机械加工（切削或磨削）的方法直接改变毛坯或半成品的形状、尺寸、表面间相对位置和性质等，使其成为成品零件的过程。机械加工工艺过程以后简称为工艺过程。

工序是组成机械加工工艺过程和装配工艺过程的基本单元。下面逐一介绍工序及其相关概念。

(1) 工序

由一个（或一组）工人，在一台机床上（或一个工作地），对一个（或一组）工件，所连续完成的那一部分工艺过程称为工序。

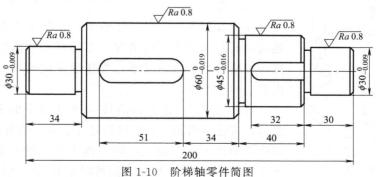

图 1-10 阶梯轴零件简图

如图 1-10 所示的阶梯轴零件，单件小批生产的工艺过程见表 1-1，该工艺过程共由四道工序组成。

表 1-1 阶梯轴零件工艺过程

工序号	工序内容	安装	工位	工步	设备
5	车右端面、外圆、钻中心孔	2	1	12	车床
	车左端面、外圆、钻中心孔		1	8	
10	铣键槽	1	2	1	铣床
				1	
15	磨右端外圆	2	1	2	磨床
	磨左端外圆		1	1	
20	去毛刺、清洗、检验				检验台

(2) 安装

工件（或装配单元）经一次装夹后所完成的那一部分工序称为安装。它是工序的一部分。

需要注意的是：此处讲的安装，不是顾名思义上的工件装夹过程，而是每次装夹后完成的那一部分工艺过程。

在一道工序中，工件在加工位置上可能只装夹一次，也可能装夹若干次。如图 1-10 阶梯轴零件加工的各工序安装划分见表 1-1。在其加工工艺过程安排中，工序 5、15 中均需装夹后，先加工完一端，然后掉头装夹，再加工另一端。因此，该两道工序均有两个安装。

当采用多次装夹时，一是花费工时较长，增加成本；二是多次装夹时存在装夹误差，影响加工后各加工表面的相互位置精度。所以，应尽量减少装夹次数。

(3) 工位

在一道工序中，一次装夹工件后，夹具或设备的可动部分会发生移动或转动，从而使工件（或装配单元）相对刀具或设备的固定部分占据多个不同的加工位置，在每个加工位置上所完成的那一部分工序内容，称为一个工位。

如表 1-1 阶梯轴零件工艺过程的工序 10，工件一次装夹后，工作台需要移动两个位置，加工不同轴颈上的键槽，因此，该加工有两个工位。如果机床或夹具无转位或移位功能时，就不存在多工位之说。

图 1-11 所示为四工位回转台孔加工机床。1 工位是工件装卸工位，2、3、4 工位分别用作对孔的钻、扩、铰加工，工作台每旋转一周，可以完成对一个工件孔的钻、扩、铰加工。工件装卸时间与孔加工时间重叠，因此工序的装夹辅助时间可以不计入工序时间定额中，从而可以提高加工生产率。

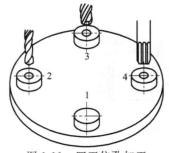

图 1-11 四工位孔加工
(1～4 为工位)

(4) 工步

在一次装夹中，每个工位上，在加工表面（或装配时的连接表面）和加工（或装配）工具以及切削用量中的切削速度和进给量不变的情况下，所连续完成的那一部分工序加工内容，称为工步。

当采用多刀（或复合刀具），对工件上的多个表面同时加工时，将这样的加工工步称为复合工步。如图 1-12（a）所示，采用多轴钻床一次加工出图上四个孔，是一个复合工步；如图 1-12（b）所示，采用两把外圆车刀和一把钻头，同时加工出两个外圆和一个孔，同样也是一个复合工步。工步划分主要是为了反映不同加工内容的切削用量选择，以及工序时间的组成情况。

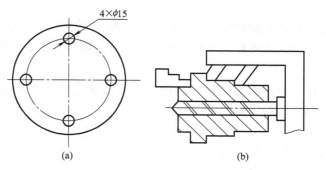

图 1-12　复合工步加工

关于工序、安装、工位和工步的具体划分，可参见表 1-1 关于图 1-10 所示阶梯轴零件的工艺过程组成。

(5) 走刀

在一个工步内，当加工表面需要切除的材料层较厚时，就需要经过几次切削才能完成，切削刀具在加工表面上每切削一次所完成的加工过程，称为一次走刀。

如图 1-13 所示，由于加工面改变，所以加工分为两个工步。工步一包含一个走刀；工步二由于需切除的材料层较厚，采用两次走刀完成，所以工步 2 有 2 个走刀。

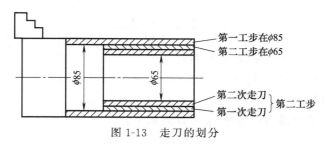

图 1-13　走刀的划分

1.2　生产类型及其工艺特点

1.2.1　生产类型与生产纲领

(1) 生产类型

生产类型是对某一生产单位（企业、车间、工段、班组、工作地）生产专业化程度的分类。一般划分为三种生产类型。

① 单件生产。单个或少量地生产同一结构和同一尺寸的产品，没有重复或很少重复。例如：重型设备、专用机床及新产品开发试制等就属于单件生产。

② 成批生产。一年中分批次地制造相同结构和尺寸的产品，制造过程呈周期性重复。通用机械或专门化机械，如普通机床、食品机械、纺织机械等的制造就属于成批生产。按批量大小，成批生产又可分为小批生产、中批生产和大批生产三种类型。

③ 大量生产。常年重复地生产相同结构和尺寸的产品，或大多数工作地点常年重复地

进行某一零件的某一道工序的加工。例如：轴承、自行车、拖拉机、汽车等的制造就属于此类。

(2) 生产纲领

生产纲领是指企业在计划期内应当生产产品的品种、规格及产量和进度计划。计划期通常为一年，所以生产纲领也通常称为年生产纲领。对某一指定产品的生产纲领，主要指的就是年产量。

对于零件而言，产品的产量除制造机器所需要的数量之外，还要包括一定的备品和废品，因此零件的生产纲领应按下式计算：

$$N=Qn(1+a\%)(1+b\%) \tag{1-1}$$

式中　N——零件的年产量，件/年；
　　　Q——产品的年产量，台/年；
　　　n——每台产品中该零件的数量，件/台；
　　　$a\%$——该零件的备品率（备品百分率）；
　　　$b\%$——该零件的废品率（废品百分率）。

(3) 生产节拍与工序负荷率

供需生产节拍又称客户需求周期或产距时间，是指在一定时间长度内，总有效生产时间与客户需求产品数量的比值，是客户需求一件产品的市场必要时间。

产品的供需生产节拍计算，需要剔除法定节假日，考虑日工作时间，具体计算方法如下：

$$T_p=\frac{(365-m)t\times 60}{Q} \tag{1-2}$$

式中　T_p——产品供需生产节拍，min/台；
　　　m——法定节假日数，d/a；
　　　t——日工作时间，h/d。

显然，某一零件的供需生产节拍 t_p 可计算如下：

$$t_p=\frac{(365-m)t\times 60}{N} \tag{1-3}$$

供需工序负荷率是工序加工时间与供需生产节拍的比率，单个工件的工序加工时间又称为工序时间定额。它与该零件供需生产节拍的比率就是供需工序负荷率，即：

$$F_p=\frac{t_d}{t_p}\times 100\% \tag{1-4}$$

式中　F_p——供需工序负荷率；
　　　t_d——工序时间定额，即工序的实际加工能力，min/件；
　　　t_p——零件供需生产节拍，min/件。

在均衡性生产的流水线上，工序时间定额也就是单件工时，即流水线生产一个零件的时间，它代表工序设备的实际加工能力；而供需生产节拍是根据用户需求确定的生产节拍。由此可知，供需工序负荷率可能小于100%，也可能大于100%。当供需工序负荷率大于100%时，就意味着流水线无法均衡性作业，用户订单无法按计划完成。供需工序负荷率是确定生产类型和生产线规划设计时的一个重要参照依据。

实际生产中，设备的标准加工能力必须要小于设备的实际加工能力，因为必须要预留设备维护和其他意外事件的停工时间。工序加工时间与工序标准生产能力的比率就是工序的标准负荷率，简称工序负荷率。因此，工序负荷率必须小于100%，它可按下式进行调整计算：

$$F = \frac{t_d}{Kt_p} \times 100\% = \frac{t_d}{t_n} \times 100\% \tag{1-5}$$

式中　F——工序负荷率；

　　　K——该工序配备的设备台套数；

　　　t_n——工序标准生产时间，即标准生产能力，min/件。

由式（1-5）可知，可以通过增加工序设备台套数，或改变每日工作班次，以调整确定工序的生产负荷率。

1.2.2　生产类型的划分

生产类型直接影响到加工工艺和装配工艺的安排，不同的工艺安排又决定了不同的生产效率和成本。因此，生产类型的确定，就成了生产工艺安排的先决条件。

生产类型划分主要考虑生产纲领、产品尺寸大小和结构复杂程度等。表1-2列出了它们之间的参考关系。

表1-2　生产纲领与生产类型的关系

生产类型	零件年生产纲领/(件/年)		
	重型零件	中型零件	轻型零件
单件生产	＜5	＜10	＜100
小批生产	5～100	10～200	100～500
中批生产	100～300	200～500	500～5000
大批生产	300～1000	500～5000	5000～50000
大量生产	＞1000	＞5000	＞50000

比较科学的生产类型划分应该根据生产线的负荷率进行确定。

1.2.3　不同生产类型的工艺特点

为了保证优质、高产、低成本地制造产品，针对不同的生产类型必须选择相应的生产工艺安排。表1-3列出了不同生产类型需要采用的不同生产工艺安排方法。

表1-3　各种生产类型的主要特点

生产类型	单件生产	成批生产	大量生产
工件的互换性	一般是配对制造，无互换性广泛应用钳工修配	大部分有互换性，少数用钳工修配	全部有互换性，某些精度较高的配合件用选择装配法
毛坯的制造方法及加工余量	铸件用木模手工造型；锻件用自由锻	部分铸件用金属模，部分锻件用模锻。毛坯精度中等，加工余量中等	铸件广泛采用金属模，锻件广泛采用模锻，以及其他高生产率的毛坯制造方法
机床设备	通用机床。按机床种类及大小采用"机群式"布置	部分通用机床和部分高生产率机床。按加工零件类别分工段排列	广泛采用高生产率的专用机床及自动机床。按流水线形式排列

续表

生产类型	单件生产	成批生产	大量生产
夹具	多用标准附件,极少采用夹具,靠划线及试切法达到精度要求	广泛采用夹具,部分靠划线法达到精度要求	广泛采用高生产率夹具,靠夹具及调整法达到精度要求
刀具与量具	采用通用刀具及万能量具	较多采用专用刀具及专用量具	广泛采用高生产率刀具和量具
对工人的要求	需要技术熟练的工人	需要一定熟练程度的工人	对操作工人的技术要求较低,对调整工人的技术要求较高
工艺规程	有简单的工艺路线	有工艺规程,对关键零件有详细的工艺规程	有详细的工艺规程

1.3 工件在机床上的装夹

装夹是指定位和夹紧的全过程。确定工件正确位置的过程称为定位,夹紧就是对工件施以外作用力,将其固定在正确位置上,以防止加工过程中,由于切削力、重力、离心力等的作用而发生位置变化。为了保护机床工作台或主轴,大多数情况下,工件并不直接装夹在机床上,工件一般装夹在夹具上,将夹具装夹在机床上。

1.3.1 工艺系统组成及调整

(1) 工艺系统的组成

为了完成对工件的加工,加工系统需要有机床、刀具、夹具和工件四部分组成,将这四部分组成的系统称为加工工艺系统,简称工艺系统。图1-14是一铣削加工的工艺系统。

(2) 工艺系统的调整

工件加工前,必须根据工件加工要求和工件材料等对机床的运动速度进行调整,同时,影响工件加工表面形状、位置的相关要素也必须进行调整。

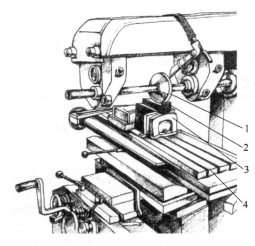

图1-14 加工工艺系统组成
1—刀具;2—工件;3—夹具;4—机床

工件加工表面形状和位置精度的取得,取决于刀具与工件间的相对运动轨迹,而影响这一运动轨迹的就是工艺系统。因此,需要调整机床、刀具、工件、夹具之间的相对位置和运动关系,从而保证工件加工面形状、位置精度的获得。

图1-15所示立式升降台铣床中,工艺系统组成要素间,其相互运动、位置关系需要调整和保证如下。

① 刀具在机床上的正确位置。刀具7安装在铣床主轴上,必须保证刀具在机床上的正确安装。

② 夹具在机床上的正确位置。夹具4安装在铣床工作台2上,通过定向键3保证夹具4与

机床纵、横向进给方向的正确位置关系。

③ 刀具与夹具间的正确位置关系。当刀具和夹具在机床上安装正确后，需要通过机床进给运动，使夹具上的对刀块 6 接近刀具 7，借助塞尺确定刀具与夹具间的正确位置关系。

④ 工件在夹具中的正确位置。工件 8 在夹具中的正确位置关系是通过夹具上的定位元件 5 来保证的。定位元件 5 与对刀块 6 之间的位置关系是一定的。因此，工件相对刀具的正确位置关系也就得到了保证。

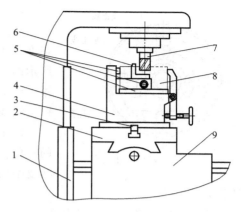

图 1-15 工艺系统调整
1—升降台；2—工作台；3—定向键；
4—夹具；5—定位元件；6—对刀块；
7—立铣刀；8—工件；9—横向溜板

工件加工前，必须要完成上述四项相互位置关系的调整，当相互位置关系调整好后，对不需要运动的方向要锁紧固定，对运动方向上一般通过调整挡铁或行程开关位置予以限定。视情况的不同，可能还需要下面一些调整。

⑤ 工件欠定位的位置调整。在实际加工中，工件在夹具中有欠定位现象，如在车床上用三爪卡盘对棒料装夹，工件轴向就不定位，此时一般还需要通过直接试切对刀，确定轴向方向上刀具与工件的正确位置关系。

⑥ 机床附件及工艺装备的应用与调整。工件加工面的形状和位置，有时仅依靠机床本身是无法获得和保证的，这就需要利用机床附件和专用工艺装备。工艺装备是加工工艺过程中所使用工具的统称，主要有刀具、夹具、量具和辅具。

辅具就是工艺装备使用时需要借助的辅助工具。如有些刀具是无法直接装夹在机床上的，镗刀需要借助刀杆，直柄麻花钻需要借助钻夹头等。

工件加工前，要根据加工表面形状、位置情况，选择好需要的机床附件及工艺装备。如铣床回转台、分度头、万能铣头、角度工作台等，根据其使用说明和要求在机床上进行安装调整。

1.3.2 工件的安装方法

这里讲的工件安装方法，主要指工件的定位方法。工件定位的准确与否，会直接影响工件各加工面的相互位置精度。

(1) 直接找正安装

直接找正安装是用划针、百分表或通过目测直接在机床上找正工件位置的定位方法。

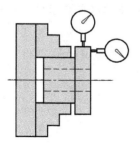

图 1-16 直接找正安装

图 1-16 所示是用四爪单动卡盘装夹套筒，先用百分表按工件外圆进行找正后，再夹紧工件进行外圆面的车削。

使用工具：划线盘、千分表等。

定位精度：0.1～0.5mm（用划线盘）；
0.01～0.005mm（用千分表）。

应用场合：单件、小批生产；工件上需有可供找正的比较光整表面。

特点：生产率低，形状比较简单的零件，对工人技术水平要求高。

(2) 按划线找正安装

划线找正安装是用划针根据毛坯或半成品上所划的线为基准，找正它在机床上正确位置的一种装夹方法。如图1-17所示的轴承座毛坯，为保证加工孔与外轮廓圆同心，可先在钳工台上划好线，然后在车床上用四爪单动卡盘装夹，用划针按线找正并夹紧，再进行孔的加工。

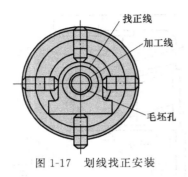

图1-17 划线找正安装

由于划线既费时，又需技术水平高的划线工，划线找正的定位精度也不高，所以划线找正装夹只用于批量不大、形状复杂而笨重的工件，或毛坯的尺寸公差很大而无法采用夹具装夹的工件。

特点：生产率低，适用于单件、小批量生产，对工人技术水平要求高，适用于形状复杂的锻件和铸件。毛坯余量大、精度低。定位精度0.2~0.6mm。

(3) 专用夹具安装

夹具的定位元件能使工件迅速获得正确位置，再通过夹紧使其固定在夹具中。因此，工件定位方便，定位精度高而且稳定，装夹工件迅速、快捷。当以精基准定位时，工件的定位精度一般可达0.01mm。所以，在中批和大批、大量生产中，广泛使用专用夹具装夹工件。但是，由于制造专用夹具费用较高、周期较长，所以在单件小批生产时，很少采用专用夹具，而是采用通用夹具。当工件的加工精度要求较高时，可采用标准元件组装的组合夹具，使用后元件可拆回。

图1-18所示为一钻孔专用夹具，配以快换钻套，可用于对孔的钻、扩加工。

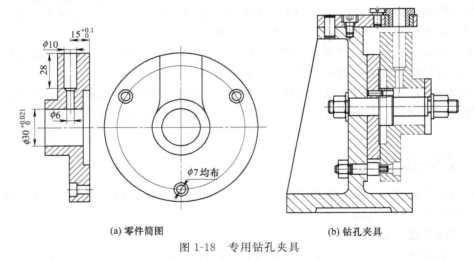

(a) 零件简图　　　　　　　　(b) 钻孔夹具

图1-18 专用钻孔夹具

专用夹具安装的特点是：生产率高，工件加工精度稳定，对工人技术水平要求低，适用于批量生产。

1.4 基准及其分类

1.4.1 基准概述

基准就是用来确定某些点、线、面位置而所依据的另外那些点、线、面。基准是机械设计制造中应用十分广泛的一个概念，机械产品从设计、制造、检验，一直到装配时零部件的装配位置确定等，都要用到基准的概念。

任何事物都有传承性，基准也不例外。搞清各种基准的含义、应用、相互关系，对基准的传承会有很大帮助。只有很好地利用了基准的传承，设计师才能设计出方便制造的机器，工艺师才能在制造过程中充分贯彻设计师的理念，制造出高质量的机器。

基准按其功用不同，可分为设计基准和工艺基准两大类。下面就各种基准的含义、应用和总体选择原则加以分析说明。

1.4.2 设计基准及其选择

设计基准是在机器设计过程中所采用的基准。机器的设计过程是：首先进行装配图设计，然后根据装配图设计零件图。机器设计的关键在于装配图设计，一旦装配图设计定型，机器的工作原理、零件间的装配关系以及零件的主要结构、尺寸、精度和形状也就基本确定。正因为如此，零件图的设计也称为"拆绘"零件图。

由上所述可知：设计基准包括装配设计基准和零件设计基准两种。装配图设计过程中，用来确定零件间相互位置关系所采用的基准，称为装配设计基准。设计零件时，用来确定同一个零件上点、线、面间相互位置关系所采用的基准，称为零件设计基准。

装配设计基准和零件设计基准，都属于设计基准。但习惯上人们把装配设计基准，泛称为装配基准；而把零件设计基准，简称为设计基准。

(1) 装配设计基准及其选择

机器设计的优劣，最有评判权的是：用户、企业和工人。用户关心的是性能和价格；企业关心的是利润，工人关心的是制造的难易程度。这些评判机器优劣的指标也就决定了装配设计基准的主要选择原则：

① 有利于保证机器的精度和性能。图1-19为磨床横向手动进给机构的方案设计，当进给丝杠左端轴向定位后，由图1-19（a）进给螺母后置，导致左端丝杠长度 L_1 过长，其刚度和热变形对砂轮的横向进给调整就有较大影响，而图1-19（b）方案就较好。

② 最好是存在于实体零件上的点、线、面。装配设计基准应尽量采用零件上的实体面，以便零件的装配、检测、调整和定位。

③ 方便机器的装拆和调整。机器装配设计基准选择时，必须考虑机器的装配调整，以及后期的维修和维护方便性，不仅要尽量设计成能够进行独立装拆的结构单元，其装配设计基准的选择

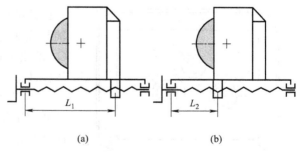

图1-19 装配基准对机器精度性能的影响

一定要方便机器的装拆。图1-20是组合机床主轴箱润滑油泵的装配图，由于主轴箱内部空间狭小，油泵无法安装在主轴箱内部，设计中就将油泵外置安装，从而使油泵的装拆、调整、维修都极为简便。

④ 方便机器的加工制造。如图1-21所示，在花键的装配设计中，常采用花键孔小径定心，就是因为花键孔小径便于加工的原因。因此，在机器装配设计中，在满足机器性能的要求下，应注意将难于加工的装配基准面进行转移设计，从而使装配设计基准面加工方便，也

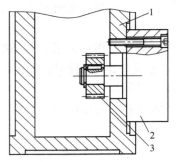
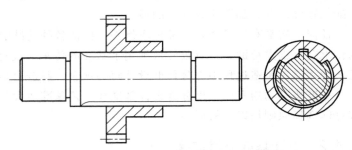

图1-20 装配基准对机器装配的影响
1—主轴箱体；2—润滑油泵；3—传动齿轮

图1-21 装配基准对零件加工的影响

便于加工精度的保证，同时也便于机器的装配和维修。

装配设计基准按其在机器装配中的功用可分为三种：装配定位基准、装配位置基准和装配检验基准。

用以确定非相邻结构件相对位置关系的装配基准，称为装配位置设计基准，简称装配位置基准。用以确定相邻结构件相对位置关系的装配基准，称为装配定位设计基准，简称装配定位基准。装配检验基准是指用来确定结构件位置的初始基准。

(2) 零件设计基准及其选择

零件图，上承机器的装配设计，下接零件的加工制造。因此，零件图上设计基准的总体选择原则一般要遵循以下几点。

① 尽量与装配定位基准重合。零件设计基准与装配定位基准重合，便于保证装配精度，避免尺寸换算带来的误差。

在图1-22组合机床主轴箱体零件简图中，假设运动是由孔3处传入，孔3传动轴带动孔2传动轴，孔2传动轴带动孔1处主轴。那么，主轴箱体零件设计采用中心距A、B标注，就满足了与传动啮合的装配定位基准重合。

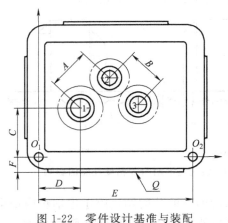

图1-22 零件设计基准与装配基准的关系（1～3为孔）

② 尽量与装配位置基准重合。在图1-22中，孔1处要安装主轴，该主轴由前盖上的孔伸出，而主轴与该前盖上孔的相互位置，是由装配工艺孔O_1、O_2的定位销保证的。因此，该零件图设计时，就应该标注C、D位置尺寸，以保证孔1的位置正确。

③ 方便零件的加工和检验。在图1-22中，从保证装配定位精度和装配位置精度出发，需要标注A、B和C、D尺寸。但其加工工艺安排是：先铣出Q面，然后以Q面定位加工出工艺孔O_1、O_2，再以工艺孔为基准坐标，分别采用孔1、2、3的坐标值加工各孔。因此，按实际加工工艺，孔1、2、3都应该相对于工艺孔O_1、O_2所确定的坐标系，分别标注其坐标值。

由此可知，零件设计基准的选择需要与装配设计基准重合，但还须考虑工件的实际加工工艺需要。

④ 有利于提高零件设计的标注精度。不同的尺寸标注，对零件的设计精度影响是不一样的，如图 1-23 所示，图 1-23（a）标注，孔心距的尺寸精度就差，采用图 1-23（b）标注显然就更好一些。

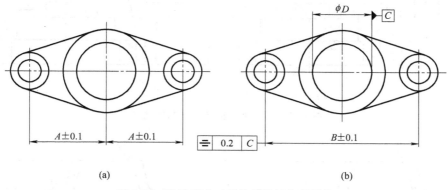

图 1-23 设计基准对零件标注精度的影响

⑤ 有利于减少尺寸标注的误差累积。在图 1-24 中，图 1-24（a）尺寸标注，影响 ϕC 孔位置误差的有：分布圆直径尺寸 ϕD 的误差、ϕD 对 ϕd 的同轴度误差，以及没有标注的 ϕC 孔沿 ϕD 圆的分布角度误差；而图 1-24（b）尺寸标注，就避免了图 1-24（a）标注的三种误差累积。

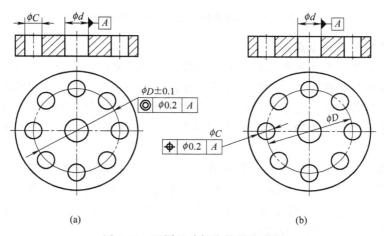

图 1-24 不同尺寸标注的误差累积

⑥ 便于零件加工面间尺寸精度保证和检验。图 1-25 中，图 1-25（a）加工面的尺寸基本以非加工面为基准标注，就不便于加工面间尺寸精度的加工保证与检测。图 1-25（b）标注就合理。

⑦ 便于零件非加工表面间相互位置关系的保证。图 1-26 中，图 1-26（a）的非加工面均相对于加工面标注尺寸，就无法保证，图 1-26（b）的尺寸标注就可以保证。

1.4.3 工艺基准及其选择

工艺过程中所采用的基准统称为工艺基准。工艺过程中常用的工艺基准有：工序基准、定位基准、调刀基准、测量基准和装配工艺基准。

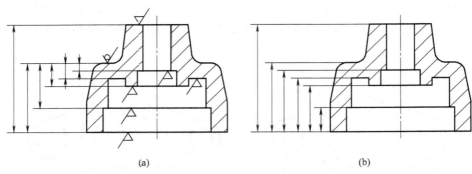

图 1-25 零件加工面的设计基准选择

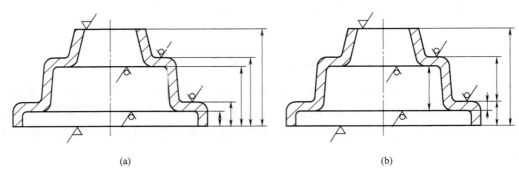

图 1-26 零件非加工面的设计基准选择

(1) 工序基准的应用及选择

在工序图上,用来标定被加工面尺寸和位置所采用的基准,称为工序基准。加工面到工序基准的标定尺寸即工序尺寸,工序尺寸是工序加工中必须要予以直接保证的尺寸。

工序尺寸的确定,是工艺规程设计的一项重要内容。工艺规程编制是零件加工前的一项重要技术准备工作。工序基准是零件准备进入加工工艺过程的初始工艺基准,有称为原始基准。

工序基准选择需要承担的承上启下作用是:上要对零件的设计精度负责,下要有利于优质、高效和经济地进行加工。因此,工序基准的主要选择原则有以下几点。

① 必须保证零件的设计精度要求。即工序尺寸的确定,必须以保证零件设计尺寸精度为前提,即一般应尽量与设计基准重合。

② 有利于扩大工序尺寸公差,降低加工成本。零件的加工工艺方案有多种,在保证零件设计精度的前提下,应选择有利于降低工序加工精度的工艺方案,这样有利于降低工序加工成本。

如图 1-27 所示,图 1-27 (a) 为零件简图,其他各面均已加工好,现要钻 $\phi12$ 孔,工序基准选择有图 1-27 (b) 四种方案,显然工序尺寸采用标注 B 是较好的。

③ 工序基准应尽量与定位基准重合,以减少定位误差对加工精度的影响。如图 1-28 (a) 所示零件简图,设计尺寸为 A、B。采用图 1-28 (b) 定位方式加工台阶面,其工序尺寸标注为 A、C,工序基准与定位基准重合。

④ 工序基准应尽量与调刀基准重合,以减少调刀误差。采用组合刀具、复合刀具或其他特殊刀辅具加工时,工序基准一般应与刀具的调刀基准重合。

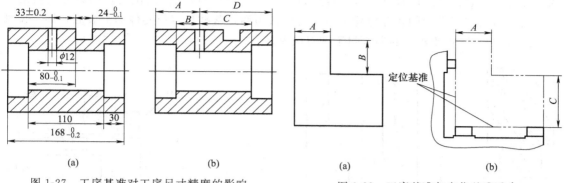

图 1-27 工序基准对工序尺寸精度的影响

图 1-28 工序基准与定位基准重合

如图 1-29 是采用组合刀具镗孔，图 1-29（b）是镗刀的调刀尺寸。镗孔的工序尺寸标注如图 1-29（a）所示，它应与镗刀的调刀基准选择相一致。

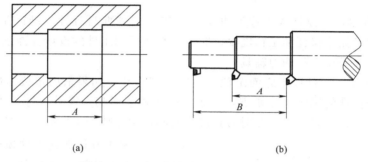

图 1-29 组合刀具加工的工序基准选择

图 1-30 为复合刀具扩孔加工。图 1-30（a）是复合刀具的设计尺寸。图 1-30（b）是孔加工情况，其工序基准选择应该与复合刀具的设计基准相一致。

（2）定位基准及其选择

用以确定工件正确位置的基准，称为定位基准。它是工件上与夹具定位元件直接接触的点、线或面。定位基准选择需要满足以下要求。

① 定位精度要满足工序加工精度的要求。满足工序加工精度要求，是定位基准选择的根本所在，详细的选择原则见本书"4.3.4 机械加工工艺路线安排"一节。

② 方便机床的加工。定位基准选择，需要考虑具体工序加工所采用的机床和工艺装备情况，如机床的布局，进给运动方向，刀具及安装方法，夹具在机床上的安装，以及它们之间的相互位置关系等。

③ 便于工件的装夹和输送。定位基准选择需要与工件的装夹情况相适应，同时要考虑到工件加工后的输送问题，避免定位对工件输送的干涉影响。

（3）调刀基准及其选择

用来确定刀具正确位置的基准，称为调刀基准或对刀基准。调刀基准选择需要遵循的原则有以下几点。

① 便于调刀。为了方便调刀，调刀面一般应是实体表面。一般多采用工件定位基准做调刀基准，即调刀基准一般与定位基准重合。

如图 1-31 所示，刀具的位置是通过塞尺和对刀块确定的；对刀块和定位元件同属夹具的一部分，即它们之间的尺寸 A 是固定的；工件是通过定位元件定位的。而调刀的目的是为了确定刀具与工件间的相互位置关系，所以认为调刀基准是定位元件的上表面，即定位基准。此时把 A 尺寸和塞尺的误差归于调刀误差。

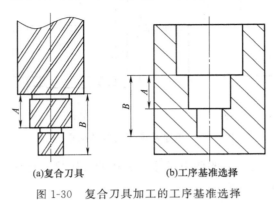

图 1-30　复合刀具加工的工序基准选择　　图 1-31　调刀基准与定位基准重合

② 调刀基准尽量与设计或工序基准重合。当定位基准与设计基准或工序基准不重合，用定位基准调刀又无法保证加工精度要求时，可直接采用工件的设计基准或工序基准进行调刀，此时一般需要采用专门的刀辅具。

如图 1-32 所示，工件以下底面定位，加工顶部止孔，如果采用定位基准（下底面）做调刀基准，得到保证的工序尺寸是 B，由于误差累积的影响，设计尺寸 A 将无法保证。为此设计图示专用辅具，以导向套 2 对刀具进行定心，调刀挡套 4 可靠在工件顶面，通过调整挡套 4 可以改变刀具 3 到工件顶面的距离，从而很好地保证了设计尺寸 A 的加工精度。

由于数控加工的特点，在加工前常直接采用零件的设计基准作调刀基准，建立工件坐标系，以此坐标系为工序尺寸基准，完成对工件各表面的加工。

③ 组合刀具和复合刀具的调刀基准应便于各刀具或切削刃之间位置关系的保证。对于组合刀具和复合刀具而言，各刀具或切削刃无法全部用定位基准或工件表面作调刀基准。如图 1-33（a）所示的组合镗刀，1、2 刀具的调刀基准是 3，刀具 3 的调刀基准一般与定位基准重合；而图 1-33（b）为复合扩刀，刀刃之间的尺寸是在刀具制造或磨刀时直接保证的，加工中只需按调刀基准调整切削刃 3 的位置就可以了。

(4) 测量基准及其选择

测量时所采用的基准称为测量基准。在图 1-34（a）中，尺寸 75mm、45mm，存在有可供测量的实体基准面，可以方便地测量，其测量基准分别为：E、G 面和 G、H 面。尺寸 20mm、

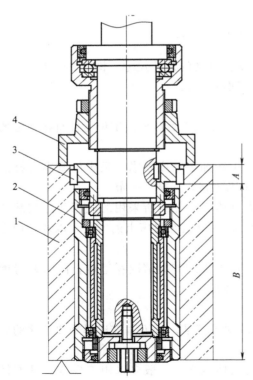

图 1-32　调刀基准与设计基准重合
1—工件；2—导向套；3—刀具；4—调刀挡套

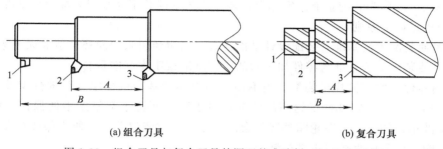

(a) 组合刀具　　　　　　　　　　　　　(b) 复合刀具

图 1-33　组合刀具与复合刀具的调刀基准选择（1～3 为刀具）

40mm、15mm 的测量，需要通过分别测量尺寸 A、B、C 和 ϕd 尺寸，再进行换算得出，其测量基准用到 E、F 面和 M、N、P、Q 点的孔母线，见图 1-34（b）。这就存在换算误差，以及众多测量环节带来的误差累积。

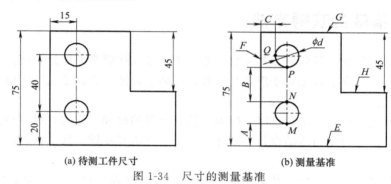

(a) 待测工件尺寸　　　　　　　　　　(b) 测量基准

图 1-34　尺寸的测量基准

由此可知，测量基准无法完全与待测尺寸的标注基准重合，但选择测量基准时，需要注意以下原则。

① 测量基准最好与工序基准或设计基准重合。测量是零件加工质量的最后保障手段，直接影响着产品的质量和工人的切身利益，保证测量的准确、可靠、公平，是测量的最根本宗旨。为此，测量基准应尽量与工序基准或设计基准重合，以减少影响测量误差的因素。

② 测量基准应选择便于测量的实体上的点、线、面。由于传统测量工具的局限性，测量基准必须是实际存在于实体上的点线面。

图 1-35 为齿轮坯体的跳动测量。齿坯通过标准心轴安装在两顶尖间，从而构造出齿坯孔的几何中心线，为齿坯的跳动检测提供了与加工、设计基准一致的测量基准。这是高精度检测常用的方法和手段。

③ 测量基准选择应尽量减少"假废品"的产生。在实际生产中，有些尺寸测量不便，经常需要借助其他尺寸的测量，来间接评判该尺寸合格与否。但这会带来"假废品"的产生，即实际合格的零件被判定为不合格，具体见"4.5.3 工艺尺寸链应用"一节。

（5）装配工艺基准及其选择

在装配工艺过程中，为保证零件间相互位置关系所采用的基准，称为装配工艺基准。机器中零件间正确位置关系的保证源于机器的装配设计基准，在机器装配时，通常也是采用装配设计基准对零件装配定位的。所以，人们常将装配设计基准和装配工艺

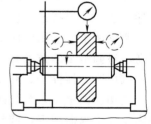

图 1-35　齿轮毛坯跳动测量

基准混为一谈，泛称为装配基准。实际上，装配工艺基准并不完全与装配设计基准重合，其选择一般应遵循以下原则。

① 尽量使装配工艺基准与装配设计基准重合，以避免引入中间环节造成误差累积。

② 尽量使装配工艺基准与零件加工时的定位基准或工序基准重合。

③ 采用零件表面直接找正装配。当不便采用上述"基准重合原则"进行零件装配定位时，可以采用该方法。如自行车轮圈的装配，由于装配面较小和精度不便保证，而轮圈较大，装配基准稍许的误差，在轮圈外缘处会产生放大的位置误差，不便于保证轮圈的正确位置，所以轮圈一般采用直接找正进行装配。

④ 采用辅助定位装置进行装配定位。对于不需要拆装的零件装配，如焊接、胶粘等，可以借助外部定位装置进行辅助定位装配。如在自动焊装生产线上，凭借机器人的正确定位，可以将两个零件进行正确定位和焊接装配。

1.5 加工精度的获得方法

加工精度是工件加工后的实际几何要素相对于理想几何要素的接近程度。而加工误差是工件加工后的实际几何要素相对于理想几何要素的离散程度。它们是从不同侧面对同一事物的不同描述描述。

分析加工精度的获得方法，可以了解加工精度获得的机理、方法种类、特点及影响精度的可能因素，可以为机床的运动设计、零件加工工艺分析和安排、加工误差分析等提供理论基础。

加工精度包括：尺寸精度、位置精度和形状精度。在零件设计中，它们应遵循包容原则，即尺寸公差≥位置公差＞形状公差。

1.5.1 尺寸精度的获得方法

在机械加工中获得尺寸精度的方法有试切法、调整法、定尺寸刀具法、自动控制法四种。

(1) 试切法

通过试切—测量—调整—再试切……周而复始循环进行，直到被加工尺寸达到要求的精度为止的加工方法。

试切法的特点是：不需要复杂的装备，效率较低，试切调整工作由机床操作工人自己完成，因此操作工人须有一定的技术水平，加工精度主要取决于工人和采用的量具，其应用场合一般为单件小批生产。

(2) 调整法

按零件规定的尺寸精度预先调整好机床、夹具、刀具和工件的相互位置，并在加工一批零件的过程中保持这个位置不变，以保证零件加工尺寸精度的方法。

调整法主要应用于成批及大量生产，工艺系统的调整一般由专门的调整工完成，生产效率高，对调整工的技术要求较高，对操作工的技术要求较低。预先调整工艺系统常用的方法有：试切法、样件法、对刀块法。

试切法调整工艺系统的方法过程同前面叙述，由于调整一般是由专门调整工一次调整，机床操作工只需加工，调整精度主要取决于调整工的技术水平和采用的量具精度。

样件法是根据制作的标准样件对工艺系统进行调整，然后对工件进行直接加工保证加工精度的一种调整方法。其特点是：高精度样件有一定制造难度和成本，所以一般适用于大批、大量生产，调整精度主要取决于调整工人和样件精度。

对刀块法是借助夹具上的对刀元件，如铣床夹具上的对刀块、钻床夹具上的钻套等，直接调整工艺系统，保证工件加工精度的一种调整方法。调整精度主要受调整工人和夹具制造精度影响。

（3）定尺寸刀具法

加工表面的形状和尺寸精度主要由刀具形状和尺寸直接保证的一种加工方法。如用钻头、铰刀、键槽铣刀等刀具加工，孔尺寸和键槽尺寸就是由相应加工刀具直接保证的。

定尺寸刀具法生产率较高，加工精度较稳定。对用途广泛、结构相对简单的刀具，如钻、扩、铰刀等，可广泛应用于各种生产类型；对于用途有限、结构复杂的刀具（如拉刀），不适于单件和中、小批量生产。

（4）自动控制法

由工艺系统本身自动控制工件加工精度的方法，称为自动控制法。

早期的自动控制法，多采用在线主动测量技术，即在加工过程中，边加工边测量加工尺寸，并将测量结果与设计要求比较后，由检测、控制系统对机床进行直接控制，或使机床工作，或使机床停止工作的加工方法。该方法生产率较高，加工精度较稳定，系统调整较为麻烦，主要适用于大批、大量生产，加工精度主要受检测、控制系统影响。

目前，数控加工技术正成为自动控制法的主流技术。数字化的控制，使误差补偿变得简单易行；通用化的数控系统，使不同尺寸和形状的零件加工变得非常简单，不需要复杂的系统调整，只需设定不同的工件坐标系和改变程序即可。

数控加工的特点有：基本不受零件加工表面复杂形状限制，适应能力强，对单件、小批生产效率高，加工精度高，自动化程度高；加工精度主要取决于对刀精度；可用于各种生产批量。

1.5.2　形状精度的获得方法

（1）工件表面的成形机理

机械零件的表面形状不外乎是几种基本形状的表面，如平面、圆柱面、圆锥面以及各种成形面，所以零件的切削加工归根到底是表面成形问题。图1-36是机器零件上常见的各种表面形状。

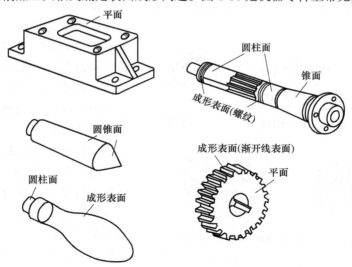

图1-36　常见零件表面的形状

机械零件的各种表面都可以看做是一条线（称为母线）沿着另一条线（称为导线）运动的轨迹。母线和导线统称为形成表面的发生线。

如图 1-37 所示。平面（a），是直线 1（母线）沿着直线 2（导线）移动形成的。为得到直线成形表面（b），须使直线 1（母线）沿着曲线 2（导线）移动。为形成圆柱面（c），须使直线 1（母线）沿圆 2（导线）运动。其他表面的形成方法可依此类推。

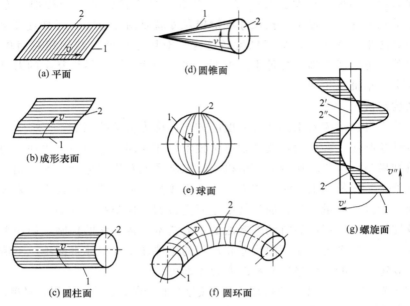

图 1-37 几何表面的成形机理（1、2 为直线）

但需要注意：有些表面，其母线和导线可以互换，如图 1-38 所示，平面（a）、圆柱面（b）和直齿圆柱齿轮的渐开线齿廓表面（e），其母线 1 和导线 2 可以互换角色，称为可逆表面。而另一些表面，其母线和导线不可互换。如圆锥面（c）、螺纹面（d），称为不可逆表面。

完全相同的两条发生线，当其原始位置不同时，所形成的表面也会不同。如图 1-39 所示，母线均为直线 1，导线均为圆 2，轴心线均为 OO'。当母线平行于轴心线回转得到的是圆柱面；当母线相交于轴心线旋转得到的是圆锥面；当母线与轴心线成异面直线时，其回转所得到的是双曲面。

(2) 获得零件表面的成形方法

研究零件表面成形方法的目的，是为了构建机床需要的运动。切削加工中发生线是由刀具的切削刃和工件的相对运动得到的，由于使用的刀具切削刃形状和采取的加工方法不同，形成发生线的方法可归纳为以下四种。

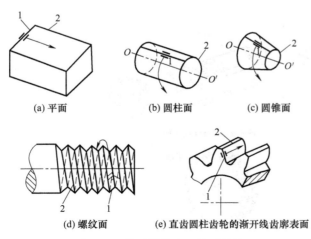

图 1-38 典型零件表面的可逆性

1—母线；2—导线

 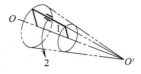 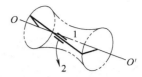

图 1-39　母线原始位置对表面形状的影响
1—直线形母线；2—圆导线

① 轨迹法。轨迹法是利用刀具作一定规律的轨迹运动对工件进行加工的方法，切削刃与被加工表面为点接触，发生线为接触点的轨迹线。

图 1-40 所示为轨迹法车削手柄零件。工件装夹在车床主轴上，随主轴回转，形成圆导线；刀尖沿工件回转轮廓做轨迹运动，形成母线。

② 成形法。成形法是利用成形刀具对工件进行加工的方法，切削刃的形状和长度与所需形成的发生线（母线）完全重合。

如图 1-41 所示，曲线形母线 2 由成形刀的切削刃 1 直接形成，由轨迹法形成的直线运动 A_1 产生发生线的导线。用成形法来形成发生线，可以简化机床的运动，刀具不需要专门的成形运动，但刀具成本较高。

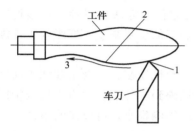

图 1-40　轨迹法加工原理图
1—刀尖；2—加工面母线；3—刀尖运动轨迹

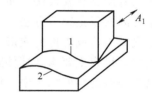

图 1-41　成形法加工原理图
1—切削刃；2—曲线形母线

③ 相切法。相切法是利用刀具边旋转边作轨迹运动对工件进行加工的方法。采用铣刀、砂轮等旋转刀具加工时，在垂直于刀具回转轴线的任意一个切削点，是由不同回转刀刃加工的，当刀刃绕着刀具 1 的轴线作旋转运动 B_1，同时沿着轨迹线 3 作轨迹运动 A_2，不同切削刃上的众多切削点均参加切削，其运动轨迹的包络线就形成了所需要的发生线 2，如图 1-42 所示。

④ 展成法。展成法也称范成法或包络法，它是利用工件和刀具作展成切削运动进行加工的方法，切削加工时，刀具与工件按确定的运动关系作相对运动，切削刃与被加工表面相切，切削刃各瞬时位置的包络线，便形成了工件加工表面的发生线。

图 1-43 所示为渐开线齿轮展成法加工原理图。刀具切削刃为直线切削线 1，工件表面形状的发生线为渐开线 2，两者形状并不吻合。在形成渐开线的过程中，切削线 1 与发生线 2 作无滑动的纯滚动（展成运动）。发生线 2 是由切削线 1 连续的不同瞬时位置包络形成的。

用展成法生成发生线时，刀具运动 A_{11} 与工件运动 B_{12} 之间，要保持严格的相对运动关系，由合成机构将其合成为一个运动 3，称为展成运动。

(3) 影响形状的误差因素

由前述分析可以看出：零件表面形状的获得完全是由发生线的形成方法决定的。而影响

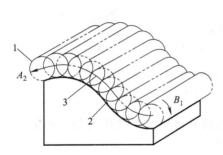 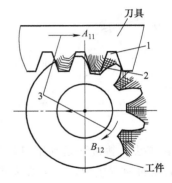

图 1-42　相切法加工原理图
1—刀具；2—发生线；3—轨迹线

图 1-43　展成法加工原理图
1—切削线；2—发生线；3—范成运动

发生线精度的因素，显然是形成发生线的机床运动，以及刀具切削刃的形状和位置。

因此，在采用相切法加工时，如磨削加工，砂轮形状的修形正确与否，以及砂轮母线与工件加工面发生线之间的相互位置关系，均会对工件加工面的形状产生影响。

1.5.3　位置精度的获得方法

根据"1.3.2 工件的安装方法"讲述的内容，工件定位的方法有三种：直接找正法、划线找正法和专用夹具安装法。而定位方法会影响工件加工的位置精度，即影响工件加工位置精度的主要因素就是定位方法。

由于夹紧力造成工件的变形，也会导致加工后工件弹性恢复，也会引起加工面间的位置误差；当然，机床主要运动部件间的位置误差，也会反映到工件上。但由于机床精度一般较高，所以在一般的零件加工中，机床误差对工件加工的影响很小，可以忽略不计。

习题与思考题

1-1　什么是机器、部件、合件、组件和零件？
1-2　机器为什么要划分为部件、组件、合件和零件几个层级？
1-3　何谓机械制造的生产过程和工艺过程？
1-4　什么是工序、工位、工步、走刀和安装？试举例说明。
1-5　什么是生产类型？如何划分生产类型？各生产类型各有什么工艺特点？
1-6　什么是生产纲领，如何确定企业的生产纲领？
1-7　什么是生产节拍？为什么要确定生产节拍？如何确定生产节拍？
1-8　什么是工序负荷率？工序负荷率确定要考虑哪些因素？
1-9　何谓工艺系统？工艺系统有哪几部分组成？各部分有什么作用？
1-10　加工前需要对工艺系统做哪些调整？
1-11　什么是工装？简述工装的作用。
1-12　什么是辅具？你见过的辅具有哪些？它们的作用是什么？
1-13　工件的安装方法有哪些？各有什么特点？主要应用于什么场合？
1-14　简述基准的概念、分类。

1-15　各种基准都有什么用途？选择时应注意什么问题？
1-16　加工精度有哪些？它们之间有什么关系？
1-17　加工精度是如何获得的？根据获得方法分析它们的误差因素。
1-18　常见零件结构表面有哪些？
1-19　什么叫可逆表面和不可逆表面？是举例说明。
1-20　表面发生线的形成方法有哪几种？试简述其成形原理？
1-21　为什么要将零件的表面看成是由发生线所形成的？有什么目的？

第2章

金属切削机床概述

2.1 金属切削机床的分类及型号

金属切削机床是用切削的方法将金属毛坯加工成具有一定几何形状、尺寸精度和表面质量的机器零件的机器。它是制造机器的机器，所以又称为"工作母机"或"工具机"，习惯上简称为机床。金属切削机床的品种和规格繁多，为了便于区别、使用和管理，需要对机床加以分类，并编制型号。

2.1.1 机床的组成和传动原理

(1) 机床的组成

根据机床的功能要求，机床一般由以下几部分组成。

① 动力部件。动力部件包括为机床提供动力和运动的驱动部分，如电动机、液压泵、气源等。它的作用是为加工过程克服加工阻力提供能量和为加工提供运动。

② 传动部件。传动部件包括机床的主运动传动系统、进给运动传动系统和其他运动传动系统。如车床的主轴箱、进给箱、磨床的液压进给系统等。

传动部件的作用是为加工过程提供一定的切削速度 v_c 和进给速度 v_f 等，并使之具有一定的调节范围，以适应工件的不同要求。传动部件提供的运动通过主轴、工作台等带动工件和刀具实现切削加工运动和辅助运动。

③ 支承部件。支承部件用于安装和支承其他固定和运动的部件，承受其重力、切削力、惯性力等，保证各部件之间的位置精度和运动部件的运动精度。如机床的底座、床身、立柱、摇臂、横梁、导轨、工作台等。

④ 工作部件。工作部件主要包括以下几种。

a. 与最终实现切削加工的主运动和进给运动有关的执行部件，如主轴、工作台、刀架。

b. 与工件和刀架安装和调整有关的部件或装置，如自动上下料装置、自动换刀装置、砂轮修整器等。

c. 与上述部件或装置有关的分度、转位、定位机构和操纵系统等。

⑤ 控制系统。如机床的各种操纵机构、电气电路、调整机构、检测装置、数控系统等。控制系统的作用是根据输入工艺系统的工艺参数、几何参数等信息，实现对加工过程中机床

的运动部件的有效控制，从而实现按预定的被加工零件形状、尺寸、精度要求进行加工。

⑥ 辅助部件。如冷却润滑系统、排屑装置、自动测量装置等。

在不同的机床中，根据其功能、应用范围等的不同，上述组成部分可简可繁。

以车削加工系统中图 2-1 所示的车床为例，电动机是动力部分，它为车床提供克服车削加工抗力和运动阻力所需的动力，为液压润滑系统工作提供能源。主轴箱、进给箱、溜板箱等传动部件，保证了根据工艺参数所需的工件转速、刀具进给量的实现。床腿、床身、导轨等构成了支承部件，保证了工件和车刀的正确位置。通过主运动和进给运动变速机构，使车床可以根据不同加工要求在一定范围内改变运动参数。主运动和进给运动变速机构，换向机构，开、停机构，电气箱等构成了车床的控制部分，使车床可以实现启动、停止、变速、换向、运动方式转换等功能。

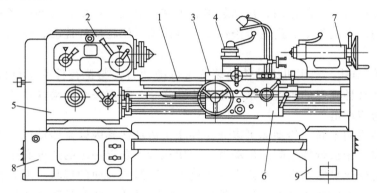

图 2-1 车床的组成
1—床身；2—主轴箱；3—床鞍；4—刀架；5—进给箱；
6—溜板箱；7—尾座；8—前床腿；9—后床腿

（2）机床的传动原理

① 机床的运动。

a. 表面成形运动。表面成形运动是指刀具和机床形成工件表面或形成发生线而做的相对运动。表面成形运动按其在切削过程中的作用不同可分为主运动和进给运动。按其组成情况不同，还可分为简单成形运动和复合成形运动。

如果一个独立的成形运动是由各自独立的旋转运动或直线运动构成的，则称此成形运动为简单成形运动。例如，用普通车刀车削外圆柱面时，工件的旋转运动和刀具的直线移动就是两个简单运动。

如果一个独立的成形运动，是由两个或两个以上的旋转运动或直线运动，按照某种确定的运动关系组合而成，则称此成形运动为复合成形运动。例如在车削螺纹时，工件的等速旋转运动和刀具的等速直线移动之间彼此不能独立，必须保证严格的运动关系，即工件每转 1 转，刀具就均匀地沿工件轴线移动一个导程。

由复合成形运动分解的各个部分，虽然都是直线运动或旋转运动，与简单运动相像，但本质是不同的。前者是复合运动的一部分，各个部分必然保持严格的相对运动关系，是互相依存，而不是独立的。而简单运动之间是互相独立的，没有严格的相对运动关系。

b. 辅助运动。机床还具有一些与表面成形过程没有直接关系的运动，其作用是实现机床加工过程中所需的各种辅助动作。它的种类很多，一般包括：切入运动、分度运动、操纵和控制运动、调位运动（调整刀具和工件之间的相对位置）以及各种空行程运动（如快进、快退等）。辅助运动虽然并不参与表面成形过程，但对机床整个加工过程是不可缺少的，同时对机床的生产率和加工精度往往也有很大影响。

② 机床运动部分的组成。为了实现加工过程中所需要的各种运动，机床必须具备以下三个基本部分。

a. 执行件。执行件是机床运动的执行部件，其作用是带动工件和刀具，使之完成一定形式的运动并保持正确的轨迹，如机床主轴、刀架、工作台等。

b. 动力源。动力源是向执行件提供运动和动力的装置，如各种形式的电动机。

c. 传动装置。传动装置是传递运动和动力的装置，它把运动源的运动和动力传给执行件，并完成运动形式、方向、速度的转换等工作，从而在运动源和执行件之间建立起运动联系，使执行件获得一定的运动。传动装置有机械、电气、液压、气动等多种形式。机械传动装置有带传动、齿轮传动、齿轮齿条传动、链传动、蜗轮蜗杆传动、丝杠螺母传动等多种传动形式。

③ 机床传动链。利用机床的传动装置可以把动力源与执行件或执行件与执行件联系起来，使之保持某种确定的运动联系，称为传动联系。构成一个传动联系的一系列顺序排列的传动件，称为传动链。

按工作性质的不同，传动链可以分为外联系传动链和内联系传动链。外联系传动链是指联系动力源和机床执行件之间的传动链，它使执行件获得一定的速度和运动方向。外联系传动链传动比的变化只影响生产率或表面粗糙度，不影响表面的形状。因此在外联系传动链中可以有传动比不准确的传动副，如皮带传动。内联系传动链则是联系执行件和执行件之间的传动链，它决定着加工表面的形状和精度，对执行机构之间的相对运动有严格要求。因此，内联系传动链的传动比必须准确，不应有摩擦传动或瞬时传动比变化的传动副（如皮带传动和链传动）。如在卧式车床用螺纹刀车螺纹时，为了保证所加工的螺纹的导程，主轴每转一转，车刀必须移动一个导程，否则就会造成螺纹的导程误差。只有复合运动才有内联系传动链。

传动链中通常包括两类传动机构：一类是传动比和传动方向固定不变的传动机构，如定比齿轮副、丝杠螺母机构、蜗轮蜗杆传动等，称为定比传动机构；另一类是可变换传动比和传动方向的传动机构，如挂轮变速、滑移齿轮变速、离合器换向等，称为换置机构。

④ 机床传动原理图。为了便于分析机床的传动联系，常用一些简明的符号表达各执行件、动力源之间的传动原理和传动路线，这就是传动原理图。图 2-2 所示为卧式车床的传动原理图，其中，电动机、主轴、刀具以及丝杠螺母等均用简单的符号表示。由图 2-2 可见，在车削螺纹时有两条主要传动链。一条是外联系传动链：电动机—1—2—u_v—3—4—主轴；另一条是内联系传动链：主轴—4—5—u_f—6—7—丝杠—刀具。数字与数字之间的虚线表示传动比不变的定比传动机构，而 2~3 和 5~6 之间的符号表示传动比可变的换置机构，其传动比分别用 u_v 和 u_f。调整 u_v 可以实现主轴变速和换向，调整 u_f 可以得到不同的螺纹导程。

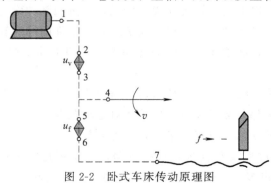

图 2-2　卧式车床传动原理图

2.1.2 机床的分类

金属切削机床的品种和规格繁多。为了便于区别、使用和管理，应对机床加以分类。

机床的传统分类方法，主要是按加工性质和所用的刀具进行分类。根据我国制定的机床型号编制方法，目前将机床分为11大类：车床、钻床、镗床、磨床、齿轮加工机床、螺纹加工机床、铣床、刨插床、拉床、锯床及其他机床。在每一类机床中，又按工艺范围、布局形式和结构等，分为若干组，每一组又细分为若干系（系列）。

在上述基本分类方法的基础上，还可根据机床其他特征进一步区分。同类型机床按应用范围（通用性程度）又可分为以下几种。

① 通用机床。通用机床，也称普通机床，可用于加工多种零件的不同工序，加工范围较广，通用性较大，但结构比较复杂。这种机床主要适用于单件小批生产，例如卧式车床、万能升降台铣床等。

② 专门化机床。专门化机床是指专门用于加工某一类或几类零件的某一道（或几道）特定工序的机床，如曲轴车床、凸轮轴车床等。

③ 专用机床。专用机床的工艺范围最窄，只能用于加工某一种零件的某一道特定工序，适用于大批量生产。如加工机床主轴箱的专用镗床、车床导轨的专用磨床等。各种组合机床也属于专用机床。

此外，同类型机床按工作精度又可分为：普通精度机床、精密机床和高精度机床。按自动化程度分为：手动、机动、半自动和自动机床。按质量与尺寸分为：仪表机床、中型机床（一般机床）、大型机床（质量大于10t）、重型机床（质量大于30t）和超重型机床（质量大于100t）。按机床主轴或刀架数目，又可分为单轴、多轴或单刀、多刀机床等。

通常，机床多根据加工性质进行分类，然后再根据其某些特点进一步描述，如多刀半自动车床、高精度外圆磨床等。

随着机床的发展，其分类方法也将不断发展。现代机床正向数控化方向发展，数控机床的功能日趋多样化，工序更加集中。现在一台数控机床集中了越来越多的传统机床的功能。例如，数控车床在卧式车床功能的基础上，又集中了转塔车床、仿形车床、自动车床等多种车床的功能；车削中心出现以后，在数控车床功能的基础上，又加入了钻、铣、镗等类机床的功能。又如，具有自动换刀功能的镗铣加工中心机床（习惯上称为"加工中心"），集中了钻、镗、铣等多种类型机床的功能；有的加工中心的主轴既能立式又能卧式，即集中了立式加工中心和卧式加工中心的功能。可见，机床数控化引起了机床传统分类方法的变化。这种变化主要出现在机床品种不是越分越细，而是趋向综合。

2.1.3 机床型号编制

机床的型号是赋予每种机床的一个代号，用以简明地表示机床的类型、通用特性和结构特性以及主要技术参数等。GB/T 15375—2008《金属切削机床 型号编制方法》规定，我国的机床型号由汉语拼音字母和阿拉伯数字按一定的规律组合而成。

(1) 通用机床型号

通用机床型号用下列方式表示：

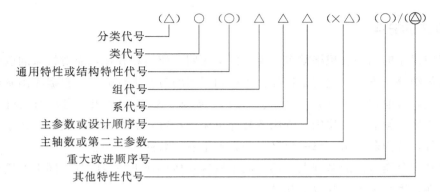

其中△用数字表示，○用大写汉语拼音字母表示。括号中表示可选项，无内容时不表示，有内容时不带括号。⊿用大写的汉语拼音字母、阿拉伯数字，或两者兼而有之表示。

机床的类代号用汉语拼音大写字母表示。若每类又有分类，在类代号前用数字表示，但第一分类不予表示，例如磨床类分为 M、2M、3M 三个分类。机床的类代号如表 2-1 所示。

表 2-1　机床的类代号

类别	车床	钻床	镗床	磨床			齿轮加工机床	螺纹加工机床	铣床	刨插床	拉床	锯床	其他机床
代号	C	Z	T	M	2M	3M	Y	S	X	B	L	G	Q
读音	车	钻	镗	磨	2磨	3磨	牙	丝	铣	刨	拉	割	其

机床的通用特性和结构特性代号用字母表示。当某种机床除普通型外，还有有关通用特性时，应在类代号后用相应的代号表示。表 2-2 是常用的通用特性及其代号。如 CM6132 型精密卧式车床型号中的"M"表示"精密"。当某种机床仅有通用特性而无普通型时，则通用特性也可不表示。如 C1312 型单轴六角自动车床由于这类自动车床中没有"非自动"型，所以不必表示出"Z"的通用特性。

结构特性代号无统一规定，也用汉语拼音字母表示，在不同的机床中含义也不相同，用于区别主参数相同而结构、性能不同的机床。例如，CA6140 型卧式车床型号中的"A"可理解为：CA6140 型卧式车床在结构上区别于 C6140 型及 CY6140 型卧式车床。结构特性的代号字母是根据各类机床的情况分别规定的，在不同型号中的意义可以不一样。当机床有通用特性代号时，结构特性代号应排在通用特性代号之后。为避免混淆，通用特性代号已用的字母（表 2-2 所列）以及"I"、"O"，都不能作为结构特性代号。

表 2-2　通用特性代号

通用特性	高精度	精密	自动	半自动	数控	加工中心（自动换刀）	仿形	轻型	加重型	柔性加工单元	数显	高速
代号	G	M	Z	B	K	H	F	Q	C	R	X	S
读音	高	密	自	半	控	换	仿	轻	重	柔	显	速

机床的组和系代号，用两位阿拉伯数字表示，位于类代号或特性代号之后。每类机床按用途、性能、结构相近或有派生关系分为 10 组，见表 2-3。每一组又分为若干个系（可参看《机床设计手册》）。系的划分原则是：主参数相同，并按一定公比排列，工件和刀具本身的和相对的运动特点基本相同，且主要结构及布局形式相同的机床划分为一个系。

表 2-3　金属切削机床类、组划分

类别		0	1	2	3	4	5	6	7	8	9
车床 C		仪表车床	单轴自动车床	多轴自动、半自动车床	回轮、转塔车床	曲轴及凸轮轴车床	立式车床	落地及卧式车床	仿形及多刀车床	轮、轴、辊、锭及铲齿轮车床	其他车床
钻床 Z			坐标镗钻床	深孔钻床	摇臂钻床	台式钻床	立式钻床	卧式钻床	铣钻床	中心孔钻床	其他钻床
镗床 T				深孔镗床		坐标镗床	立式镗床	卧式铣镗床	精镗床	汽车拖拉机修理用镗床	其他镗床
磨床	M	仪表磨床	外圆磨床	内圆磨床	砂轮机		坐标磨床	导轨磨床	刀具刃磨床	平面及端面磨床	曲轴、凸轮轴、花键轴及轧辊磨床	工具磨床
	2M		超精机	内、外圆珩磨机	外圆及其他珩磨机	抛光机	砂带抛光及磨削机床	刀具刃磨及研磨机床	可转位刀片磨削机床	研磨机	其他磨床
	3M		球轴承套沟磨床	滚子轴承套圈滚道磨床	轴承套圈超精机		叶片磨削机床	滚子加工机床	钢球加工机床	气门、活塞及活塞环磨削机床	汽车、拖拉机修磨机床
齿轮加工机床 Y		仪表齿轮加工机		锥齿轮加工机	滚齿及铣齿机	剃齿及珩齿机	插齿机	花键轴铣床	齿轮磨齿机	其他齿轮加工机	齿轮倒角及检查机
螺纹加工机床 S				套丝机	攻丝机			螺纹铣床	螺纹磨床	螺纹车床	
铣床 X		仪表铣床	悬臂及滑枕铣床	龙门铣床	平面铣床	仿形铣床	立式升降台铣床	卧式升降台铣床	床身式铣床	工具铣床	其他铣床
刨插床 B			悬臂刨床	龙门刨床			插床	牛头刨床		边缘及模具刨床	其他刨床
拉床 L				侧拉床	卧式外拉床	连续拉床	立式内拉床	卧式内拉床	立式外拉床	键槽、轴瓦及螺纹拉床	其他拉床
锯床 G				砂轮片锯床		卧式带锯床	立式带锯床	圆锯床	弓锯床	锉锯床	
其他机床 Q		其他仪表机床	管子加工机床	木螺钉加工机		刻线机	切断机	多功能机床			

机床的主参数、设计顺序号、第二主参数都是用阿拉伯数字表示的。主参数表示机床的规格大小，是机床的最主要的技术参数，反映机床的加工能力，影响机床的其他参数和结构大小，通常以最大加工尺寸或机床工作台尺寸作为主参数。在机床代号中用主参数的折算值表示（主参数乘以折算系数，如 1/10 等，参见 GB/T 15375—2008）。当无法用一个主参数表示时，则在型号中采用设计顺序号表示。第二主参数是为了更完整地表示机床的工作能力和加工范围，如主轴数、最大跨距、最大工件长度、工作台工作面长度等，也用折算值表示，其表示方法参见 GB/T 15375—2008。

机床重大改进序号用于表示机床的性能和结构上的重大改进，按其设计改进的次序分别用汉语拼音字母 "A、B、C、D……" 表示，附在机床型号的末尾，以示区别。例如，Y7132A 表示是最大工件直径为 320mm 的 Y7132 型锥形砂轮磨齿机的第一次重大改进。

其他特性代号主要用以反映各类机床的特性，如对于数控机床，可以用来反映不同的数控系统；对于一般机床，可以用来反映同一型号机床的变型等。其他特性代号用汉语拼音字母或阿拉伯字母或二者的组合表示。

例如，MG1432B型万能外圆磨床，型号中的代号及数字的含义如下：

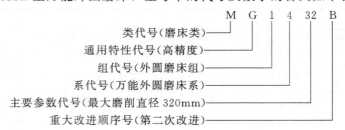

(2) 专用机床型号

专用机床型号采用如下表示方法：

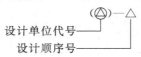

其中，设计单位代号包括机床厂和研究所代号，用厂名的首字母和该厂在当地建厂先后的顺序号表示；设计顺序号按各厂的设计顺序排列，由"001"开始。

例如：北京第一机床厂设计制造的第100种专用机床为专用铣床，则其代号为B1-100。

2.2 车床

2.2.1 车床的工艺范围

车削是以工件旋转为主运动，车刀移动为进给运动的切削加工方法。车削的切削运动在车床上完成。

车床是机械制造业中使用很广泛的一类机床。车床类机床的共同工艺特征是：以车刀为主要切削工具，车削各种零件的外圆、内孔、端面及螺纹等。此外，在有些车床上还可以用孔加工刀具（钻头、铰刀）和螺纹刀具（丝锥、板牙）加工内孔和螺纹。图2-3所示为卧式车床的典型加工内容。

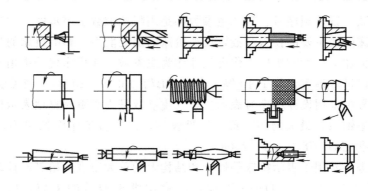

图2-3 卧式车床的典型加工内容

由于大多数机械零件都具有回转表面，并且车床的万能性大，使用的刀具简单，所以一般机械工厂中车床在金属切削机床中所占的比重最大，占金属切削机床总台数的20%～35%。

2.2.2 车床的种类

按用途和结构的不同,车床主要分为卧式车床和落地车床、立式车床、转塔车床、单轴自动车床、多轴自动和半自动车床、仿形车床及多刀车床和各种专门化车床,如凸轮轴车床、曲轴车床、车轮车床、铲齿车床。在所有车床中,以卧式车床应用最为广泛。卧式车床加工尺寸公差等级可达 IT8～IT7,表面粗糙度 Ra 值可达 $1.6\mu m$。

普通车床的加工对象广,主轴转速和进给量的调整范围大,能加工工件的内外表面、端面和内外螺纹。这种车床主要由工人手工操作,生产效率低,适用于单件、小批生产和修配车间。

转塔车床和回转车床具有能装多把刀具的转塔刀架或回轮刀架,能在工件的一次装夹中由工人依次使用不同刀具完成多种工序,适用于成批生产。

自动车床能按一定程序自动完成中小型工件的多工序加工,能自动上下料,重复加工一批同样的工件,适用于大批、大量生产。

多刀半自动车床有单轴、多轴、卧式和立式之分。单轴卧式的布局形式与普通车床相似,但两组刀架分别装在主轴的前后或上下,用于加工盘、环和轴类工件,其生产率比普通车床提高 3～5 倍。

仿形车床能仿照样板或样件的形状尺寸,自动完成工件的加工循环,适用于形状较复杂的工件的小批和成批生产,生产率比普通车床高 10～15 倍。有多刀架、多轴、卡盘式、立式等类型。

立式车床的主轴垂直于水平面,工件装夹在水平的回转工作台上,刀架在横梁或立柱上移动。适用于加工较大、较重、难于在普通车床上安装的工件,一般分为单柱和双柱两大类。

铲齿车床在车削的同时,刀架周期地作径向往复运动,用于铲车铣刀、滚刀等的成形齿面。通常带有铲磨附件,由单独电动机驱动的小砂轮铲磨齿面。

专门车床是用于加工某类工件的特定表面的车床,如曲轴车床、凸轮轴车床、车轮车床、车轴车床、轧辊车床和钢锭车床等。

2.2.3 CA6140 车床的传动和典型结构

在各种车床中,以卧式车床应用最为广泛。在卧式车床中,又以 CA6140 普通车床最具有代表性,其加工范围较广,但结构较复杂而且自动化程度低,所以适用于单件、小批生产及修配车间。

(1) 机床的总布局

图 2-4 所示为 CA6140 型卧式车床的外形,其主要组成部件如下。

① 床头箱 1。床头箱固定在床身 4 的左端。装在主轴箱中的主轴,通过卡盘等夹具装夹工件。主轴箱的功用是支承并传动主轴,使主轴带动工件按照规定的转速旋转,以实现主运动。

② 床鞍和刀架部件 2。该部件位于床身 4 的中部,并可沿床身导轨作纵向移动。床鞍部件由几层结构组成,它的功用是安装刀架,使车刀作纵向、横向或斜向运动。

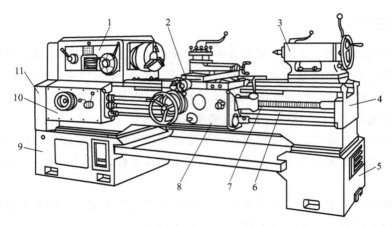

图 2-4　CA6140 型卧式车床的外形
1—床头箱；2—床鞍；3—尾架；4—床身；5,9—床腿；6—光杠；
7—丝杠；8—溜板箱；10—进给箱；11—挂轮变速机构

③ 尾架 3。尾架装在床身 4 的尾架导轨上，并可沿此导轨纵向调整位置。尾架的功用是用后顶尖支承工件。在尾架上还可以安装钻头等孔加工刀具，以进行孔加工。

④ 进给箱 10。进给箱固定在床身 4 的左前侧。进给箱是进给运动传动链中主要的传动比变速装置，其功用是改变被加工螺纹的导程或机动进给的进给量。

⑤ 溜板箱 8。溜板箱固定在床鞍部件 2 的底部，可带动床鞍一起作纵向运动。溜板箱的功用是把进给箱传来的运动传递给床鞍，使刀架实现纵向进给、横向进给、快速移动或车螺纹。在溜板箱上装有各种操纵手柄及按钮，工作时工人可以方便地操作机床。

⑥ 床身 4。床身固定在左床腿 9 和右床腿 5 上。床身是车床的基本支承件。在床身上安装着车床的各个主要部件，工作时床身使它们保持准确的相对位置。

(2) CA6140 的主要技术性能

床身上最大工件回转直径			400mm
最大工件长度（4 种规格）			750，1000，1500，2000mm
最大车削长度			650，900，1400，1900mm
刀架上最大工件回转直径			210mm
主轴内孔直径			48mm
主轴转速	正转 24 级		10～1400r/min
	反转 12 级		14～1580r/min
进给量	纵向进给量	64 级	0.028～6.33mm/r
	横向进给量	64 级	0.014～3.16mm/r
溜板及刀架纵向快移速度			4mm/min
车削螺纹范围			
米制螺纹	44 种		$S=1\sim192$mm
英制螺纹	20 种		$a=2\sim24$ 扣/in
模数螺纹	39 种		$m=0.25\sim48$
径节螺纹	37 种		$DP=1\sim96$ 牙/in

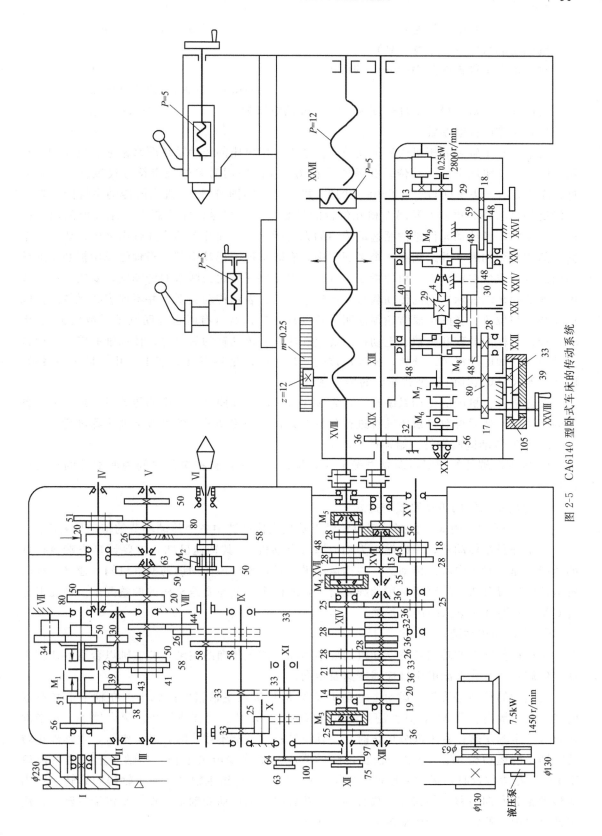

图 2-5 CA6140 型卧式车床的传动系统

主电动机（功率，转速）　　　　　　　　　　　　　　7.5kW，1450r/min
机床轮廓尺寸（长×宽×高）
对于最大工件长度为 1000mm 的机床为

　　　　　　　　　　　　　　　　　　　2668mm×1000mm×1190mm

机床净重　对于最大工件长度为 1000mm 的机床为　　　　2010kg

(3) 机床的传动系统

为了便于了解和分析机床的传动情况，通常应用机床的传动系统图来论述。机床的传动系统图是表示机床全部运动传动关系的示意图，在图中用简单的规定符号代表各种传动元件，符号表示方法参见 GB/T 4460—2013《机构运动简图符号》。机床的传动系统图画在一个能反映机床外形和各主要部件相互位置的投影面上，并尽可能绘制在机床外形的轮廓线内。在图中，各传动元件是按照运动传递的先后顺序，以展开图的形式画出来的。要把一个立体的传动结构展开并绘制在一个平面图中，有时不得不把其中某一根轴绘成用折断线连接的两部分，或弯曲成一定夹角的折线；有时，对于展开后失去联系的传动副，要用大括号或虚线连接起来以表示它们的传动联系。传动系统图只表示传动关系，并不代表各元件的实际尺寸和空间位置。在图中通常还须注明齿轮及蜗轮的齿数（有时也注明其编号或模数）、带轮直径、丝杠的导程和头数、电动机的转速和功率、传动轴的编号等。传动轴的编号，通常从动力源（如电动机等）开始，按运动传递顺序，顺次地用罗马数字Ⅰ、Ⅱ、Ⅲ……表示。图 2-5 所示为 CA6140 型卧式车床的传动系统。

在分析一台机床的传动系统时，首先按照机床的传动原理把机床的传动系统划分成一条条的传动链，然后再对每条传动链进行分析。分析一条传动链大致可按下列步骤进行。

　　a. 确定传动链两端件（始端件、末端件）。

　　b. 根据两端件的相对运动要求确定计算位移。计算位移指单位时间内两端件的相对位移量。

　　c. 写出传动链的传动路线表达式。

　　d. 列出运动平衡式。根据计算位移量以及相应传动链中各个传动环节的传动比列出。

对于外联系传动链，因始端件为动力源（电动机），其转速已知，主要计算末端执行件的各级转速。对于内联系传动链，根据运动平衡式，导出该传动链的换置机构（通常为挂轮机构）的换置公式，计算所采用的挂轮齿数，或确定对其他变速机构的调整要求。现在来分析 CA6140 型卧式车床的传动系统。

　　① 主运动传动链。

主运动传动链的功用是将电动机的旋转运动及能量传递给主轴，使主轴以合适的速度带动工件旋转。卧式车床的主轴应能变速及换向。

主运动的传动路线是：运动由电动机经 V 形带传至主轴箱中的轴Ⅰ。在轴Ⅰ上装有双向多片式摩擦离合器 M_1，其作用是使主轴（轴Ⅵ）正转、反转或停止。离合器 M_1 左半部接合时，主轴正转；右半部分接合时，主轴反转；左右都不接合时，轴Ⅰ空转，主轴停止转动。轴Ⅰ的运动经 M_1—轴Ⅱ—轴Ⅲ，然后分成两条路线传给主轴：当轴Ⅳ上的滑移齿轮 Z50 移至左边位置时，运动从轴Ⅲ经齿轮副 63/50 直接传给主轴Ⅵ，使主轴得到高转速；当滑移齿轮 Z50 向右移，使齿轮式离合器 M_2 接合时，则运动经轴Ⅲ—Ⅳ—Ⅴ传给主轴Ⅵ，使主轴获得中、低转速。主运动传动路线表达式如下。

$$\text{电机} \atop (7.5\text{kW},1450\text{r/min}) - \frac{\phi 130}{\phi 230} - \text{I} - \left\{ \begin{matrix} \overrightarrow{M_1} - \begin{bmatrix} \frac{56}{38} \\ \frac{51}{43} \end{bmatrix} - \\ \overleftarrow{M_1} - \frac{50}{34} - \text{VII} - \frac{34}{40} \end{matrix} \right\} - \text{II} - \begin{bmatrix} \frac{39}{41} \\ \frac{30}{50} \\ \frac{22}{58} \end{bmatrix} - \text{III} -$$

$$- \left\{ \begin{matrix} \begin{bmatrix} \frac{20}{80} \\ \frac{50}{50} \end{bmatrix} - \text{IV} - \begin{bmatrix} \frac{20}{80} \\ \frac{50}{51} \end{bmatrix} - \text{V} - \frac{26}{58} - M_2(合) \\ \text{------} \frac{63}{50} \text{------} \end{matrix} \right\} - \text{VI (主轴)}$$

看懂传动路线是认识和分析机床的基础。通常的方法是"抓两端,连中间"。也就是说,在了解某一条传动链的传动路线时,首先应搞清楚此传动链两端的末端件是什么("抓两端"),然后再找它们之间的传动联系("连中间"),就可以很容易地找出传动路线。例如,要了解车床主运动传动链的传动路线时,首先应找出它的两个末端件——电动机和主轴;然后"连中间",即从两末端件出发,从两端向中间,找出它们之间的传动联系。

主轴的转速 $n_主$ 可应用下列运动平衡式进行计算:

$$n_主 = n_电 \times \frac{D}{D'} \times (1-\varepsilon) \times \frac{z_{I-II}}{z'_{I-II}} \times \frac{z_{II-III}}{z'_{II-III}} \times \frac{z_{III-VI}}{z'_{III-VI}} \qquad (2\text{-}1)$$

式中 D, D' ——主动、从动带轮直径;

ε ——V 带的滑动系数,取 $\varepsilon \approx 0.02$;

z_{I-II}, z'_{I-II} ——轴 I 和轴 II 之间的主动齿轮和从动齿轮的齿数,其余类推。

应用上述运动平衡式可以计算出主轴的各级转速,如:

主轴的最低转速:$n_{主\min} = 1450 \times \frac{130}{230} \times 0.98 \times \frac{54}{43} \times \frac{22}{58} \times \frac{20}{80} \times \frac{20}{80} \times \frac{26}{58}$ r/min = 10 r/min

主轴的最高转速:$n_{主\max} = 1450 \times \frac{130}{230} \times 0.98 \times \frac{56}{38} \times \frac{39}{41} \times \frac{63}{50}$ r/min = 1400 r/min

主轴反转通常不是用于切削,而是为了车螺纹时退刀。这样,就可以在不断开主轴和刀架间的传动链的情况下退刀,以免在下一次走刀时发生"乱扣"现象。为了节省退刀时间,所以主轴反转比正转的转速高。

由传动系统图 2-5 可以看出,主轴正转时,利用各滑移齿轮轴向位置的各种不同组合,理论上主轴可以得到 $2 \times 3 \times (1+2 \times 2) = 30$ 级不同的转速,但实际上主轴只能得到 $2 \times 3 \times (1+3) = 6+18 = 24$ 级不同的转速。因此在轴 III 到轴 V 之间 4 条传动路线的传动比分别是:

$$u_1 = \frac{20}{80} \times \frac{20}{80} = \frac{1}{16}; u_2 = \frac{20}{80} \times \frac{51}{50} \approx \frac{1}{4}; u_3 = \frac{50}{50} \times \frac{20}{80} = \frac{1}{4}; u_4 = \frac{50}{50} \times \frac{51}{50} \approx 1$$

其中 u_2 和 u_3 基本上相同,所以实际上只有 3 种不同的传动比。因此,由低速路线传动时,使主轴获得有效的转速级数不是 $2 \times 3 \times 4 = 24$ 级,而是 $2 \times 3 \times (4-1) = 18$ 级。此外,主轴还可由高速路线传动获得 6 级转速,所以主轴共可得到 24 级转速。同理,主轴反转的传动路线可以有 $3 \times (1+2 \times 2) = 15$ 条,但主轴反转的转速级数却只有 $3 \times [1+(2 \times 2-1)] = 12$ 级。

② 螺纹进给传动链。

CA6140 型卧式车床可以车削米制、英制、模数和径节四种标准螺纹。除此之外,还可以车削非标准和较精密螺纹,各种螺纹传动路线表达式如下。

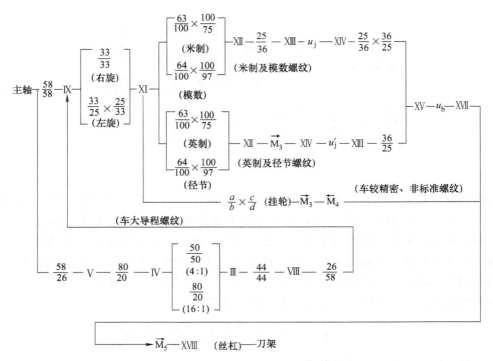

根据上述传动路线表达式，可以列出每种螺纹的运动平衡式，进行分析和计算。表达式中 u_j 代表轴 XIII 至轴 XIV 间的 8 种可供选择的传动比 $\left(\dfrac{26}{28},\dfrac{28}{28},\dfrac{32}{28},\dfrac{36}{28},\dfrac{19}{14},\dfrac{20}{14},\dfrac{33}{21},\dfrac{36}{21}\right)$，称进给箱的基本变速组，简称基本组；$u_b$ 代表轴 XV 至轴 XVII 间的 4 种传动比 $\left(\dfrac{28}{35}\times\dfrac{35}{28},\dfrac{18}{45}\times\dfrac{35}{28},\dfrac{28}{35}\times\dfrac{15}{48}\times\dfrac{18}{45}\times\dfrac{15}{48}\right)$，称增倍组。

车螺纹时的运动平衡式为：

$$1_{(主轴)} u S_{丝} = S \tag{2-2}$$

式中　u——从主轴到丝杠之间的总传动比；

　　　$S_{丝}$——车床丝杠的导程，mm；

　　　S——被加工螺纹的导程，mm。

车螺纹时，螺纹的螺距和导程要换算成以毫米为单位的米制。模数制 $S_m = k\pi m$，m 为模数。英制 $S_a = 25.4k/a$；径节制 $S_{DP} = 25.4k\pi/DP$，a 和 DP 的单位是牙/in。

米制螺纹车削时，运动从主轴 VI 经过传动轴 IX 与轴 X 之间在左、右螺纹换向机构及挂轮 $\dfrac{63}{100}\times\dfrac{100}{75}$ 传到进给箱上的轴 XII，进给箱中的离合器 M_5 接合，M_3 及 M_4 均脱开。此时传动路线表达式为：

$$主轴 VI - \dfrac{58}{58} - IX - \begin{cases}\dfrac{33}{33}（右旋螺纹）\\ \dfrac{33}{25} - \dfrac{25}{33}（左旋螺纹）\end{cases} - XI - \dfrac{63}{100}\times\dfrac{100}{75} - XII - \dfrac{25}{36} - XIII - u_j -$$

$$- XIV - \dfrac{25}{36}\times\dfrac{36}{25} - XV - u_b - XVII - \vec{M_5} - XVIII（丝杠）-刀架$$

车削米制螺纹时的运动平衡式为：

$$1\times\frac{58}{58}\times\frac{33}{33}\times\frac{63}{100}\times\frac{100}{75}\times\frac{25}{36}\times u_j\times\frac{25}{36}\times\frac{36}{25}\times u_b\times 12=S=KP(\text{mm}) \quad (2\text{-}3)$$

式中 u_j——进给箱螺纹螺距加工基本组传动比；
u_b——进给箱螺纹螺距加工增倍组传动比；
K——螺纹头数；
P——螺距。

化简后得：

$$S=7u_j u_b \quad (2\text{-}4)$$

CA6140型卧式车床，通过更换挂轮和调整进给箱中的离合器，可以加工各种螺纹。各种螺纹传动路线的主要特征见表2-4，其中$u_g=\frac{a}{b}\times\frac{c}{d}$。

表2-4 各种螺纹传动路线的主要特征

螺纹种类	螺距参数	导程 S/mm	挂轮		离合器			运动平衡式
					M_3	M_4	M_5	
米制	P 或 S(mm)	KP	63/100	100/75	开	开	合	$S=7u_j u_b$
模数制	模数 m(mm)	$K\pi m$	64/100	100/97	开	开	合	$S_m=\frac{7\pi}{4}u_j u_b$
英制	a(牙/in)	$25.4k/a$	63/100	100/75	合	开	合	$S_a=\frac{25.4\times 4}{7}\times u_b/u_j$
径节制	DP(牙/in)	$25.4k\pi/DP$	64/100	100/97	合	开	合	$S=\frac{25.4\pi}{7}u_b/u_k$
非标准和较精密螺纹	同上任一类	同上任一类	a/b	c/d	合	合	合	$S_{fj}=12u_g$

③ 纵、横向机动进给传动链。

CA6140纵向和横向机动进给传动链，从主轴至进给箱ⅩⅦ的传动路线与加工螺纹的传动路线相同，其后经过齿轮副$\frac{28}{56}$传至光杠ⅩⅨ，再由光杠经溜板箱中的传动元件，分别传至齿轮齿条机构和横向进给丝杠ⅩⅩⅦ，使刀架实现纵向或横向进给。其传动路线表达式如下。

$$\text{主轴(Ⅵ)}\begin{Bmatrix}\text{米制螺纹传动路线}\\\text{英制螺纹传动路线}\end{Bmatrix}-\text{ⅩⅦ}-\frac{28}{56}-\text{ⅩⅨ(光杠)}-\frac{36}{32}\times\frac{32}{56}-M_6-M_7-\text{ⅩⅩ}-\frac{4}{29}-\text{ⅩⅪ}$$

$$\begin{Bmatrix}\frac{40}{48}-M_9\uparrow\\\frac{40}{30}\times\frac{30}{48}-M_9\downarrow\end{Bmatrix}-\text{ⅩⅩⅤ}-\frac{48}{48}\times\frac{59}{18}-\text{ⅩⅩⅦ(丝杠)}-\text{刀架(横向进给)}$$

$$\begin{Bmatrix}\frac{40}{48}-M_8\uparrow\\\frac{40}{30}\times\frac{30}{48}-M_8\downarrow\end{Bmatrix}-\text{ⅩⅫ}-\frac{28}{80}-\text{ⅩⅩⅢ}-Z_{12}-\frac{\text{齿条}}{(m=2.5\text{mm})}-\text{刀架(纵向进给)}$$

双向牙嵌式离合器M_8和M_9分别用于控制纵向进给和横向进给运动的方向。

CA6140型卧式车床的纵向和横向进给量各有64种。纵向进给量的变换范围为0.028～6.33mm/r；横向进给量为0.014～3.165mm/r，这些进给量通过下面4条传动路线得到。

a. 运动经由正常螺距的米制螺纹传动路线传动时，可得到0.08～1.22mm/r 的32种进给量。

b. 运动经由正常螺距的英制螺纹传动路线传动时，使用增倍组中 $\frac{28}{35} \times \frac{35}{28}$ 传动路线，可得到 0.86～1.59mm/r 的 8 种较大的进给量。而用增倍组中的其他传动路线时，得到的进给量较小，且与上述路线传动时的进给量重复。

c. 运动经由扩大导程机构及英制螺纹传动路线传动，且主轴处于较低的 12 级转速时，可将进给量扩大 4 或 16 倍，得到 1.71～6.33mm/r 的 16 种加大的纵向进给量。

d. 运动经由扩大导程机构及米制螺纹传动路线传动，且主轴以高速（450～1400r/min）运转时，增倍变速组使用 $\frac{18}{45} \times \frac{15}{48}$ 传动路线，可得到 0.028～0.054mm/r 的 8 种细进给量。

从传动路线表达式可以分析出，当主轴箱及进给箱中的传动路线相同时，所得到的横向进给量是纵向进给量的一半，横向进给量的级数则与纵向的相同。

④ 刀架快速移动进给链。

在刀架作机动进给或退刀的过程中，如需要刀架作快速移动时，则用按钮将溜板箱内的快速移动电机（0.25kW，2800r/min）接通，经齿轮 Z13、Z29 传至轴 XX，然后再经溜板箱内与机动工作进给相同的传动路线传至刀架，使其实现纵向和横向的快速移动。当快速电动机使传动轴 XX 快速旋转时，依靠齿轮 Z56 与轴 XX 间的超越离合器 M_6，可避免与进给箱传来的低速工作进给运动发生干涉而损坏传动机构。

(4) 机床的典型结构

① 主轴箱。

主轴箱是用于支承主轴和传动机构，并使其实现旋转、启动、停止、变速和换向等功用。主轴箱中通常包含有主轴组件，传动机构，启动、停止以及换向装置，制动装置，操纵机构和润滑装置等。

a. 主轴组件。主轴组件是主轴箱最重要的组成部分。图 2-6 是其主轴组件图。主轴的旋转精度、刚度和抗震性等对工件的加工精度和表面粗糙度有直接影响，因此，对主轴组件要求较高。

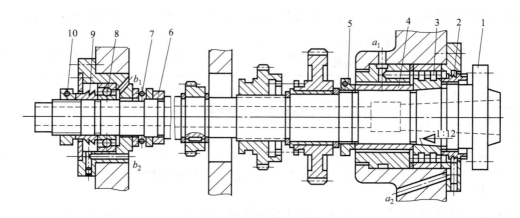

图 2-6 CA6140 卧式车床主轴组件

1—主轴；2—带油封调整螺母；3—双列滚子轴承；4—隔套；
5,10—锁紧螺母；6—定位套；7—推力球轴承；8—角接触球轴承；9—带油封隔套

CA6140型卧式车床的主轴是空心阶梯轴，其内孔是为了通过长棒料及气动、液压或电气等夹紧装置的管道、导线，也用于穿入钢棒以卸下顶尖。主轴前端的锥孔为莫氏6号锥度，用于安装顶尖或心轴，利用锥孔配合的摩擦力直接带动顶尖或心轴转动。主轴前端部采用短锥法兰式结构，用于安装卡盘或拨盘，如图2-7所示。拨盘或卡盘座4以主轴3的短圆锥面定位，卡盘、拨盘等夹具通过卡盘座4，用四个螺栓5固定在主轴上，由装在主轴轴肩端面上的圆柱形端面键传递转矩。安装卡盘时，只需将预先拧紧在卡盘座上的螺栓5连同螺母6一起，从主轴轴肩和锁紧盘2上的孔中穿过，然后将锁紧盘转过一个角度，使螺栓进入锁紧盘上宽度

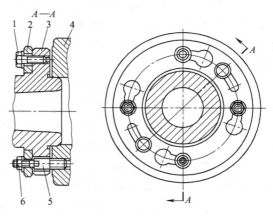

图2-7　CA6140主轴前端卡盘或拨盘的安装
1—螺钉；2—锁紧盘；3—主轴；
4—卡盘座；5—螺栓；6—螺母

较窄的圆弧槽内，把螺母卡住（如图中所示位置），接着再把螺母6拧紧，就可把卡盘等夹具紧固在主轴上。这种主轴轴端结构的定心精度高，连接刚度好，卡盘悬伸长度小，装卸卡盘也非常方便，因此得到了广泛的应用。

主轴支承轴承是主轴组件中的最重要的组件。其类型、精度、结构、配置方式、安装调整、润滑和冷却等状况，都直接影响主轴组件的工作性能。机床上常用的主轴轴承有滚动轴承、液体动压轴承、液体静压轴承、空气静压轴承等。主轴主支承常用的滚动轴承有角接触球轴承、双列短圆柱滚子轴承、圆锥滚子轴承、推力轴承、陶瓷滚动轴承等。

b. 传动机构。主轴箱中的传动机构包括定比传动机构和变速机构两部分。定比传动机构仅用于传递运动和动力，一般采用齿轮传动副，变速机构一般采用滑移齿轮变速机构，其结构简单紧凑，传动效率高，传动比准确。但当变速齿轮为斜齿或尺寸较大时，则采用离合器变速。

c. 开停和换向装置。开停装置用于控制主轴的启动和停止，换向装置用于改变主轴旋转方向。

CA6140型卧式车床采用双向多片式摩擦离合器控制主轴的开停和换向，如图2-8（a）所示。它由结构相同的左、右两部分组成，左离合器传动主轴正转，右离合器传动主轴反转。下面以左离合器为例说明其结构原理。多个内摩擦片2和外摩擦片1相间安装，内摩擦片2以花键与轴Ⅰ相连接，外摩擦片1以其四个凸齿与空套双联齿轮相连接并空套在轴Ⅰ上。内外摩擦片未被压紧时，彼此互不联系，轴Ⅰ不能带动双联齿轮转动。当用拨叉10拨动滑套9至右边位置时，滑套将羊角形摆块7的右角压下，使它绕销轴6顺时针摆动，其下端的凸缘推动拉杆8向左，通过固定在拉杆左端的圆柱销4，带动压套5，将左离合器内外摩擦片压紧在止推片11和12上，通过摩擦片间的摩擦力，使空套双联齿轮与轴Ⅰ连接，主轴正向旋转。右离合器的结构和工作原理同左离合器一样，只是内外摩擦片数量少一些。当拨动滑套9至左边位置时，压套5右移，将右离合器的内外摩擦片压紧，空套齿轮与轴Ⅰ连接，主轴反转。滑套9处于中间位置时，左右两离合器的摩擦片都松开，主轴的传动断开，停止转动。

摩擦离合器除靠摩擦力传递运动和转矩外，还能起过载保护作用。当机床过载时，摩擦片打滑，主轴停止转动，可避免损坏机床。摩擦片间的压紧力是根据离合器应传递的额定转矩来确定的。当摩擦片磨损以后，压紧力减小，这时可通过向外旋装在压套5上的螺母3来调整。

图 2-8（b）是离合器的操纵机构。由手柄18向上扳绕轴19逆时针摆动，杆20向外，曲柄21带动扇形齿轮17作顺时针转动（由上向下观察），齿条轴22向右移动，带动拨叉10，拨叉10卡在滑套9的环槽内，滑套9的内孔两端为锥孔，中间为圆柱孔，拨叉10带动滑套9右移，滑套9右面迫使羊角形摆块7绕其装在轴Ⅰ上的销轴顺时针摆动，其下端的凸缘向左推动装在轴Ⅰ孔中的拉杆8向左移动［见图2-8（a）］，通过销4带动压套5向左压紧内外摩擦片，实现主轴正转。同理，将手柄18扳至下端位置时，右离合器压紧，主轴反转。当手柄18处于中间位置时，离合器脱开，主轴停止转动，为了操纵方便，操纵轴19上装有两个操纵手柄18，分别位于进给箱的右侧和溜板箱的右侧。

d. 制动装置。制动装置的功用是在车床停车过程中克服主轴箱中各运动件的惯性，使

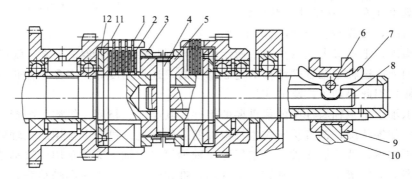

(a) 双向片式摩擦离合器

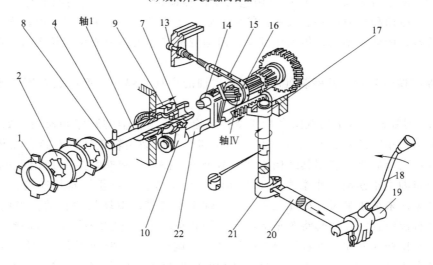

(b) 制动器及操纵机构

图 2-8　双向多片式摩擦离合器、制动器及其操纵机构机构

1—外摩擦片；2—内摩擦片；3—螺母；4—圆柱销；5—压套；6—销轴；7—羊角形摆块；
8—拉杆；9—滑套；10—拨叉；11，12—止推片；13—调节螺钉；14—杠杆；15—制动带；
16—制动盘；17—扇形齿轮；18—操纵手柄；19—操纵轴；20—杆；21—曲柄；22—齿条轴

主轴迅速停止转动，以缩短辅助时间。

制动器的工作原理见图 2-8（b），制动盘 16 是用花键装在轴Ⅳ上的一钢制件，周边围着制动带 15。制动带是一钢带，内侧有一层酚醛石棉，以增加摩擦制动力矩。制动带的一端与杠杆 14 连接，另一端通过调节螺钉 13 等与箱体连接，为了操作方便和实现制动与接通传动链这两组动作的互锁，故采用同一操纵手柄 18 操纵。当离合器脱开时，齿条轴 22 处于中间位置，这时齿条轴 22 上的 W 形中凸部分接触杠杆 14 下端并推动杠杆 14 下端，使杠杆 14 逆时针摆动，杠杆 14 上端将制动带拉紧，实现制动。齿条轴 22 的 W 形凸起部的左右都是凹槽，左、右离合器任一结合实现主运动传动链接通时，杠杆 14 的下端处于凹槽中，没有力的作用，杠杆 14 按顺时针方向摆动，使制动带放松。制动带的拉紧程度由调节螺钉 13 调整。调整后应检查在压紧离合器时制动带是否松开，确保制动时接不通传动链，接通传动链时决不实现制动。

e. 操纵机构。主轴箱中的操纵机构用于控制主轴启动、停止、制动、变速、换向以及变换左、右螺纹等。为使操纵方便，常采用集中操纵方式，即用一个手柄操纵几个传动件（滑移齿轮、离合器等），以控制几个动作。

图 2-9 为 CA6140 型车床主轴箱中的一种变速操纵机构，它用一个手柄同时操纵轴Ⅱ、Ⅲ上的双联滑移齿轮和三联滑移齿轮，变换轴Ⅰ～Ⅲ间的六种传动比。转动手柄时，通过链轮链条传动轴 4，与轴 4 同时转动的有凸轮 3 和曲柄 2，杠杆 5 一端的滚子插入凸轮 3 的槽中，另一端的销子拨动拨叉 6，由于凸轮 3 上有一条封闭的曲线槽，由两段不同半径的圆弧和直线组成。凸轮上有 6 个变速位置，如图 2-9 所示。位置 1、2、3 对应杠杆 5 上端的滚子处于凸轮槽曲线的大半径圆弧处。杠杆 5 经拨叉 6 将轴Ⅱ上的双联齿轮移向左端位置。位置 4、5、6 对应杠杆 5 上端的滚子处于凸轮槽曲线的小半径圆弧处，将双联齿轮移向右端位置。轴 4 旋转同时带动曲柄 2 转动，曲柄 2 的销子带动拨叉 1 移动，拨叉拨动三联齿轮移动，手柄按图示逆时针转动时，凸轮处于大半径圆弧 1、2、3 位置，双联齿轮位于左边啮合，三联齿轮分别位于左、中、右啮合，手柄连续转动分别使凸轮处于小半径圆弧 4、5、6 位置，双联齿轮于右边啮合，而三联齿轮分别于右、中、左三位置啮合，从而实现手柄旋转一周 6 个均布位置，对应齿轮啮合位置有 6 种组合，使Ⅲ轴得到 6 种转速。

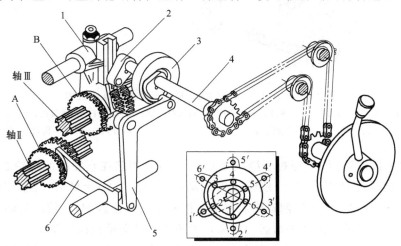

图 2-9　Ⅱ、Ⅲ轴滑移齿轮变速操纵结构

A—双联齿轮；B—三联齿轮；1,6—拨叉；2—曲轴；3—盘形凸轮；4—轴；5—杠杆

f. 润滑装置。为了保证机床正常工作和减少零件磨损，对主轴箱中的轴承、齿轮、摩擦离合器等必须进行良好的润滑。CA6140 型车床主轴箱采用油泵供油循环润滑的润滑系统。

② 进给箱。

进给箱的功用是变换被加工螺纹的种类和导程，以及获得所需的各种机动进给量。

③ 溜板箱。

溜板箱的主要功用是将丝杠或光杠传来的旋转运动转变为直线运动并带动刀架进给，控制刀架运动的接通、断开和换向；机床过载时控制刀架自动停止进给，手动操纵刀架时实现快速移动等。溜板箱主要由以下几部分组成：纵、横向机动进给和快速移动的操纵机构、开合螺母及操纵机构、互锁机构、超越离合器和安全离合器等。

a. 纵、横向机动进给操纵机构。图 2-10 所示为 CA6140 型车床的机动进给操纵机构。它利用一个手柄集中操纵纵向、横向机动进给运动的接通、断开和换向，且手柄扳动方向与刀架运动方向一致，使用非常方便。向左或向右扳动手柄 1，使手柄座 3 绕着销轴 2 摆动时（销轴 2 装在轴向位置固定的轴 23 上），手柄座下端的开口槽通过球头销 4 拨动轴 5 轴向移动，再经杠杆 11 和连杆 12 使凸轮 13 转动，凸轮上的曲线槽又通过圆销 14 带动轴 15 以及固定在它上面的拨叉 16 向前或向后移动，拨叉拨动离合器 M_8，使之与轴 XXII 上两个空套齿轮之一啮合，于是纵向机动进给运动接通，刀架相应地向左或向右移动。

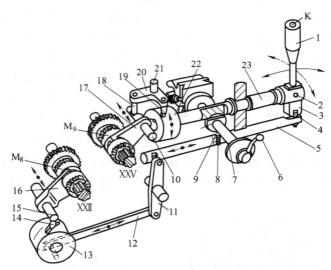

图 2-10 CA6140 车床的纵、横向机动进给操纵机构

1—手柄；2,21—销轴；3—手柄座；4—球头销；5,7,23—轴；6—手柄；8—弹簧销；9—球头销；
10,15—拨叉轴；11,20—杠杆；12—连杆；13,22—凸轮；14,18,19—圆销；16,17—拨叉

向后或向前扳动手柄 1，通过手柄座 3 使轴 23 以及固定在它左端的凸轮 22 转动时，凸轮上曲线槽通过圆销 19 使杠杆 20 绕销轴 21 摆动，再经杠杆 20 上的另一圆销 18，带动轴 10 以及固定在它上面的拨叉 17 向前或向后移动，拨叉拨动离合器 M_9，使之与轴 XXV 上两空套齿轮之一啮合，于是横向机动进给运动接通，刀架相应地向前或向后移动。

手柄 1 扳至中间直立位置时，离合器 M_8 和 M_9 均处于中间位置，机动进给传动链断开。当手柄扳至左、右、前、后任一位置时，如按下装在手柄 1 顶端的按钮 S，则快速电动

机启动，刀架便在相应方向上快速移动。

b. 开合螺母机构。开合螺母机构的结构如图 2-11 所示。开合螺母由上下两个半螺母 26 和 25 组成，装在溜板箱体后壁的燕尾形导轨中，可上下移动。上下半螺母的背面各装有一个圆销 27，它们分别插入槽盘 28 的两条曲线槽中。扳动手柄 6，经轴 7 使槽盘逆时针转动时〔见图 2-11（b）〕，曲线槽迫使两圆销互相靠近，带动上下半螺母合拢，与丝杠啮合，刀架便由丝杠螺母经溜板箱传动进给。槽盘顺时针转动时，曲线槽通过圆销使两半螺母相互分离，与丝杠脱开啮合，刀架便停止进给。槽盘 28 上的偏心圆弧槽接近盘中心部分的倾斜角比较小，使开合螺母闭合后能自锁。

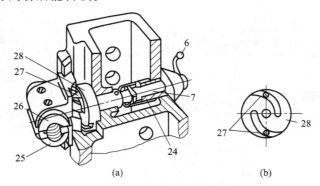

图 2-11　开合螺母机构（CA6140）

6—手柄；7—轴；24—支承套；25—下半螺母；26—上半螺母；27—圆销；28—槽盘

c. 互锁机构。机床工作时，如因操作失误同时将丝杠传动和纵、横向机动进给（或快速运动）接通，则将损坏机床。为了防止发生上述事故，溜板箱中设有互锁机构，以保证开合螺母合上时，机动进给不能接通；反之，机动进给接通时，开合螺母不能合上。

图 2-12 所示互锁机构是由开合螺母操纵轴 7 上的凸肩 a，轴 5 上的球头销 9 和弹簧销 8 以及支承套 24（见图 2-10、图 2-11）等组成。图 2-10 表示丝杠传动和纵横向机动进给均未接通的情况，此位置称中间位置。此时可扳动手柄 1 至前、后、左、右任意位置，接通相应方向的纵向或横向机动进给，或者扳动手柄 6 使开合螺母合上。

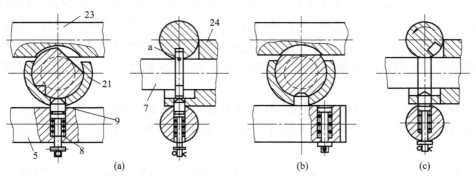

图 2-12　互锁机构工作原理（CA6140）

5,7,23—轴；8—弹簧销；9—球头锁；24—支承套；21—销轴

如果向下扳动手柄 6 使开合螺母合上，则轴 7 顺时针转过一个角度，其上凸肩 a 嵌入轴 23 的槽中，将轴 23 卡住使其不能转动。同时，凸肩又将装在支承套 24 横向孔中的球头销 9 压下，使它的下端插入轴 5 的孔中，将轴 5 锁住，使其不能左右移动，见图 2-12（a）。这时

纵、横向机动进给都不能接通。如果接通纵向机动进给，则因轴 5 沿轴线方向移动了一定位置，其上的横向孔与球头销 9 错位（轴线不在同一直线上），使球头销 9 不能往下移动，因而轴 7 被锁住而无法转动，见图 2-12（b）。如果接通横向机动进给时，由于轴 23 转动了位置，其上的沟槽不再对准轴 7 的凸肩 a，使轴 7 无法转动，见图 2-12（c）。因此，接通纵向或横向机动进给后，开合螺母均不能合上。

d. 超越离合器。在蜗杆轴 ⅩⅩ 的左端与齿轮 Z56 之间装有超越离合器，以避免光杠与快速电动机同时传动轴 ⅩⅩ。超越离合器的工作原理如图 2-13 所示。

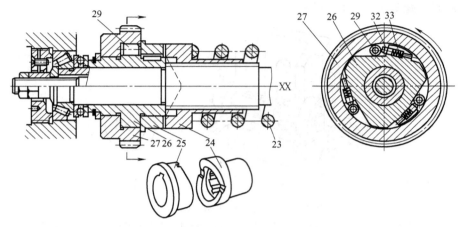

图 2-13 超越离合器和安全离合器（CA6140）
23—弹簧；24—安全离合器右半部；25—安全离合器左半部；26—超越离合器星轮；
27—带齿的超越离合器外环；29—圆柱滚子；32—圆销；33—弹簧

机动进给时，由光杠传来的低速进给运动，使带齿的超越离合器外环 27 按图示逆时针方向转动。三个圆柱滚子 29 在弹簧 33 的弹力和外环与滚子之间的摩擦力作用下往窄隙方向滚移，从而楔紧在外环 27 与星形体 26 之间。外环 27 就可经滚子 29 带动星体 26 一起转动。由星体 26 通过键传动左半部 25，左半部 25 通过其螺旋端齿传动右半部 24（称为安全离合器），右半部 24 传动轴 ⅩⅩ。按下快速点动按钮，快速电动机启动，经齿轮副 13/29 传动轴 ⅩⅩ，若其转动方向与光杠传递的运动方向相同，这时 ⅩⅩ 经安全离合器使星轮 26 得到一个与外环 27 转向相同但转速高得多的运动，这时星轮给滚子的摩擦力使滚子压销 32 和弹簧 33，向楔形槽的宽端方向滚动，脱开了外环与星形体之间的联系。因此快速移动时可以不脱开进给传动链。

e. 安全离合器。机动进给时，当进给力过大或刀架移动受阻时，为了避免损坏传动机构，在进给传动链中设置了安全离合器（即过载保护装置）来自动地停止进给。安全离合器的结构如图 2-13 所示。

超越离合器的星体 26 空套在轴 ⅩⅩ，安全离合器的左半部 25 用键与星轮连接。安全离合器的右半部 24 用花键与轴 ⅩⅩ 相连。运动经星轮 26 通过键传动 25，再由 25 的端齿传动 24，又由 24 的花键传动轴 ⅩⅩ。安全离合器的工作原理，左半部 25 与右半部 24 端面齿啮合，啮合面之间为螺旋形端面齿。由于接触面是倾斜的，左半部带动右半部时，两接触面之间产生的作用力为公法线方向上，此力可以分解成切向力和轴向力，切向力使右半部 24 旋转，这个轴向力靠弹簧 23 来平衡。当进给力超过预定值后，其轴向力变大，压缩弹簧 23，使右半部 24 产生轴向位移，从而使端齿脱开产生打滑。

在机床上可预先调节弹簧 23 的预压力，从而可调整安全离合器传递的额定工作转矩。

2.3 磨床

2.3.1 磨床的工艺范围

磨削是指用磨料、磨具切除工件上多余材料的加工方法。用磨料磨具（砂轮、砂带、油石、研磨料等）为工具对工件进行切削加工的机床，统称为磨床。磨床适合磨削硬度很高的淬硬钢件及其他高硬度的特殊金属材料和非金属材料，使工件较易获得高的加工精度和小的表面粗糙度值。在一般磨削加工中，加工精度可达到 IT5～IT7 级，表面粗糙度值为 $Ra0.32\sim1.25\mu m$；在超精磨削和镜面磨削中，表面粗糙度值可分别达到 $Ra0.04\sim0.08\mu m$ 和 $Ra0.01\mu m$。在通常情况下，磨削余量较其他切削加工的切削余量小得多。

磨床磨削可用来加工各种内、外表面和平面，也可加工螺纹、花键、齿轮等复杂成形表面，其工艺范围非常广泛，不仅作为零件（特别是淬硬零件）的精加工工序，可以获得很高的加工精度和表面质量，而且用于粗加工毛坯去皮加工，能获得较高的生产率和良好的经济性。磨床在机床总数中所占比例在工业发达的国家已达到 30%～40%。

2.3.2 磨床的种类

(1) 磨床的分类

为了适应磨削各种加工表面、工件形状和生产批量的要求，磨床的种类很多，其中主要类型有：

① 外圆磨床。包括普通外圆磨床、万能外圆磨床、无心外圆磨床等。

② 内圆磨床。包括内圆磨床、无心内圆磨床、行星式内圆磨床等。

③ 平面磨床。包括卧轴矩台平面磨床、立轴矩台平面磨床、卧轴圆台平面磨床、立轴圆台平面磨床等。

④ 工具磨床。包括工具曲线磨床、钻头沟槽磨床、丝锥沟槽磨床等。

⑤ 刀具刃磨磨床。包括万能工具磨床、拉刀刃磨床、滚刀刃磨床等。

⑥ 各种专门化磨床。专门用于磨削某一类零件的磨床，如曲轴磨床、凸轮轴磨床、轧辊磨床、叶片磨床、齿轮磨床、螺纹磨床等。

⑦ 其他磨床。包括珩磨机、抛光机、超精加工机床、砂带磨床、研磨机、砂轮机等。

(2) 常用磨床简介

① 外圆磨床。

外圆磨床又分为普通外圆磨床和万能外圆磨床。两者的主要区别是：万能外圆磨床的头架和砂轮下面都装有转盘，能绕垂直轴线偏转一定角度，并增加了内圆磨头等附件。因此万能外圆磨床不仅可以磨削外圆柱面、端面及外圆锥面，还可以磨内圆柱面、内台阶面及锥度较大的内圆锥面。现以图 2-14 所示的 M1432A 型万能外圆磨床为例。介绍外圆磨床主要组成部分及作用。

M1432A 型万能外圆磨床是普通精度级万能外圆磨床。它适用于单件小批生产中磨削内外圆柱面、圆锥面、轴肩端面等，工件最大磨削直径为 320mm。图 2-14 所示为该磨床的外形图，床身 1 为机床的基础支承件，在它上面装有工作台、砂轮架、头架、尾座等部件，使它们在工作时保持准确的相对位置，其内部有油池和液压系统。工作台 3 能以液压或手轮驱动，在床身的纵向导轨上作进给运动。工作台由上、下两层组成，上工作台可相对于下工作台在水平面内回转一个不大的角度（±10°）以磨削长锥面。头架 2 固定在工作台上，用来安装工件并带动工件旋转。为了磨短的锥孔，头架在水平面内可转动一个角度。尾座 7 可在工作台的适当位置上固定，以顶尖支承工件。滑鞍 6 上装有砂轮架 5 和内圆磨头 4，转动横向进给手轮 9，通过横向进给机构能使滑鞍和砂轮架作横向运动。砂轮架也能在滑鞍上调整一定角度（±30°），以磨削锥度较大的短锥面。为了便于装卸工件及测量尺寸，滑鞍与砂轮架还可以通过液压装置作一定距离的快进或快退运动。将内圆磨头 4 放下并固定后，就能启动内圆磨具电机，磨削夹紧在卡盘中的工件的内孔，此时电气联锁装置使砂轮架不能作快进或快退运动。

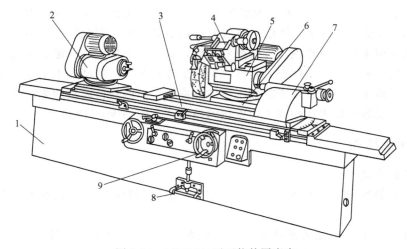

图 2-14　M1432A 型万能外圆磨床

1—床身；2—头架；3—工作台；4—内圆磨头；5—砂轮架；6—滑鞍；7—尾座；8—脚踏操纵板；9—手轮

图 2-15 所示为万能外圆磨床的几种典型加工示意图。可以看出，外圆磨床可用以磨削内外圆柱面、圆锥面。其基本磨削方法有两种：纵向磨削法和切入磨削法。

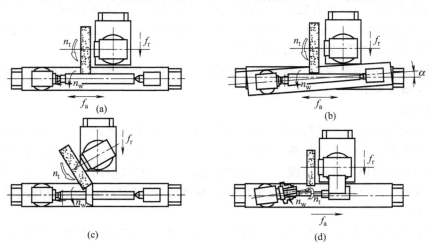

图 2-15　万能外圆磨床加工示意图

纵向磨削法：是使工作台作纵向往复运动磨削的方法，如图 2-15（a）、(b)、(d) 所示。用这种方法加工时，表面成形共需要三个运动：a. 砂轮的旋转运动 n_t 为主运动；b. 工件纵向进给运动 f_a；c. 工件旋转运动也称圆周进给运动 n_w。

切入磨削法：是用宽砂轮进行横向切入磨削的方法，如图 2-15（c）所示。表面成形运动只需要两个运动：a. 砂轮的旋转运动 n_t；b. 工件的旋转运动 n_w。

机床除上述表面成形运动外，还有砂轮架的横向进给运动 f_r（纵磨法单位为 mm/双行程或 mm/单行程，切入磨法单位为 mm/min）和辅助运动（如砂轮架的快进、快退，尾架套筒的伸缩等）。

② 内圆磨床。

内圆磨床是加工工件的圆柱形、圆锥形或其他形状的内孔表面及其端面的磨床。图 2-16 为 M2120 内圆磨床，它由床身、头架、磨具架和砂轮修整器等部件组成。头架可绕垂直轴转动角度，以便磨锥孔。工作台的往复运动也使用液压传动。

③ 平面磨床。

平面磨床主要用于磨削各种平面。平面磨床平面磨床分为立轴式和卧轴式两类：立轴式平面磨床用砂轮的端面磨削平面；卧轴式平面磨床用砂轮的圆周磨削平面。图 2-17 所示为 M7120A 卧轴矩形平面磨床，它由床身、工作台、立柱、滑板、磨头和砂轮修整器等部件组成。

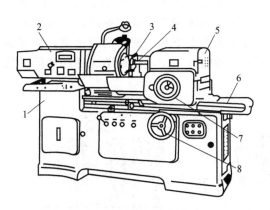

图 2-16　M2120 内圆磨床
1—床身；2—刀架；3—砂轮修整器；
4—砂轮；5—磨具架；6—工作台；
7—磨具架手轮；8—工作台手轮

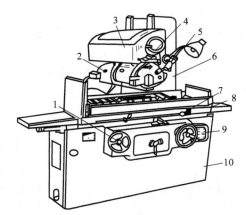

图 2-17　M7120A 卧轴矩形平面磨床
1—工作台手轮；2—磨头；3—滑板；4—横向进给手轮；
5—轮修整器；6—立柱；7—行程挡块；8—工作台；
9—直进给手轮；10—床身

矩形工作台装在床身的水平纵向导轨上，其上有安装工件用的电磁吸盘。工作台的往复主动是由液压驱动，也可用手轮操纵。砂轮装在磨头上，由电动机直接驱动旋转。磨头沿滑板的水平导轨作横向进给运动，由液压驱动或手轮操纵。滑板可沿立柱的垂直导轨移动，以调整磨头的高低位置及垂直进给运动，这一运动由手轮操纵。

根据磨削方法和机床布局，平面磨床主要有四种类型，其磨削方式如图 2-18 所示。其中，图 2-18（a）为卧轴矩台型；图 2-18（b）为卧轴圆台型；图 2-18（c）为立轴矩台型；图 2-18（d）为立轴圆台型。

矩形工作台与圆形工作台相比较，前者的加工范围较宽，但有工作台换向的时间损失；

后者为连续磨削，生产率较高，但不能加工较长的或带台阶的平面。

砂轮端面磨削与周边磨削相比，端面磨削的生产率较高，但因砂轮和工件接触面积大，冷却困难，且切屑不易排除，所以加工精度较低，表面粗糙度较大；而周边磨削时，由于砂轮和工件接触面较小，发热量少，冷却和排屑条件较好，可获得较高的加工精度和较小的表面粗糙度。

2.3.3 无心磨床的工作原理

无心外圆磨削是外圆磨削的一种特殊形式，是工件不定回转中心的磨削，为一种生产率很高的精加工方法。

无心外圆磨床的工作原理如图 2-19 所示。磨削时，工件置于砂轮和导轮之间，靠托板支承，工件被磨削的外圆面作定位面。由于不用顶尖支撑，所以称无心磨削。由于砂轮的圆周速度大（为导轮的 70～80 倍），通过切向切削力带动工件旋转，但导轮（用摩擦系数较大的树脂或橡胶作黏结剂制成的刚玉砂轮）则依靠摩擦力限制工件旋转，使工件的圆周线速度基本上等于导轮的线速度，从而在砂轮和工件间形成很大速度差产生磨削作用。改变导轮的转速，便可以调节工件的圆周进给速度。

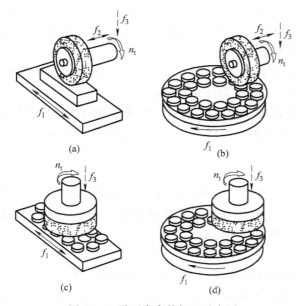

图 2-18 平面磨床的加工示意图

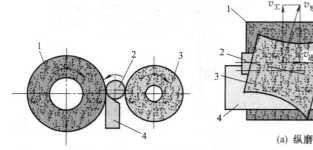

图 2-19 无心外圆磨削原理示意图
1—磨削砂轮；2—工件；
3—导轮；4—托板

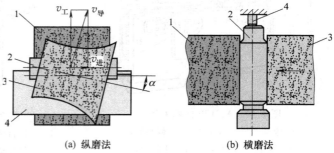

图 2-20 无心外圆磨削的两种方法
1—砂轮；2—工件；3—导轮；4—托板

如图 2-19 所示。托板的上表面倾斜 30°～50°，使工件靠切削力紧紧压在导轮上，导轮轴线相对于砂轮轴线有一倾斜角度 α（1°～5°），见图 2-20 (a)。导轮低速转动靠摩擦力带动工件旋转。由于倾斜角的存在，导轮与工件接触点处的速度 $v_{导}$ 方向是斜的，它可分为两个速度分量：一个是 $v_{工}$ 使工件旋转，另一个是 $v_{进}$，使工件产生轴向进给运动。

$$v_{进} = v_{导} \sin\alpha \tag{2-5}$$

$$v_{工} = v_{导} \cos\alpha \tag{2-6}$$

式中　　$v_导$——导轮的圆周速度，m/s；

　　　　$v_工$——工件的圆周速度，m/s；

　　　　$v_进$——工件的轴向进给速度，m/s。

由于导轮轴线与砂轮轴线有一倾斜角 α，工件与导轮不是线接触。为使工件与导轮保持线接触，导轮的形状就不应是圆柱形，而应将其做成双曲面形。为此修正砂轮时，金刚石笔的运动应根据角 α 加以调整。由于无心外圆磨床磨削工件时不用顶尖支撑，所以工件磨削长度不受顶尖限制，又因磨削时工件被支持在导轮和砂轮之间，不会被磨削力顶弯，所以可磨削细长工件。无心磨削生产效率高，易于实现自动化，因此，多用于成批大量生产中磨削销轴等小零件或磨削细长光轴。无心磨床不能磨削断续表面（如有长键槽的圆柱面），因为这样导轮就无法使工件旋转。

无心磨削方式有两种。图 2-20（a）所示为纵磨法（贯穿磨削法）。将工件 2 从前面放在托板 4 上，推入磨削区域后，砂轮 1 对工件进行磨削，导轮 3 带着工件 2 旋转同时又带着工件沿轴线向前移动，从机床的另一端出去就磨削完毕。而另一个工件可相继进入磨削区，这样就可以一件接一件地连续加工。工件的轴向进给是由于导轮 3 的中心线在竖直平面内向前倾斜了 α 角度所引起的。

图 2-20（b）所示为横磨法（切入磨削法）。将工件 2 放在托板和导轮之间，然后使砂轮 1 横向切入进给来磨削工件表面。由于导轮的轴心线仅倾斜很小的角度（约 30′），对工件有微小的轴向推力，使它靠住挡块 4，得到可靠的轴向定位。

工件中心比砂轮和导轮的中心的连线高 H。H 数值的一种参考取值见表 2-5。

表 2-5　工件中心高 H　　　　　　　　　　mm

d	2	6	10	18	26	30	34	38	50
H	1	3	5	9	13	14	14	14	14

2.4　齿轮加工机床

齿轮加工机床是加工齿轮轮齿的机床。齿轮加工机床按加工对象的不同，分为圆柱齿轮加工机床和锥齿轮加工机床两大类。圆柱齿轮加工机床主要有滚齿机、插齿机等；锥齿轮加工机床有加工直齿锥齿轮的刨齿机、铣齿机、拉齿机和加工弧齿锥齿轮的铣齿机；用于精加工齿轮齿面的有研齿机、剃齿机、珩齿机和磨齿机等。

2.4.1　齿轮的加工方法

齿轮加工机床种类较多，加工方式各异，但按齿形加工原理，齿轮加工方法可分为成形法和展成法（范成法）两种。成形法所用刀具的切削刃形状与被加工齿轮的齿槽形状相同，这种方法有成形铣齿、成形磨齿、拉齿等。其中成形铣齿可以在普通铣床上进行，但其加工精度和生产率都较低，仅在单件小批生产中采用。而成形磨齿是近年来在硬齿面加工方面得到广泛应用的高效精加工方法。展成法是将齿轮啮合副中的一个齿轮转化为刀具，另一个齿轮转化为工件，齿轮刀具作切削主运动的同时，以内联系传动链强制刀具与工件作严格的啮合运动（展成运动），于是刀具切削刃就在工件上加工出所要求的齿形表面来。用展成法加工齿轮的优点是，所用刀具切削刃的形状相当于齿条或齿轮的齿廓，只要刀具与被加工齿轮的模数和压力角相同,一把刀具可以加工同一模数不同齿数的齿轮。而且,生产率和加工精度都比较高。在齿轮加工中,展成法应用最为广泛。

2.4.2 齿轮机床的种类

齿轮加工机床是加工齿轮轮齿的机床。齿轮加工机床按加工对象的不同,分为圆柱齿轮加工机床和锥齿轮加工机床两大类。圆柱齿轮加工机床主要有滚齿机、插齿机、车齿机等;锥齿轮加工机床有加工直齿锥齿轮的刨齿机、铣齿机、拉齿机和加工弧齿锥齿轮的铣齿机;用于精加工齿轮齿面的有研齿机、剃齿机、珩齿机和磨齿机等。

2.4.3 Y3150E 滚齿机的传动原理

滚齿机是齿轮加工机床中应用最广的一种,主要用来加工直齿和斜齿外啮合圆柱齿轮以及蜗轮。用其他非渐开线齿形的滚刀还可在滚齿机上加工花键轴、链轮等。

(1) 滚齿传动原理

① 加工直齿圆柱齿轮的传动原理。图 2-21 所示为滚切直齿圆柱齿轮的传动原理图。其成形运动必须包括形成渐开线齿廓的范成运动和形成直线形齿线的运动,因此需要三条传动链。

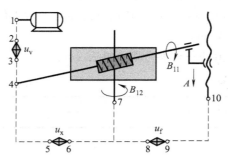

图 2-21 滚切直齿圆柱齿轮的传动原理图

a. 范成运动传动链。滚刀—4—5—u_x—6—7—工件。靠滚刀的旋转运动 B_{11} 和工件的旋转运动 B_{12} 组成的复合运动渐开线齿廓,属于内联传动链,即滚刀转过 $1/K$ 转,工件应相应地转过一个齿($1/Z$ 转)。u_x 是用来调整渐开线成形运动轨迹参数的,它影响渐开线的形状。

b. 主运动传动链。电动机—1—2—u_v—3—4—滚刀,属于外联传动链。其中 u_v 是用来调整渐开线成形运动的速度参数的。

c. 轴向进给运动传动链。工件—7—8—u_f—9—10—刀架升降丝杠—刀架,属于外联传动链。由于工件转速和刀架移动快慢之间的相对关系会影响到齿面粗糙度,故通常把工件(即回转工作台)作为间接动力源带动刀架作轴向移动。调整 u_f 得到所需要的轴向进给量。

② 加工斜齿圆柱齿轮的传动原理。斜齿圆柱齿轮的端面上齿廓是渐开线,沿齿轮的齿长方向是一条螺旋线,它与直齿圆柱齿轮的差别仅在于导线的形状不同。图 2-22(b)所示为滚切斜齿圆柱齿轮的传动原理图。在滚切斜齿圆柱齿轮时,除需要范成运动、主运动和轴向进给运动外,为了形成螺旋齿线,在滚刀作轴向运动时,工件还应作附加旋转运动 B_{22}。其传动链是:刀架—12—13—u_y—14—15—$u_{合成}$—6—7—8—9—工作台,属内联系传动链,即滚刀移动一个工件螺旋线导程时,工件应准确地附加转过一转。由此看出,滚刀的轴向进给运动 A_{21} 和工件的附加转动 B_{22} 是形成螺旋齿线所必需的运动,这是一个独立的复合运动。

对此可用图 2-22(a)来说明,设工件为右旋。当滚刀从 a 点移到 b 点时,为了能切出螺旋线齿线,应使工件的 b' 点转到 b 点,即在原来 B_{12} 的基础上再多转个 bb'。同理,当滚刀进给到 c 点时,工件应附加转动 cc'。以此类推,当滚刀进给到 p 点时,工件上的 p' 点转到 p 点,即工件应附加转一转。

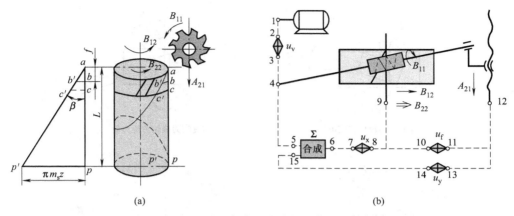

图 2-22 滚切斜齿圆柱齿轮的传动原理

(2) 滚刀的安装

安装滚刀时必须使滚刀的螺旋线方向与工件齿长方向一致。因此，加工前必须正确调整滚刀的安装角。图 2-23 所示为滚切直齿圆柱齿轮时滚刀的安装角。其中，滚刀位于工件前面，滚刀的螺旋升角为 ω。滚刀的安装角 $\delta=\omega$。角度的偏转方向与滚刀的螺旋线方向有关。

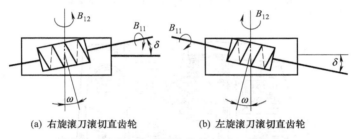

(a) 右旋滚刀滚切直齿轮　　(b) 左旋滚刀滚切直齿轮

图 2-23 滚切直齿圆柱齿轮时滚刀的安装角

用滚刀加工斜齿圆柱齿轮时，由于滚刀和工件的螺旋方向都有左、右方向之分，因此就有四种不同的组合，如图 2-24 所示。那么安装角应为：

$$\delta=\beta\pm\omega \tag{2-7}$$

式中　β——被加工齿轮的螺旋角。

当滚刀与被加工的斜齿轮的螺旋线方向相反时取"＋"号，方向相同时取"－"号。

(3) Y3150E 型滚齿机

Y3150E 型滚齿机外形如图 2-25 所示。立柱 2 固定在床身 1 上，刀架溜板 3 可沿立柱 2 上的导轨作垂直方向的直线移动（轴向进给运动）。安装滚刀的刀杆 4 固定在刀架体 5 中的刀具主轴上，刀架体能绕自身轴线倾斜一个角度，这个角度称为滚刀安装角，其大小与滚刀的螺旋升角大小及旋向有关。工件安装在工作台的心轴 7 上并随工作台一起旋转。后立柱 8 和工作台 9 连成一体，可沿床身的导轨作水平移动，用于调整工件与滚刀间的径向位置，以适应不同直径的工件或加工蜗轮时作径向进给运动。支架 6 可用轴套或顶尖支承工件心轴 7，以增加心轴的刚性。

① 主运动传动链。图 2-26 为 Y3150E 型滚齿机的传动系统图。机床的主运动传动链在加工直齿、斜齿圆柱齿轮和加工蜗轮时是相同的，即从电动机—滚刀主轴，其传动路线表达

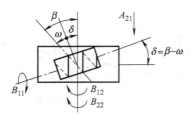
(a) 左旋滚刀滚切左旋齿轮

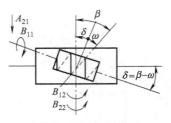
(b) 右旋滚刀滚切右旋齿轮

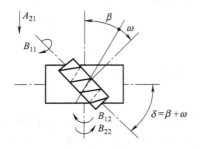
(c) 左旋滚刀滚切右旋齿轮

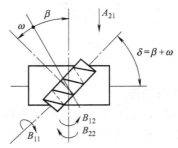
(d) 右旋滚刀滚切左旋齿轮

图 2-24 滚切斜齿圆柱齿轮时滚刀的安装角

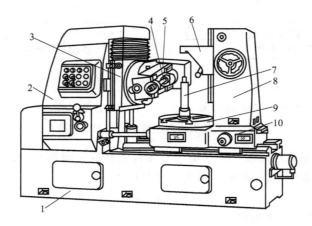

图 2-25 Y3150E 型滚齿机

1—床身；2—立柱；3—刀架溜板；4—刀杆；5—刀架体；6—支架；7—心轴；8—后立柱；9—工作台；10—床鞍

式为：

$$\begin{pmatrix} \text{主电动机} \\ 4\text{kW} \\ 1430\text{r/min} \end{pmatrix} - \frac{\phi 115}{\phi 165} - \text{I} - \frac{21}{42} - \text{II} - \begin{bmatrix} \frac{31}{39} \\ \frac{35}{35} \\ \frac{27}{43} \end{bmatrix} - \text{III} - \frac{A}{B} - \text{IV} - \frac{28}{28} - \text{V} - \frac{28}{28} - \text{VI} - \frac{28}{28} - \text{VII} - \frac{20}{80} - \text{VIII}(\text{滚刀轴})$$

其运动平衡式为：

$$1430(\text{r/min}) \times \frac{115}{165} \times \frac{21}{42} \times u_{\text{II}-\text{III}} \times \frac{A}{B} \times \frac{28}{28} \times \frac{28}{28} \times \frac{28}{28} \times \frac{20}{80} = n_{\text{刀}} \quad (2-8)$$

化简式（2-8），得到主运动传动链的换置公式：

$$u_v = u_{Ⅱ-Ⅲ} \times \frac{A}{B} = \frac{n_刀}{124.583} \tag{2-9}$$

式中 $u_{Ⅱ-Ⅲ}$——轴Ⅱ、Ⅲ间的传动比。

在Ⅱ轴和Ⅲ轴之间，用滑移齿轮可以得到3个传动比 $\frac{35}{35}$、$\frac{31}{39}$、$\frac{27}{43}$。滚刀转速 $n_刀$ 可根据切削速度和滚刀外径确定，然后再利用换置公式确定 $u_{Ⅱ-Ⅲ}$ 的值和挂轮齿数 A、B。挂轮 $\frac{A}{B}$ 的值也有3种：$\frac{44}{22}$、$\frac{33}{33}$、$\frac{22}{44}$。由 $u_{Ⅱ-Ⅲ}$ 和 $\frac{A}{B}$ 的组合，机床上共有转速范围为 40～250r/min 的9种主轴转速可供选用。

② 范成运动传动链。加工直齿、斜齿圆柱齿轮和蜗轮时，使用同一条范成运动传动链，其末端件为滚刀主轴和工作台，传动路线表达式为：

$$Ⅳ - \frac{28}{28} - Ⅴ - \frac{28}{28} - Ⅵ - \frac{28}{28} - Ⅶ - \frac{80}{20} - Ⅷ（滚刀轴）$$

$$\left\lfloor \frac{42}{56} - Ⅸ - u_{合成} - Ⅹ - \frac{e}{f} - \left[Ⅺ - \frac{36}{36} \right] - Ⅻ - \frac{a}{b} \times \frac{c}{d} - ⅩⅢ - \frac{1}{72} - 工作台（工件）\right.$$

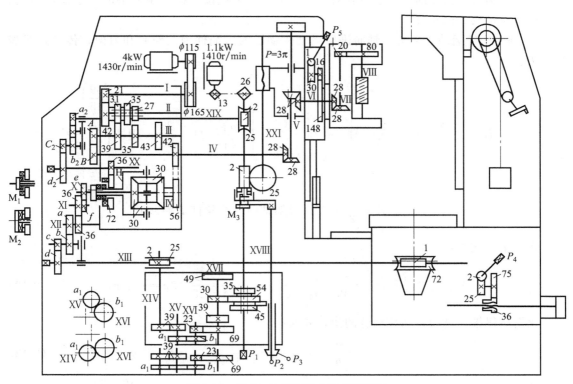

图 2-26 Y3150E 型滚齿机传动系统图

运动平衡式为

$$1转_{（滚刀）} \times \frac{80}{20} \times \frac{28}{28} \times \frac{28}{28} \times \frac{28}{28} \times \frac{42}{56} \times u_{合成} \times \frac{e}{f} \times \frac{a}{b} \times \frac{c}{d} \times \frac{1}{72} = \frac{K}{z}转_{（工件）} \tag{2-10}$$

式中 　$u_{合成}$——运动合成机构的传动比。

Y3150E 型滚齿机使用周转轮系作为运动合成机构。滚切直齿圆柱齿轮或用径向切入法滚切蜗轮时，用短齿离合器 M_1 将转臂 H（即合成机构的壳体）与轴Ⅸ连成一体。此时，附加运动链没有运动输入，齿轮 z_{72} 空套在转臂上，运动合成机构相当于一个刚性联轴器，将齿轮 z_{56} 与挂轮 e 作刚性连接，合成机构的传动比 $u_{合成}=1$。滚切斜齿圆柱齿轮时，用长齿离合器 M_2 将转臂与齿轮 z_{72} 连成一体，附加运动由 XX 轴传入。设转臂为静止的，则 z_{56} 与挂轮 e 的转速大小相等，方向相反，$u_{合成}=-1$。若不计传动比的符号，则两种情况下，经过合成机构的传动比相同，将运动平衡式化简，得到展成运动传动链的换置公式：

$$u_x = \frac{a}{b} \times \frac{c}{d} = \frac{f}{e} \times \frac{24K}{z} \tag{2-11}$$

换置公式中的挂轮 e、f 用于调整 u_x 的数值，以便在工件齿数变化范围很大的情况下，挂轮 a、b、c、d 的齿数不至于相差过大，这样能使结构紧凑，并便于选取挂轮。e、f 的选择有三种情形：当 $5 \leqslant \frac{z}{K} \leqslant 20$ 时，取 $\frac{e}{f} = \frac{48}{24}$；当 $21 \leqslant \frac{z}{K} \leqslant 142$ 时，取 $\frac{e}{f} = \frac{36}{36}$；当 $\frac{z}{K} \geqslant 143$ 时，取 $\frac{e}{f} = \frac{24}{48}$。

滚切斜齿圆柱齿轮时，安装分齿挂轮 a、b、c、d 应按照机床说明书的要求使用惰轮，以使展成运动的方向正确。

③ 轴向进给运动传动链。轴向进给运动传动链的末端件为工作台和刀架，传动路线表达式为：

$$工作台 - \frac{72}{1} - XIII - \frac{2}{25} - XIV - \left[\frac{39}{39} - XV - \right] - \frac{a_1}{b_1} - XVI - \frac{23}{69} - XVII - \begin{bmatrix} \frac{39}{45} \\ \frac{30}{54} \\ \frac{49}{35} \end{bmatrix} -$$

$$- XVIII - M_3 - \frac{2}{25} - XXI（刀架轴向进给丝杠 P = 3\pi）$$

运动平衡式为：

$$1 转_{(工件)} \times \frac{72}{1} \times \frac{2}{25} \times \frac{39}{39} \times \frac{a_1}{b_1} \times \frac{23}{69} \times u_{XVII-XVIII} \times \frac{2}{25} \times 3\pi = f(\text{mm}) \tag{2-12}$$

化简后得轴向进给运动传动链的换置公式：

$$u_f = \frac{a_1}{b_1} \times u_{XVII-XVIII} = \frac{f}{0.4608\pi} \tag{2-13}$$

式中 　$u_{XVII-XVIII}$——轴XVII至XVIII之间的三联滑移齿轮的三种传动比：$\frac{49}{35}$、$\frac{30}{54}$、$\frac{39}{45}$。

选择合适的挂轮 a_1、b_1 与三联滑移齿轮相组合，可得到工件每转时刀架的不同轴向进给量。在 XIV 到 XVI 之间，设有惰轮来变换进给运动的方向。

④ 附加运动传动链。附加运动传动链为从刀架开始到工作台，传动路线表达式为：

$$\text{刀架}\text{XXI}-\frac{25}{2}-M_3-\text{XVIII}-\frac{2}{25}-\text{XIX}-\begin{bmatrix}\text{惰轮}-\dfrac{a_2}{b_2}-\text{惰轮}\\ \dfrac{a_2}{b_2}\end{bmatrix}-\frac{c_2}{d_2}-\text{XX}-\frac{36}{72}-$$

$$-u_{\text{合成}}-\text{X}-\frac{e}{f}-\begin{bmatrix}\text{XI}-\dfrac{36}{36}\\ -\end{bmatrix}-\text{XII}-\frac{a}{b}-\frac{c}{d}-\text{XIII}-\frac{1}{72}-\text{工作台}$$

运动平衡式为：

$$S_{(\text{刀架})}\times\frac{1}{3\pi}\times\frac{25}{2}\times\frac{2}{25}\times\frac{a_2}{b_2}\times\frac{c_2}{d_2}\times\frac{36}{72}\times u_{\text{合成}}\times\frac{e}{f}\times u_{\text{x}}\times\frac{1}{72}=1\text{转}_{(\text{工件})} \tag{2-14}$$

滚切斜齿圆柱齿轮时，使用长齿离合器 M_2 将转臂与空套齿轮 z_{72} 连成一体后，附加运动自 XX 轴上的 z_{36} 传入，设 IX 轴上的中心轮 z_{56} 固定不动，对于此附加运动轮系，转臂转一转时，中心轮 e 转两转，故 $u_{\text{合成}}=2$，$S=\dfrac{\pi m_n z}{\sin\beta}$（式中，$S$ 为被加工斜齿轮螺旋线导程，m_n 为齿轮的法向模数，β 为齿轮的螺旋角），又在展成运动传动链中求得 $u_{\text{x}}=\dfrac{a}{b}\times\dfrac{c}{d}=\dfrac{f}{e}\times\dfrac{24K}{z}$，代入式（2-14）并简化，得到换置公式：

$$u_{\text{y}}=\frac{a_2}{b_2}\times\frac{c_2}{d_2}=9\frac{\sin\beta}{m_n K} \tag{2-15}$$

附加运动是形成斜齿轮螺旋线的内联系传动链，其传动比数值的精确度影响工件轮齿的齿向精度，所以挂轮传动比应配算准确。但换置公式 $\sin\beta$ 是无理数，这使得挂轮传动比必然存在误差。对于 8 级精度的斜齿轮，要精确到小数点后第四位数字（即小数点后第五位数字才允许有误差）。对于 7 级精度的斜齿轮，要精确到小数点后第五位数字，才能保证不超过精度标准中规定的齿向允差。

从附加运动传动链的调整公式可以看出，其中不含工件齿数 z，这是由于附加运动传动链与展成运动传动链有一共用段（轴 IX—X—XIII）的结果。因为附加挂轮 a_2、b_2、c_2、d_2 的选择与工件齿数无关，在加工一对斜齿齿轮时，尽管其齿数不同，但它们的螺旋角大小可加工得完全相等，而与计算 u_{y} 时的误差无关，这样能使一对斜齿齿轮在全齿长上啮合良好。另外，由于刀架用导程为 3π 的单头模数螺纹丝杠传动，可使调整公式中不含常数 π，也简化了计算过程。与展成运动传动链一样，在配装附加运动挂轮时，也应根据工件齿的旋向，参照机床说明书的要求使用惰轮，以使附加转动方向正确无误。

⑤ 刀架快速移动传动链。滚齿加工前刀架趋近工件或两次走刀之间刀架返回的空行程运动，应以较高的速度进行，以缩短空行程时间。Y3150E 型滚齿机上的空行程刀架快速传动链，其传动路线为：

$$\text{快速电机}(1410\text{r/mm},1.1\text{kW})-\frac{13}{26}-M_3-\frac{2}{25}-\text{XXI}-\text{刀架}$$

刀架快速移动的方向由电机的旋向来改变。启动快速运动电机之前，轴 XVIII 上的滑移齿轮必须处于空挡位置，即轴向进给传动链应在轴 XVII 和 XVIII 之间断开，以免造成运动干涉。在机床上，通过电气联锁装置实现这一要求。

用快速电机使刀架快速移动时，主电机转动或不转动都可以进行，但附加运动传动链未断开，以保证滚刀沿着原来的螺旋线轨迹退回，避免"乱牙"。

工作台及工件在加工前后，也可以快速趋近或离开刀架，这个运动由床身右端的液压缸来实现。若用手柄经蜗轮副及齿轮 $\dfrac{2}{25} \times \dfrac{75}{36}$ 传动与活塞杆相连的丝杠上的螺母，则可实现工作台及工件的径向切入运动。

2.5 其他机床

2.5.1 钻床及其应用

钻床是一种孔加工机床，其主要加工方法是用钻头在实心材料上钻孔，一般用于直径不大、精度不高的孔。在车床上钻孔时，工件旋转，刀具作进给运动。而在钻床上加工时，工件不动，刀具作旋转主运动，同时沿轴向移动作进给运动。故钻床适用于加工没有对称回转轴线的工件上的孔，尤其是多孔加工，如加工箱体、机架等零件上的孔。除钻孔外，在钻床上还可完成扩孔、铰孔、锪平面以及攻螺纹等工作，如图 2-27 所示。

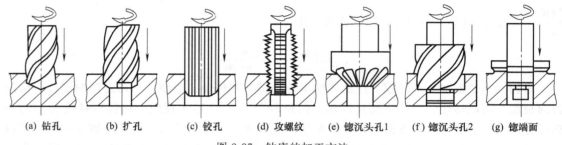

图 2-27　钻床的加工方法

钻床主要类型有：台式钻床、立式钻床、摇臂钻床、中心孔钻床等。

图 2-28 为立式钻床的外形。它由底座 1、工作台 2、主轴箱 3、立柱 4 等部件组成。主轴箱内有主运动及进给运动的传动与换置机构，刀具安装在主轴的锥孔内，由主轴带动作旋转主运动，主轴套筒可以手动或机动作轴向进给。工作台可沿立柱上的导轨作调位运动。工件用工作台上的虎钳夹紧，或用压板直接固定在工作台上加工。立式钻床的主轴中心线是固定的，必须移动工件，使被加工孔的中心线与主轴中心线对准。所以，立式钻床只适用于在单件、小批生产中加工中、小型工件。

图 2-29 为摇臂钻床的外形。它的主要部件有底座 1、内立柱 2、外立柱 3、摇臂 4、主轴箱 5、主轴 6 和工作台 7。加工时，工件安装在工作台或底座上。内立柱固定在底座上，外立柱连同摇臂和主轴箱可绕内立柱旋转摆动，摇臂可沿外立柱升降，以便于加工不同高度的工件，主轴箱能在摇臂的导轨上作径向移动，使主轴与工件孔中心对正，然后用夹紧装置将内外立柱、摇臂与外立柱、主轴箱与摇臂间的位置分别固定。主轴的旋转运动及主轴套筒的轴向进给运动的开停、变速、换向、制动机构，都布置在主轴箱内。摇臂钻床广泛应用于在单件和中小批生产中加工大、中型零件。

2.5.2 镗床及其应用

镗床是一种主要用镗刀加工有预制孔的工件的机床，通常，镗刀旋转为主运动，镗刀或

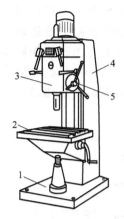

图 2-28 立式钻床
1—底座；2—工作台；3—主轴箱；
4—立柱；5—手柄

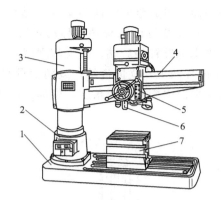

图 2-29 摇臂钻床
1—底座；2—内立柱；3—内立柱；4—摇臂；
5—主轴箱；6—主轴；7—工作台

工件的移动为进给运动。它适合加工各种复杂和大型工件上的孔，特别是分布在不同表面上、孔距和位置精度要求较高的孔，尤其适合于加工直径较大的孔，以及内成形表面或孔内环槽。镗孔的尺寸精度及位置精度均比钻孔高。镗孔以前的预制孔可以是铸孔，也可以是粗钻出的孔。

镗床的主要类型有卧式铣镗床、金刚镗床和坐标镗床等，以卧式铣镗床应用最广泛。卧式铣镗床的工艺范围很广，除镗孔以外，还可以车端面、车外圆、车螺纹、车沟槽、钻孔、铣平面等，如图 2-30 所示。

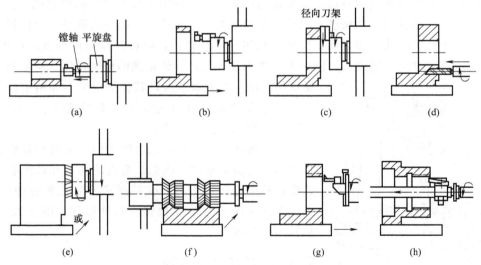

图 2-30 卧式铣镗床的主要加工应用

卧式铣镗床以镗轴的直径为主参数。卧式铣镗床的外形如图 2-31 所示，图 2-31 中，10 为床身，其上固定有前立柱 7。主轴箱 8 可沿前立柱上的导轨上、下移动，主轴箱内有主轴部件，以及主运动、轴向进给运动、径向进给运动的传动机构和相应的操纵机构。主轴前端的镗轴 4 上可以装刀具或镗杆，镗杆上安装刀具，由镗轴带动作旋转主运动，并可作轴向的进给运动（由后尾筒 9 内的轴向进给机构完成）。主轴前面的平旋盘 5 上也可以安装端铣刀铣削平面，平旋盘的径向刀架 6 上装的刀具可以一边旋转一边作径向进给运动，车削孔端面。后立柱 2 可沿床身导轨移动，后支架 1 能在后立柱的导轨上与主轴箱作同步的升降运动，以支承镗杆的后端，增大其刚度。工作台 3 用于安装工件，它可以随上滑座 12 在下滑座 11 的导轨上作横向进给，或随下滑座在床身的导轨上作纵向进给，还能沿上滑座的圆导轨在水平面内旋转一定角度，以加工斜孔及斜面。

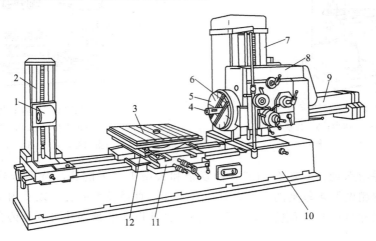

图 2-31　卧式铣镗床

1—后支架；2—后立柱；3—工作台；4—镗轴；5—平旋盘；6—径向刀架；
7—前立柱；8—主轴箱；9—后尾筒；10—床身；11—下滑座；12—上滑座

坐标镗床是指具有精密坐标定位装置的镗床，是一种用途较为广泛的精密机床。它主要用于镗削尺寸、形状及位置精度要求比较高的孔系，如钻模，镗模等的孔系。坐标镗床还可以作钻孔、扩孔、铰孔、锪平面、铣平面和沟槽等。此外，还可以作精密刻度，样板划线，孔间距及直线尺寸的精密测量，所以坐标镗床是一种万能性很强的精密机床。坐标镗床上有坐标位置的精密测量装置，其种类很多，如精密丝杠测量装置，光屏-金属刻线尺光学坐标测量装置、光栅坐标测量装置、激光干涉测量等。

坐标镗床有立式的，也有卧式的。立式坐标镗床适于加工轴线与安装基面（底面）垂直的孔系和铣削顶面；卧式坐标镗床适于加工与安装基面平行的孔系和铣削侧面。立式坐标镗床还有单柱和双柱两种形式。图 2-32 为立式单柱坐标镗床。

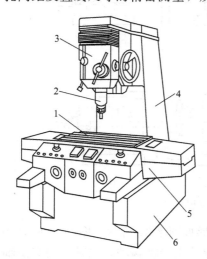

图 2-32　立式单柱坐标镗床

1—工作台；2—主轴；3—主轴箱；
4—立柱；5—床鞍；6—床身

2.5.3　铣床及其应用

铣床的用途广泛，可以加工各种平面、沟槽、齿槽、螺旋形表面、成形表面等，如图 2-33 所示。铣床上用的刀具是铣刀，通常铣削的主运动是铣刀的旋转，以相切法形成加工表面，同时有多个刀刃参加切削，因此生产率较高。但多刃刀具断续切削容易造成振动而影响加工表面的质量，所以对机床的刚度和抗震性有较高的要求。

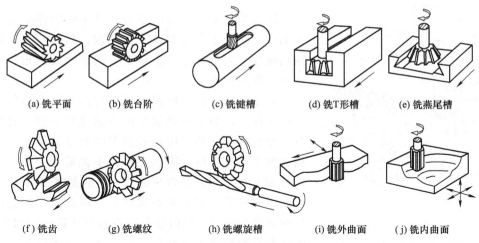

图 2-33 铣床加工的典型表面

铣床的主要类型有：卧式升降台铣床、立式升降台铣床、龙门铣床、工具铣床、仿形铣床和各种专门化铣床。

① 卧式升降台铣床。卧式升降台铣床又称卧铣，是一种主轴水平布置的升降台铣床，如图 2-34 所示。工件安装在工作台 4 上，工作台 4 安装在床鞍 5 的水平导轨上，工作台可沿垂直于主轴 3 的轴线方向纵向移动。床鞍 5 装在升降台 7 的水平导轨上，可沿主轴的轴线方向横向移动。升降台 7 安装在床身 1 的垂直导轨上，可上下垂直移动。这样，工件便可在三个方向上进行位置调整或作进给运动。床身 1 固定在底座 8 上，床身内部装有主传动机构，顶部导轨上装有悬梁 2，悬梁上装有安装铣刀心轴 3 的悬梁支架 6，铣刀安装在铣刀轴 3 上。在工作台上还可安装由主轴驱动的立铣头附件。

万能卧式升降台铣床的结构与一般卧式升降台铣床基本相同，只是在工作台 4 与床鞍 5 之间增加了一层转台。转台可相对于床鞍在水平面内调整一定角度（通常允许回转的范围是 ±45°），使工作台的运动轨迹与主轴成一定的夹角，以便加工螺旋槽等表面。

② 立式升降台铣床。立式升降台铣床又称立铣，是一种主轴为垂直布置的升降台铣床，如图 2-35 所示。主轴 2 上可安装立铣刀、端铣刀等刀具。铣刀旋转为主运动，立铣头 1 可绕水平轴线扳转一个角度以便于铣斜面。除立铣头部分外，它的主要组成部件与卧式升降台铣床相同。

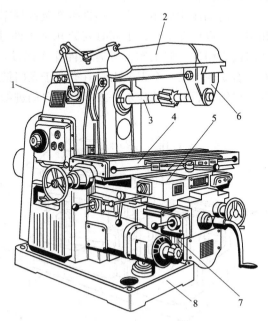

图 2-34 卧式升降台铣床

1—床身；2—悬梁；3—铣刀轴；4—工作台；
5—床鞍；6—悬梁支架；7—升降台；8—底座

2.5.4 刨床及其应用

刨床类机床的主运动是刀具或工件所作的直线往复运动。进给运动由刀具或工件完成，其方向与主运动方向相垂直，它是在空行程结束后的短时间内进行的，因而是一种间歇运动。

刨床类机床由于所用刀具结构简单，在单件小批量生产条件下，加工形状复杂的表面比较经济，且生产准备工作省时。此外，用宽刃刨刀以大进给量加工狭长平面时的生产率较高，因而在单件小批量生产中，特别在机修和工具车间，是常用的设备。但这类机床由于其主运动反向时需克服较大的惯性力，限制了切削速度和空行程速度的提高，同时还存在空行程所造成的时间损失，因此在多数情况下生产率较低，在大批大量生产中常被铣床和拉床所代替。

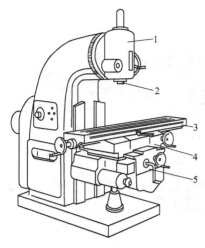

图 2-35 立式升降台铣床
1—立铣头；2—主轴；3—工作台；
4—床鞍；5—升降台

刨床类机床主要有牛头刨床、龙门刨床和插床三种类型。牛头刨床的主参数是最大刨削长度，而龙门刨床的主参数是最大刨削宽度。

牛头刨床主要用于加工小型零件，如图 2-36 所示。底座上装有床身 1，滑枕 2 带着刀架 3 作往复主运动。工件装在工作台 4 上，工作台 1 在横梁 5 上作横向进给运动，进给是间歇运动。横梁 5 可在床身上升降，以适应加工不同高度的工件。牛头刨床多用于加工与安装基面平行的面。

龙门刨床主要用于中、小批生产及修理车间加工大平面，尤其是长而窄的平面，如导轨面和沟槽。也可在工作台上同时安装几个工件进行加工。图 2-37 为龙门刨床的外形，其布局与龙门铣床相似，但工作台带着工件作主运动，速度远比龙门铣床工作台的速度高；横梁上及左、右立柱上的 4 个刀架内没有类似于龙门铣床铣头箱中的主运动传动机构，并且每个刀架在空行程结束后沿导轨作水平或垂直方向的进给，而龙门铣床的铣头在加工过程中是不移动的。

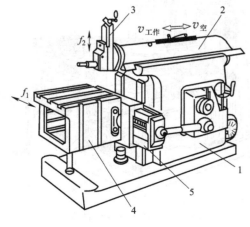

图 2-36 牛头刨床
1—床身；2—滑枕；3—刀架；
4—工作台；5—横梁

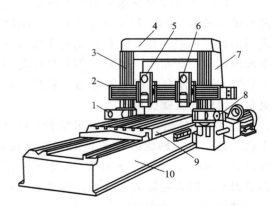

图 2-37 龙门刨床
1,5,6,8—刀架；2—横梁；3,7—立柱；
4—顶梁；9—工作台；10—床身

大型龙门刨床往往还附有铣头和磨头等部件,以便使工件在一次安装中完成刨铣及磨平面等工作。这种机床又称为龙门刨铣床或龙门刨铣磨床。

2.5.5 拉床及其应用

拉床是用拉刀进行加工的机床。拉床用于加工通孔、平面及成形表面。图2-38是适于拉削的一些典型表面形状。拉削时拉刀使被加工表面在一次走刀中成形,所以拉床的运动比较简单,它只有主运动,没有进给运动。切削时,拉刀作平稳的低速直线运动,拉刀承受的切削力也很大,所以拉床的主运动通常是由液压驱动的。拉刀或固定拉刀的滑座往往是由油缸的活塞杆带动的。

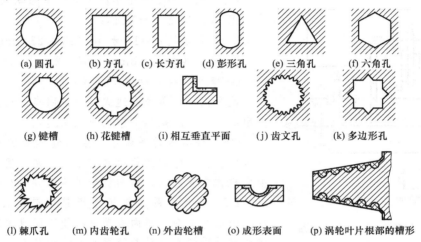

图 2-38 拉削加工的典型工件截面形状

拉削加工的生产率很高,且加工精度和表面质量也较好,但拉削的每一种表面都需要用专门的拉刀,所以仅适用于成批和大量生产。

常用的拉床,按加工的表面可分为内表面和外表面拉床两类,按机床的布局形式可分为卧式和立式两类。图2-39(a)、(b)分别为卧式内拉床及立式外拉床的拉削加工示意图。

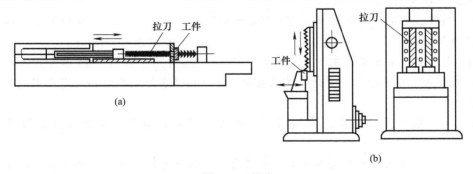

图 2-39 拉床

习题与思考题

2-1 举例说明通用机床、专门化机床和专用机床的主要区别是什么,它们的适用范围怎样？

2-2 指出下列机床型号中各位字母和数字代号的具体含义。
CM6132，Z3040×16，XK5040，B2021A，MG1432B。

2-3 举例说明何谓内联系传动链？何谓外联系传动链？其本质区别是什么？

2-4 图2-40是一车床的主运动系统图，按图所示传动系统回答下列各题。

① 写出传动路线表达式；

② 分析主轴的转速级数；

③ 计算主轴的最高最低转速。

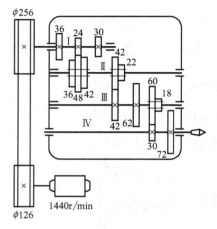

图2-40 某车床主运动传动系统

2-5 在CA6140型车床上车削下列螺纹：

① 米制螺纹 $P=5$mm；

② 英制螺纹 $a=11$ 牙/in（1in≈25.4mm）；

③ 米制螺纹 $P=8$mm，$K=2$；

④ 模数螺纹 $m=6$mm，$K=2$。

试写出传动路线表达式，并说明车削这些螺纹时可采用的主轴转速范围（中低速或高速）。

2-6 进给传动系统中，主轴箱和溜板箱中各有一套换向机构，它们的作用有何不同？能否用主轴箱中的换向机构来变换纵、横向机动进给的方向？为什么？

2-7 为什么卧式车床溜板箱中要设置互锁机构？丝杠传动与纵向、横向机动进给能否同时接通？纵向和横向机动进给之间是否需要互锁？为什么？

2-8 CA6140型车床主传动链中，能否用双向牙嵌式离合器或双向齿轮式离合器代替双向多片式摩擦离合器实现主轴的开停及换向？在进给传动链中，能否用单向摩擦离合器代替齿轮式离合器 M_3、M_4、M_5，为什么？

2-9 卧式车床进给传动系统中，为什么既有光杠又有丝杠来实现刀架的直线运动？可否单独设置丝杠或光杠？为什么？

2-10 在CA6140型车床上车削 $S=10$mm 的米制螺纹，试指出能够加工这一螺纹的传动路线有哪几条？

2-11 CA6140型车床的主轴转速 450～1400r/min（其中500r/min除外）时，为什么能获得细进给量？在进给箱中变速机构调整情况不变的条件下，细进给量与常用进给量的比值是多少？

2-12 在万能外圆磨床上用纵向磨削法磨削外圆时，需要的主运动和进给运动各是什么？

2-13 试分析卧轴矩台平面磨床和立轴圆台平面磨床在磨削方法、加工质量、生产率等方面有何不同？

2-14 各类机床中，可用来加工外圆表面、内孔、平面和沟槽的各有那些机床？它们的适用范围有何区别？

2-15 在滚齿机上用展成法加工直齿圆柱齿轮和斜齿圆柱齿轮，需要配换哪些挂轮？

2-16 滚齿机在滚切直齿圆柱齿轮和斜齿圆柱齿轮时，各需要调整哪几条传动链？其中哪些传动链是内联系传动链？哪些是外联系传动链？为什么？

2-17 在滚齿机上滚切斜齿圆柱齿轮所产生的螺旋角误差与哪些因素有关？如何保证一对相互啮合的斜齿轮的螺旋角相等？

2-18 在 Y3150E 型滚齿机上，采用单头右旋滚刀，滚刀直径为 55mm，切削速度 $v=22\text{m/min}$，轴向进给量 $f=1\text{mm/r}$，加工右旋斜齿圆柱齿轮，齿数为 60，螺旋角 $\beta=12°17'9''$，模数 $m_n=2\text{mm}$，8 级精度，试列出加工时各传动链的运动平衡式，确定其挂轮齿数。

2-19 卧式铣镗床可以实现哪些运动？

2-20 铣削、刨削各适用于什么场合？

第3章 金属切削原理及刀具

3.1 金属切削刀具概述

在现代机械制造工业中，金属切削加工是使用最为广泛的一种机械加工方法。任何一种机械设备，凡是形状、尺寸、精度和表面光洁度有较高要求的零件，一般都需要经过切削加工。要高质量、高效率地进行切削加工，就必须使用性能优良的、先进的生产工具，主要包括金属切削机床、金属切削刀具、夹具、量具以及其他辅助用具等。根据机械零部件的材质、形状、尺寸和技术要求的不同，以及生产批量和使用机床的不同，所要使用的刀具也不同。而且，刀具对于提高劳动生产率、保证加工精度与表面质量、改进生产技术、降低加工成本，都有直接的影响。因此对于刀具的学习就显得格外重要。

3.1.1 刀具的组成

任何一把刀具都由刀柄和刀头两大部分组成。刀柄用于定位和夹持刀具，又称为夹持部分；刀头用于切削，又称切削部分。刀具的种类繁多，形状各异，但影响刀具切削性能的主要是刀具切削部分的几何形状参数和材料，而各种刀具切削部分的几何形状却大同小异，如图 3-1 所示。

由于各种刀具切削部分形状相近，因此研究刀具切削性能就以普通车刀为例。普通外圆车刀的切削部分如图 3-2 所示，它由六个基本结构要素构造而成，它们各自的定义如下：

① 前刀面。又称前面，是切屑沿其流出的刀具表面。

② 主后刀面。又称主后面，是与工件上加工表面相对的刀具表面。

③ 副后刀面。是与工件上已加工表面相对的刀具表面。

④ 主切削刃。也称为主刀刃，是前刀面与主后刀面的交线，它承担主要切削工作，它在工件上切出过渡表面。

⑤ 副切削刃。也称为副刀刃，是前刀面

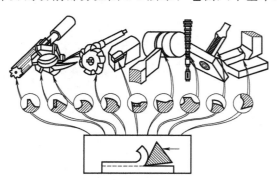

图 3-1 各种刀具切削部分的几何形状

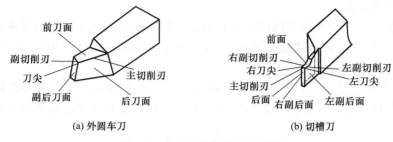

图 3-2　车刀切削部分组成要素

与副后刀面的交线，它协同主切削刃完成切削工作，并最终形成已加工表面。

⑥ 刀尖。连接主切削刃和副切削刃的一段刀刃，它可以是一段小的圆弧，也可以是一段直线，是刀具切削部分工作条件最为恶劣的部位。

3.1.2　加工表面与切削要素

(1) 切削运动与加工表面

① 切削运动。金属切削过程就是刀具与工件相互运动、相互作用的过程。在切削加工中刀具与工件的相对运动，称为切削运动。形成加工面形状的切削运动可分解两种：主运动和进给运动。主运动是切下切屑所需的最基本的运动，刀刃上选定点相对于工件的主运动速度称为切削速度。主运动特点是运动速度最高，消耗功率最大。主运动一般只有一个。保证金属的切削能连续进行的运动，称为进给运动，工件或刀具每转或每一行程时，工件和刀具在进给运动方向的相对位移量，称为进给量。进给运动的特点是运动速度低，消耗功率小。进给运动可以有几个，可以是连续运动，也可以是间歇运动。

图 3-3 所示为外圆车削加工。车削加工是机械加工中最常见、最典型的切削加工方法。在普通的外圆车削加工中，切削运动主要由两种基本运动单元组合而成：第一是工件的回转运动，它是切除工件表面多余金属以形成新加工表面的基本运动；第二是车刀的纵向或者横向的进给运动，它保证了切削工作的连续性。在这两个运动合成的切削运动作用下，工件表面的层层金属不断地被车刀切下来并转变为切屑，从而加工出所需的工件新表面。v_c 为

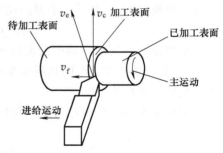

图 3-3　车削运动和加工表面

切削刃某点的切削速度，v_f 为同一点的进给运动速度，v_e 为两个运动的合成速度，显然：

$$v_e = \sqrt{v_c^2 + v_f^2} \tag{3-1}$$

② 工件上的加工面。车削加工中，工件上有三个依次变化着的表面：待加工表面、加工表面和已加工表面，如图 3-3 所示。

a. 待加工表面。切削加工时即将被切除的工件表面。

b. 加工表面（也称过渡表面）。加工时由切削刃在工件上正在形成的那部分表面，它是待加工表面和已加工表面的过渡表面。

c. 已加工表面。已被切去多余金属而形成的符合加工要求的工件新表面。

(2) 切削用量三要素

在切削过程中，需要根据不同的工件材料、刀具材料和其他经济技术要求来选定适宜的切削速度 v_c、进给量 f 或者进给速度 v_f 的值，还要选定适宜的背吃刀量 a_p 的值。v_c、f、a_p 称为切削用量三要素。

① 切削速度 v_c。它是切削刃上选定点相对于工件的主运动速度，而大多数切削加工的主运动采用的是回转运动。此时，回转体（刀具或工件）上外圆或内孔某一点的切削速度计算公式如下：

$$v_c = \frac{\pi d n}{1000} \ (\text{m/min}) \tag{3-2}$$

式中 d——工件或刀具上某一点的回转直径，mm；
n——工件或刀具上的转速，r/min。

在生产中，一般加工的切削速度单位常用米/分（m/min），磨削速度单位用米/秒（m/s）。

在转速 n 值一定时，切削刃上各点的切削速度是不同的。考虑到刀具的磨损和已加工表面质量等因素，在计算时，应取最大的切削速度。比如在外圆车削时应计算待加工表面上的速度（用 d_w 代入公式），内孔车削时应计算已加工表面上的速度（用 d_m 代入公式），钻削时应计算钻头外径处的速度。

② 进给量、进给速度和每齿进给量。进给量是工件或刀具每转时两者沿着进给运动方向的相对位移，用 f 表示，单位是 mm/r（毫米/转）。进给速度 v_f 是单位时间的进给量，单位一般用 mm/min。对于刨削、插削等主运动为往复直线运动的加工，虽然可以不规定进给速度，却需要规定间歇进给的进给量，其单位为 mm/d·str（毫米/双行程）。

对于铣刀、铰刀、拉刀、齿轮滚刀等多刃切削工具，在它们进行工作时，还应规定每一个刀齿的进给量 f_z，即后一个刀齿相对于前一个刀齿的进给量，单位是 mm/z（毫米/齿）。

则：

$$v_f = fn = f_z n z \ (\text{mm/min}) \tag{3-3}$$

通常情况下，切削运动中的主运动只有一个，而进给运动可能是一个或者是多个。

③ 背吃刀量。对于车削和刨削来说，背吃刀量 a_p 为工件上已加工表面和待加工表面间的垂直距离，单位为 mm。

外圆柱表面车削的背吃刀量可用以下公式来计算：

$$a_p = \frac{d_w - d_m}{2} \ (\text{mm}) \tag{3-4}$$

对于钻孔工作：

$$a_p = \frac{d_m}{2} \ (\text{mm}) \tag{3-5}$$

式中 d_m——已加工表面直径，mm；
d_w——待加工表面直径，mm。

(3) 切削层参数

在切削过程中，刀具的刀刃在一次走刀中从工件待加工表面切下的金属层，被称为切削层。在垂直切削速度的切削层截面尺寸被称为切削层参数。

如图 3-4 所示车削外圆加工，工件旋转一周，车刀由位置Ⅰ移动到位置Ⅱ，移动一个进给量 f，阴影部分就是切下金属的切削层截面。

① 切削层宽度 b_D。沿着过渡表面度量的切削层尺寸称为切削层宽度。显然：

$$b_D = a_p/\sin\kappa_r \text{(mm)} \tag{3-6}$$

由式（3-6）可以看出，当背吃刀量 a_p 增大或者主偏角 κ_r 减小时，切削层公称宽度 b_D 增大。

② 切削层厚度 h_D。垂直于过渡表面的切削层尺寸，称为切削层厚度。由图 3-4 知：

$$h_D = f\sin\kappa_r \text{(mm)} \tag{3-7}$$

式中 κ_r——刀具主偏角，即刀具主切削刃与进给方向的夹角。

根据式（3-7）可以看出，进给量 f 或刀具主偏角 κ_r 增大，车削切削层厚度 h_D 增大。

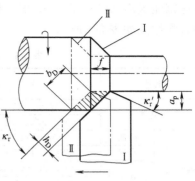

图 3-4　车削的切削层参数

③ 切削层面积 A_D。切削层横截面积就称为切削层面积。车削的切削层面积为：

$$A_D = h_D b_D = a_p f \text{(mm}^2\text{)} \tag{3-8}$$

3.1.3　刀具材料

刀具材料性能的优劣是影响加工表面质量、切削效率、刀具寿命（刀具耐用度）的基本因素。刀具新材料的出现，往往能成倍地提高生产率，并能解决某些难加工材料的加工。正确选择刀具材料是设计和选用刀具的重要内容之一。

(1) 刀具材料应具备的性能

刀具切削部分在工作时要承受高温、高压、强烈的摩擦、冲击和振动，因此，刀具材料必须具备以下基本性能。

① 高的硬度。刀具材料的硬度必须高于工件材料的硬度。刀具材料的常温硬度一般要求在 60HRC 以上。一般来说，刀具材料的硬度越高，其耐磨性也越好。

② 高的耐磨性。耐磨性是指刀具抵抗磨损的能力，它是刀具材料力学性能、组织结构和化学性能的综合反映。一般刀具材料的硬度越高，耐磨性越好。材料中硬质点的硬度越高，数量越多，颗粒越小，分布越均匀，则耐磨性越高。

③ 足够的强度和韧性。为了承受切削力、冲击和振动，而不至于产生崩刃和折断，刀具材料应具有足够的强度和韧性，通常用抗弯强度和冲击值表示。

④ 高的耐热性。耐热性是指刀具材料在高温下仍保持原有的硬度、耐磨性、强度和韧性，并有良好的抗粘接、抗扩散、抗氧化的能力。耐热性越好的刀具材料在高温时，其抗塑性变形的能力、抗磨损的能力就越强。

⑤ 良好的导热性和耐热冲击性能。刀具材料的导热性能要好，不会因受到大的热冲击产生刀具内部裂纹而导致刀具断裂。刀具材料的导热性越好，切削时产生的热量越容易传导出去，从而降低切削部分的温度，减轻刀具磨损。

⑥ 良好的工艺性能和经济性。刀具材料应具有良好的锻造性能、热处理性能、焊接性能、切削加工性能、磨削加工性能等，而且要追求高的性能价格比。另外，随着切削加工自动化和柔性制造系统的发展，还要求刀具磨损和刀具寿命等性能指标具有良好的可预测性。

(2) 常用刀具材料

① 高速钢。

高速钢是含有较多钨、钼、铬、钒等合金元素的高合金工具钢。高速钢具有较高的硬度和耐热性，在切削温度达 550～600℃ 时，仍能进行切削。与碳素工具钢和合金工具钢相比，高速钢能提高切削速度1～3倍,提高刀具使用寿命10～40倍甚至更多。常用的几种高速钢的力学性能如表3-1所示。

表3-1 常用高速钢的种类、牌号及主要性能

钢号		牌号	硬度(HRC)			抗弯强度/GPa	冲击值/(MJ/m²)
			常温	500℃	600℃		
普通高速钢		W18Cr4V	63～66	56	48.5	2.94～3.33	0.172～0.331
		W6Mo5Cr4V2	63～66	55～56	47～48	3.43～3.92	0.294～0.392
高性能高速钢	高碳	95W18Cr4V3	67～68	58	52	≈2.92	0.166～0.216
	高钒	W6Mo5Cr4V3	65～67	—	51.7	≈3.136	0.245
	含钴	W6Mo5Cr4V2Co8	66～68	—	54	≈2.92	≈0.294
		W2Mo9Cr4VCo8	67～70	60	55	2.65～3.72	0.225～0.294
	含铝	W6Mo5Cr4V2Al	67～69	60	55	2.84～3.82	0.225～0.294
		W10Mo4Cr4V3Al	67～69	60	54	3.04～3.43	0.196～0.274

高速钢具有较高的强度和韧性,抗弯强度为一般硬质合金的2～3倍,抗冲击振动能力强。

高速钢的工艺性能较好,能锻造,容易磨出锋利的刀刃,适宜制造各类切削刀具,尤其在复杂刀具(钻头、丝锥、成形刀具、拉刀、齿轮刀具等)的制造中,高速钢占有重要的地位。

高速钢按切削性能分,有通用型高速钢和高性能高速钢;按制造工艺方法不同,还可分为熔炼高速钢和粉末冶金高速钢。

② 硬质合金。

硬质合金是用高硬度、难熔的金属碳化物(WC、TiC等)和金属黏结剂(Co、Ni等)在高温条件下烧结而成的粉末冶金制品。硬质合金的常温硬度达89～93HRA,760℃时其硬度为77～85HRA,在800～1000℃时硬质合金还能进行切削,刀具寿命比高速钢刀具高几倍到几十倍,其应用范围见表3-2所示。但硬质合金的强度和韧性比高速钢差,常温下的冲击韧性仅为高速钢的1/30～1/8,因此,硬质合金承受切削振动和冲击的能力较差。

表3-2 硬质合金的应用范围

牌号	使用说明	使用场合
YG3X	属细颗粒合金,是YG类合金中耐磨性最好的一种,但冲击韧性差	铸铁、有色金属的精加工,合金钢、淬火钢及钨、钼材料精加工
YG6X	属细颗粒合金,耐磨性优于YG6,强度接近YG6	铸铁、冷硬铸铁、合金铸铁、耐热钢、合金钢的半精加工、精加工
YG6	耐磨性较好,抗冲击能力优于YG3X、YG6X	铸铁、有色金属及合金、非金属的粗加工、半精加工
YG8	强度较高,抗冲击能力较好,耐磨性较差	铸铁、有色金属及合金的粗加工,可断续切削
YT30	YT类合金中红硬性和耐磨性最好,但强度低,不耐冲击,易产生焊接和磨刀裂纹	碳钢、合金钢连续切削时的精加工
YT15	耐磨性和红硬性较好,但抗冲击能力差	碳钢、合金连续切削时的半精加工和精加工
YT14	强度和冲击韧性较高,但耐磨性和红硬性低于YT15	碳钢、合金钢连续切削时的粗加工、半精加工和精加工
YT5	是YT类合金中强度冲击韧性最好的一种,不易崩刃,但耐磨性差	碳钢、合金钢连续切削时的粗加工,可用于断续切削
YG6A	属细颗粒合金,耐磨性和强度YG6X相近	硬铸铁、球铸铁、有色金属及合金、高锰钢、合金钢、淬火钢的半精加工、精加工

续表

牌号	使用说明	使用场合
YG8A	属中颗粒合金,强度较好,红硬性较差	硬铸铁、球铸铁、白口铁、有色金属及合金,不锈钢的粗加工、半精加工
YW1	红硬性和耐磨性较好,耐冲击,通用性较好	不锈钢、耐热钢、高锰钢及其他难加工材料的半精加工、精加工
YW2	红硬性和耐磨性低于YW1,但强度和抗冲击韧性较高	不锈钢、耐热钢、高锰钢及其他难加工材料的半精加工、精加工

硬质合金是最常用的刀具材料之一,常用于制造车刀和面铣刀,也可用硬质合金制造深孔钻、铰刀、拉刀和滚刀。尺寸较小和形状复杂的刀具,可采用整体硬质合金制造,但整体硬质合金刀具成本高,其价格是高速钢刀具的8~10倍。

ISO(国际标准化组织)把切削用硬质合金分为三类:P类、K类和M类。

P类(相当于我国YT类)硬质合金由WC、TiC和Co组成,也称钨钛钴类硬质合金。这类合金主要用于加工钢料。常用牌号有YT5(TiC的质量分数为5%)、YT15(TiC的质量分数为15%)等,随着TiC质量分数的提高,钴质量分数相应减少,硬度及耐磨性增高,抗弯强度下降。此类硬质合金不宜加工不锈钢和钛合金。

K类(相当于我国YG类)硬质合金由WC和Co组成,也称钨钴类硬质合金。这类合金主要用来加工铸铁、有色金属及其合金。常用牌号有YG6(钴的质量分数为6%)、YG8(钴的质量分数为8%)等,随着钴质量分数增多,硬度和耐磨性下降,抗弯强度和韧性增高。

M类(相当于我国YW类)硬质合金是在WC、TiC、Co的基础上再加入TaC(或NbC)而成。加入TaC(或NbC)后,改善了硬质合金的综合性能。这类硬质合金既可以加工铸铁和有色金属,又可以加工钢料,还可以加工高温合金和不锈钢等难加工材料,有通用硬质合金之称。常用牌号有YW1和YW2等。

各种硬质合金牌号的性能差异如表3-3所示。

表3-3 各种硬质合金的性能比较

牌号	性能比较		应用范围
YG3X	硬度 耐磨性 切削速度 ↑	抗弯强度 韧性 进给量 ↓	铸铁、有色金属及其合金精加工、半精加工,不能承受冲击载荷
YG3			铸铁、有色金属及其合金精加工、半精加工,不能承受冲击载荷
YG6X			普通铸铁、冷硬铸铁、高温合金的精加工、半精加工
YG6			铸铁、有色金属及其合金半精加工和粗加工
YG8			铸铁、有色金属及合金、非金属材料粗加工,也可用于断续切削
YG6A			冷硬铸铁、有色金属及其合金的半精加工,亦可用于高锰钢、淬硬钢的半精加工和精加工
YT30	硬度 耐磨性 切削速度 ↑	抗弯强度 韧性 进给量 ↓	碳素钢、合金钢的精加工
YT15			碳素钢、合金钢在连续切削时的粗加工、半精加工,亦可用于断续切削时的精加工
YT14			
YT5			碳素钢、合金钢的粗加工,也可用于断续切削
YW1	硬度 耐磨性 切削速度 ↑	抗弯强度 韧性 进给量 ↓	高温合金、高锰钢、不锈钢等难加工材料及普通钢料、铸铁、有色金属及其合金的半精加工和精加工
YW2			高温合金、高锰钢、不锈钢等难加工材料及普通钢料、铸铁、有色金属及其合金的半精加工和精加工

③ 其他刀具材料。

a. 陶瓷。陶瓷分为两大类,Al_2O_3基陶瓷和Si_3N_4基陶瓷。刀具陶瓷的硬度可达到

91~95HBA，耐磨性好，耐热温度可达1200℃（此时硬度为80HRA），它的化学稳定性好，抗黏结能力强，但它的抗弯强度很低，仅有0.7~0.9GPa，故陶瓷刀具一般用于高硬度材料的精加工。

b. 人造金刚石。它是碳的同素异形体，是通过合金触媒的作用在高温高压下由石墨转化而成。人造金刚石的硬度很高，其显微硬度可达10000HV，是除天然金刚石之外最硬的物资，它的耐磨性极好，与金属的摩擦系数很小；但它的耐热温度较低，在700~8000℃时易脱碳，失去其硬度；它与铁族金属的亲和作用大，故人造金刚石多用于对有色金属及非金属材料的超精加工以及作磨具磨料用。

c. 立方氮化硼。它是由立方氮化硼经高温高压转变而成。其硬度仅次于人造金刚石达到8000~9000HV，它的耐热温度可达1400℃，化学稳定性很好，可磨削性能也较好，但它的焊接性能差些，抗弯强度略低于硬质合金，它一般用于高硬度、难加工材料的精加工。

表 3-4 是各种刀具材料的性能比较。

表 3-4 普通刀具材料与超硬刀具材料性能与用途对比

性能	刀具材料种类						
	合金工具钢	高速钢 W18Cr4V	硬质合金 YG6	陶瓷 Si_3N_4	天然金刚石	聚晶金刚石 PCD	聚晶立方氮化硼 PCBN
硬度	HRC65	HRC66	HRA90	HRA93	HV10000	HV7500	HV4000
抗弯强度	2.4GPa	3.2GPa	1.45GPa	0.8GPa	0.3GPa	2.8GPa	1.5GPa
导热系数	40~50	20~30	70~100	30~40	146.5	100~200	40~100
热稳定性	350℃	620℃	1000℃	1400℃	800℃	600~800℃	>1000℃
化学惰性			低	惰性大	惰性小	惰性小	惰性大
耐磨性	低	低	较高	高	最高	最高	很高
加工质量			一般精度 $Ra\leqslant0.8$ IT7~IT8	$Ra\leqslant0.8$ IT7~IT8	高精度 $Ra=0.05~0.1$ IT5~IT6	$Ra=0.2~0.4$ IT5~IT6 可代替磨削	
加工对象	低速加工一般钢材、铸铁	一般钢材、铸铁粗、精加工	一般钢材、铸铁粗、精加工	高硬度钢材精加工	硬质合金，铜、铝有色金属及其合金，陶瓷等高硬度材料	淬火钢、冷硬铸铁、高温合金等难加工材料	

3.1.4 刀具几何参数

(1) 刀具标注角度参考系

建立假想的参考平面坐标系，如图 3-5 所示。它是在不考虑进给运动大小，并假定车刀刀尖与工件中心等高，刀杆中心线垂直于进给方向并参照 ISO 标准建立的。该参考系是由三个互相垂直的平面组成，称为刀具标注角度参考系。

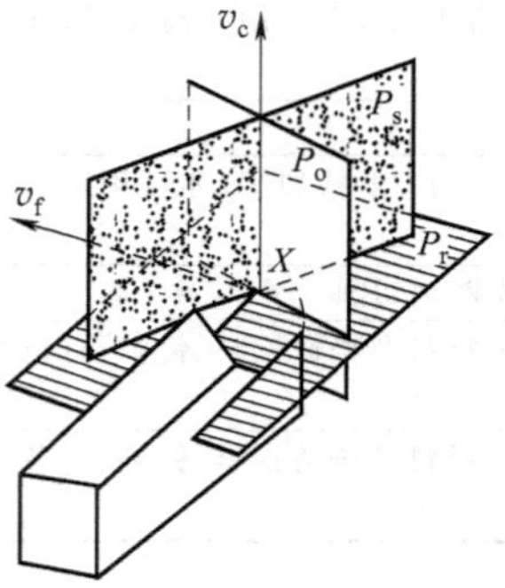

a. 基面 P_r。通过主切削刃上某一指定点，并与该点切削速度方向（主运动方向）相垂直的平面。

b. 切削平面 P_s。通过主切削刃上某一指定点，与主切削刃相切并垂直于该点基面的平面。

c. 正交平面 P_o。通过主切削刃上某一指定点，并同时垂直于该点基面和切削平面的平面。

图 3-5 刀具标注角度的参考系

(2) 刀具的标注角度

在刀具标注角度参考系中测得的角度称为刀具的标注角度。

标注角度应标注在刀具的设计图中,用于刀具制造、刃磨和测量。在正交平面参考系中,刀具的主要标注角度有六个,如图 3-6 所示,其定义分别如下:

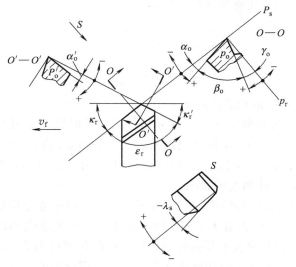

图 3-6 车刀的标注角度

a. 前角 γ_o。在正交平面内测量的前刀面和基面间的夹角,有正、负和零值之分。前刀面在基面之下时前角为正值,前刀面在基面之上时前角为负值,两面重合是值为零。

b. 后角 α_o。在正交平面内测量的主后刀面与切削平面的夹角,一般为正值。

c. 主偏角 κ_r。在基面内测量的主切削刃在基面上的投影与进给运动方向的夹角。

d. 副偏角 κ_r'。在基面内测量的副切削刃在基面上的投影与进给运动反方向的夹角。

e. 刃倾角 λ_s。在切削平面内测量的主切削刃与基面之间的夹角。在主切削刃上,刀尖为最高点时刃倾角为正值,刀尖为最低点时刃倾角为负值。主切削刃与基面平行时,刃倾角为零。

f. 副后角 α_o'。要完全确定车刀切削部分的空间位置,还需标注副后角 α_o',因为副后角 α_o' 确定了副后刀面的空间位置。它是在副正交平面内测量的副后刀面与副切削平面的夹角,一般为正值。

(3) 刀具的工作角度

如果考虑合成运动和实际安装情况,则刀具的参考平面坐标位置会发生变化,从而导致刀具角度大小的变化。以切削过程中实际的基面、切削平面和正交平面为参考平面所确定的刀具角度称为刀具的工作角度,又称实际角度。

① 横向进给运动对工作角度的影响。

如图 3-7 所示。当切断或车端面时,进给运动是沿横向移动。工件每转一转,车刀横向移动距离 f,切削刃选定点相对于工件的运动轨迹为一阿基米德螺旋线。因此切削速度

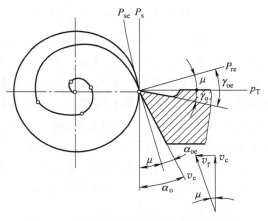

图 3-7 横向进给运动对工作角度的影响

由 v_c 变成合成切削速度 v_e，基面 P_r 由水平位置变至工作基面 P_{re}，切削平面 P_s 由铅垂位置变至工作切削平面 P_{se}。

此时，刀具的前角和后角将发生如下变化：

$$\gamma_{oe}=\gamma_o+\mu$$
$$\alpha_{oe}=\alpha_o-\mu \quad (3\text{-}9)$$
$$\mu=\arctan\frac{f}{\pi d}$$

式中 γ_{oe}，α_{oe}——工作前角和工作后角。

由式（3-9）可知，进给量 f 增大，则 μ 值增大；瞬时直径 d 减小，μ 值也增大。车削至接近工件中心时，d 值很小，μ 值急剧增大，工作后角 α_{oe} 将变为负值，致使工件最后被挤断。因此，对于横向切削，不宜选用过大的进给量，并应适当加大刀具的标注后角。

② 纵向进给运动对工作角度的影响。

图 3-8 所示为车削右螺纹的情况。假定车刀 $\lambda_s=0$，如不考虑进给运动，则基面 P_r 平行于刀杆底面，切削平面 P_s 垂直于刀杆底面，正交平面中的前角和后角为 γ_o 和 α_o，在进给平面（平行于进给方向并垂直于基面的平面）中的前角和后角为 γ_f 和 α_f。若考虑进给运动，则加工表面为一螺旋面，这时切削平面变为切于该螺旋面的平面 P_{se}，基面变为垂直于合成切削速度矢量的平面 P_{re}，它们分别相对于 P_s 和 P_r，在空间偏转同样的角度，这个角度在进给平面中为 μ_f，在正交平面中为 μ，从而引起刀具前角和后角的变化。

在上述进给平面内，刀具的工作角度为：

$$\gamma_{fe}=\gamma_f+\mu_f$$
$$\alpha_{fe}=\alpha_f+\mu_f \quad (3\text{-}10)$$
$$\tan\mu_f=\frac{f}{\pi d_w}$$

式中 f——被切螺纹的导程或进给量，mm/r；
d_w——工件直径，mm。

在正交平面内刀具的工作前角、后角分别为：

$$\gamma_{oe}=\gamma_o+\mu$$
$$\alpha_{oe}=\alpha_o-\mu \quad (3\text{-}11)$$
$$\tan\mu=\tan\mu_f\sin\kappa_r=\frac{f}{\pi d_w}\sin\kappa_r$$

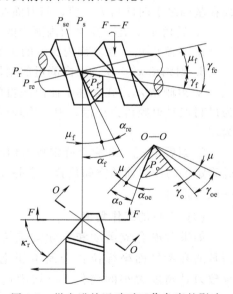

图 3-8 纵向进给运动对工作角度的影响

由以上各式可知，进给量 f 越大，工件直径 d_w 越小，则工作角度值变化就越大。上述分析适合于车右螺纹时车刀的左侧刃，此时右侧刃工作角度的变化情况正好相反。所以车削右螺纹时，车刀左侧刃应适当加大刃磨后角，而右侧刃应适当增大刃磨前角，减小刃磨后角。一般外圆车削时，由进给运动所引起的 μ 值不超过 $30'\sim1°$，故其影响可忽略不计。但在车削大螺距或多头螺纹时，纵向进给的影响是不可忽略的，这时必须考虑它对刀具工作角度的影响。

③ 刀尖安装高低对工作角度的影响。

现以切槽刀为例进行分析：

在图 3-9（a）中，刀尖与工件中心等高时，工作角度与刃磨角度相同，即工作前角

$\gamma_{oe}=\gamma_o$,工作后角 $\alpha_{oe}=\alpha_o$。

在图 3-9（b）中，当刀尖高于工件中心时，实际切削平面将变为 P_{se}，基面变到 P_{re} 位置，工作前角 γ_{oe} 增大，工作后角 α_{oe} 减小，即 $\gamma_{oe}=\gamma_o+\theta$；$\alpha_{oe}=\alpha_o-\theta$。反之，当刀尖低于工件中心时，则工作前角 γ_{oe} 减小，工作后角 α_{oe} 增大。对于外圆车刀，工作角度也有同样的变化关系。生产中常利用这种方法来适当改变刀具角度，h 常取为 $\left(\dfrac{1}{100}\sim\dfrac{1}{50}\right)d_w$，这时 θ 值为 $2°\sim4°$，这样就可不必改磨刀具，而迅速获得更为合理的 γ_{oe} 和 α_{oe}。粗车外圆时，使刀尖略高于工件中心，以增大前角，降低切削力；精车外圆时，使刀尖略低于工件中心，以增大后角，减少后刀面的磨损；车成形表面时，刀刃应与工件中心等高，以免产生误差。

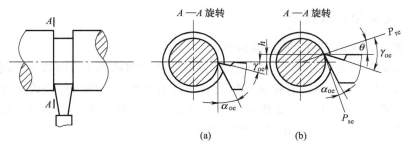

图 3-9　刀尖安装高低对工作角度的影响

④ 刀杆中心线安装偏斜对工作角度的影响。

当刀杆中心线与进给方向不垂直时，工作主偏角 κ_{re} 和工作副偏角 κ'_{re} 将会发生变化，如图 3-10 所示。在自动车床上，为了在一个刀架上装几把刀，常使刀杆偏斜一定角度；在普通车床上为了避免振动，有时也将刀杆偏斜安装以增大主偏角。

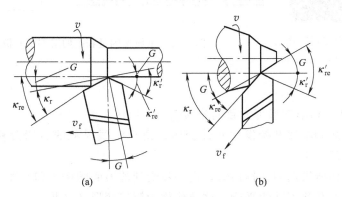

图 3-10　刀杆中心线安装偏斜对工作角度的影响

3.2　金属切削过程的基本原理

研究金属切削过程，对切削加工技术的发展和进步，保证加工质量，降低加工成本，提高生产率等有着十分重要的意义。在金属切削加工过程中，出现的一些物理现象，比如：切削力、切削热、刀具磨损以及加工表面质量等，都是以切屑形成过程为基础的，而生产实践中出现的许多问题，如积屑瘤、鳞刺、振动、卷屑与断屑等，都与切削过程有关。因此，开展金属切削过程的研究，正是抓住了问题的根本，深入到本质，重视了基础。

在现代技术装备中，难加工材料的应用越来越多，对零件的质量要求也不断提高；与此同时，切削加工自动化以及计算机在机械制造中的应用日益广泛，这些都要求我们更加深入地掌握金属切削过程的规律，以创造出更加先进的切削加工方法和高质量的刀具，适应生产发展的需要。

对金属切削过程的研究，从总体上经历了很长的一段时间，耗费了许多人力物力，同时也取得了巨大的经济效益。近代科学技术的不断发展，以及切削过程的研究工作提供了一些主要的物理参数模型和数据，为利用电子计算机辅助设计加工工艺、刀具和机床，以及切削加工的自动化和适应控制开辟了道路，促使了本学科和金属切削加工技术较快地向前发展。

3.2.1 金属切削变形过程

(1) 切屑形成过程及切削变形区的划分

大量的实验和理论分析证明，塑性金属切削过程中切屑的形成过程就是切削层金属的变形过程。如图 3-11 是用显微镜直接观察低速直角自由切削工件侧面得到的切削层的金属变形情况。根据该图可绘制出图 3-12 所示的金属切削过程中滑移线和流线的示意图，其中流线表示被切削金属的某一点在切削过程中流动的轨迹。

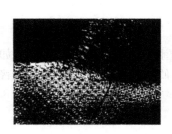

图 3-11 金属切削层变形图像
（工件材料：Q235A $v=0.01\text{m/min}$，
$a_c=0.15\text{mm}$，$\gamma_o=30°$）

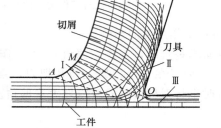

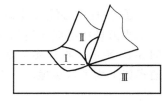

图 3-12 金属切削过程中的滑移线和流线示意图

由图 3-12 可见，切削变形可大致划分为三个变形区。

第一变形区：从 OA 线开始发生塑性变形，到 OM 线晶粒的剪切滑移基本完成。这一区域称为第一变形区（Ⅰ）。

第二变形区：切屑沿前刀面排出时，进一步受到前刀面的挤压和摩擦，使靠近前刀面处金属纤维化，基本上和前刀面相平行，这部分称为第二变形区（Ⅱ）。

第三变形区：已加工表面受到切削刃钝圆部分与后刀面的挤压和摩擦，产生变形与回弹，造成纤维化和加工硬化。这一部分的变形也是比较密集的，称为第三变形区（Ⅲ）。

这三个变形区汇集在切削刃附近，此处的应力比较集中而复杂，金属的被切削层就在此处与工件本体分离，大部分变成切屑，很小一部分留在已加工表面上。

图 3-12 中的虚线 OA、OM 实际上就是等切应力曲线。如图 3-13 中所示，当切削层中金属某点 P 向切削刃逼近，到达点 1 位置时，其切应力达到材料的屈服点 τ_s，点 1 在向前移动的同时，也沿 OA 滑移，其合成运动将使点 1 流动到点 2。$2'—2$ 就是它的滑移量。随着滑移的产生，切应力将逐渐增加，也就是当 P 点向 1、2、3……各点流动时，它的切应力

不断增加，直到点 4 位置，不再沿 OM 线滑移。所以 OM 叫终滑移线，OA 叫始滑移线。在 OA 到 OM 之间整个第一变形区，其变形的主要特征就是沿滑移线的剪切变形，以及随之产生的加工硬化。在切削速度较高时，这一变形区较窄。

沿滑移线的剪切变形，从金属晶体结构的角度来看，就是沿晶格中晶面的滑移。可用图 3-14 的模型来说明。工件原材料的晶粒可假定为圆的颗粒，如图 3-14（a）所示，当它受到切

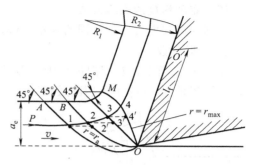

图 3-13 第一变形区金属的滑移

应力时，晶格内的晶面就发生位移，而使晶粒呈椭圆形。这样，圆直径 AB 就变成椭圆的长轴 $A'B'$，如图 3-14（b）所示。$A''B''$ 就是金属纤维化的方向，可见晶粒伸长的方向即纤维化方向，它与滑移方向即剪切面方向不重合的，它们成一夹角 ψ，见图 3-14（c）。

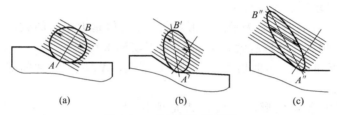

图 3-14 晶粒滑移示意图

在图 3-15 中，第一变形区较宽，代表切削速度很低的情况。在一般的切削速度范围内，第一变形区的宽度仅为 0.02～0.2mm，所以可用一剪切面来表示。剪切面和切削速度方向的夹角叫作剪切角，以 ϕ 表示。

根据上述的变形过程，可以把塑性金属的切削过程粗略地模拟为如图 3-16 的示意图。被切材料好比一叠卡片 $1'$、$2'$、$3'$、$4'$ 等，当刀具切入时，这叠卡片受力被擦到 1、2、3、4 等位置，卡片之间发生滑移，该滑移方向就是剪切面方向。

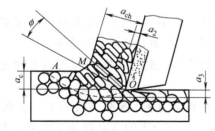

图 3-15 滑移与晶体的伸长

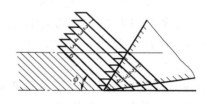

图 3-16 金属切削过程示意图

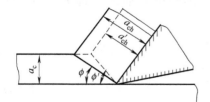

图 3-17 ϕ 角与剪切面面积的关系

实验证明，剪切角 ϕ 的大小和切削力的大小有直接关系。对于同一工件材料，用同样的刀具，切削同样大小的切削层，当切削速度高时，ϕ 角较大，剪切面积变小（见图 3-17），切削比较省力，说明剪切角的大小可以作为衡量切削过程情况的一个标志。因此可以用剪切角来衡量切削过程变形的参数。

(2) 变形程度的表示方法

切削变形程度有三种不同的表示方法，分述如下。

① 变形系数 Λ_h。

如图 3-18 所示，在切削过程中，刀具切下的切屑厚度 a_{ch} 通常都大于工件切削层厚度 a_c，而切屑长度 l_{ch} 却小于切削层长度 l_c。切屑厚度 a_{ch} 与切削层厚度 a_c 之比称为厚度变形系数 Λ_{ha}；而切削层长度 l_c 与切屑长度 l_{ch} 之比称为长度变形系数 Λ_{hl}，由图 3-8 可知：

$$\Lambda_{ha} = \frac{a_{ch}}{a_c} = \frac{\overline{OM}\sin(90°-\phi+\gamma_o)}{\overline{OM}\sin\phi} = \frac{\cos(\phi-\gamma_o)}{\sin\phi} \quad (3-12)$$

$$\Lambda_{hl} = \frac{l_c}{l_{ch}} \quad (3-13)$$

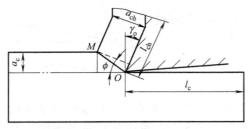

图 3-18 变形系数 Λ_h 的计算

由于切削层变成切屑后，宽度变化很小，根据体积不变原理，可求得：$\Lambda_{ha} = \Lambda_{hl}$。

Λ_{ha} 与 Λ_{hl} 可统一用符号 Λ_h 表示。变形系数 Λ_h 的值是大于 1 的数，它直观地反映了切屑的变形程度，Λ_h 越大，变形越大。Λ_h 值可通过实测求得。

由式（3-12）可知，Λ_h 与剪切角 ϕ 有关，ϕ 增大，Λ_h 减小，切削变形减小。

② 相对滑移 ε。

既然切削过程中金属变形的主要形式是剪切滑移，当然就可以用相对滑移 ε（剪应变）来衡量切削过程的变形程度。

图 3-19 中，平行四边形 $OHNM$ 发生剪切变形后，变为平行四边形 $OGPM$，其相对滑移为：

$$\varepsilon = \frac{\Delta S}{\Delta y} = \frac{NP}{MK} = \frac{NK + KP}{MK}$$

则有： $\varepsilon = \cos\phi + \tan(\phi - \gamma_o)$ (3-14)

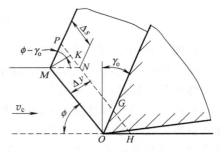

图 3-19 剪切变形示意图

③ 剪切角 ϕ。

如图 3-20（a）所示，根据直角自由切削状态下作用力分析，前刀面作用在切屑上的力有法向力 F_n 和摩擦力 F_f；剪切面作用在切屑上的力有剪切力 F_s 和法向力 F_{ns}。它们的合力分别为 F_r 和 F_r'，如图 3-20（b）所示，这对合力应该处于平衡，F_r' 可以看作是剪切面上的切削合力。

由于在剪切面上金属产生了滑移变形，最大剪应力 F_s 就在剪切面上。直角自由切削时，在垂直于切削合力方向的平面内剪应力为零，切削合力的方向就是主应力的方向。根据材料力学平面应力状态理论，主应力方向与最大剪应力方向的夹角应为 45°，即 F_r' 与 F_s 的夹角应为 45°，故有：

$$\phi + \beta - \gamma_o = \frac{\pi}{4}$$

则： $$\phi = \frac{\pi}{4} - \beta + \gamma_o \quad (3-15)$$

式中 β——切屑与刀具前刀面间的摩擦角。

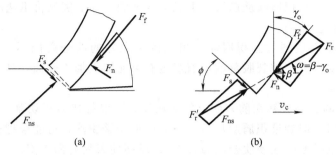

图 3-20 剪切角 ϕ 的计算

分析式 (3-15) 可知：

a. 前角 γ_o 增大时，剪切角 ϕ 随之增大，变形减小。这表明增大刀具前角可减少切削变形，对改善切削过程有利。

b. 摩擦角 β 增大时，剪切角 ϕ 随之减小，变形增大。提高刀具刃磨质量，采用润滑性能好的切削液可以减小前刀面和切屑之间的摩擦系数，有利于改善切削过程。

(3) 积屑瘤及其影响

① 积屑瘤的形成。

在切削速度不高而又能形成带状切屑的情况下，加工一般钢料或铝合金等塑性材料时，常在前刀面处粘着一块剖面呈三角状的硬块，如图 3-21 所示。它的硬度很高，通常是工件材料硬度的 2~3 倍，这块黏附在前刀面上的金属硬块称为积屑瘤。

切削时，切屑与前刀面接触处发生强烈摩擦，当接触面达到一定温度，同时又存在较高压力时，被切材料会黏结（冷焊）在前刀面上。连续流动的切屑从粘在前刀面上的底层金属上流过时，如果温度与压力适当，切屑底部材料也会被阻滞在已经"冷焊"在前刀面上的金属层上，粘成一体，使黏结层逐步长大，形成积屑瘤。积屑瘤的产生及其成长与工件材料的性质、切削区的温度分布和压力分布有关。塑性材料的加工硬化倾向越强，越易产生积屑瘤；切削区的温度和压力很低时，不会产生积屑瘤；温度太高时，由于材料变软，也不易产

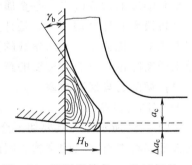

图 3-21 积屑瘤前角 γ_b 和过切量 Δa_c

生积屑瘤。对碳钢来说，切削区温度处于 300~350℃ 时积屑瘤的高度最大，切削区温度超过 500℃ 积屑瘤便自行消失。在背吃刀量 a_p 和进给量 f 保持一定时，积屑瘤高度 H_b 与切削速度 v_c 有密切关系，因为切削过程中产生的热是随切削速度的提高而增加的。如图 3-22 中，Ⅰ 区为低速区，不产生积屑瘤；Ⅱ 区为积屑瘤高度随 v_c 的增大而增高；Ⅲ 区积屑瘤高度随 v_c 的增大而减小；Ⅳ 区不产生积屑瘤。

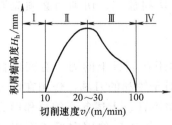

图 3-22 积屑瘤高度与切削速度的关系

② 积屑瘤对切削过程的影响

a. 使刀具前角变大。黏结在前刀面上的积屑瘤有使刀具实际前角增大的作用（见图 3-21），使切削力减小。

b. 使切削厚度变化。积屑瘤前端超过了切削刃，使切削厚度增大，其增量为 Δa_c，如图 3-21 所示。Δa_c 将随着积屑

瘤的成长逐渐增大，一旦积屑瘤从前刀面上脱落或断裂，Δa_c 值就将迅速减小。切削厚度变化必然导致切削力产生波动。

c. 使加工表面粗糙度增大。积屑瘤伸出切削刃之外的部分高低不平，形状也不规则，会使加工表面粗糙度增大；破裂脱落的积屑瘤也有可能嵌入加工表面，从而使加工表面质量下降。

d. 对刀具寿命的影响。粘在前刀面上的积屑瘤，可以替代刀刃切削，有减小刀具磨损，提高刀具寿命的作用；但如果积屑瘤从刀具前刀面上频繁脱落，可能会把前刀面上刀具材料颗粒拽去（这种现象易发生在硬质合金刀具上），反而使刀具寿命下降。

③ 防止积屑瘤产生的措施

积屑瘤对切削过程的影响有积极的一面，也有消极的一面。精加工时必须防止积屑瘤的产生，可采取的控制措施有以下几种。

a. 正确选择切削速度，使切削速度避开产生积屑瘤的区域。
b. 使用润滑性能好的切削液，目的在于减小切屑底层材料与刀具前刀面间的摩擦。
c. 增大刀具前角 γ_o，减小刀具前刀面与切屑之间的压力。
d. 适当提高工件材料硬度，减小加工硬化倾向。

3.2.2 切削力与切削功率

金属切削过程中，刀具施加于工件使工件材料产生变形，并使多余材料变为切屑所需的力称为切削力。切削力直接影响切削热、刀具磨损与耐用度，是影响加工工件质量、工艺系统强度和刚度的重要因素，是金属切削过程中的基本物理现象之一。

分析研究和计算切削力，是计算切削功率，设计和使用刀具、机床、夹具以及制定合理的切削用量，优化刀具几何参数的重要依据，同时对分析切削过程并进一步弄清切削机理，指导生产实际也具有非常重要的意义。

(1) 切削力与切削功率

① 切削力的来源。

如图 3-23 所示，刀具要切下金属材料，必须使被切金属产生弹性变形、塑性变形，并要克服金属材料对刀具的摩擦。因此，切削力的来源有以下三个方面。

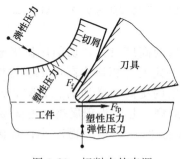

图 3-23 切削力的来源

a. 切削层金属、切屑和工件表面金属的弹性变形所产生的抗力。

b. 切削层金属、切屑和工件表面金属的塑性变形所产生的抗力。

c. 刀具与切屑、工件表面间的摩擦阻力。

因此，要顺利进行金属的切削加工，切削力必须克服上述抗力。

② 切削力的合力及分解。

如图 3-23 所示，切削时作用在刀具上的力，有变形抗力分别作用在前、后刀面，有摩擦力分别作用在前、后刀面，对于锐利的刀具，作用在前刀面上的力是主要的，作用在后刀面上的力很小，分析时可以忽略不计。上述各力的总和形成作用在刀具上的合力 F，即作用在刀具上的总切削力。切削时，合力 F 作用在近切削刃空间某方向，大小与方向都不易确定，因此，为便于测量、计算和实际应用，常将合力 F 分解成三个互相垂直的分力。

如图 3-24 所示车削外圆时，三个互相垂直的分力分别 F_c、F_p、F_f。

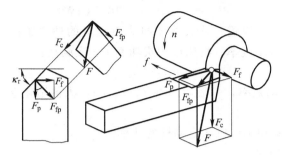

图 3-24 切削合力及其分力

F_c——主切削力或切向力。它切于过渡表面且与基面垂直，并与切削速度 v_c 的方向一致。F_c 是确定机床的电机功率，计算车刀强度，设计主轴粗细、齿轮大小、轴承号数等机床零件所必需的。生产中所说的切削力一般都是指主切削力，该力会将刀头向下压，过大时，可能会使刀具崩刃或折断。

F_p——切深抗力，或背向力、径向力、吃刀力。它处于基面内，并与进给方向垂直。它是加工表面法线方向上的分力，该力会将刀具推离工件表面，是造成刀具在切削中"让刀"的主要原因，引起工件的弯曲，尤其是在切削加工细长工件时更为明显。它虽不做功，但能使工件变形或振动，对加工精度和已加工表面质量影响较大。

F_f——进给力或轴向力、走刀力。它处于基面内，并与工件轴线方向相平行，它是与进给方向相反的力。该力是检验进给机构强度，计算车刀进给功率所必需的数据。该力会将工件压向主轴，因此工件和刀具都必须夹紧，以免在轴线方向产生窜动。

由图 3-24 可知，切削合力与各分力之间的关系为：

$$F=\sqrt{F_{fp}^2+F_c^2}=\sqrt{F_p^2+F_f^2+F_c^2} \text{ (N)} \tag{3-16}$$

随着刀具材料、刀具几何角度、切削用量及工件材料等加工情况的不同，这三个分力之间的比例可在较大范围内变化，其中：F_p 为 $(0.15\sim0.7)F_c$，F_f 为 $(0.1\sim0.6)F_c$。例如，当 $\kappa_r=45°$、$\gamma_o=15°$、$\lambda_s=0°$ 时，通过实验可知：$F_c:F_p:F_f=1:(0.4\sim0.5):(0.3\sim0.4)$。$F=(1.12\sim1.18)F_c$，总切削力 F 的大小主要取决于主切削力 F_c，F_c 在各分力中最大。

③ 切削功率。

消耗在切削过程中的功率称为切削功率，用 P_m 表示。切削功率主要用于核算加工成本和计算能量消耗，并在设计机床时，根据它来选择机床主电动机功率。

切削加工中：

主运动消耗的切削功率为：$P_c=1.67F_c v_c \times 10^{-5}$ (kW)

进给运动消耗的功率为：$P_f=\dfrac{F_f n_w f}{60\times 1000}\times 10^{-3}$ (kW)

因为 F_p 分力方向没有位移，故不消耗功率。

因此总切削功率为 F_c 和 F_f 所消耗功率之和：

$$P_m=1.67\left(F_c v_c+\dfrac{F_f n_w f}{1000}\right)\times 10^{-5} \text{(kW)} \tag{3-17}$$

其中，F_c 所消耗功率占总切削功率的 95% 左右，F_f 所消耗功率占总切削功率的 5% 左右，由于消耗在进给运动中的功率所占比例很小，通常可略而不计。即：

$$P_m \approx 1.67 F_c v_c \times 10^{-5} (\text{kW}) \tag{3-18}$$

计算出切削功率后，可以进一步计算出机床电动机的功率 P_E，以便选择机床电动机，此时还应考虑到机床的传动效率。机床电动机功率 P_E 应满足：

$$P_E \geqslant P_m / \eta_m \tag{3-19}$$

式中　η_m——机床的传动效率，一般取为 $0.75 \sim 0.85$，大值适用于新机床，小值适用于旧机床。

由式（3-19）可检验和选取机床电动机的功率。

(2) 切削力的实验公式

目前计算切削力多采用实验公式，它是通过大量的实验，用切削力测量仪测得切削力后，对所得数据用图解法、线性回归等方法进行处理而得到的。

在生产中计算切削力的实验公式可分为两类：一类是指数公式；另一类是按单位切削力进行计算。

① 计算切削力的指数公式。

常用的指数公式形式如下：

$$\begin{aligned} F_c &= C_{F_c} a_p^{x_{F_c}} f^{y_{F_c}} v_c^{n_{F_c}} K_{F_c} \\ F_p &= C_{F_p} a_p^{x_{F_p}} f^{y_{F_p}} v_c^{n_{F_p}} K_{F_p} \\ F_f &= C_{F_f} a_p^{x_{F_f}} f^{y_{F_f}} v_c^{n_{F_f}} K_{F_f} \end{aligned} \tag{3-20}$$

式中　C_{F_c}, C_{F_p}, C_{F_f}——与被加工金属材料和切削条件有关的系数；

　　　x_{F_c}, x_{F_p}, x_{F_f}——背吃刀量 a_p 的影响指数；

　　　y_{F_c}, y_{F_p}, y_{F_f}——进给量 f 的影响指数；

　　　n_{F_c}, n_{F_p}, n_{F_f}——切削速度 v_c 的影响指数；

　　　K_{F_c}, K_{F_p}, K_{F_f}——计算条件与实验条件不同时的总修正系数。

② 用单位切削力计算主切削力。

单位切削力指的是单位切削面积上的主切削力，用 p 表示：

$$p = \frac{F_c}{A_D} = \frac{F_c}{a_p f} = \frac{F_c}{b_D h_D} (\text{N/mm}^2) \tag{3-21}$$

(3) 影响切削力的因素

① 切削用量。

背吃刀量与切削力近似成正比；进给量增加，切削力增加，但不成正比；切削速度对切削力影响复杂，如图 3-25 所示。

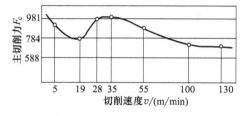

图 3-25　主切削力与切削速度的关系

② 刀具几何角度。

a. 前角 γ_o 增大，切削力减小。

b. 主偏角 κ_r 对主切削力影响不大，对吃刀抗力和进给抗力影响显著，如图 3-26 所示。

c. 与主偏角相似，刃倾角 λ_s 对主切削力影响不大，对吃刀抗力和进给抗力影响显著。

d. 刀尖圆弧半径 r_s 对主切削力影响不大，对吃刀抗力和进给抗力影响显著。

③ 其他因素。

a. 工件材料。强度高的材料在加工时，出现加工硬化的趋向比较大，从而切削力也比较大；工件材料的硬度、强度相近时，塑形、韧性越大的材料，发生的变形也越大，所以切削力越大。

b. 刀具材料。与工件材料之间的亲和性影响其间的摩擦，而影响切削力；刀具材料的摩擦系数越小，切削力越小。

c. 后刀面磨损。使切削力增大，对吃刀抗力 F_p 的影响最为显著。

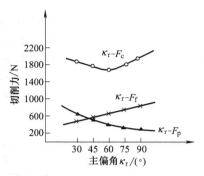

图 3-26　切削力与主偏角的关系

d. 切削液。有润滑作用，能有效减小摩擦，使切削力降低。

3.2.3　切削热产生与扩散

(1) 切削热的产生

切削热是由切削功转变而来的，切削时所消耗的能量有 98%～99% 转换为切削热。一方面切削层金属在刀具的作用下发生弹性变形、塑性变形而耗功；另一方面切屑与前刀面、工件与后刀面之间的摩擦也要耗功，这两个方面都产生出大量的热量。具体来讲，切削时共有三个发热区域，如图 3-27 所示，这三个发热区域与三个变形区相对应，即剪切区的变形功转变的热 Q_p；切屑与前刀面接触区的摩擦功转变的热 $Q_{\gamma f}$；已加工表面与后刀面接触区的摩擦功转变的热 $Q_{\alpha f}$。故产生的总热量 Q 为：

$$Q = Q_p + Q_{\gamma f} + Q_{\alpha f} \tag{3-22}$$

一般来说，切削塑性金属时切削热主要来自剪切区的变形热和前刀面的摩擦热；切削脆性金属时则切削热主要来自后刀面的摩擦热。

若忽略进给运动所消耗的功，并假定主运动所消耗的功全部转化为热能，则单位时间内产生的切削热 Q 可由下式算出：

$$Q = F_c v \, (\text{J/min}) \tag{3-23}$$

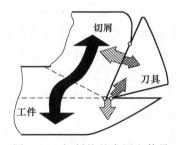

图 3-27　切削热的来源和传导

(2) 切削热的传导

切削过程中，刀具、工件和切屑上各点的温度都是不断变化的，温度场也是随时间不断变化的，一般说的刀具温度是指前刀面与切屑接触区的平均温度。刀具切削温度场一般要通过实测求出，图 3-28 就是某特定条件下实测的刀具温度场。

由该温度场分布可以看出：剪切面上各点温度变化不大；垂直剪切面方向温度梯度很大；前刀面上最高温度不在切削刃上，而是距切削刃一段距离处。

切削区域的热量由切屑、工件、刀具及周围的介质传散出去。大部分的切削热被切屑传走，其次为工件和刀具。以下是影响切削热传导的一些主要因素。

① 工件、刀具材料的导热性能。工件、刀具材料的导热系数高，则由切屑和工件、刀具传导出去的热量就较多，降低了切削区温度，提高了刀具耐用度；工件、刀具材料的导热系数低，则切削热不易从切屑和工件、刀具传导出去，切削区域温度高，刀具磨损加剧，刀

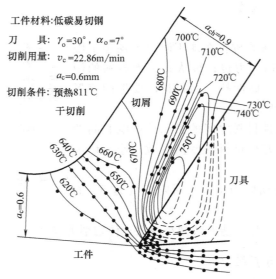

图 3-28 二维切削中的温度分布

具寿命降低。例如，航空工业中常用的钛合金，它的热导率只有碳素钢的 1/4～1/3，切削时产生的热量不易传导出去，切削温度增高，刀具易磨损，属于难加工材料。

② 加工方式。不同的加工方式中，切屑与刀具接触的时间长短不同，由于切屑中含有大量的热，若不能及时脱离切削区域，则不能迅速把热量带走，带来不好的影响。如外圆车削时，切屑形成后迅速脱离车刀，切屑与刀具的接触时间短，切屑的热传给刀具的不多。车削加工时切削热由切屑、刀具、工件和周围介质传出的比例大致如下：50%～86%由切屑带走，10%～40%由车刀传出，3%～9%传入工件，1%传入介质（空气）。切削速度越高或切削厚度越大，则切屑带走的热量越多。而钻削或其他半封闭式容屑的加工，切屑形成后仍与刀具相接触，切屑与刀具的接触时间长，切屑的热传导给刀具多。钻削加工时切削热由切屑、刀具、工件和周围介质传出的比例大致如下：28%由切屑带走，14.5%传给刀具，52.5%传入工件，5%传给周围介质。可见，钻削与车削相比，由切屑带走的热量所占比例减少了很多，而刀具、工件传出的热量所占比例增大，对加工带来影响。

③ 周围介质的状况。若不使用切削液，由周围介质传出的热量很少，所占比例在 1% 以下；若采用冷却性能好的切削液，并采用好的冷却方法，就能吸收大量的热。

3.2.4 刀具的磨损和刀具寿命

刀具在切削金属的过程中与切屑、工件之间会产生剧烈的摩擦和挤压，切削刃由锋利逐渐变钝甚至有时会突然损坏。刀具磨损程度超过允许值后，必须及时进行重磨或更换新刀。

刀具损坏的形式主要有磨损和破损两类。前者是刀具正常的连续逐渐磨损；后者则是刀具在切削过程中突然或过早产生的损坏现象。刀具磨损后，导致切削力加大，切削温度上升，切屑颜色改变，甚至产生振动，使工件加工精度降低，表面粗糙度增大，不能继续正常切削。因此，刀具磨损直接影响加工效率、质量和成本。

(1) 刀具磨损形态及其原因

① 刀具磨损形态。

刀具正常磨损时，按其发生的部位不同，可分为前刀面磨损、后刀面磨损及边界磨损三种形式,如图 3-29 所示。

a. 前刀面磨损。所谓前刀面磨损,是指切屑沿前刀面流出时,在刀具前刀面上经常会磨出一个月牙洼,如图 3-30 所示,月牙洼的位置发生在刀具前刀面上切削温度最高的地方。在连续磨损过程中,月牙洼的宽度、深度不断增大,并逐渐向切削刃方向发展,如图 3-31 所示。当接近刃口时,会使刃口突然崩去。

切削塑性材料时,当切削速度较高,切削厚度较大时较容易产生前刀面的磨损。前刀面磨损量的大小,用月牙洼的宽度 KB 和深度 KT 来表示。

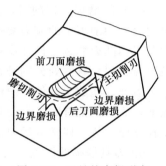

图 3-29　刀具的磨损形态

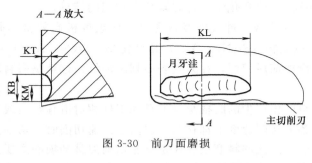

图 3-30　前刀面磨损

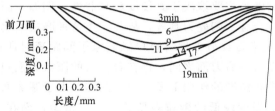

图 3-31　前刀面的磨损痕迹随时间而变化

b. 后刀面磨损。切削加工中,后刀面沿主切削刃与工件加工表面实际上是小面积接触,它们之间的接触压力很大,存在着强烈的挤压摩擦,在后刀面上毗邻切削刃的地方很快被磨损出后角为零的小棱面,这种形式的磨损就是后刀面磨损,如图 3-32 所示。

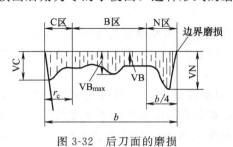

图 3-32　后刀面的磨损

在切削刃参加切削工作的各点上,一般后刀面磨损是不均匀的。C 区刀尖部分强度较低,散热条件又差,磨损比较严重,其最大值为 VC。主切削刃靠近工件外表面处的 N 区,由于加工硬化层或毛坯表面硬层等影响,往往被磨成比较严重的深沟,以 VN 表示。在后刀面磨损带中间部位的 B 区上,磨损比较均匀,平均磨损带宽度以 VB 表示,而最大磨损带宽度以 VB_{max} 表示。

加工脆性材料时,由于形成崩碎切屑,一般出现后刀面的磨损;切削塑性材料时,当切削速度较低,切削厚度较薄时较容易产生后刀面的磨损。当加工塑性金属,采用中等切削速度及中等切削厚度时,会经常出现前、后刀面同时磨损的形式,这种磨损发生时,月牙洼与刀刃之间的棱边和楔角逐渐减小,切削刃强度下降,因此多数情况下伴随着崩刃的发生。

c. 边界磨损。切削时，在刀刃附近的前、后刀面上，应力与温度都较高，但在工件外表面处，切削刃上的应力突然下降，温度也较低，造成了较高的应力梯度和温度梯度。因此常在主切削刃靠近工件外皮处以及副切削刃靠近刀尖处的后刀面上，磨出较深的沟纹，这就是边界磨损。这两处分别是在主、副切削刃与工件待加工或已加工表面接触的地方。

另外，在加工铸件、锻件等外皮粗糙的工件时，也容易发生边界磨损。由于在大多数情况下，后刀面都有磨损，而且磨损量 VB 的大小对加工精度和表面质量的影响较大，测量也比较方便。故一般常以后刀面磨损带的平均宽度 VB 来衡量刀具的磨损程度。

② 刀具磨损的原因。

切削时刀具的磨损是在高温高压条件下产生的，而且由于工件材料、刀具材料和切削条件变化很大，刀具磨损形式又各不相同，因此刀具磨损原因比较复杂，但是究其对温度的依赖程度，刀具磨损是机械、热和化学三种因素综合作用的结果。

a. 磨料磨损。由于切屑或工件表面经常含有一些硬度极高的微小硬质颗粒，如一些碳化物（Fe_3C、TiC）、氮化物（Si_3N_4、AlN）和氧化物（SiO_2、Al_2O_3）等硬质点以及积屑瘤碎片等，它们不断滑擦前后刀面，在刀具表面划出沟纹，这就是磨料磨损，是一种纯机械的作用。

实践证明，由磨料磨损产生的磨损量与刀具和工件相对滑移距离或切削路程成正比。而且，虽然磨料磨损在各种切削速度下都存在，但由于低速切削时，切削温度比较低，其他原因产生的磨损还不显著，因此磨料磨损往往是低速切削刀具磨损的主要原因。

刀具抵抗磨料磨损的能力主要取决于其硬度和耐磨性。例如，高速钢及工具钢刀具材料的硬度和耐磨性低于硬质合金、陶瓷刀具等，故其发生这种磨损的比例较大。

b. 黏结磨损。黏结是指刀具与工件材料接触到原子间距离时所产生的结合现象。切削时，工件表面、切屑底面与前后刀面之间，存在着很大的压力和强烈的摩擦，形成新鲜表面的接触，在足够大的压力和温度的作用下发生冷焊黏结。由于摩擦面之间的相对运动，黏结处将被撕裂，刀具表面上强度较低的微粒被切屑或工件带走，而在刀具表面上形成黏结凹坑，造成刀具的黏结磨损。在产生积屑瘤的条件下，切削刃可能很快因黏结磨损而损坏。

黏结磨损的程度与压力、温度和材料之间的亲和力有关。一般在中等偏低的切削速度下切削塑性材料金属时，黏结磨损比较严重。又如用 YT 类硬质合金加工钛合金或含钛不锈钢，在高温作用下钛元素之间的亲和作用，也会产生黏结磨损；高速钢有较大的抗剪、抗拉强度，因而有较大的抗黏结磨损能力。

c. 相变磨损。刀具材料都有一定的相变温度（如高速钢的相变温度为 550～600℃）。当切削温度超过了相变温度时，刀具材料的金相组织发生转变，硬度显著下降，从而使刀具迅速磨损。

d. 扩散磨损。扩散磨损是指在切削金属材料时，切削高温下，在刀具表面与切出的工件、切屑新鲜表面的接触过程中，双方金属中的化学元素会从高浓度处向低浓度处迁移，互相扩散到对方去，使两者的原来材料的化学成分和结构发生改变，刀具表层因此变得脆弱，使刀具容易被磨损。这是在更高温度下产生的一种化学性质的磨损。

例如，用硬质合金刀具切钢时，在高温下硬质合金中的 WC 分解，W、C、Co 等扩散到切屑、工件中去，而切屑中的 Fe 会向硬质合金刀具表面中扩散，形成低硬度、高脆性的复合碳化物。随着切削过程的进行，切屑和工件都在高速运动，它们和刀具表面在接触区内始终保持着扩散元素的浓度梯度，从而使扩散现象得以持续。扩散的结果使刀具磨损加剧。

扩散磨损的快慢和程度与刀具材料中化学元素的扩散速率关系密切。如硬质合金中，钛元素的扩散速率低于钴、钨，故 YT 类合金的抗扩散磨损能力优于 YG 类合金，YG 类硬质合金的扩散温度为 850～900℃，YT 类硬质合金的扩散温度为 900～950℃。氧化铝陶瓷和立方氮化硼抗扩散磨损能力较强。

e. 化学磨损。化学磨损是指在一定温度下，刀具材料与空气中的氧、切削液中的硫、氯等某些周围介质之间起化学作用，在刀具表面形成一层较软的化合物，从而使刀具表面层硬度下降，较软的氧化物被切屑或工件带走，加速了刀具的磨损。由于空气不易进入刀－屑接触区，化学磨损中因氧化而引起的磨损最容易在主、副切屑刃的工作边界处形成，从而产生较深的磨损沟纹。例如：硬质合金中的 WC 与空气中的氧化合成为脆性、低强度的氧化膜 WO 磨料，它受到工件表层中的氧化皮、硬化皮等的摩擦和冲击作用，形成了化学磨损。

从以上磨损的原因可以看出，对刀具磨损起主导作用的是切削温度。在低温时，以磨料磨损为主，在较高温度下，以黏结、扩散和化学磨损为主。

不同的刀具材料在不同的使用条件下造成磨损的主要原因是不同的。高速钢刀具产生正常磨损的主要原因是磨料磨损和黏结磨损，相变磨损是其产生急剧磨损的主要原因。对硬质合金刀具来说，在中、低速切削时，磨料磨损和黏结磨损是其产生正常磨损的主要原因；在高速切削时，刀具磨损主要由磨料磨损、扩散磨损和化学磨损所造成，而扩散磨损是其产生急剧磨损的主要原因。

（2）刀具磨损过程及磨钝标准

① 刀具的磨损过程。

根据切削实验发现，刀具磨损过程遵循图 3-33 所示的磨损曲线。该图分别以切削时间和后刀面上 B 区平均磨损量 VB 为横坐标与纵坐标。从图 3-33 可知，刀具磨损过程可分为三个阶段。

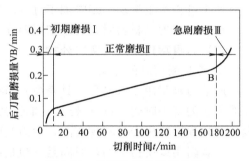

图 3-33 典型的刀具磨损曲线

a. 初期磨损阶段。这一阶段的磨损较快。因为新刃磨的刀具切削刃较锋利而且其后刀面存在着粗糙不平、显微裂纹、氧化及其脱碳层等缺陷，所以后刀面与加工表面之间为凸峰点接触，实际接触面积很小，压应力较大，导致在极短的时间内 VB 上升很快。初期磨损量 VB 的大小与刀具刀面刃磨质量关系较大。经过仔细研磨的刀具，其初期磨损量较小而且耐用。初期磨损量 VB 的值一般为 0.05～0.10mm。

b. 正常磨损阶段。经过初期磨损阶段后，刀具后刀面的粗糙表面已经磨平，后刀面与工件接触面积增大，压应力减小，所以使磨损速率明显减小，进入到正常磨损阶段。这个阶段的时间较长，是刀具工作的有效阶段。这一阶段中磨损曲线基本上是一条上行的斜线，刀具的磨损量随切削时间延长而近似的成比例增加，其斜率代表刀具正常工作时的磨损强度。磨损强度是衡量刀具切削性能的重要指标之一。

c. 急剧磨损阶段。刀具经过一段时间的正常使用后，切削刃逐渐变钝，当磨损带宽度增加到一定限度后，刀具与工件接触情况恶化，摩擦增加，切削力、切削温度均迅速升高，VB 在较短的时间内增加很快，以致刀具损坏而失去切削能力。生产中为合理使用刀具，保证加工质量，应当在这个阶段到来之前，及时更换刀具或重新刃磨刀具。

② 刀具的磨钝标准。

刀具磨损到一定限度就不能继续使用，这个磨损限度称为刀具的磨钝标准。在生产中评定刀具材料切削性能和研究实验都需要规定刀具的磨钝标准。由于后刀面磨损最常见，且易于控制和测量，因此通常按后刀面磨损宽度来制定磨钝标准。国际标准化组织（ISO）统一规定：以 1/2 背吃刀量处，后刀面上测定的磨损带宽度 VB 作为刀具磨钝标准，如图 3-34 所示。

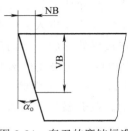

图 3-34　车刀的磨钝标准

对于粗加工和半精加工，为充分利用正常磨损阶段的磨损量，充分发挥刀具的切削性能，充分利用刀具材料，减少换刀次数，使刀具的切削时间得到最大，其磨钝标准较大，一般取正常磨损阶段终点处的磨损量 VB 作为磨钝标准，该标准称为经济磨损限度。

对于精加工，为了要保证零件的加工精度及其表面质量，应根据加工精度和表面质量的要求确定磨钝标准，此时，磨钝标准应取较小值，该标准称为工艺磨损限度。

自动化生产中用的精加工刀具，常以沿工件径向的刀具磨损尺度作为衡量刀具的磨钝标准，称为刀具径向磨损量，以 NB 表示，如图 3-34 所示。

在柔性加工设备上，经常用切削力的数值作为刀具的磨钝标准，从而实现对刀具磨损状态的自动监控。

当机床、夹具、刀具和工件组成的工艺系统刚性较差时，应规定较小的磨钝标准，否则会使加工过程产生振动，影响加工过程的进行。

在加工难加工材料时，由于切削温度较高，因此一般选用较小的磨钝标准。

（3）刀具耐用度及其实验公式

① 刀具耐用度的定义。

所谓刀具耐用度（又称刀具寿命），是指刃磨后的刀具自开始切削直到磨损量达到磨钝标准为止的切削时间，以 T 表示，单位为分钟。在生产实际中，通过经常卸刀来测量磨损量是否达到磨钝标准是不现实的，而刀具耐用度是确定换刀时间的重要依据。

刀具耐用度所指的切削时间是不包括在加工中用于对刀、测量、快进、回程等非切削时间的。一把新刀从开始投入切削到报废为止总的实际切削时间，称为刀具总寿命。因此刀具总寿命等于这把刀的刃磨次数（包括新刀开刃）乘以刀具耐用度。

刀具耐用度也是衡量工件材料切削加工性、刀具切削性能好坏、刀具几何参数和切削用量选择是否合理等的重要指标。在相同切削条件下切削某种工件材料时，可以用耐用度来比较不同刀具材料的切削性能；同一刀具材料切削各种工件材料，可以用耐用度来比较工件材料的切削加工性的好坏；还可以用耐用度来判断刀具几何参数是否合理。在一定的加工条件下，当工件、刀具材料和刀具几何形状选定之后，切削用量是影响刀具耐用度的主要因素。

② 刀具耐用度的实验公式。

为了合理地确定刀具的耐用度，必须首先求出刀具耐用度与切削速度的关系。由于切削速度对切削温度影响最大，因而对刀具磨损影响最大，因此切削速度是影响刀具耐用度的最主要因素。它们的关系可以用实验方法求得的。实验中在一定的加工条件下，在常用的切削速度范围内，取不同的切削速度 v_1，v_2，v_3……进行刀具磨损试验，得到一组刀具磨损曲线，如图 3-35 所示。选定刀具后刀面的磨钝标准，在各条磨损曲线上根据规定的磨钝标准 VB 求出在各种切削速度下所对应的刀具耐用度 T_1，T_2，T_3……

如果将 T-v 曲线画在双对数坐标上，则在一定的切削速度范围内，可发现这些点基本上在一条直线上，如图 3-36 所示不同刀具材料的 T-v 曲线。

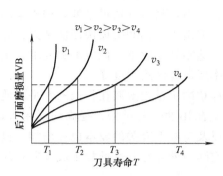

图 3-35　不同速度下的刀具磨损曲线

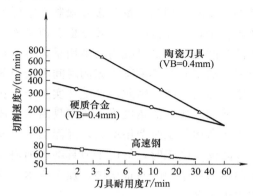

图 3-36　各种刀具材料的 T-v 曲线

经过处理，T-v 关系式可以写成：

$$v_c T^m = C_0 \tag{3-24}$$

式中　m——直线的斜率，表示 T-v 间影响的程度；

C_0——系数，与刀具、工件材料和切削条件有关。

T-v 关系式反映了切削速度与刀具耐用度之间的关系。耐热性越低的刀具材料，指数 m 越小，斜率应该越小，表示切削速度对刀具耐用度的影响越大。即切削速度稍稍改变一点，而刀具耐用度的变化就很大。例如：高速钢刀具，一般 $m=0.1\sim0.125$；硬质合金刀具，$m=0.2\sim0.3$；陶瓷刀具约为 $m=0.4$，陶瓷刀具的曲线斜率比硬质合金和高速钢的都大，表示陶瓷刀具的耐热性很高。

同样按照求 T-v 关系式的方法，固定其他切削条件，分别改变进给量和背吃刀量，求得 $T-f$ 和 $T-a_p$ 关系式：

$$f T^{m_1} = C_1 \tag{3-25}$$

$$a_p T^{m_2} = C_2 \tag{3-26}$$

综合整理后，得出下列刀具耐用度的实验公式：

$$T = \frac{C_T}{v_c^{\frac{1}{m}} f^{\frac{1}{m_1}} a_p^{\frac{1}{m_2}}} \tag{3-27}$$

式中　C_T——与工件材、刀具材料和其他切屑条件有关的常数；

m，m_1，m_2——切削用量 v、f、a_p 对刀具耐用度的影响程度。

例如：用 YT5 硬质合金车刀切削 $\sigma_b=0.63\text{GPa}$（65kgf/mm^2）的碳钢时，切削用量三要素的指数分别为：$\frac{1}{m}=5$；$\frac{1}{m_1}=2.25$；$\frac{1}{m_2}=0.75$，说明切削速度 v_c 对刀具耐用度的影响最大，进给量 f 次之，背吃刀量 a_p 最小。这与三者对切削温度的影响顺序完全一致，说明切削温度对刀具耐用度有着重要的影响。在保证一定刀具耐用度的条件下，为提高生产率，应首先选取大的背吃刀量，然后选取较大的进给量，最后选择合理的切削速度。

(4) 刀具耐用度的选择

从以上的分析可以得知，刀具磨损到磨钝标准后即需要重磨或换刀。刀具切削多长时间换刀比较合适，刀具耐用度采用的数值为多大比较合理，这要从生产率和加工成本两个角度来考虑。

从生产效率的角度看，若刀具耐用度选得过高，即规定的切削时间过长，则在其他加工条件不变时，切削用量势必被限制在很低的水平，增加切削工时，虽然此时刀具的消耗及其费用较少，但过低的加工效率也会使经济效果变得很差。若刀具耐用度选得过低，即规定的切削时间过短，虽可提高切削用量，可以降低切削工时，但由于刀具磨损加快而使装刀、卸刀刃磨的工时及其调整机床的时间和费用显著增加，同样达不到高效率、低成本的要求，生产率反而会下降。因此，在生产实际中存在着最大生产率所对应的耐用度 T_p。

从加工成本的角度看，若刀具耐用度选得过高，同样切削用量被限制在很低的水平，使用机床费用及工时费用增大，因而加工成本提高；若刀具耐用度选得过低，提高切削用量，可以降低切削工时，但由于刀具磨损加快而使刀具消耗以及与磨刀有关的成本也在增加，机床因换刀停车的时间也增加，加工成本也增高。在生产实际中就存在着最低加工成本所对应的耐用度 T_c。

因此，可以分别从满足最高生产率与最低加工成本两个不同的原则的角度来制定刀具耐用度的合理数值。

① 最大生产率耐用度 T_p。

最大生产率耐用度 T_p 是以单位时间内加工工件的数量为最多，或以加工每个零件所消耗的生产时间为最少的原则来确定的刀具耐用度。

通常我们分析单件工序的工时，建立工时与刀具耐用度之间的关系式。完成一道工序所需的工时 t_w 为：

$$t_w = t_m + t_1 + t_c \frac{t_m}{T} \quad (\text{min}) \tag{3-28}$$

式中 t_m——工序的切削时间（机动工时）；

t_1——除换刀时间外的其他辅助时间（与 T、v 无关），min；

t_c——一次换刀所需的工时（包括卸刀、装刀、对刀等时间），min。

以纵车外圆为例，其工序的切削时间可计算如下：

$$t_m = \frac{LZ}{nfa_p} = \frac{LZ\pi d}{1000 v f a_p} \quad (\text{min}) \tag{3-29}$$

式中 Z——加工余量，mm；

L——工件的切削路径长度，mm；

d——工件直径，mm。

将式（3-24）、式（3-29）代入式（3-28）整理得：

$$t_m = \frac{LZ\pi d T^m}{1000 f a_p C_0} + t_1 + t_c \frac{LZ\pi d T^{m-1}}{1000 f a_p C_0} \quad (\text{min}) \tag{3-30}$$

设：$K = \dfrac{LZ\pi d}{1000 f a_p C_0}$

则式（3-30）可写成：$t_w = KT^m + t_1 + t_c KT^{m-1}$ （min） (3-31)

令 $\dfrac{dt_w}{dT} = 0$，求出最大生产率耐用度 T_p：

$$T_p = t_c \frac{1-m}{m} \quad (\text{min}) \tag{3-32}$$

② 最低成本耐用度 T_c。

最低成本耐用度是以每件产品或工序的加工费用为最低的原则来确定刀具耐用度，用

T_c 表示。

它是分析每道工序的成本,然后建立成本与刀具耐用度的关系式。一个零件在一道工序中的加工费用由与机动工时有关的费用,与换刀工时有关的费用,与其他辅助工时有关的费用以及与刀具消耗有关的费用四部分组成。于是,每个工件的工序成本 C 为:

$$C = t_m M + t_1 M + t_c \frac{t_m}{T} M + C_t \frac{t_m}{T} \tag{3-33}$$

式中 M——该工序单位时间内所分担的全厂开支;

C_t——每次刃磨刀具后分摊的费用,包括刀具、砂轮消耗和工人工资等(元)。

式(3-33)可写为: $C = KT^m M + t_1 M + t_c KT^{m-1} M + C_t KT^{m-1}$ (3-34)

令 $\dfrac{\mathrm{d}C}{\mathrm{d}T}=0$,求出最低成本耐用度 T_c:

$$T_c = \left(t_c + \frac{C_t}{M}\right) \frac{1-m}{m} \tag{3-35}$$

比较 T_p 与 T_c,可知 $T_p < T_c$,当刀具成本 C_t 越低,则 T_c 越接近 T_p。

一般常根据最低成本来确定刀具耐用度,当任务紧迫或生产中出现不平衡的薄弱环节时,才采用最大生产率耐用度。另外,简单的刀具如车刀、钻头等,耐用度选的低些;结构复杂和精度高的刀具,如拉刀、齿轮刀具等,耐用度选得高些;装卡、调整比较复杂的刀具,如多刀车床上的车刀,组合机床上的钻头、丝锥、铣刀以及自动机及自动线上的刀具,耐用度应选的高一些,一般为通用机床上同类刀具的 2~4 倍;生产线上的刀具耐用度应规定为一个班或两个班,以便能在换班时间内换刀。如有特殊快速换刀装置时,可将刀具耐用度减少到正常数值;精加工尺寸很大的工件时,刀具耐用度应按零件精度和表面粗糙要求决定。为避免在加工同一表面时中途换刀,耐用度应规定至少能完成一次走刀。表 3-5 列出了常用刀具耐用度的参考值。

表 3-5 常用刀具耐用度的参考值 min

刀具类型	耐用度 T	刀具类型	耐用度 T
高速钢车刀、刨刀、镗刀	30~60	硬质合金面铣刀	90~180
硬质合金焊接车刀	15~60	齿轮刀具	200~300
硬质合金可转位车刀	15~45	自动机、组合机床、自动线刀具	240~480
钻头	80~120		

3.3 金属切削过程的控制

机械制造中的零件大都通过切除其多余的金属材料而获得。在这一切削过程中,操作者必须根据具体的情况选择合适的切削用量。由于操作者对金属切削过程的认识的不同,因而对同一零件在同一过程中切削用量的选择也会是各种各样的,这样就导致了劳动生产率和经济效益上的差异。金属切削过程中到底会产生什么样的物理现象?这些物理现象间到底有什么样的联系?这些联系究竟有什么规律可循?这些规律对切削用量的选择到底有什么影响?切削用量的选择应该遵循什么样的原则?如何尽可能选择出最合理(即最能符合当时生产条件)的切削用量?有无可能改变思路,将常规加工中精加工所用的磨削工艺直接引入到粗加工中去,在保证产品质量的前提下提高劳动生产率和经济效益?这是每个机械制造行业的从业人员都需要回答的问题。

金属切削过程是指将工件上多余的金属层,通过切削加工被刀具切除成为切屑从而得到所需要的零件几何形状的过程。在这一过程中,始终存在着刀具切削工件和工件材料抵抗切削的矛盾。从而产生一系列现象,如切削变形、切削力、切削热与切削温度以及有关刀具的磨损与刀具寿命、卷屑与断屑等。对这些现象进行研究,揭示其内在的机理,探索和掌握金属切削过程的基本规律,从而主动地加以有效的控制,对保证加工精度和表面质量,提高切削效率,降低生产成本和劳动强度具有十分重大的意义。

3.3.1 材料的切削加工性

材料的切削加工性,笼统地说是指对某种材料进行切削加工的难易程度。判断材料切削加工的难易程度、改善和提高切削加工性对提高劳动生产率和加工质量有重要意义。同时,研究材料切削加工性的目的,就是为了找出改善材料切削加工性的途径和方法。

(1) 衡量材料切削加工性的主要指标

由于工件材料接受切削加工的难易程度是随着加工要求和加工条件而变的,因此,材料的切削加工性是一个相对的概念。例如,对于粗加工而言,其加工目的是迅速切除掉大部分的加工余量,因此从提高切削加工生产率而言,若可以采用的切削速度越高,则材料的可切削性能就越好;又如,纯铁粗加工时切除余量很容易,但精加工要获得较好的表面质量则比较难,这时则应以是否容易获得好的表面质量作为衡量材料切削加工性的指标。因此,根据不同的加工要求,可以用不同的指标来衡量材料的切削加工性。

① 刀具耐用度 T 或一定耐用度下允许的切削速度 v_T 指标。

在切削普通金属材料时,常用刀具耐用度达到 60min 时所允许的切削速度的高低来评定材料加工性的好坏,记作 v_{60}。v_{60} 较高,则该加工材料的切削加工性较好;反之,其加工性较差。

② 相对加工性指标。

衡量金属材料的切削加工性,经常使用相对加工性指标,即以正火状态 45 钢的 v_{60} 为基准,写作 v_{60j},然后把其他各种材料的 v_{60} 同它相比,这个比值 K_r,称为该材料的相对加工性,即:

$$K_r = v_{60}/v_{60j} \tag{3-36}$$

根据 K_r 的值,可将常用工件材料的相对加工性分为八级,如表 3-6 所示。当 K_r 大于 1 时,该材料比 45 钢易切削,如有色金属、易切钢、较易切削钢;当 K_r 小于 1 时,材料加工性比 45 钢差,如调质 45Cr 钢等。

表 3-6 材料切削加工性等级

加工性等级	名称及种类		相对加工性 K_r	典型材料
1	很容易切削材料	一般有色金属	>3.00	5-5-5 铜铅合金,9-4 铝铜合金,铝镁合金
2	容易切削材料	易切削钢	2.50~3.00	退火 15Cr,$\sigma_b=0.37\sim0.441$GPa$(38\sim45$kgf/mm$^2)$ 自动机钢,$\sigma_b=0.393\sim0.491$GPa$(40\sim50$kgf/mm$^2)$
3		较易切削钢	1.60~2.50	正火 30 钢,$\sigma_b=0.441\sim0.549$GPa$(45\sim56$kgf/mm$^2)$
4	普通材料	一般钢及铸铁	1.00~1.60	45 钢,灰铸铁
5		稍难切削材料	0.65~1.00	2Cr13 调质,$\sigma_b=0.834$GPa$(85$kgf/mm$^2)$ 85 钢,$\sigma_b=0.883$GPa$(90$kgf/mm$^2)$
6	难切削材料	较难切削材料	0.50~0.65	45Cr,调质,$\sigma_b=1.03$GPa$(105$kgf/mm$^2)$ 65Mn,调质,$\sigma_b=0.932\sim0.981$GPa$(95\sim100$kgf/mm$^2)$
7		难切削材料	0.15~0.50	50CrV 调质,1Cr18Ni9Ti,某些钛合金
8		很难切削材料	<0.15	某些钛合金,铸造镍基高温合金

v_T 和 K_r 在不同的加工条件下都适用，是最常用的材料切削加工性衡量指标。

③ 切削力、切削温度或切削功率指标。

在粗加工或机床刚性、动力不足时，可用切削力作为工件材料切削加工性指标。在相同加工条件下，凡切削力大、切削温度高，消耗功率多的材料较难加工，切削加工性差；反之，则切削加工性好。例如，加工铜、铝及其合金时的切削力比加工钢料时小，故其切削加工性比钢料好。

④ 加工表面质量指标。

对于精加工而言，希望最终获得比较高的精度和表面质量，因此常以易获得好的加工表面质量作为衡量材料切削加工性的指标。加工中凡容易获得好的加工表面质量的材料，其切削加工性较好，反之较差。

⑤ 切屑控制或断屑的难易指标。

对于自动机床或自动线、柔性制造系统，如不能进行有效的切屑控制，轻则限制了机床能力的发挥，重则使生产无法正常进行，因此常以此作为衡量材料切削加工性好坏指标。切削时，凡切屑易于控制或断屑性能良好的材料，其切削加工性好，反之则较差。

此外，还有用切削路程的长短、金属切除率的大小等作为指标来衡量材料的切削加工性。

（2）改善材料切削加工性的途径

工件材料的强度、硬度越高，则切削力越大，切削温度越高，刀具磨损越快，故切削加工性越差；工件材料的塑性越大，切削时的变形越严重，切削力越大，切削温度越高，刀具容易黏结，且加工表面粗糙，故切削加工性差。另外，材料中的硬质点越多，形状越锐利，分布越广，则刀具磨损就越剧烈，加工性差；材料的加工硬化越严重，则加工性也越差等；材料热导性差，切削热不易传散，切削温度高，其切削加工性也差。材料的切削加工性对生产率和表面质量影响很大，因此在满足零件使用要求的前提下，尽量选用或改善材料的切削加工性。当前，在实际生产中，经常通过进行适当的热处理或调整材料的化学成分两种方法来改善材料的切削加工性。

① 采用热处理改善材料切削加工性。

同样成分的材料，当金相组织不同时，它们的物理机械性能就不一样，因而可切削加工性就有差别。此时可通过适当的热处理来改善材料的切削加工性。

低碳钢塑性太高，通过正火处理适当提高硬度并降低塑性，减少加工中出现积屑瘤的可能性，改善了低碳钢的可切削加工性；热轧中碳钢的组织不均匀，有时表面有硬皮，经正火处理可使其组织与硬度均匀，改善其切削加工性能；马氏体不锈钢常要进行调质处理降低塑性并提高其硬度，使其较易加工。

高碳钢、工具钢的硬度偏高，且有较多的网状、片状的渗碳体组织，加工性差，经过球化退火即可使网状、片状的渗碳体组织发生球化，变成球状渗碳体，得到球状珠光体组织，改善了切削加工性。

铸铁分为白口铸铁、灰铸铁、可锻铸铁、球墨铸铁等，对高硬度的铸铁，一般在切削加工前多采用退火处理，降低表层硬度，消除内应力，提高其可切削加工性。

实践证明，通过热处理改变材料的金相组织和机械性能，是有效改善材料的切削加工性的主要方法。

② 调整材料的化学成分。

材料的化学成分直接影响其力学性能，如碳素钢的强度、硬度随其含碳量的增加而提高，而塑性韧性则降低。因此，高碳钢和低碳钢的切削加工性都不如综合机械性能居于其中的中碳钢。此时可通过在钢中加入适量的其他元素，以略微降低钢的强度，同时又降低钢的塑性，使切削加工性得到改善。

在钢中添加如硫、磷、铅、钙等元素，对改善钢的切削加工性是有利的，这样的钢叫易切钢。因为这类元素会产生一种有润滑作用的金属夹杂物而减轻钢对刀具的擦伤能力，从而改善材料的可切削加工性。易切钢加工时的切削力小，易断屑，刀具耐用度高，已加工表面质量好。

铸铁化学成分对切削加工性的影响主要取决于所含元素对碳的石墨化作用。当铸铁中的碳多以游离石墨的形式存在时，则由于石墨硬度低，润滑性能好，且能使铸铁的强度、硬度降低，因而切削加工性好。若铸铁中的碳多以碳化铁形式存在，则由于碳化铁的硬度高而加剧了刀具的磨损，使加工性变差。因此，铸铁中凡能促进石墨化的元素，如硅、铝、镍、铜等都能提高铸铁的切削加工性；而凡能阻碍石墨化的元素，如铬、钒、锰等都能降低铸铁的切削加工性。

综上所述，在具体加工时，一方面要根据工件要求合理选择刀具、切削用量和切削液；另一方面也应从工件材料着手，在工艺允许的范围内选择合适的热处理规范，适当调整化学成分，改善切削加工性能，以提高工件的加工质量，刀具的使用寿命。

3.3.2 切屑的形态及控制

(1) 切屑的类型及其分类

由于工件材料不同，切削过程中的变形程度也就不同，因而产生的切屑种类也就多种多样，如图3-37所示。图3-37 (a)~(c) 为切削塑性材料的切屑，图3-37 (d) 为切削脆性材料的切屑。

① 带状切屑。这是最常见的一种切屑，如图3-37 (a) 所示。它的内表面是光滑的，外表面呈毛茸状。如用显微镜观察，在外表面上也可看到剪切面的条纹，但每个单元很薄，肉眼看来大体上是平整的。加工塑性金属材料，当切削厚度较小、切削速度较高、刀具前角较大时，一般常得这类切屑。它的切削过程平稳，切削力波动较小，已加工表面粗糙度较小。

② 挤裂切屑。如图3-37 (b) 所示。这类切屑与带状切屑不同之处在于外表面呈锯齿状，内表面有时有裂纹。这类切屑之所以呈锯齿状，是由于它的第一变形区较宽，在剪切滑移过程中滑移量较大。由滑移变形所产生的加工硬化使剪切力增加，在局部地方达到材料的破裂强度。这种切屑大多在切削速度较低、切削厚度较大、刀具前角较小时产生。

③ 单元切屑。如果在挤裂切屑的剪切面上，裂纹扩展到整个面上，则整个单元被切离，变为梯形的单元切屑，如图3-37 (c) 所示。

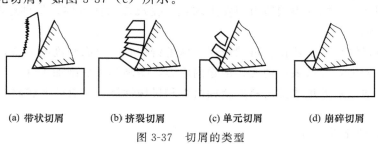

(a) 带状切屑　　(b) 挤裂切屑　　(c) 单元切屑　　(d) 崩碎切屑

图3-37　切屑的类型

以上三种切屑只有在加工塑性材料时才可能产生。其中，带状切屑的切削过程最平稳，单元切屑的切削力波动最大。在生产中最常见的是带状切屑，有时得到挤裂切屑，单元切屑则很少见。假如改变挤裂切屑的条件，如进一步减小刀具前角，降低切削速度，或增大切削厚度，就可以得到单元切屑。反之，则可以得到带状切屑。这说明切屑的形态是可以随切削条件而转化的。掌握了它的变化规律，就可以控制切屑的变形、形态和尺寸，以达到卷屑和断屑的目的。

④ 崩碎切屑。这属于脆性材料的切屑。这种切屑的形状是不规则的，加工表面是凹凸不平的，如图 3-37 (d) 所示。从切削过程来看，切屑在破裂前变形很小，和塑性材料的切屑形成机理也不同。它的脆断主要是由于材料所受的应力超过了它的抗拉极限。加工脆性材料，如高硅铸铁、白口铁等，特别是当切削厚度较大时常得到这种切屑。由于它的切削过程很不平稳，容易破坏刀具，也有损于机床，已加工表面又粗糙，因此在加工中应力求避免。其方法是减小切削厚度，使切屑成针状或片状；同时提高切削速度，以增加工件材料的塑性。

以上四种典型切屑的特点、形成条件及对加工的影响见表 3-7。

表 3-7 四种典型切屑的特点

名称	带状切屑	挤裂切屑	单元切屑	崩碎切屑
形态	带状，底面光滑，背面呈毛绒状	节状，底面光滑有裂纹，背面呈锯齿状	粒状	不规则块状颗粒
变形	剪切滑移尚未达到断裂程度	局部剪切应力达到断裂强度	剪切应力完全达到断裂强度	未经塑性变形即被挤裂
形成条件	加工塑性材料，切削速度较高，进给量较小，刀具前角较大	加工塑性材料，切削速度较低，进给量较大，刀具前角较小	工件材料硬度较高，韧性较低，切削速度较低	加工硬脆材料，刀具前角较小
影响	切削过程平稳，表面粗糙度小，妨碍切削工作，应设法断屑	切削过程欠平稳，表面粗糙度欠佳	切削力波动较大，切削过程不平稳，表面粗糙度不佳	切削波动较大，有冲击，表面粗糙度恶劣，易崩刀

但加工现场获得的切屑，其形状是多种多样的。在现代切削加工中切削速度与金属切削率达到了很高的水平，切削条件很恶劣，常常产生大量"不可接受"的切屑。这类切屑或拉伤已加工的表面，使表面粗糙度恶化；或划伤机床，卡在机床运动副之间；或造成刀具的早期破损；有时甚至影响操作者的安全。特别对于数控机床、生产自动线以及柔性制造系统，如不能进行有效的切屑控制，轻则限制了机床能力的发挥，重则使生产无法正常进行。所谓切屑控制（又称切屑处理，工厂中一般简称为"断屑"），是指在切削加工中采取适当的措施来控制切屑的卷曲、流出与折断，使其形成"可接受"的良好屑形。

从切屑控制的角度出发，国际标准化组织（ISO）制定了切屑分类标准，如表 3-8 所示。

表 3-8 切屑分类标准

1. 带状切削	2. 管状切削	3. 发条状切削	4. 垫圈型螺旋切削	5. 圆锥形螺旋切削	6. 弧形切削	7. 粒状切削	8. 针状切削
1-1 长的	2-1 长的	3-1 平板型	4-1 长的	5-1 长的	6-1 相连的		
1-2 短的	2-2 短的	3-2 锥形	4-2 短的	5-2 短的	6-2 碎断的		

续表

1. 带状切削	2. 管状切削	3. 发条状切削	4. 垫圈型螺旋切削	5. 圆锥形螺旋切削	6. 弧形切削	7. 粒状切削	8. 针状切削
1-3 缠绕型	2-3 缠绕型		4-3 缠绕型	5-3 缠绕型			

测量切屑可控性的主要标准是：不妨碍正常的加工（即不缠绕在工件、刀具上，不飞溅到机床运动部件中）；不影响操作者的安全；易于清理、存放和搬运。ISO 分类法中的 3-1、2-2、3-2、4-2、5-2、6-2 类切屑单位质量所占空间小，易于处理，属于良好的屑形。对于不同的加工场合，例如不同的机床、刀具或者不同的被加工材料，有相应的可接受屑形。因而，在进行切屑控制时，要针对不同情况采取相应的措施，以得到可接受的良好屑性。

（2）切屑的控制

在生产实践中，我们会看到不同的排屑情况。有的切屑打成螺卷状，到一定长度时自行折断；有的切屑折成 C 形、6 字形；有的呈发条状卷屑；有的碎成针状或小片，四处飞溅，影响安全；有的带状切屑缠绕在刀具和工件上，易造成事故。不良的排屑状态会影响生产的正常运行，因此切屑的控制具有重要意义，这在自动化生产线上加工时尤为重要。

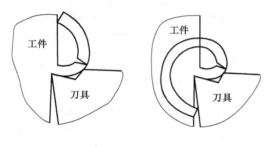

(a) 切屑碰工件折断　　(b) 切屑碰刀具后刀面折断

图 3-38　切屑碰到工件或刀具后刀面折断

切屑经第 I、第 II 变形区的剧烈变形后，硬度增加，塑性下降，性能变脆。在切屑排出过程中，当碰到刀具后刀面、工件上过渡表面或待加工表面等障碍时，如某一部分的应变超过了切屑材料的断裂应变值，切屑就会折断。图 3-38 所示为切屑碰到工件或刀具后刀面折断的情况。

研究表明，工件材料脆性越大（断裂应变值小）、切屑厚度越大、切屑卷曲半径越小，切屑就越容易折断。可采用以下措施对切屑实施控制。

① 采用断屑槽。通过设置断屑槽对流动中的切屑施加一定的约束力，使切屑应变增大，切屑卷曲半径减小。断屑槽的尺寸参数应与切削用量的大小相适应，否则会影响断屑效果。常用的断屑槽截面形状有折线形、直线圆弧形和全圆弧形，如图 3-39 所示。

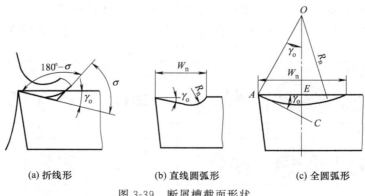

(a) 折线形　　(b) 直线圆弧形　　(c) 全圆弧形

图 3-39　断屑槽截面形状

前角较大时，采用全圆弧形断屑槽刀具的强度较好。断屑槽位于前刀面上的形式有平行、外斜、内斜三种，如图 3-40 所示。外斜式常形成 C 形屑和 6 字形屑，能在较宽的切削用量范围内实现断屑；内斜式常形成长紧螺卷形屑，但断屑范围窄；平行式的断屑范围居于上述两者之间。

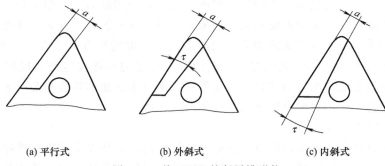

图 3-40　前刀面上的断屑槽形状

由于磨槽与压块的调整工作一般是由操作者单独进行的，因此使用效果取决于他们的经验与技术，往往难以获得满意的效果。一个可行且较为理想的解决方法就是结合推广使用可转位刀具，由专业化生产的刀具厂家和研究单位来集中解决合理的槽形设计和精确的制造工艺问题。

② 改变刀具角度。增大刀具主偏角 κ_r，切削厚度变大，有利于断屑。减小刀具前角 γ_o 可使切屑变形加大，切屑易于折断。刃倾角 λ_s 可以控制切屑的流向，λ_s 为正值时，切屑常卷曲后碰到后刀面折断形成 C 形屑或自然流出形成螺卷屑；λ_s 为负值时，切屑常卷曲后碰到已加工表面折断成 C 形屑或 6 字形屑。

③ 调整切削用量。提高进给量 f 使切削厚度增大，对断屑有利；但增大 f 会增大加工表面粗糙度。适当地降低切削速度使切削变形增大，也有利于断屑，但这会降低材料切除效率。须根据实际条件适当选择切削用量。

3.3.3　切削液及其作用

(1) 切削液的作用

金属切削液在金属切削、磨削加工过程中具有相当重要的作用。实践证明，选用合适的切削液，除能有效地降低切削温度和切削力，起到冷却作用外，还可以起到润滑和防锈的作用。对提高加工精度，减小已加工表面粗糙度数值，减少工件热变形，延长刀具的使用寿命具有很重要的作用。

① 切削液的冷却作用。

切削液的冷却作用是通过切削液浇注到切削区域，它和因切削而发热的刀具（或砂轮）、切屑和工件间的对流和汽化作用把切削热从刀具和工件处带走，使切屑、刀具、工件上的热量散逸，起到冷却作用，从而有效地降低切削温度，尤其是降低前刀面上的最高温度，减少工件和刀具的热变形，保持刀具硬度和尺寸，提高加工精度和刀具耐用度（刀具寿命）。

切削液的导热系数、比热、汽化热、汽化速度、流量、流速等物理性能决定了其冷却性能的好坏。上述各量值越大，则其冷却性能越好。如水的导热系数、比热均高于油，故水的冷却性能要比油类好。另外，改变液体的流动条件，如提高流速和加大流量可以有效地提高切削液的冷却效果,特别对于冷却效果差的油基切削液,加大切削液的供液压力和加大流量,可有效提高冷却性能。

② 切削液的润滑作用。

切削液在切削过程中能渗入刀具与工件和切屑的接触表面,形成部分润滑膜,可以减小前刀面与切屑、后刀面与已加工表面间的摩擦,从而减小切削力、摩擦和功率消耗,降低刀具与工件坯料摩擦部位的表面温度和刀具磨损,改善工件材料的切削加工性能。

切削液的润滑性能,与其成膜能力、润滑膜强度及渗透性有关。表面张力小、黏度低、和金属亲和力强的切削液的渗透性好。切削液吸附性能的好坏决定其成膜能力、润滑膜强度。在切削液中添加油性添加剂或含硫、氯等元素的极压添加剂后会与金属表面形成物理吸附膜或化学吸附膜,使边界润滑层保持较好的润滑性能。

③ 切削液的清洗作用。

在金属切削过程中,要求切削液有良好的清洗作用。以便冲走黏附在机床、刀具、夹具及其工件上的细碎切屑或磨屑以及铁粉、砂粒,防止机床和工件、刀具被沾污,使刀具或砂轮的切削刃口保持锋利,防止划伤已加工表面和机床导轨,不致影响切削效果。而切削液清洗性能的好坏,与切削液的渗透性和使用的压力有关。

④ 切削液的防锈作用。

为了提高切削液的渗透性和流动性,可加入剂量较大的表面活性剂和少量润滑油,用大的稀释比(水占95%左右)制成乳化液或水溶液,可提高清洗效果。另外,使用中施加一定的压力,提高流量,亦可提高清洗和冲刷能力。为防止环境介质及残存在切削液中的油泥等腐蚀性物质对工件、机床、刀具产生侵蚀,要求切削液有一定的防锈能力。而切削液防锈作用的好坏,取决于切削液本身的性能和所加入防锈添加剂的性质。例如,油比水的防锈性能好,而加入防锈添加剂,可提高防锈能力。特别是在我国南方地区潮湿多雨季节里,更应注意工序间的防锈措施。

上述切削液的冷却、润滑、清洗、防锈四个作用并不是每一种切削液都能完全满足,如切削油的润滑、防锈性能较好,但冷却、清洗性能较差;水溶液的冷却、洗涤性能较好,但润滑和防锈性能差。因此,在选用切削液时要全面权衡利弊,针对具体加工要求选用合适的切削液。

除上述作用外,切削液还应当具备性能稳定,不污染环境,对人体无害、价廉、易配制等要求。

(2) 切削液的类型及选用

① 常用切削液种类。

a. 水溶性切削液。水溶性切削液有良好的冷却作用和清洗作用。主要包括水溶液和乳化液、离子型切削液等。

水溶液的主要成分为水并加入一定的添加剂。其冷却性能最好,加入防锈添加剂和油性添加剂后又具一定的润滑和防锈性能,呈透明状,便于操作者观察。广泛应用于普通磨削和粗加工中。

乳化液是由95%~98%的水加入适量的乳化油(矿物油、乳化剂及其他添加剂配制而成)形成的乳白色或半透明切削液。乳化油是一种油膏,它由矿物油和表面活性乳化剂配制而成。表面活性剂的分子上带极性一头与水亲和,不带极性一头与油亲和,由它使水油均匀混合,并添加乳化稳定剂,不使乳化液中的油水分离。乳化液中加入一定量的油性添加剂、防锈添加剂和极压添加剂，可配成防锈乳化液或极压乳化液，磨削难加工材料，就宜采用润滑性能较好的极压乳化液。按乳化油的含量不同可配制成不同浓度的乳化液。低浓度乳化液主要起冷却作用，适用于磨削、粗加工；高浓度乳化液主要起润滑作用，适用于精加工及复杂工序的加工。表 3-9 中列出了加工碳钢时不同浓度乳化液的用途。

表 3-9 乳化液的选用

加工要求	粗车、普通磨削	切割	粗铣	铰孔	拉削	齿轮加工
浓度/%	3～5	10～20	5	10～15	10～20	15～20

离子型切削液是由阴离子型、非离子型表面活性剂和无机盐配制而成的母液加水稀释而成。母液在水溶液中能离解成各种强度的离子，通过切削液的离子反应，可迅速消除在切削或磨削中由于强烈摩擦所产生的静电荷，使刀具和工件不产生高热，起到良好的冷却效果，提高刀具耐用度（刀具寿命）。这类离子型切削液已广泛用作高速磨削和强力磨削的冷却润滑液。

b. 非水溶性切削液。非水溶性切削液主要包括切削油、极压切削油及其固体润滑剂等。

切削油有各种矿物油（如机械油、轻柴油、煤油等）、动植物油（如豆油、猪油等）和加入矿物油与动植物油的混合油，主要起润滑作用。其中动植物油一般用于食用且易变质，故较少使用。生产中常使用矿物油，其资源丰富、热稳定性好、价格便宜，但其润滑性能较差，主要用于切削速度较低的加工，易切钢和有色金属的切削。而机械油的润滑性能较好，故在普通精车、螺纹精加工中使用甚广。纯矿物油不能在摩擦界面上形成坚固的润滑膜，常常加入油性添加剂、防锈添加剂和极压添加剂以提高润滑和防锈性能。

极压切削油是在切削油中加入硫、氯、磷等极压添加剂而组成的，它在高温下不破坏润滑膜，具有较好的润滑、冷却效果，特别在精加工、关键工序和难加工材料切削时效果更佳。

固体润滑剂是用二硫化钼、硬脂酸和石蜡作成蜡棒，涂在刀具上，切削时减小摩擦，起润滑作用，可用于车、铣、钻、拉和攻螺纹等加工，也可添加在切削液中使用，能防止黏结和抑制积屑瘤的形成，减小切削力，显著延长刀具寿命和减小加工表面粗糙度。

② 切削液的选用。

金属切削过程中，要根据加工性质、工件材料、刀具材料和加工方法等来合理选择切削液。如选用不当，就得不到应有的效果。

一般选用切削液的步骤大致是：首先根据工艺条件及要求，初步判定是选用油基还是水基。如对产品质量要求高、刀具复杂时用油基，用油基可获得较好的产品光洁度、较长的刀具寿命。但加工速度高时用油基会造成烟雾严重；希望有效地降低切削温度、提高加工效率时用水基。其次应考虑到有关消防的规定、车间的通风条件、废液处理方法及能力以及前后加工工序的切削液使用情况，考虑工序间是否有清洗及防锈处理等措施。最后再根据加工方法及条件、被加工材料以及对加工产品的质量要求选用具体品种，根据切削时的供液条件及冷却要求选用切削油的黏度等。具体选用可参照以下方式进行。

粗加工时，切削用量大，以降低切削温度为主，应选用冷却性能好的切削液，如水溶液、离子型切削液或 3%～5% 乳化液。精加工时，为减小工件表面粗糙度值和提高加工精度，选用的切削液应具有良好的润滑性能，如高浓度乳化液或切削油等。

使用高速钢刀具时同样遵循上述原则，粗加工时以冷却为主，精加工时以润滑为主；使用硬质合金刀具一般不用切削液，如要使用切削液可使用低浓度乳化液或水溶液，但需注意应连续地、充分地浇注，以免因冷热不均产生很大的内应力，而导致裂纹，损坏刀具。

钻孔、攻丝、拉削等加工属于半封闭、封闭状态的排屑方式，其摩擦严重，易用乳化液或极压切削油。成形刀具、齿轮刀具由于要求保持形状及尺寸精度，因此要采用润滑性能好的极压切削油或高浓度极压切削油。

磨削加工时温度高，大量的细屑、砂末会划伤已加工表面。因而，磨削时使用的切削液应具有良好的冷却清洗作用，并有一定的润滑性能和防锈作用。故一般常用乳化液和离子型切削液。

加工高强度钢、高温合金等难加工材料时，其在切削加工时处于高温高压边界摩擦状态，对冷却和润滑都有较高的要求，因此选用极压切削油或极压乳化液较好。

由于硫能腐蚀铜，所以在切削铜件时，不宜用含硫的切削液。切削镁合金时，严禁使用乳化液作为切削液，以防燃烧引起大型事故。

螺纹加工时，为了减少刀具磨损，可采用润滑性良好的蓖麻油或豆油。轻柴油具有冷却和润滑作用，黏度小，流动性好，可在自动机上兼作自身润滑液和切削液用。

3.3.4 刀具几何参数的合理选择

刀具的几何参数包括刀具角度、刀面形状和结构、切削刃的形式等。刀具几何参数的选择是否合理，对刀具使用寿命、加工质量、生产效率和加工成本等有着重要的影响。

(1) 前角的选择

从金属切削的变形规律可知，前角是切削刀具上重要的几何参数之一，它的大小直接影响切削力、切削温度和切削功率，影响刀刃和刀头的强度、容热体积和导热面积，从而影响刀具使用寿命和切削加工生产率。

如图 3-41 所示，为不同刀具材料和工件材料对刀具前角的影响。前角太大或者太小都会使刀具使用寿命显著降低。对于不同的刀具材料，各有其对应的刀具最大使用寿命前角，称为合理前角 γ_{opt}。工件材料不同时，刀具的合理前角也不同。

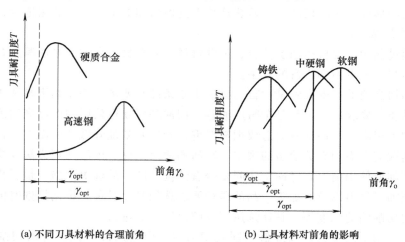

(a) 不同刀具材料的合理前角　　(b) 工件材料对前角的影响

图 3-41　影响刀具前角的因素

合理前角的选择应综合考虑刀具材料、工件材料、具体的加工条件等。选择前角的原则是以保证加工质量和足够的刀具使用寿命为前提，应尽量选取大的前角，具体如下。

a. 工件材料的强度、硬度低，应取较大的前角；工件材料强度、硬度高，应取较小的前角；加工特别硬的工件（如淬硬钢）时，前角很小甚至取负值。

b. 加工塑性材料时，尤其是冷加工硬化严重的材料，应取较大的前角；加工脆性材料时，可取较小的前角。用硬质合金刀具加工一般钢料时，前角可选 10°～20°。

c. 切削灰铸铁时，塑性变形较小，切削呈崩碎状，它与前刀面的接触长度较短，与前刀面的摩擦不大，切削力集中在切削刃附近。为了保护切削刃不致崩碎，宜选较小的前角。

d. 粗加工，特别是断续切削，承受冲击性载荷，或对有硬皮的铸锻件粗切时，为保证刀具有足够的强度，应适当减小前角。

e. 成形刀具和前角影响刀刃形状的其他刀具，为防止刃形畸变，常取较小的前角，甚至取 0°，但这些刀具的切削条件不好，应在保证切削刃成形精度的前提下，设法增大前角，例如有增大前角的螺纹车刀和齿轮滚刀等。

f. 刀具材料的抗弯强度较大、韧性较好时，应选用较大的前角。

g. 工艺系统刚性差和机床功率不足时，应选取较大的前角。

h. 数控机床和自动生产线所用刀具，应考虑保障刀具尺寸公差范围内的使用寿命及工作的稳定性，而选用较小的前角。

(2) 后角的选择

后角的主要功用是减小后刀面与过渡表面之间的摩擦。增大后角可以减小后刀面的摩擦与磨损，提高已加工表面质量和刀具使用寿命。后角越大，切削刃越锋利。在同样的磨钝标准 VB 下，后角大的刀具用到磨钝时，所磨去的金属体积较大，如图 3-42（a）所示，有利于延长刀具使用寿命。但是径向磨损量 NB 也随之增大，这会影响工件的尺寸精度。从图 3-42（b）可知，在取径向磨钝标准 NB 值不变时，增大后角到同样的径向磨钝标准 NB 值时，磨损体积却比较小后角时的磨损体积小，所以在选择径向磨钝标准时，为保证精加工刀具的耐用度，后角不宜选得过大。另外，如果后角过大，楔角减小，将削弱切削刃的强度，减少散热体积，磨损反而加剧，刀具的耐用度降低。因此，在一定的切削条件，存在一个刀具使用寿命为最大的后角，即合理后角 α_{opt}。

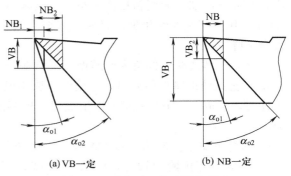

图 3-42 后角对刀具磨损的影响

合理后角选择的原则如下。

① 实验证明，合理的后角主要取决于切削厚度（或进给量）。当切削厚度很小时，磨损主要发生在后刀面上，为了减小后刀面的磨损和增加切削刃的锋利程度，宜取较大的后角。当切削厚度很大时，前刀面上的磨损量加大，这时后角取小些可以增加切削刃及改善散热条件；同时，由于这是楔角较大，可以使月牙洼磨损深度达到较大值而不致使切削刃碎裂，因而可提高刀具寿命。但若刀具已采用了较大负前角则不宜减小后角，以保证切削刀具有良好的切入条件。

② 工件的强度、硬度较高时，为增加切削刃的强度，应选择较小的后角。工件材料的塑性、韧性较大时，为减小刀具后刀面的摩擦，可取较大的后角。加工脆性材料时，切削力集中在刃口附近，应取较小的后角。

③ 粗加工或断续切削时，为了强化切削刃，应选较小的后角。精加工或连续切削时，刀具的磨损主要发生在刀具后刀面，应选较大的后角。

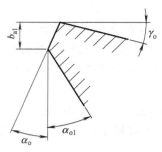

图 3-43 带有消振棱的车刀

④ 当工艺系统刚性较差、容易出现振动时，应适当减小后角。为了减小或消除切削时的振动，还可磨出消振棱可以使切削过程稳定性增加，有助于消除切削过程的低频振动，同时强化了切削刃，改善了散热条件，从而提高了刀具寿命，如图 3-43 所示。

⑤ 在尺寸精度要求较严的情况下，为限制重磨后刀具尺寸变化，一般选用较小的后角。

(3) 主偏角、副偏角及刀尖形状的选择

① 主偏角和刀尖角的选择。主偏角对刀具寿命影响很大。主偏角的减小，刀具寿命会提高。当背吃刀量和进给量不变时，减小主偏角会使切削厚度减小，切削宽度增加。使单位长度切削刃上的负荷减轻。同时，刀尖角增大，使刀尖强度提高，刀尖散热体积增大。从而提高了刀具耐用度。减小主偏角还可使工件表面残留面积高度减小，从而使已加工表面粗糙度减小。但是减小主偏角会导致径向分力 F_p 增大，轴向分力 F_f 减小。则当工艺系统刚度不足时，将会引起振动。使已加工表面粗糙度值增大，导致刀具寿命下降。

因此，合理选择主偏角主要遵循以下原则。

a. 工艺系统的刚度较好时，主偏角可取小值，如 $\kappa_r=30°\sim45°$；在加工高强度、高硬度的工件时，可取 $\kappa_r=10°\sim30°$，以增加刀头的强度；当工艺系统的刚度较差或强力切削时，一般取 $\kappa_r=60°\sim75°$。

b. 综合考虑工件形状、切屑控制等方面的要求。车削细长轴时，为减小径向力，可取 $\kappa_r=90°\sim93°$；车削阶梯轴时，可取 $\kappa_r=90°$；用一把车刀车削外圆、端面和倒角时，可取 $\kappa_r=45°\sim60°$；镗盲孔时，可取 $\kappa_r>90°$。

② 副偏角的选择。副偏角 κ_r' 的大小主要根据工件已加工表面的粗糙度要求和刀具强度来选择，在不引起振动的情况下，尽量取小值，必要时可磨出修光刃。

(4) 刃倾角的选择

刃倾角可以控制切屑的流出方向。负刃倾角的车刀刀头强度较好，散热条件也好。绝对值较大的刃倾角可使刀具的切削刃实际钝圆半径变小，刃口锋利。刃倾角不为零时，刀刃是逐渐切入和切出工件的，可以减小刀具受到的冲击，提高切削过程的平稳性。

在加工钢件或铸铁件时，粗车取 $\lambda_s=-5°\sim0°$，精车取 $\lambda_s=0°\sim5°$，有冲击负荷或断续切削取 $\lambda_s=-15°\sim-5°$。加工高强度钢、淬硬钢或强力切削时，为了提高刀头强度，取 $\lambda_s=-30°\sim-10°$。当工艺系统刚度较差时，一般不宜采用负刃倾角，以避免径向力的增加。

3.3.5 切削用量的选择

(1) 切削用量的选用原则

选择切削用量就是根据切削条件和加工要求，确定合理的背吃刀量 a_p、进给量 f 和切削速度 v_c。所谓合理的切削用量，就是指在保证加工质量的前提下，能获得较高生产效率和较低生产成本的切削用量。

① 制定切削用量时考虑的因素。

切削用量的合理选择对生产效率和刀具耐用度有着重要的影响。机床的切削效率可以用单位时间内切除的材料体积 Q（mm^3/mm）表示：

$$Q = a_p f v_c \tag{3-37}$$

由式（3-37）可知，Q 同切削用量三要素 a_p、f、v_c 均有着线性关系，它们对机床切削效率影响的权重是完全相同的。仅从提高生产效率看，切削用量三要素 a_p、f、v_c 中任一要素提高一倍，机床切削效率都能提高一倍，但 v_c 提高一倍与 a_p、f 提高一倍对刀具耐用度的影响却是大不相同的。在切削用量三要素中对刀具耐用度影响最大的是 v_c，其次是 f，最小的是 a_p。因此，制定切削用量时，不能仅仅单一地考虑生产效率，还要兼顾到刀具耐用度。

② 切削用量的选用基本原则。

据上述分析可知，在保证刀具耐用度一定的条件下，提高背吃刀量 a_p 比提高进给量 f 的生产效率高，比提高切削速度 v_c 的生产效率更高。由此，切削用量选用的基本原则可以从切削加工的两个阶段来考虑。

a. 粗加工阶段切削用量的选用原则。粗加工阶段的主要特点是：加工精度要求和表面质量要求低，毛坯余量大且不均匀。此阶段的主要目的是，在保证刀具耐用度一定的前提下，尽可能提高单位时间内的金属切除量，即尽可能提高生产效率。因此，粗加工阶段切削用量应根据切削用量对刀具耐用度的影响大小，首先选取尽可能大的背吃刀量 a_p，其次选取尽可能大的进给量 f，最后按照刀具耐用度的限制确定合理的切削速度 v_c。

b. 精加工阶段切削用量的选用原则

精加工阶段的主要特点是：加工精度要求和表面粗糙要求都较高，加工余量小而均匀。此阶段的主要目的是，应在保证加工质量的前提下，尽可能提高生产效率。而切削用量三要素 a_p、f、v_c 对加工精度和表面粗糙度的影响是不同的。提高切削速度 v_c，可使切削变形和切削力减小，且能有效地控制积屑瘤的产生；进给量 f 受残留面积高度（即表面质量要求）的限制；背吃刀量 a_p 受预留精加工余量大小的控制。因此，精加工阶段切削用量应选用较高的切削速度 v_c、尽可能大的背吃刀量 a_p 和较小的进给量 f。

(2) 切削用量三要素的选用

① 背吃刀量 a_p 的选用。

背吃刀量 a_p 根据加工余量确定。粗加工时，一般是在保留半精加工和精加工余量的前提下，尽可能用一次进给切除全部加工余量，以使走刀次数最少。在中等功率的机床上，a_p 可达 8～10mm。只有在加工余量太大，导致机床动力不足或刀具强度不够；加工余量不均匀，导致断续切削；工艺系统刚性不足等的情况下，为了避免振动才分成两次或多次走刀。采用两次走刀时，通常第一次走刀取 $a_{p1}=(2/3～3/4)$ 加工余量，第二次走刀取 $a_{p2}=(1/4～1/3)$ 加工余量。切削表层有硬皮的铸锻件或切削冷硬倾向较为严重的材料（如不锈钢）时，应尽量使 a_p 值超过硬皮或冷硬层深度，以免刀具过快磨损。

半精加工时，通常取 $a_p=0.5～2mm$。精加工时背吃刀量不宜过小，若背吃刀量太小，因刀具刃口都有一定的钝圆半径，使切屑形成困难，已加工表面与刃口的挤压、摩擦变形较大，反而会降低加工表面的质量。所以精加工时，通常取 $a_p=0.1～0.4mm$。

② 进给量 f 的选用。

粗加工时，对加工表面粗糙度的要求不高，进给量 f 的选用主要受切削力的限制。在工艺系统刚性和机床进给机构强度允许的情况下，合理的进给量应是它们所能承受的最大进给量。

半精加工和精加工时,进给量 f 的选用主要受表面粗糙度和加工精度要求的限制。因此,进给量 f 一般选得较小。

实际生产中,经常采用查表法确定进给量。粗加工时,根据加工材料、车刀刀杆直径、工件直径及已确定的背吃刀量 a_p 由《切削用量手册》即可查得进给量 f 的取值。半精加工和精加工时,需按表面粗糙度选择进给量 f。在使用手册时,一般要参照实际加工条件,先预估一个切削速度。

③ 切削速度 v_c 的选用。

粗加工时,切削速度 v_c 受刀具耐用度和机床功率的限制;精加工时,机床功率足够,切削速度 v_c 主要受刀具耐用度的限制。切削速度的选择方法一般可以采用计算法、查表法。

a. 用公式计算切削速度 v_c。根据已经选定的背吃刀量 a_p、进给量 f 及刀具寿命 T,可以用公式计算切削速度 v_c。车削速度的计算公式为:

$$v_c = \frac{C_v}{T^m a_p^{x_v} f^{y_v}} K_v \tag{3-38}$$

式中　　C_v——切削速度系数;

m, x_v, y_v——T、a_p、f 的指数;

K_v——切削速度的修正系数(即工件材料、毛坯表面状态、刀具材料、加工方式、主偏角 κ_r、副偏角 κ_r'、刀尖圆弧半径 r_ε 及刀杆尺寸对切削速度的修正系数的乘积)。

上述系数、指数和各项修正系数均可由有关资料查得。

b. 用查表法确定切削速度 v_c。

切削速度 v_c 可根据有关手册查得。粗加工的切削速度通常选得比精加工小,这是由于粗加工的背吃刀量和进给量比精加工大所致;刀具材料的切削性能越好,切削速度选得就越高;硬质合金可转位车刀的切削速度明显高于焊接车刀;工件材料的可加工性越差,切削速度选得就越低。

在确定切削速度时,还应考虑以下几点:精加工时,应尽量避开产生积屑瘤的速度区;断续切削时,应适当降低切削速度。在易产生振动的情况下,机床主轴转速应选择能进行稳定切削的转速区进行。加工大件、细长件、薄皮件及带铸、锻外皮的工件时,应选较低的切削速度。

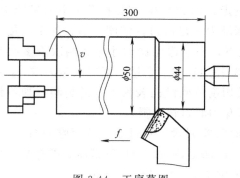

图 3-44　工序草图

【例 3-1】　工件在 CA6140 型车床上车外圆,如图 3-44 所示。已知:毛坯:直径为 $d = \phi50\text{mm}$,材料为 45 钢,$\sigma_b = 0.637\text{GPa}$;加工要求:车外圆至 $\phi44_{-0.062}^{0}\text{mm}$,表面粗糙度为 $Ra = 3.2\mu m$;刀具:焊接式硬质合金外圆车刀,刀片材料为 YT15,刀杆截面尺寸为 $16\text{mm} \times 25\text{mm}$;车刀切削部分几何参数:$\gamma_o = 15°$,$\alpha_o = 8°$,$\kappa_r = 75°$,$\kappa_r' = 10°$,$\lambda_s = 0°$,$r_\varepsilon = 1\text{mm}$。试求该车削工序的切削用量。

【解】　为达到规定的加工要求,此工序应安排粗车和半精车两次走刀,粗车时将 $\phi50\text{mm}$ 外圆车至 $\phi45\text{mm}$;半精车时将 $\phi45\text{mm}$ 外圆车至 $\phi44_{-0.062}^{0}\text{mm}$。

① 确定粗车切削用量。

背吃刀量 a_p：$a_p = \dfrac{50-45}{2} = 2.5$（mm）。

进给量 f：根据已知条件，从有关手册中查得 $f = 0.4 \sim 0.5$mm/r，按 CA6140 车床说明书中实有的进给量，确定 $f = 0.48$mm/r。

切削速度 v_c：切削速度可由式（3-38）计算，也可查表确定，本例采用查表法确定。

从有关手册查得：$v_c = 90 \sim 100$m/min，取 $v_c = 90$m/min，由此可推算出机床主轴转速为：

$$n = \frac{1000 v_c}{\pi d} = \frac{1000 \times 90}{3.14 \times 50} = 573 \text{（r/min）}$$

按 CA6140 车床说明书选取实有的机床主轴转速为 560r/min，故实际的切削速度为：

$$v_c = \frac{\pi d n}{1000} = \frac{3.14 \times 560 \times 50}{1000} = 87.9 \text{（m/min）}$$

校核机床功率：由有关手册查出相关系数和计算公式，先计算出主切削力 F_c，再将主切削力 F_c 代入公式计算出切削功率 P_m。通过计算，本例的主切削力 $F_c = 1800$N，切削功率 $P_m = 2.64$kW。查阅机床说明书知，CA6140 车床主电机功率 $P_E = 7.5$kW，取机床传动效率 $\eta_m = 0.8$，则：

$$\frac{P_m}{\eta_m} = \frac{2.64}{0.8} = 3.3 \text{（kW）} < P_E \ (P_E = 7.5\text{kW})$$

校核结果表明，机床功率是足够的。

校核机床进给机构强度：由上可知，主切削力 $F_c = 1800$N，再由同样办法，分别计算出本例的背向力 $F_p = 392$N，进给抗力力 $F_f = 894$N。考虑到机床导轨和溜板之间由 F_c 和 F_p 所产生的摩擦力，设摩擦系数 $\mu_s = 0.1$，则机床进给机构承受的力为：

$$F_j = F_f + \mu_s(F_c + F_p) = 894 + 0.1 \times (1800 + 392) = 1113.2 \text{（N）}$$

查阅机床说明书知，CA6140 车床纵向进给机构允许作用的最大抗力为 3500N，远大于机床进给机构承受的力 F_j。校核结果表明，机床进给机构的强度是足够的。

粗车的切削用量为：$a_p = 2.5$mm，$f = 0.48$mm/r，$v_c = 87.9$m/min。

② 确定半精车切削用量。

背吃刀量 a_p：$a_p = \dfrac{45-44}{2} = 0.5$（mm）

进给量 f：根据表面粗糙度为 $Ra = 3.2\mu$m、$r_\varepsilon = 1$，从相关手册查得 $f = 0.30 \sim 0.35$mm/r（预估切削速度 $v_c > 50$m/min），按 CA6140 车床说明书中实有的进给量，确定 $f = 0.30$mm/r。

切削速度 v_c：根据已知条件，从相关手册中查得 $v_c = 130$m/min，然后算出机床主轴转速为：

$$n = \frac{1000 \times 130}{3.14 \times (50-5)} = 920 \text{（r/min）}$$

按 CA6140 车床说明书，选取实有的机床主轴转速为 900r/min，故实际的切削速度为：

$$v_c = \frac{3.14 \times (50-5) \times 900}{1000} = 127.2 \text{（m/min）}$$

半精车、精车时，切削力很小，通常情况下，可不校核机床功率和机床进给机构的强度。

半精车的切削用量为：$a_p=0.5\text{mm}$，$f=0.30\text{mm/r}$，$v_c=127.2\text{m/min}$。

(3) 提高切削用量的途径

提高切削用量对于提高生产率有着重大意义。切削用量的提高，主要从以下几个方面考虑。

① 提高刀具耐用度，以提高切削速度

刀具耐用度是限制提高切削用量的主要因素，尤以对切削速度的影响最大。因而，如何提高刀具耐用度，提高切削速度以实现高速切削，成为提高切削用量的首要考虑。而新的刀具材料的开发和使用，给这一要求带来了希望。目前，硬质合金刀具的切削速度已达 200m/min；陶瓷刀具的切削速度可达 500m/min；聚晶金刚石和聚晶立方氮化硼新型刀具材料，切削普通钢材时切削速度可达 900m/min，加工 60HRC 以上的淬火钢，切削速度在 90m/min 以上。

② 进行刀具改革，加大进给量和背吃刀量

由于种种原因，新型刀具材料的广泛使用还有待以时日。因此，对刀具本身的几何参数加以改进，从加大进给量和背吃刀量方面予以突破，是提高切削用量的又一途径。强力切削这种高效率的加工方法便是这一途径的成功范例。

③ 改进机床，使其具有足够的刚性

从刀具的因素着手，固然是提高切削用量的主要途径，但与此同时，机床的因素也不容忽视。由于切削用量的提高（往往是正常量的几倍或几十倍），切削力也相应增长，因而，机床必须具有高转速、高刚度、大功率和抗震性好等性能。否则，零件的加工质量难以得到保证，切削用量的提高也就失去了意义。

3.4 金属切削刀具

3.4.1 车刀

(1) 车刀的种类

车床是应用最广泛的一种金属切削机床，因此，金属切削刀具中应用最广的刀具是车刀。将车刀安装于不同机床上，可分别进行外圆、内孔、端面、螺纹也用于切槽和切断等的加工，如图3-45所示。

根据纵向进给方向的不同，车刀又有左、右车刀之分。如图3-45中的刀具2和6，它们都是90°外圆车刀，但刀具2称为右车刀，刀具6称为左车刀。

按刀头与刀柄的连接方式可分为整体车刀、焊接车刀和机夹车刀，如图3-46所示。

(2) 硬质合金可转位刀片

将硬质合金刀片用机械夹固的方法安装在刀杆上的车刀叫机夹车刀。因机夹车刀只有一个切削刃，用钝后必须重磨，且可修磨多次。可转位车刀也是机夹

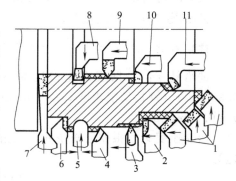

图 3-45 车刀的种类
1—45°弯头车刀；2—90°外圆车刀；
3—外螺纹车刀；4—75°外圆车刀；
5—成形车刀；6—90°外圆车刀；7—切断刀；
8—内孔切槽刀；9—内螺纹车刀；
10—盲孔车刀；11—通孔车刀

车刀的一类，它与普通机夹车刀的不同点在于刀片为多边形，每一边都可以作切削刃，用钝后只需将刀片转位，即可使新的切削刃投入工作。

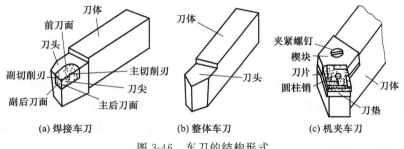

图 3-46　车刀的结构形式

可转位车刀由刀杆、刀片、刀垫和夹固元件组成，如图 3-46（c）所示。其特点是可以转位使用，当几个切削刃用钝后，即可更换新的刀片。

可转位车刀的最大优点就是车刀的几何参数完全由刀片和刀槽保证，不受人工影响，因此，其切削性能稳定，适于在现代化大批量生产中使用。此外，由于机床操作工人不必磨刀，可减少许多停机换刀的时间。可转位车刀刀片下面的刀垫采用淬硬钢制成，提高了刀片可转位车刀的组成支撑面的强度，可使用较薄的刀片，有利于节约硬质合金。

现已有硬质合金可转位刀片的国家标准。刀片形状多种多样，常用的有三角形、偏8°三角形、凸三角形、正方形、五角形和圆形等。图 3-47 所示为带圆孔的硬质合金可转位刀片（GB/T 2078—1987）。

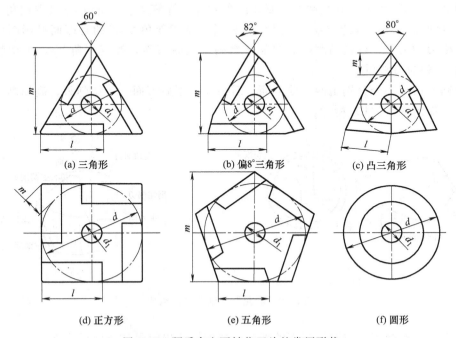

图 3-47　硬质合金可转位刀片的常用形状

大多数硬质合金可转位车刀刀片不带有后角，但在每个切削刃上做有断屑槽并形成刀片的前角。有少数车刀刀片做成带后角而不带前角的，多用于内孔车刀。选用时，主要考虑刀片的几何形状和基本尺寸 d 以及刀片厚度尺寸，其中 d 主要由切削刃的工作长度 l 决定。

3.4.2 孔加工刀具

(1) 麻花钻

实体材料上的孔加工一般采用麻花钻，麻花钻由三部分组成，如图 3-48（a）、（b）所示。

工作部分——工作部分又分为切削部分与导向部分。主要切削工作由切削部分担负；导向部分的作用是当切削部分切入工件孔后起导向作用，导向部分也是切削部分的备磨部分。

柄部——夹持钻头的部分，并用来传递转矩。柄部分直柄和锥柄两种，前者用于小直径钻头，后者用于大直径钻头。

颈部——颈部位于工作部分与柄部之间，磨柄部时退砂轮之用，也是钻头打标记的地方。为了制造方便，直柄麻花钻一般没有颈部。

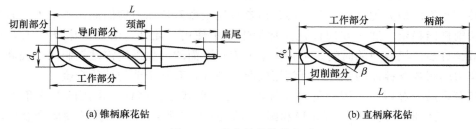

图 3-48 麻花钻的结构组成

如图 3-49（a）所示，麻花钻的主要几何参数有：螺旋角 β、顶角 2φ（主偏角 $\kappa_r \approx \varphi$）、前角 γ_o、后角 α_o、横刃长度 b_Ψ、横刃斜角 Ψ 等。横刃斜角 Ψ 指的是端面投影图中主切削刃投影与横刃的夹角。麻花钻磨损时只需修磨两个主后刀面，控制顶角 2φ，主切削刃外缘处的后角 α_f 和横刃斜角 Ψ。

麻花钻的切削部分分别由两个前刀面、后刀面、副后刀面、主切削刃、副切削刃及一个横刃组成，如图 3-49（b）所示。

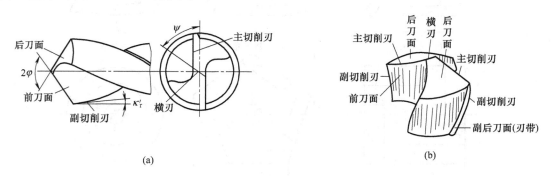

图 3-49 麻花钻切削部分的组成

前刀面——螺旋槽上临近切削刃的部分，即切屑流出时最初接触的表面。

后刀面——与工件加工表面相对的表面。

副后刀面——在钻头外缘上临近主切削刃的两小段棱边，即为麻花钻的副后刀面。

主切削刃——前刀面与后刀面相交而形成的刃口。

横刃——由两后刀面相交而形成的刃口。

由于标准麻花钻的结构所限,使它存在有许多问题。如前角变化太大,从外缘处的+30°到钻芯处的-30°,横刃前角约为-60°;副后角为零,加剧了钻头与钻壁间的摩擦;主切削刃长,切屑较宽,排屑困难;横刃长,定心困难,轴向力大,切削条件很差等。因此使用时,经常要进行修磨,以改变标准麻花钻切削部分的几何形状,提高钻头的切削性能。麻花钻常用的修磨的方法有:修磨双重顶角、修磨横刃、修磨棱边、磨出分屑槽等。

(2) 扩孔钻

扩孔钻的作用是对工件已有孔进行再加工,以扩大孔径和提高加工质量。扩孔钻一般有3~4个刀齿,故导向性好,切削平稳;扩孔的加工余量较小,容屑槽较浅,刀体强度和刚度较好;扩孔钻没有横刃,改善了切削条件。因此大大提高了切削效率和加工质量。

扩孔钻的主要类型有高速钢整体式 [见图 3-50 (a)]、镶齿套式 [见图 3-50 (b)] 及硬质合金可转位式 [见图 3-50 (c)] 等。整体式扩孔钻的扩孔范围为 $\phi 10 \sim 32mm$;套式扩孔钻的扩孔范围为 $\phi 25 \sim 80mm$。

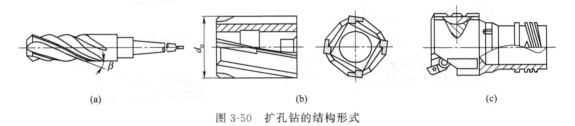

图 3-50 扩孔钻的结构形式

(3) 锪钻

锪钻用于加工各种沉头螺钉沉孔、锥孔和凸台面,如图 3-51 所示。图 3-51 (a) 为锪圆柱形沉头孔;图 3-51 (b)、(c) 为锪圆锥形沉头孔(锥角 2φ 有 60°、90°和 120°三种);图 3-51 (d) 为锪孔端面的凸台平面。锪钻上带有定位导柱 d_1,是用来保证被锪孔或端面与原来孔的同轴度和垂直度。导柱应尽可能做成不拆卸的,以便于刀具的制造和刃磨。根据锪钻直径的大小,可做成带柄锪钻或套式锪钻,即可用高速钢制造,也可镶焊硬质合金刀片。其中以硬质合金锪钻应用较广。

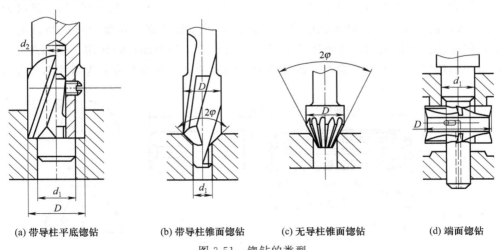

(a) 带导柱平底锪钻　　(b) 带导柱锥面锪钻　　(c) 无导柱锥面锪钻　　(d) 端面锪钻

图 3-51 锪钻的类型

(4) 铰刀

铰刀用于中小直径的半精加工与精加工。因铰削加工余量小,铰刀齿数多,铰刀刚性和导向性好,故工作平稳,加工精度可达IT7~IT6,表面粗糙度达$Ra 0.4 \sim 1.6$。

铰刀一般分为手用铰刀和机用铰刀两种,机用铰刀可分为带柄的[见图3-52(a)](加工直径为$\phi 1 \sim 20mm$用直柄,加工直径为$\phi 10 \sim 32mm$用锥柄)和套式的[见图3-52(b)]。手用铰刀柄部为直柄,工作部分较长,导向作用较好。手用铰刀的加工直径范围一般为$\phi 1 \sim 50mm$。铰刀形式有直槽式和螺旋槽式两种[见图3-52(c)]两种。铰刀不仅可加工圆形孔,也可用锥度铰刀加工锥孔。铰制锥孔时由于铰制余量较大,锥铰刀常分粗铰刀和精铰刀,一般做成2把或3把一套[见图3-52(d)]。

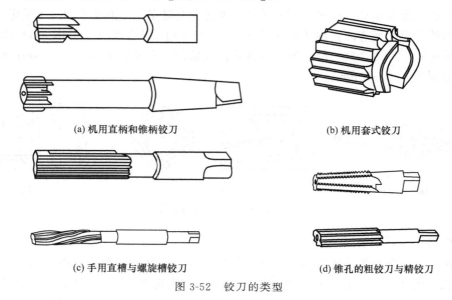

图 3-52 铰刀的类型

铰刀由工作部分、颈部及柄部组成,工作部分又分为切削部分与校准(修光)部分,如图3-53所示。铰刀切削部分的主偏角κ_r对孔的加工精度、表面粗糙度和铰削时轴向力的大小影响很大。κ_r值过大,切削部分短,铰制的定心精度低,还会增大轴向力;κ_r值过小,切削宽度增宽,不利于排屑;手用铰刀κ_r值一般取为$0.5° \sim 1.5°$,机用铰刀κ_r值取为$5° \sim 15°$。校准部分起校准孔径、修光孔壁及导向作用,增加校准部分长度,可提高铰削时的导向作用,但这会使摩擦增大,排屑困难。对于手用铰刀,为增加导向作用,校准部分应做的长些;对于机用铰刀,为减少摩擦,校准部分应做的短些。校准部分分为圆柱部分和倒锥部

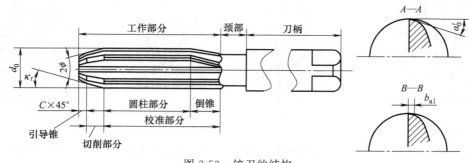

图 3-53 铰刀的结构

分，被加工孔的加工精度和表面粗糙度取决于圆柱部分的尺寸精度和形位精度；倒锥部分的作用是减少铰刀与孔壁的摩擦。

(5) 镗刀

镗刀的种类有很多，一般可分为单刃镗刀与多刃镗刀两大类。单刃镗刀结构简单，制造容易，通用性好，故使用较多。单刃镗刀一般均有尺寸调节装置。如图 3-54（a）所示。在精镗机床上常采用微调镗刀以提高调整精度，如图 3-54（b）所示。

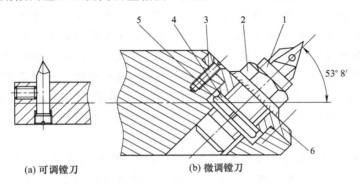

(a) 可调镗刀　　　(b) 微调镗刀

图 3-54　单刃镗刀

1—镗刀头；2—微调螺母；3—螺钉；4—波形垫圈；5—调节螺母；6—固定座套

图 3-55 所示为双刃镗刀。双刃镗刀有两个切削刃，工作时径向力对镗杆的影响可以抵消，工件的孔径尺寸与精度由镗刀径向尺寸保证。图 3-55（a）所示固定式镗刀块因尺寸不可调，适用于粗镗、半精镗。图 3-55（b）所示滑槽可调镗刀尺寸可调，广泛应用于数控机床。图 3-55（c）所示可调浮动镗刀上的两个刀片径向位置可以调整，装入镗杆的孔槽中不夹紧，依靠作用在两个切削刃上的径向力自动平衡其位置，可提高孔的加工精度，但不能纠正孔的直线度误差和位置误差。双刃浮动镗应在单刃镗之后进行，适用于半精加工。

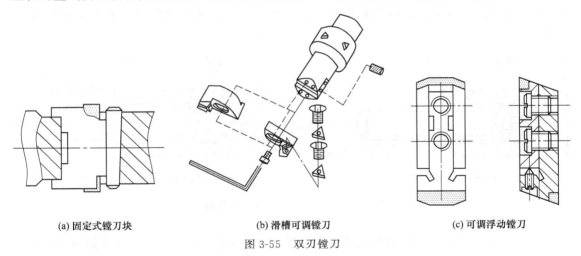

(a) 固定式镗刀块　　　(b) 滑槽可调镗刀　　　(c) 可调浮动镗刀

图 3-55　双刃镗刀

(6) 深孔钻

① 深孔加工的特点。

a. 由于孔的深度与直径的比例较大，钻杆细长，刚性差，工作时容易斜偏及产生振动，因此孔的精度及光洁度较难保证。

b. 产生的切屑多，排屑通道长，若不采取有效措施，随时可能由于切屑堵塞而导致钻头损坏。

c. 钻头在近似封闭的状态下工作，热量不易散出，钻头磨损严重。

② 对深孔钻的基本要求。

a. 排屑通畅。深孔加工时，要使排屑通畅，一方面要求切削过程有良好的分屑，卷屑和断屑能力，同时还要借助一定压力的切削液将切屑强制排出。

b. 充分冷却、润滑。切削液在深孔加工中的作用主要是冷却、润滑、排屑、减振与消声等。由于加工是处于封闭或半封闭的状态下，切削热不易传散，温度高，磨损严重，所以深孔钻必须采取强制有效的冷却方式。深孔加工刀具所加工出的孔表面质量部分取决于切削液质量，深孔钻削加工时必须使用专用金属切削油和水基切削液。这种切削油和切削液含有EP极压添加剂，适合于刀刃的高温和支撑板上的高压。深孔加工所用的切削液，除具备良好的冷却、润滑及防腐性能外，流动性也是一个重要指标，黏度不宜过高，以加快流速和冲刷切屑，流速一般为 8~12m/s（或不小于切削速度的 5~8 倍）。

c. 良好的导向。为防止钻头工作时偏斜与振动，除在深钻孔结构设计时要考虑具有良好的导向外，在钻孔时还经常采取工件回转，钻头只作直线进给运动，这样也有利于保证钻孔时钻头不致偏斜。

根据上述要求，麻花钻（包括长麻花钻）已不能适应深孔加工的需要，而应采用专用的深孔钻，如枪钻、内排屑深孔钻及喷吸钻等。

③ 深孔钻的刀具及工作原理。

单刃外排屑深孔钻因最初加工枪管，故又名枪钻，主要用来加工直径为 3~20mm 的小孔，孔深与直径之比可超过 100。加工出的孔精度为 IT8~IT10，加工表面粗糙度 $Ra3.2$~$0.8\mu m$，孔的直线性也比较好。

枪钻的工作原理如图 3-56（a）所示。切削液以高压（3.4~9.8MPa）从钻杆和切削部分的进油孔送入切削区以冷却润滑钻头，并把切屑经钻杆与切削部分上的 V 形槽冲刷出来。

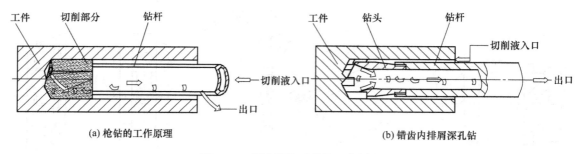

图 3-56 深孔钻的刀具及工作原理

图 3-56（b）所示为内排屑深孔的工作原理。它适合加工直径 20mm 以上的深孔，深径比不超过 100 的孔，加工精度达 IT9~IT7，表面粗糙度不超过 $Ra3.2\mu m$。内排屑深孔钻可避免切屑划伤已加工好的孔壁。

错齿内排屑深孔钻是内排屑深孔钻的典型结构，切削液在较高的压力（2~6MPa）下，由工件孔壁与钻杆外表面之间的空隙进入切削区以冷却、润滑钻头，并将切屑经钻头前端的排屑孔冲入钻杆内部，向后排出。

3.4.3 铣刀

铣刀是用于铣削加工的、具有一个或多个刀齿的旋转刀具。工作时各刀齿依次间歇地切去工件的余量。铣刀应用范围很广,主要用于在铣床上加工平面、台阶、沟槽、成形表面和切断工件等。铣刀的种类很多,结构不一,按其用途可分为加工平面用铣刀、加工沟槽用铣刀、加工成形面用铣刀等三大类。通用规格的铣刀已标准化,一般均由专业工具厂生产。

(1) 圆柱铣刀

图 3-57 所示为圆柱铣刀。它一般都是用高速钢制成整体的,圆柱表面上分布有螺旋形切削刃,没有副切削刃,在切削时螺旋形的刀齿是逐渐切入和脱离工作的,所以切削过程较平稳。在卧式铣床上加工宽度小于铣刀长度的狭长平面常用圆柱铣刀。

(a) 整体式　　(b) 镶齿式

图 3-57　圆柱铣刀

根据加工要求不同,圆柱铣刀有粗齿、细齿之分,粗齿的容屑槽大,用于粗加工,细齿用于精加工。铣刀外径较大时,圆柱铣刀常被制成镶齿的。

(2) 平面端铣刀

图 3-58 所示为平面端铣刀,主切削刃分布在圆柱或圆锥表面上,端面切削刃为副切削刃,铣刀的轴线垂直于被加工表面。平面端铣刀又称盘铣刀,用于立式铣床、端面铣床或龙门铣床上加工平面,端面和圆周上均有刀齿,也有粗齿和细齿之分。其结构有整体式、镶齿式和可转位式三种。用平面端铣刀加工平面,同时参加切削的刀齿较多,副切削刃又具有修光作用,加工出的表面粗糙度小,因此可以用较大的切削用量,生产率较高,应用广泛。

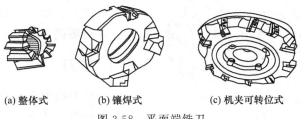

(a) 整体式　　(b) 镶焊式　　(c) 机夹可转位式

图 3-58　平面端铣刀

(3) 立铣刀

如图 3-59 所示,立铣刀一般有 3~4 个刀齿,主要用于加工凹槽,台阶面以及利用靠模加工成形面。刀齿在圆周和端面上,工作时不能沿轴向进给。当立铣刀上有通过中心的端齿时,可轴向进给。国外许多工厂生产的立铣刀有 1~2 个端面切削刃通过中心,如图 3-59 (b) 所示,可以进行轴向进给或钻浅孔,特别适合模具加工。

(4) 键槽铣刀

如图 3-60 所示,键槽铣刀的外形与立铣刀相似,但只有两个螺旋刀齿分布在它的圆周上,且端面刀齿的刀刃延伸至中心,因此可以在铣两端不通的键槽时做适量的轴向进给。它主要用于加工圆头封闭键槽,使用时,垂直进给和纵向进给要重复做多次才能完成键槽加工。

(5) 三面刃铣刀

图 3-61 所示的三面刃铣刀有直齿、错齿和镶齿三种,主要用于在卧式铣床上加工台阶

面和一端或两端贯穿的浅沟槽。三面刃铣刀除圆周具有主切削刃外,两侧面也有副切削刃,从而改善了切削条件,提高了切削效率,减小了表面粗糙度值。但重磨后宽度尺寸变化较大,镶齿三面刃铣刀可解决这一问题。

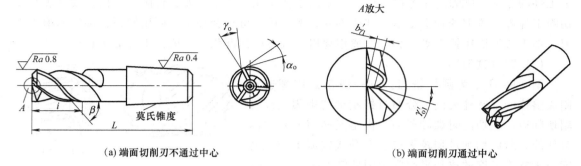

图 3-59 立铣刀

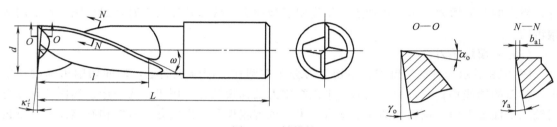

图 3-60 键槽铣刀

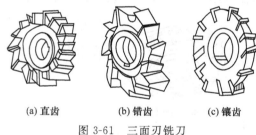

图 3-61 三面刃铣刀

除以上介绍的几种铣刀外,还有角度铣刀、成形铣刀、锯片铣刀、模具铣刀、T形槽铣刀、燕尾槽铣刀等。

3.4.4 拉刀

(1) 拉刀的组成部分

拉刀的类型不同,其结构上虽各有特点,但他们的组成部分仍有共同之处。图 3-62 所示为圆孔拉刀的组成部分。

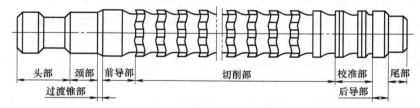

图 3-62 圆孔拉刀的组成部分

圆孔拉刀由头部、颈部、过渡锥部、前导部、切削部、校准部、后导部及尾部组成,其各部分功用如下。

头部——拉刀的夹持部位,用于传递拉力。

颈部——头部与过渡锥部之间的连接部分,并便于头部穿过拉床挡壁,也是打标记的地方。

过渡锥部——使拉刀前导部易于进入工件孔中，起对准中心的作用。

前导部——起引导作用，防止拉刀进入工件孔后发生歪斜，并可检查拉前孔径是否符合要求。

切削部——担负切削工作，切除工件上所有余量，它由粗切齿、过渡齿与精切齿三部分组成。

校准部——切削很少，只切去工件弹性恢复量，起提高工件加工精度和表面质量的作用，也作为精切齿的后备齿。

后导部——用于保证拉刀工作即将结束而离开工件时的正确位置，防止工件下垂而损坏已加工表面与刀齿。

尾部——只有当拉刀又长又重时才需要，用于支撑拉刀、防止拉刀下垂。

(2) 拉刀切削部分的主要几何参数

图 3-63 是拉刀的切削加工过程，为使拉刀正常工作，需保证拉刀参数如下。

a_z——齿升量，即切削前部、后刀齿（或组）高度之差。

p——齿距，即两相邻刀齿之间的轴向距离。

b_a——刃带，用于在制造拉刀时控制刀齿直径，也为了增加拉刀校准齿前刀面的可重磨次数，提高拉刀使用寿命。有了刃带，还可以提高拉削过程稳定性。

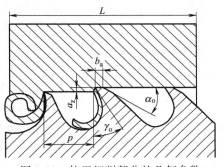

图 3-63 拉刀切削部分的几何参数

γ_o——拉刀前角。

α_o——拉刀后角。

(3) 拉削图形

拉刀从工件上把余量切下来的顺序，通常都用图形来表达，这种图形即所谓"拉削图形"。拉削图形选择的合理与否，直接影响到刀齿负荷的分配、拉刀力的大小、拉刀的磨损和耐用度、工件表面质量、生产率和制造成本等。拉削图形可分为分层式、分块式及综合式三大类。

① 分层式拉削。分层式拉削可分为成形式及渐成式两种。

a. 成形式。按成形式设计的拉刀，每个刀齿的廓形与被加工表面最终要求的形状相似，切削部的刀齿高度向后递增，工件上的拉削余量被一层一层的切去，最终由最后一个切削齿切出所要求的尺寸，经校准齿修光达到预定的工作尺寸精度及表面粗糙度。图 3-64 (a) 所示为成形式圆孔拉刀的拉削图形，图 3-64 (b) 为该拉刀切削部的刀齿结构。

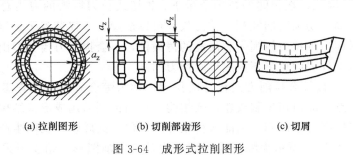

(a) 拉削图形　　(b) 切削部齿形　　(c) 切屑

图 3-64 成形式拉削图形

采用成形式拉刀，可获得较低的工件表面粗糙度。但是，为了避免出现环状切削，便于容屑，成形式拉刀相邻刀齿的切削刃上磨有交错排列的狭窄分屑槽，分屑槽与切削刃交接处的尖角上散热条件最差，加剧了拉刀的磨损，降低了拉刀耐用度。此外，由于刀齿上的分屑槽造成切屑上有一条加强筋，切屑卷曲困难，其半径增大，为了能容纳切屑，就需要较大的容屑空间（即较大齿距和齿深），加上切屑很薄，需要足够多的刀齿才能把切削余量切完，因此拉刀就比较长，不仅浪费刀具材料，造成制造上的困难，还降低了拉削生产率，如图3-64（c）所示。

由于成形式拉刀的每个刀齿形状都与被加工工件最终表面形状相似，因此除圆孔拉刀外，制造都比较困难。

b. 渐成式。如图3-65所示，按渐成式原理设计的拉刀，刀齿的廓形与被加工工件最终表面形状不同，被加工工件表面的形状和尺寸由各刀齿的副切削刃所形成。这时拉刀刀齿可制成简单的直线型或弧形。这对于加工复杂成形表面的工件，拉刀的制造要比成形式简单，缺点是在工件已加工表面上可能出现副切削刃的交接痕迹，因此加工出的工件表面质量较差。

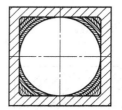

图3-65 渐成式拉削图形

② 分块式拉削。又称轮切式拉削。分块式拉削方式与分层拉削方式的区别，在于工件上的每层金属是由一组尺寸基本相同的刀齿切去，每个刀齿仅切去一层金属和一部分，如图3-66所示为三个刀齿一组的圆孔拉刀及其拉削图形，第一齿和第二齿的直径相同，但切削刃位置互相错开，各切除工件上同一层金属中的几段材料，剩下的残留金属，由同一组的第三个刀齿切除，该刀齿不再制有圆弧分屑槽，为避免切削刃与前两个刀齿切成的工件表面摩擦及切下整圈金属，其直径应较同组其他两个刀齿的直径小 0.02~0.05mm。

上述按分块拉削方式设计的拉刀成为轮切式拉刀。有制成两齿一组，三齿一组及四齿一组的，原理相同。

分块拉削方式与分层拉削方式相比较，虽然工件上的每层金属由一组（2~4个）刀齿切除，但由于每个刀齿参加工作的切削刃的长度较小，在保持相同的拉削力的情况下，允许较大的切削

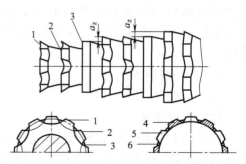

图3-66 轮切式拉刀结构
1—第一齿；2—第二齿；3—第三齿；
4—被第一齿切的金属层；
5—被第二齿切的金属层；
6—被第三齿切的金属层

厚度（即齿升量）。因此，在相同的拉削余量下，轮切式拉刀所需的刀齿总数要少很多，加上不存在切削加强筋，切削卷曲顺利，拉刀长度可以缩短，不仅节省了贵重的刀具材料，生产率也有提高。采用这种拉刀拉削带有硬皮的铸锻件，不会损坏刀齿。但由于切削厚度（即齿升量）大，拉后工件表面质量不如成形式拉刀的好。

③ 综合式拉削。按综合拉削方式设计的拉刀，称为综合式拉刀，它集合了成形式拉刀与轮切式拉刀的优点，即粗切齿制成轮切式结构，精切齿则采用成形式结构。这样，既缩短了拉刀长度，保持较高的生产率，又能获得较好的工件表面质量。我国生产的圆孔拉刀较多的采取这种结构。图3-67所示为综合式拉刀结构及其切削图形，粗切齿采取不分组的轮切

式拉刀结构,即第一个刀齿切去一层金属的一半左右,第二个刀齿比第一个刀齿高出一个齿升量,除切去第二层金属的一半左右外,还切去第一个刀齿留下的第一层金属的一半左右,后面的刀齿都以同样顺序交错切削,直到粗切余量切完为止。精切齿则采取成形式结构。

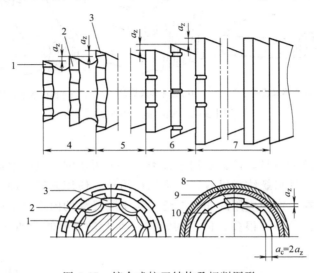

图 3-67 综合式拉刀结构及切削图形
1—第一齿;2—第二齿;3—第三齿;4—粗切齿;5—过渡齿;6—精切齿;
7—校准齿;8—被第一齿切的金属层;9—被第二齿切的金属层;10—被第三齿切的金属层

3.4.5 螺纹刀具

在现代工业中,零件上广泛采用螺纹连接结构。由于螺纹的功用不同,对其形状、精度及表面质量的要求不同,因而螺纹加工的方法及所用的螺纹刀具有所不同。正确选择和使用螺纹刀具,在螺纹加工中是十分重要的。螺纹刀具的种类很多,以形成螺纹的加工方法来分,有切削法加工螺纹的刀具及滚压法加工的螺纹刀具两大类,现分述如下。

(1) 螺纹车刀

用螺纹车刀加工螺纹是传统的加工方法。它结构简单、通用性强,可用来加工各种形状、尺寸精度的内、外螺纹,特别适用于加大尺寸螺纹。

螺纹车刀的生产率较低,加工质量主要取决于工人技术水平、机床及刀具本身的精度。但由于刀具廓形简单、易于准确制造,且可在通用机床上使用,故目前仍是螺纹加工的重要刀具之一。特别是精度高的丝杆,常用螺纹车刀在精密车床上加工。

(2) 螺纹梳刀

螺纹梳刀实际上是多齿的螺纹车刀,只要一次走刀就能切出全部螺纹,生产率比螺纹车刀高。

螺纹梳刀分为三种:平体螺纹梳刀、棱体螺纹梳刀及圆体螺纹梳刀,如图 3-68 所示。它由切削部分和校准部分组成。切削部分担负主要切削工作,为了使切削负荷分配给几个刀齿负担,故将前面几个刀齿组成切削锥部,而这几个齿形是不完整的。切削部分长度通常为 $1\frac{1}{2} \sim 2\frac{1}{2}$ 齿。校准部分廓形完整,起校准、修光作用,其长度通常为 6~8 齿。在石油工业中,常用硬质合金螺纹梳刀加工高强度石油管的内、外螺纹。由于这种螺纹梳刀的精度很高，加工质量好，生产率高，成为加工高强度石油管的主要刀具。

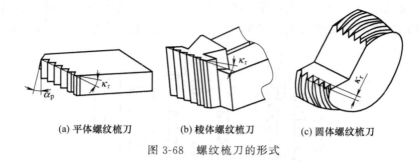

图 3-68　螺纹梳刀的形式

(3) 丝锥

丝锥是加工内螺纹的刀具，按其功用来分类，有手用丝锥、机用丝锥、螺母丝锥、板牙丝锥、锥形螺纹丝锥、梯形螺纹丝锥等。丝锥结构简单，使用方便，即可手工操作，也可以在机床上工作，丝锥在生产中应用的非常广泛。对于小尺寸的内螺纹来说，丝锥几乎是唯一的加工刀具。尽管丝锥的种类很多，但它的结构基本上是相同的。如图 3-69 表示了丝锥的外形结构。

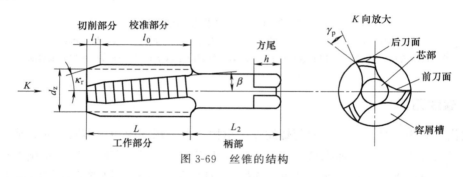

图 3-69　丝锥的结构

工作部分 L 是由切削部分 l_1 和校准部分 l_0 组成。切削部分是一个锥角为 κ_r 的切削锥，故亦称为切削锥部，其齿形是不完整的，后一刀齿比前一刀齿高，当丝锥作螺旋运动时，每一个刀齿都切下一层金属，丝锥主要的切削工作是由切削部分担负。校准部分的齿形是完整的，它主要用来校准及修光螺纹廓形，并起导向作用。

(4) 板牙

板牙是用来加工尺寸不大的外螺纹的刀具，它既可以手工操作，也可以在机床上使用，只需一次加工就能切出全部螺纹。

板牙的外形和螺母相似，如图3-70所示。为了容纳切屑及形成刀刃，在板牙中钻出 3～7 个排屑孔，并在螺纹两端配置有切削锥部。

板牙的切削锥部担负主要的切削工作。而中间的完整螺纹部分起校准

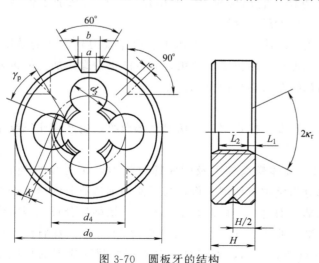

图 3-70　圆板牙的结构

和导向作用。切削锥部的锥角一般取 $2\kappa_r = 40° \sim 50°$，$l_1 = (1.5 \sim 2.5)P$（P 为螺距），$l_2 = (4 \sim 5)P$。切削锥部的前角取 $15° \sim 20°$，其后角为 $5° \sim 9°$。外圆上的 $60°$ 缺口槽，是在板牙磨损后将它磨穿，并借助两边两个 $90°$ 沉头孔调整板牙螺纹尺寸用的。下侧的两个小锥形沉头孔是用来夹持板牙的。

由于板牙的成形表面是内螺纹表面，很难磨削，因而加工精度较低，表面粗糙度较高。为了减少热处理的变形及表面脱碳层，常用合金工具钢如 9SiCr 作为刀具材料。

板牙切削速率低，生产率也低。但其结构简单，使用方便，价格低廉，所以目前使用还很广泛。

(5) 螺纹铣刀

螺纹铣刀是用铣削方法加工螺纹的刀具。按其结构不同，螺纹铣刀可分为盘形螺纹铣刀、梳形螺纹铣刀及高速钢铣削螺纹刀盘等。

盘形螺纹铣刀是用在螺纹铣床上铣削螺距较大的丝杠和蜗杆的刀具。加工时，铣刀轴线相对工件轴线倾斜一个工件螺纹升角 λ，如图 3-71（a）所示。铣刀作旋转切削运动，同时沿工件轴线移动，工件则作慢速转动，二者配合形成螺旋运动。

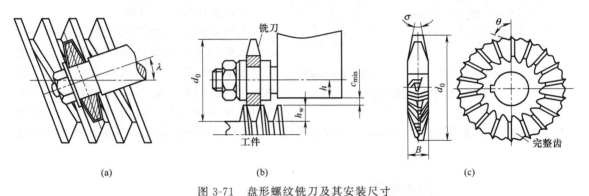

图 3-71 盘形螺纹铣刀及其安装尺寸

从图 3-71 中可以看出，这是属于成形螺旋表面铣削加工，铣刀的齿形应按铣螺旋槽成形铣刀的原理设计，刀具齿形应是曲线。但由于曲线刀刃制造困难，生产上通常将铣刀的齿形做成直线，这就会引起加工后工件螺纹廓形的改变，故加工精度不高。为了避免铣槽时的干涉现象所引起的螺纹廓形改变，铣刀直径应尽可能选小些。但最小的铣刀直径必须保证铣刀装在机床主轴上能切出整个螺纹高度，而又不使机床主轴箱壁碰上工件。从图 3-71（b）可以看出，铣刀最小直径 d_{0min} 应满足下式：

$$d_{0min} \geqslant 2(h_w + c_{min} + h) \tag{3-39}$$

式中　h_w——被切螺纹深度；

　　　c_{min}——主轴箱壁与螺纹外圆的最小距离；

　　　h——主轴与主轴箱壁的距离。

这种铣刀常做成尖齿，如图 3-71（c）所示。因为采用尖齿结构可以在相同的铣刀直径下增加刀齿数目，以保证铣削的均衡性，并能提高生产效率。同时，为了改善两侧刃切削条件，通常做成错齿侧刃。

3.4.6 齿轮刀具

齿轮刀具是用来加工齿形的。为了满足各种齿轮加工需要，齿轮刀具种类很多，结构复杂。按照齿轮齿形的形成原理，齿轮刀具可分为成形法切齿刀具和展成法切齿刀具两大类。

(1) 成形法齿轮刀具

这类刀具切削刃的廓形与被切齿槽形状相同或近似相同，结构简单，制造容易，可在普通铣床上使用。但是加工精度和效率较低，主要用于单件、小批量生产和修配。常用的成形齿轮刀具主要有以下几种。

① 盘形齿轮铣刀。如图 3-72（a）所示，它是一把铲齿成形铣刀，可加工直齿、斜齿圆柱齿轮和齿条等。切齿过程中刀具旋转，沿齿槽方向进给，铲完一个齿槽后需分度用模数盘形齿轮铣刀铣削直齿圆柱齿轮时，刀具廓形应与工件端剖面内的齿槽的渐开线廓形相同。

② 指形齿轮铣刀。如图 3-72（b）所示，它是成形立铣刀，可做成铲齿或尖齿结构。工件在切齿过程中沿齿向做进给运动，铣完一个齿后，用分度头分度铣第二个齿。加工人字齿轮及加工大模数（$m=10\sim100$mm）的直齿、斜齿圆柱齿轮时常用这种铣刀。

除上述两种成形齿轮刀具外，还有用于大批量生产的专用成形齿轮拉刀、成形齿轮切割刀盘、成形砂轮等。

(2) 展成法齿轮刀具

以展成的方法加工齿轮的刀具称为展成法齿轮刀具。展成法加工齿轮轮齿的刀具有许多种，应用较广的有齿轮滚刀、插齿刀、剃齿刀等，如图 3-73 所示。刀具本身相当于一个齿轮，切齿时刀具与工件之间有相对的啮合运动又称展成运动。被加工齿轮的齿形由于刀具切削刃在展成过程中多次切

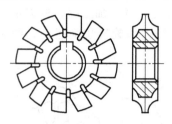
(a) 盘形齿轮铣刀

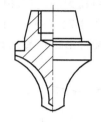
(b) 指形螺纹铣刀

图 3-72　成形齿轮铣刀

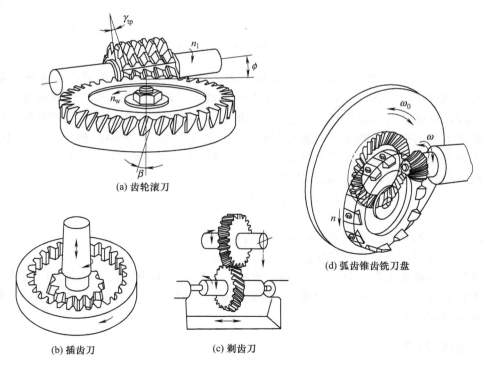

图 3-73　展成法切齿刀具

削包络而成，因而刀具的齿形不同于被切齿轮任何截面中的形状。一把刀具可加工模数相同而齿数不同的齿轮，这是展成法切齿的主要优点。加工精度和生产率都较高，广泛应用于成批和大量生产中。

3.4.7 砂轮

磨削加工使用的刀具被称为砂轮，又称固结磨具，砂轮是由结合剂将普通磨料固结成一定形状（多数为圆形，中央有通孔），并具有一定强度的固结磨具。砂轮的三要素是磨料、结合剂、气孔。磨料、粒度、结合剂、硬度和组织是五个决定砂轮特性的要素。

① 磨料。是制造砂轮的主要原料，它担负着切削工作。因此，磨料必须锋利，并具备高的硬度、良好的耐热性和一定的韧性。常用的磨料有氧化物系、碳化物系和超硬磨料系三类。氧化物系的主要成分为氧化铝（Al_2O_3）。碳化物系磨料的主要成分有碳化硅（SiC）、碳化硼（B_4C）。超硬磨料系主要有人造金刚石（TR）和立方氮化硼（CBN）等。常用磨料的特性及适用范围见表 3-10。

表 3-10 磨料的特性及适用范围

系列	磨料名称	代号	显微硬度 HV	特性
氧化物系	棕刚玉	A	2200～2280	棕褐色。硬度高，韧性大，价格便宜
	白刚玉	WA	2200～2300	白色。硬度比棕刚玉高，韧性较棕刚玉低
碳化物系	黑碳化硅	C	2840～3320	黑色，有光泽。硬度比白刚玉高，性脆而锋利，导热性和导电性良好
	绿碳化硅	GC	3280～3400	绿色。硬度和脆性比黑碳化硅高，具有良好的导热性和导电性
超硬磨料系	人造金刚石	MBD 等	6000～10000	无色透明或淡绿色、黑色。硬度最高，耐热性差
	立方氮化硼	CBN	6000～8500	黑色或淡白色。硬度仅次于金刚石，耐磨性和导电性好，发热量小

② 粒度。粒度是指磨料颗粒尺寸的大小。GB/T 2481.1—1998 和 GB/T 2481.2—2009 规定，粗磨粒粒度 F4～F220 用筛分法区别，F 后面的数字大致为每英寸筛网长度上筛孔的数目；微粉粒度 F230～F2000 用沉降法区别，主要用光电沉降仪区分。

粒度选择的原则是：粗磨使用颗粒较粗的磨料（粒度号小的磨料）制作的砂轮，以提高生产率；精磨使用颗粒较细的磨料（粒度号大的磨料）制作的砂轮，以减小加工表面粗糙度。当工件材料较软、塑性大或磨削接触面积大时，为了为避免砂轮堵塞或发热过大而引起工件表面烧伤，也常采用颗粒较粗的磨料制作的砂轮。常用磨料的粒度及应用范围如表 3-11 所示。

表 3-11 常用粒度及应用范围

类别		粒度号	应用范围
磨粒	粗粒	F4,F5,…,F22,F24	荒磨
	中粒	F30,F36,F40,F46	一般磨削。加工表面粗糙度可达 $Ra0.8\mu m$
	细粒	F54,F60,F70,F80,F90,F100	精磨，精密磨，超精磨，成形磨，刀具刃磨，珩磨
	微粒	F120,F150,F180,F220	
微粉		F230,F240,F280,F320,F360,F400,F500 F600,F800,F1000,F1200,F1500,F2000	精磨，精密磨，超精磨，珩磨，螺纹磨，超精密磨，镜面磨，精研，加工表面粗糙度可达 $Ra0.05～0.012\mu m$

③ 结合剂。结合剂是砂轮中用以黏结磨料的物质。砂轮的强度、抗冲击性、耐热性及抗腐蚀能力主要取决于结合剂的性能。常用的结合剂有陶瓷结合剂、树脂结合剂、橡胶结合剂和金属结合剂，它们的性能及适用范围见表 3-12 所示。

表 3-12 结合剂的种类及适用范围

结合剂	代号	性能	适用范围
陶瓷	V	耐热、耐蚀,气孔率大,强度较高,弹性差	最常用,适用于各类磨削加工
树脂	B	强度较 V 高,弹性好,耐热性差	适用于高速磨削,切断、开槽等
橡胶	R	强度较 B 高,更富有弹性,气孔率小,耐热性差	适用于磨轴承沟道砂轮,切割用薄片砂轮及作无心磨的导轮
青铜	J	强度最高,型面保持性好,磨耗少,自锐性差	适用于金刚石砂轮

④ 硬度。砂轮的硬度是指在砂轮的磨粒磨削时从砂轮表面脱落的难易程度。磨粒不易脱落,则硬度高。磨粒容易脱落,则硬度软。砂轮的硬度取决于结合剂的黏结能力与其在砂轮中所占比例的大小,而与磨料的硬度无关。同一种磨料,可以做出不同硬度的砂轮。

磨削时,若砂轮太硬,则磨钝了的磨料不能及时脱落,会使磨削温度升高,从而造成工件烧伤;若砂轮太软,则磨料脱落过快,从而不能充分发挥磨料的磨削效能。

工件材料硬度较高时,应选用较软的砂轮;工件硬度低时,应选用较硬的砂轮。磨削薄壁件及导热性差的工件时,选用较软的砂轮;精磨与成形磨时,应选用硬些的砂轮,以利于保证砂轮的廓形。

砂轮硬度等级名称及代号如表 3-13 所示。机械加工中,最常用的砂轮硬度等级是软 H 至中 N。

表 3-13 砂轮的硬度等级名称及代号

等级	超软			软			中软		中		中硬			硬		超硬
代号	D	E	F	G	H	J	K	L	M	N	P	Q	R	S	T	Y
选择	磨未淬硬钢选用 L~N,磨淬火合金钢选用 H~K,高表面质量磨削时选用 K~L,刃磨硬质合金刀具选用 H~J															

⑤ 组织。砂轮组织表示砂轮中磨料、结合剂、气孔三者之间的体积比例关系。磨粒在砂轮总体积中所占比例越大,空隙越小,砂轮的组织越紧密,反之,则组织疏松。

砂轮组织级别分为紧密、中等、疏松三大类(见图 3-74 和表 3-14)。砂轮组织紧密时,排屑困难,砂轮易被堵塞,但砂轮单位面积上磨粒数目多,易保持形状,并可获得较小的表面粗糙度,适用于成形磨削和精密磨削。磨削区面积大的(如端磨)或薄壁件磨削时,应选择组织疏松的砂轮,因为其容屑空间大,砂轮不易堵塞,工件表面不容易烧伤,也不易变形,常用的砂轮组织号为 5。

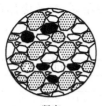 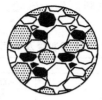 

紧密　　　　　　中等　　　　　　疏松

图 3-74 砂轮的组织

表 3-14 砂轮的组织级别

组织号	0	1	2	3	4	5	6	7	8	9	10	11	12
磨料率/%	62	60	58	56	54	52	50	48	46	44	42	40	12
疏密程度	紧密				中等				疏松				

在砂轮的端面上一般都印有标志，用以表示砂轮的特性。例如 1-300×50×75-AF60L5V-35m/s，1 表示该砂轮为平面砂轮，其余则分别表示：外径为 300mm，厚度为 50mm，内径为 75mm，磨料为棕刚玉（A），粒度号为 F60，硬度为中软（L），组织号为 5，结合剂为陶瓷（V），最高圆周速度为 35m/s。

3.4.8 数控机床刀具简介

随着数控机床在机械行业中的普及，为了适应数控机床高精度、自动化加工的要求，充分发挥其高速、高效的特点，数控刀具的标准化（规格化）程度也日益提高。目前数控切削刀具已由传统的机械工具实现了向高科技产品的飞跃，刀具的切削性能得到了显著的提高，成为现代数控加工技术中的关键。

(1) 数控加工对刀具的要求

为了保证数控机床的加工精度，提高生产效率以及降低刀具的消耗，在设计和选用数控机床所用刀具时，除要满足普通机床上所应具备的基本条件外，还要考虑到数控机床上刀具的工作条件等多方面的因素。数控加工刀具必须适应数控机床高速、高效和自动化的特点。因此，数控机床刀具除具备普通刀具特性外，主要有以下要求。

① 精度要求。较高的换刀精度和定位精度。

② 耐用度要求。提高生产率，需要使用高的切削速度，因此刀具耐用度要求较高。

③ 刚度要求。数控加工常常要大进给量，高速强力切削，要求工具系统具有高的刚度。

④ 断屑、卷屑和排屑要求。对于自动加工，要求刀具断屑、排屑性能好。

⑤ 装卸调整要求。工具系统的装卸、调整要方便。

⑥ 标准化、系列化和通用化。"三化"是指刀具在转塔及刀库上便于安装，简化机械手的结构和动作，降低刀具制造成本，减少刀具数量，扩展刀具的适用范围，有利于数控编程和工具管理。

(2) 数控工具系统

数控刀具已形成了三大系统，即车削刀具系统、钻削系统和镗铣刀具系统。

数控工具系统是数控机床到刀具之间各种连接刀柄的总称。如镗铣类数控机床，工具系统的主要作用是连接主轴与刀具，使刀具达到所要求的位置与精度，传递切削所需转矩及刀具的快速更换。不仅如此，有时工具系统中的某些工具还要适应刀具切削中的特殊要求（如丝锥的转矩保护及前后浮动等）。由于在加工中心上要适应多种形式零件及零件不同部位的加工，故刀具装夹部分的结构、形式、尺寸也是多种多样的。把通用性较强的刀具和配套的装夹工具系列化、标准化，就成为通常所说的工具系统。

数控机床工具系统分为镗铣类数控工具系统和车床类数控工具系统。它们主要由两部分组成：一是刀具部分，二是工具柄部（刀柄）、接杆（接柄）和夹头等装夹工具部分。20 世纪 70 年代，工具系统以整体结构为主，20 世纪 80 年代初，开发出了通用模块式结构（车、铣、钻等万能接口）的工具系统。模块式工具系统将工具的工作部分和柄部分开，制成各种系统化的模块，然后经过不同规格的中间模块，组成各种不同用途、不同规格的工具。目前，世界上模块式工具系统有几十种结构，其区别主要在于模块之间的定位方式和锁紧方式不同。

图 3-75 为 HSK 整体式镗铣类工具系统。整体式结构的特点是：将锥柄和接杆连成一体，不同品种和规格的工作部分都必须带有与机床相连的柄部。优点是结构简单，使用方

便、可靠,更换迅速;缺点是锥柄的品种和数量较多。

图 3-75 HSK 整体式镗铣类工具系统

模块式结构的特点是:把工具的柄部和工作部分分开,制成系统化的主柄模块、中间模块和工作模块。方便制造、使用和保管,减少工具的规格、品种、数量的储备,对加工中心较多的企业有很高的实用价值,如图 3-76 所示。

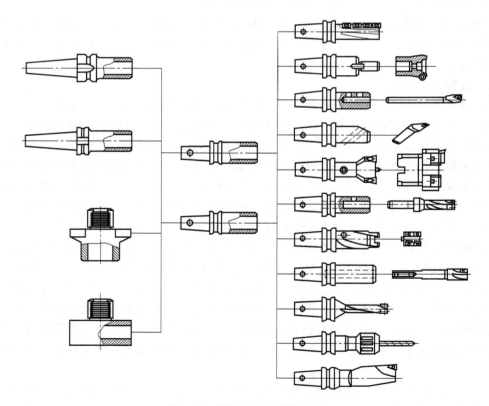

图 3-76 模块式工具系统组成

习题与思考题

3-1 以普通外圆车刀为例，请简述其切削部分都是由哪些要素构成？并画图予以表示。
3-2 试简述切削用量三要素的基本内容，并阐述其选择原则。
3-3 刀具材料应该具备哪些基本性能？
3-4 什么叫基面和切削平面，基面和切削平面有何关系？
3-5 要确定车刀切削部分的几何形状，需要标注哪几个基本角度？简述其概念和符号。
3-6 金属切削过程中都有哪些变形区？都有什么特点。
3-7 影响切削变形的因素有哪些？
3-8 影响切削力的主要因素有哪些？
3-9 切削热是如何产生与传出的？影响切削温度的主要因素有哪些？
3-10 刀具磨损过程分为哪几个阶段？各个阶段都有什么特征？
3-11 什么是刀具耐用度？其与刀具寿命有何关系？
3-12 如何改善材料的切削加工性能？
3-13 试阐述积屑瘤的形成过程，它对切削过程有何影响？
3-14 切屑有哪几种类型？影响断屑的因素都有哪些？
3-15 在切削加工中常用的切削液有哪几类？它们的主要作用是什么？
3-16 标准麻花钻由哪几部分组成？其切削部分包括哪些几何参数？
3-17 砂轮的硬度和磨粒的硬度有何不同？怎样合理选择？
3-18 麻花钻、扩孔钻、铰刀、镗刀的使用场合和加工精度有什么不同？

第4章

机械加工工艺规程设计

4.1 机械加工工艺规程概述

在机械加工过程中，零件的工艺安排需要与零件的生产类型、精度要求、结构特点、尺寸大小等相适应，需要保证其工艺过程能够符合"优质、高产、低成本"的加工要求。在长期实践的基础上，针对零件的差异性，人们研究工艺过程中存在的规律性，总结、归纳出了一些理论、方法和技巧，以保证零件加工要求。

4.1.1 工艺规程及组成

(1) 工艺规程的概念

在生产实际中，对同一种产品、同一个零件达到设计要求的工艺途径往往不止一种，因生产类型、设备条件、工人技术水平等的差异，相应的制造方法、生产效率、质量、成本等差异更大，因此企业要用技术文件对本企业的制造过程加以约束、指导、规范。这种以图、表、文字形式规定产品或零部件的生产制造工艺过程和操作方法等的工艺技术文件称为工艺规程。图一般是用来反映被加工零件的轮廓、大致结构及相应被加工部位的简图；文字一般被用来描述产品型号、零件名称、切削用量、所用工艺装备、技术要求规范等，这些图、文字、数据等一并用表格的形式有机的组织起来形成约束制造过程的工艺文件。

(2) 机械加工工艺规程的组成

机械加工工艺规程的形式多种多样，所包含的基本信息差异不大，根据不同的生产类型，其简繁程度的差别很大。生产上构成工艺规程的工艺文件主要有：机械加工工艺过程卡片、机械加工工序卡片、机床调整卡片和检验工序卡片。

① 工艺过程卡片。这种卡片也称工艺过程综合卡或工艺流程卡。它是以工序为单元简要说明零件整个工艺过程应如何进行的一种工艺文件。其内容包括零件工艺过程所必须经过的各个车间、工段，按零件工艺顺序列出各个工序。在各工序说明所使用的机床、工艺装备及时间定额等。

在单件、小批生产中，一般只用比较简单的机械加工工艺过程卡，以供生产管理、调度使用。至于每一道工序应该如何加工则由操作者自己决定，相应对操作者的技术水平、经验要求也较高，只有对关键或复杂的零件才制订内容较为详细的工艺文件。

② 机械加工工序卡片（简称工序卡）。工序卡是在上述工艺过程卡的基础上，按工序顺序逐道工序编制的一种工艺文件。卡片上除有工艺路线卡上相应工序已说明的内容，又详细地说明了每道工序的加工内容和进行步骤，绘有工序简图，注明了该工序的定位基准和工件的装夹方法、加工表面及其要保证的工序尺寸、公差、加工表面的粗糙度、技术要求及所用工艺装备的名称类型、数量、编号、刀具位置、进刀方向和切削用量等。

对于大批大量生产的零件，除有机械加工工艺过程卡片外，还要编制比较详细的机械加工工序卡。实际生产中常用的反映工艺规程的几种工艺文件，所包含的内容已经标准化，但具体格式由于各企业生产管理方法的不同而有差异，管理使用时应遵守。

图 4-1 为推力环零件图，表 4-1 为推力环零件的工艺过程卡，表 4-2 为该零件第一道工序的工序卡。这两张卡片分别反映了整个零件的加工工艺过程及第一道工序卡的加工内容。

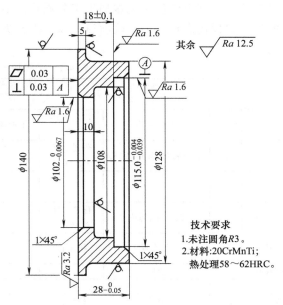

图 4-1　推力环

③ 机床调整卡片（简称调整卡）。调整卡是对自动、半自动、多工位或某些齿轮加工机床等进行调整的一种工艺文件。机床调整图详细地表明了需要调整的内容：机床、刀具、辅具和工件间的相互位置关系，指出工件或刀具的回转及进给方向、工作行程长短，多工位加工时要表示出刀具的排列方式和布置位置，表明各工步的工序尺寸及其偏差，以便工人加工前进行相应的调整工作。通常只有工序内容较多、机床调整较复杂，并需要详细计算时，才编制调整卡。

④ 检验工序卡（简称检验卡片）。它是检验人员使用的工艺文件，反映了检验工序要检测的项目、技术要求等。检验工序一般穿插在工艺过程中，如表 4-1 中所示的 20j、40j。检验工序卡中列有检验内容、使用的设备、量具、检具等，必要时配有工件的加工简图。

4.1.2　工艺规程的作用

机械加工工艺规程的作用可概括为以下几点。

① 机械加工工艺规程是企业生产的法律性文件，是组织、管理和指导生产的根本依据。企业的整个生产过程包括生产准备、生产计划、生产调度，工人的操作规程、质量的控制检查、成本核算等都是以机械加工工艺规程为依据，一切生产人员都不得随意违反机械加工工艺规程。一般企业会酌情定期或不定期的检查工艺纪律的执行情况，遵守工艺规程是企业产品质量、投资回收、企业效益的重要保障。

② 机械加工工艺规程是各生产环节、技术准备及企业扩大生产规模、技术整改的重要依据。在产品投入批量生产以前，需要做大量的生产准备和技术准备工作，包括生产厂房的改造、规划建设；生产设备的改造、购置和定做；关键技术的分析与研究；工装的设计制造、选购；原材料、半成品及外购件的供应以及人员的配备；协作单位的沟通协商等。这些

工作都必须根据机械加工工艺规程来进行。

③ 机械加工工艺规程是企业技术储备和交流的主要手段。工艺规程是一个企业技术发展的基础，是其工艺技术水平的体现，也是先进技术得以推广、交流的技术文件；企业技术的发展很大程度上依赖于机械加工工艺规程的不断改进、完善。规范企业每年都会结合自己的工艺规程提出自己的技改项目，以此不断吸收先进经验，促进技术的发展、工艺水平的提高。

表 4-1 机械加工工艺过程卡

(单位名称)		机械加工工艺过程卡		制品牌号 ××××××	零件名称 推力环	零件号 ××××××	
车间	工序号	工序名称	机床名称及型号	平面图号	每个零件所需时间/min	每台制品所需时间/min	金属牌号 20CrMnTi
变速箱	5	车小端面、镗孔、倒角	普通车床 CA6150		6.6	6.6	种类
							毛坯 锻造
变速箱	10	车大端面、镗内孔	普通车床 CA6150		6.7	6.7	尺寸
变速箱	15	去毛刺	钳工台		0.2	0.2	
变速箱	20	清洗			0.3	0.3	毛重
							净重
检查科	20j	检验	检验台				毛坯硬度
热处理	25	热处理					
							成品硬度 HRC≥58
变速箱	30	磨大端面	平面磨床		10.2	10.2	
变速箱	35	精车内孔、内端面	普通车床 CA6150		6.0	6.0	每台制品零件数
							每个零件所需工时/min	机动时间 29.4
								钳工时间 0.8
								总工时 30.2
变速箱	40	清洗	清洗机		0.3	0.3	每台制品总工时/min
检查科	40j	检验	检验台				30.2
更改				编制		分厂厂长或总师	共1页
				校对		工艺处长	
	标记	处数	依据	签名及日期	标记	处数	依据	签名及日期	技术科科长	总工程师	第1页

4.1.3 工艺规程制订的方法步骤

工艺规程制订一般按下列步骤进行。

① 调研与分析。通过调研了解国内外同类零件的加工技术现状和发展趋势，收集零件加工所需要的各种技术文件和各种规定和要求，并根据生产类型分析零件的结构特点、技术要求等内容。

表 4-2 机械加工工序卡

机械加工工序卡		零件号 ××××××	零件名称 推力环	工序号 5		
车间 变速箱	工序名称	车小端面、镗孔、倒角	材料		机床	
			牌号	硬度	名称	型号 平面号
			20CrMnTi		普通车床	CA6150

工时定额	单件时间/min	6.6
	每台件数	72
	每台制品/min	6.6

工具种类	工步代号	工具代号	工具名称	工具尺寸/mm	数量
夹		随机床	三爪卡盘	φ250	1
		随机床	法兰盘		1
刀	2,3	××× ×××	镗刀	20×25×150	1
	1,4	××× ×××	弯头车刀	16×25×150	1
量		××× ×××	卡尺	125−0.02	1

尺寸：22±0.2；Ra 6.3；其余 Ra 12.5；φ110.0$_{0}^{+0.14}$；1×45°

工步号	工步内容	走刀次数	转速或往复数 / 切削速度	每分钟进给量	机动时间/min	辅助时间
1	车端面(见光)	1	160/62.8	0.2/32	0.05	
22	车端面,保证尺寸 22±0.2	3	160/61.8	0.2/32	1.4	2.4
3	镗内孔,保证尺寸 φ114$^{+0.14}$	3	160/57.27	0.16/25.6	1.8	
4	孔口倒角 1×45°	1	160/58.3	手动	0.1	

基准面 φ133 外圆、端面

更改							编制		技术科长		第1页
	标记	处数	依据	签名及日期	标记	处数	依据	签名及日期	校对	分厂厂长或总师	

② 确定毛坯。依据零件图样的技术要求、材料、在产品中的功能作用、生产纲领以及结构特点，确定毛坯的种类、制造方法、余量和精度等内容。一定的工艺规程和一定的毛坯状况相对应，因此工艺技术人员在设计机械加工工艺规程之前，首先要确定毛坯、熟悉其特

点。例如，对铸件来说，其分型面、浇口、冒口的位置、公差、拔模斜度等，这些内容均与工艺路线的制订密切相关。必要时应和毛坯车间会签，共同确定毛坯图的设计方案。

毛坯的种类和其质量对机械工艺规程的制订、加工质量、材料的消耗、劳动生产率的提高和成本的降低密切相关。在确定毛坯时，总希望尽可能地提高毛坯质量、减少机械加工工作量、提高材料利用率、降低机械加工成本。但这会使毛坯的制造成本增加。因此，要根据生产纲领、毛坯生产的具体条件来协调两者之间的矛盾。另外，在确定毛坯时，要充分注意利用新技术、新工艺、新材料的可能性。毛坯制造工艺的改进及质量的提高，往往可以大幅度的减少机械加工工作量，比仅仅采用某些高生产率、高精度的机械加工工艺措施更为经济、有效。随着新材料、新技术的发展，无切削技术在机械制造行业的应用愈加广泛，尤其是在毛坯的制造方面。如精密铸造、精密锻造、冷挤压成型工艺方法、异形钢材、复合材料、工程塑料等都在迅速推广。用这些方法生产出的毛坯只需经过少量的机械加工，甚至无需加工就可成为合格的零件。随着人们节能降耗、绿色环保意识的加强，无切削加工技术将会在机械制造行业得到日益广泛的发展应用。

③ 拟定机械加工工艺路线，选择定位基准。这是工艺规程设计的核心内容。

④ 确定各工序所采用的设备、工艺装备。设备和工装的选择、设计与零件的生产类型、加工质量要求、材料、结构特点相匹配。

⑤ 确定主要工序的生产技术要求和质量验收标准。

⑥ 确定各工序的加工余量，计算工序尺寸和公差。

⑦ 确定各工序的切削用量。在单件、小批生产中，切削用量多由操作者自行决定，机械加工工艺卡中一般不作明确规定。在中批，特别是在大批大量生产时，在工艺规程中对切削用量有明确、详细的规定。

⑧ 确定工时定额。零件的生产节拍和工艺过程密切相关，工时定额的核算也和经济效益密切相关。对某些工序，可能费时以致影响整个产品、零件的生产节拍，必要时要做出相应的调整，甚至增加相应的设备、工位。

⑨ 技术经济分析。

⑩ 填写工艺文件、装订成册。

4.2　工艺规程制订的依据

4.2.1　工艺规程制订的原始资料

在制定零件加工工艺规程时，必须具备以下原始资料。

① 零件图样和必要的产品或部件（总成）装配图样，尤其对齿轮类的有啮合关系的零件来说，要有相啮合齿轮的有关参数，如中心距、齿形参数等。

② 产品的生产纲领（年产量及品种）。

③ 工厂（车间）现有的生产条件、技术水平等。

④ 毛坯条件、状态。

⑤ 当前国内外业界技术水平。

对一些从事来样加工的企业，这时首先要对零件进行测绘，并了解零件的使用工况、性能要求，提出合理的技术要求，完成①所要求的内容，为工艺规程的编制提供依据。

4.2.2 零件的结构工艺性

零件的结构工艺性，是指零件结构在满足产品使用性能要求的前提下，优质、高产、低成本地加工出合格零件的可行性、经济性。结构工艺性良好的零件应是在不同生产类型的具体条件下能够方便地用经济的方法进行加工。因此判断零件结构工艺性的优劣，主要有能否便于加工、能否用经济的方法进行加工两条标准。零件结构工艺性的优劣不是一成不变的，在不同的材料状况、不同的生产条件下是可以变化的。在保证使用要求的前提下，为了优化产品质量、生产率、材料消耗、生产成本等要素，在进行产品和零件设计时，一定要保证合理的结构工艺性。一般从以下几个方面审查和评价零件的结构工艺性。

① 零件结构要素要规范，尽量标准化、系列化。结构要素的标准化系列化有利于工艺规程的编制，便于组织相应的工艺装备，能有效地减少生产准备在时间、资金方面的投入。

② 尽量采用标准件和通用件或现有产品的零件。原则上能选用标准件、通用件、原有产品零件的一定不要设计、生产。通常标准件、通用件生产成本低、投入少。

③ 尽量采用机械加工性能好的材料。

④ 尽量使其便于装夹，有便于定位的基准面、夹紧面。

⑤ 保证以高的生产率加工。

⑥ 保证刀具能正常工作，使其具有良好的工作条件。

⑦ 零件在加工时应有足够的刚性。

表 4-3 列举了在常规工艺条件下零件结构工艺性定性分析的例子，供零件结构设计和工艺性分析时参考。

表 4-3 零件结构工艺性分析举例

类别	序号	零件结构工艺性分析			
		改进前		改进后	
刀具切入、切出不便	1	孔的位置离壁太近，正常条件下进刀困难		加大孔与壁之间的距离，或改变结构取消进刀方向的立壁，以便进刀	(a) (b)
	2	孔口呈斜面，钻头切入时易引偏、折断		孔口设计一个平台，以便钻孔时刀具切入	
	3	孔出口处余量偏置，刀具易引偏或折断		使孔出口处平坦，便于刀具切出	
无退刀空间	4	左端内孔表面与键槽底部位置太近，加工键槽时，易划伤内孔、清根不彻底		有意识加大尺寸 h，以免划伤内孔，也便于清根	
	5	无退刀槽，小齿轮难以加工		设计退刀槽，以便小齿轮加工	

续表

类别	序号	零件结构工艺性分析			
		改进前		改进后	
无退刀空间	6	无退刀槽,两端轴颈磨削时无法清根		设计退刀槽,以便磨削两端轴颈时清根	
	7	螺纹孔底部无退刀槽,加工螺纹时无法清根、易打刀		添加退刀槽,以便螺纹加工	
	8	无退刀空间,插槽时刀具工作条件恶劣		添加退刀孔,以改善插槽刀工作条件	
	9	锥面需要磨削,锥面和圆柱面交接处无法清根		锥面和圆柱面交接处设计成台肩,可以方便锥面磨削	
影响加工效率	10	底面太大,增加加工量,平面度也不便保证		在中间设置凹槽,减小加工面、加工量,便于保证平面度	
	11	外圆和内孔无法在一次安装中加工,不便保证外圆和内孔的同轴度		在外圆上设计台阶,以便保证外圆和内孔的同轴度	
	12	退刀槽尺寸不一,增加刀具种类和换刀次数		统一退刀槽尺寸,可以减少刀具种类和换刀次数	
	13	螺纹孔尺寸接近但大小不一,增加刀具种类,不便生产准备		螺纹孔尺寸统一,以减少刀具种类和换刀次数	
	14	键槽分布在不同方向,无法一次安装夹加工		将键槽设计在同一方向,可实现一次装夹加工	
	15	台阶面不等高,加工时需两次安装或两次调刀		台阶面设计成等高,可一次装夹加工	
不便定位、加工困难等	16	加工B面时,A面太小,定位不可靠		设计两个工艺凸台,可以方便B面加工时的定位,加工后可将凸台去除	

续表

类别	序号	零件结构工艺性分析	
		改进前	改进后
不便定位、加工困难等	17	配合面设计在腔体内部不便加工和装配	配合面设置在腔体外部以便加工、装配
	18	深孔加工困难	减小孔深，以便加工
	19	孔内壁上设计沟槽不便加工	将沟槽设计在配合件的外表面上，以便加工

4.2.3　工艺规程制订原则

在编制工艺规程之前，常常规定一个工艺原则以供参考和遵循。这个工艺原则是按已确定的生产任务，原则性地确定生产类型和安排工艺的基本框架。具体内容包括初步确定生产类型、生产纲领；工艺手段是采用常规工艺，还是新工艺及特种工艺；设备选择通用的，还是通用设备加专用工艺装备；是否需要上线生产、需要组成几条流水线或自动线；对多品种生产是否推行成组技术等。这些和企业的投资规模、回报期限密切相关。归纳起来工艺规程的制订原则如下。

① 必须可靠保证零件图样上所有技术要求。在设计机械加工工艺规程时，如果发现图纸某一技术要求规定得不适当，只能向有关部门提出，不得擅自更改图纸或不按图纸要求去做。
② 在规定的生产纲领和生产批量下，尽量降低工艺成本。
③ 充分利用现有人力物力生产条件，物尽其用，减少生产准备投资，少花钱，多办事。
④ 尽量减轻工人的劳动强度，改善生产环境，保障生产安全，创造良好、文明的工作条件。
⑤ 积极采用先进、对环境友好的工艺技术，力争节能、降耗、减排、绿色环保。

4.3　工艺路线的拟订

工艺路线的拟订是制订机械加工工艺规程中的关键性一步。要解决的问题是：零件加工必需有哪些性质的工序、需要多少道工序、这些工序的先后排列次序等。因此要妥善考虑各表面加工方法的选择、加工的先后顺序、划分加工阶段、工序的集中与分散等四个方面的主要问题，同时也要兼顾热处理工序、检验工序等辅助工序的安排。机械加工工艺路线的确定又是工艺路线拟定的核心工作。它与定位基准的选择有密切关系，通常应多出一些方案，加以比较分析。最终确定工艺路线时，通过对几条工艺路线的分析和比较，从中选出一条适合本厂生产条件，能够保证优质、高效、低成本、投资回收期短的最佳工艺路线。

4.3.1　表面加工方法和加工次数的确定

零件加工工艺路线的制订首先要解决的是零件上各加工表面的加工方法及其组合。加工方案的确定包括加工方法的选择、加工次数的确定，是在分析零件图的基础上进行的。

在选择加工方案时，首先考虑各种表面加工方法的工艺可能性（如加工方法所能达到的精度等级、表面质量、所允许的加工余量、生产率等），依据加工表面的要求选择加工方法并兼顾生产类型、结构、形状、尺寸、材料及重量、生产率和经济性、工厂现有生产条件和技术发展状况等。具体步骤一般总是首先选定主要加工表面（要求精度高、粗糙度小的表面）的最终加工方法，然后再选定其先行各工序的加工方法。也即首先选定主要表面的加工工艺路线方案，再选定各次要表面的加工方案，两者穿插、融汇起来就可以构成各加工表面的加工路线。

制订零件的工艺路线时，大家首先要对典型表面外圆、内孔和平面的加工方案有所了解，熟悉这些表面的加工方案对编制工艺路线有很大指导意义。表4-4～表4-6分别列出了外圆表面、内孔、平面的机械加工路线，能达到的经济精度，表面质量，工艺特点等，可供选择零件表面加工方案时参考。

表 4-4 外圆表面的加工方案及其经济精度

加工方案	经济精度	表面粗糙度/μm	工艺特点
粗车	IT11～IT13	Ra 50～100	
└→半精车	IT8～IT9	Ra 3.2～6.3	应用广泛，适用于金属材料的非淬火工件的加工
└→精车	IT7～IT8	Ra 0.8～1.6	
└→滚压（或抛光）	IT6～IT7	Ra 0.08～0.20	
粗车→半精车→磨削	IT6～IT7	Ra 0.40～0.80	除不适宜加工有色金属外，主要用于淬火钢的加工
└→粗磨→精磨	IT5～IT7	Ra 0.10～0.40	
└→超精磨	IT5	Ra 0.012～0.10	
粗车→半精车→精车→金刚石车	IT5～IT6	Ra 0.025～0.40	主要用于有色金属
粗车→半精车→粗磨→精磨→镜面磨	IT5 以上	Ra 0.025～0.20	主要用于要求高质量的表面加工
└→精车→精磨→研磨	IT5 以上	Ra 0.05～0.10	
└→粗研→抛光	IT5 以上	Ra 0.025～0.40	

表 4-5 内孔表面的加工方案及其经济精度

加工方案	经济精度	表面粗糙度/μm	工艺特点
钻孔	IT11～IT13	Ra ≥50	
└→扩孔	IT10～IT11	Ra 25～50	用于加工未淬火钢及铸铁的实心毛坯，也可加工有色金属（表面粗糙度稍大）
└→铰孔	IT8～IT9	Ra 1.6～3.2	
└→粗铰→精铰	IT7～IT8	Ra 0.8～1.6	
└→铰孔	IT8～IT9	Ra 1.6～3.2	
└→粗铰→精铰	IT7～IT8	Ra 0.8～1.6	
钻孔→（扩孔）→拉孔	IT7～IT8	Ra 0.80～1.60	适合大批量生产（精度由拉刀而定）。如校正拉削后则可降低 Ra 至 0.40～0.20
粗镗（或扩）	IT11～IT13	Ra 25～50	用于非淬火材料，已有毛坯孔（预制孔）的加工
└→半精镗（或精扩）	IT8～IT9	Ra 1.6～3.2	
└→精镗（或铰）	IT7～IT8	Ra 0.80～1.6	
└→浮动镗	IT6～IT7	Ra 0.20～0.40	
粗镗（或扩）→半精镗→磨	IT7～IT8	Ra 0.20～0.80	主要用于加工淬火钢，不适合有色金属
└→粗磨→精磨	IT6～IT7	Ra 0.10～0.20	
粗镗→半精镗→精镗→金刚镗	IT6～IT7	Ra 0.05～0.20	用于精度要求较高的有色金属
钻孔→（扩）→粗铰→精铰→珩磨（或研磨）	IT6～IT7	Ra 0.01～0.20	用于表面质量要求高的孔加工，若用研磨代替珩磨精度可达 IT6 以上，可降低 Ra 至 0.16～0.01
└→拉孔→珩磨（或研磨）	IT6～IT7	Ra 0.01～0.20	
粗镗→半精镗→精镗→珩磨（或研磨）	IT6～IT7	Ra 0.01～0.20	

表 4-6 平面的加工方案及其经济精度

加工方案	经济精度	表面粗糙度 /μm	工艺特点
粗车 └→半精车 　└→精车 　└→磨	IT11～IT13 IT8～IT9 IT7～IT8 IT6～IT7	$Ra \geqslant 50$ $Ra 3.2～6.3$ $Ra 0.80～1.60$ $Ra 0.20～0.80$	用于加工工件端平面
粗铣→拉	IT6～IT9	$Ra 0.20～0.80$	适合非淬火小平面大批量生产
粗刨（或粗铣） └→精刨（或精铣） 　└→刮研	IT11～IT13 IT7～IT9 IT5～IT6	$Ra \geqslant 50$ $Ra 1.6～6.3$ $Ra 0.10～0.80$	适于非淬火平面加工
粗刨（或粗铣）→精刨（或精铣）→磨 　└→粗磨→精磨	IT6～IT7 IT5～IT6	$Ra 0.20～0.80$ $Ra 0.025～0.40$	用于加工精度要求较高的平面
粗刨（或粗铣）→精刨（或精铣）→宽刀精刨	IT6～IT7	$Ra 0.20～0.80$	适合较大批量、大平面加工
粗铣→精铣→磨→研磨 　└→抛光	IT5～IT6 IT5 以上	$Ra 0.025～0.20$ $Ra 0.025～0.10$	用于高质量平面加工

4.3.2 工序组合

工件的加工过程通常根据其结构的繁简、加工内容的多少、加工性能的难易由多少不等的工步组成的。如何把这些工步有机的组成工序，也就是每道工序加工内容、工步的多少、加工顺序的安排，是拟订工艺过程时要考虑的问题。在一般情况下，根据工步本身的性质（例如，车外圆、铣平面等）、粗精加工阶段的划分、定位基准的选择与转换等，把这些工步组成若干个工序，在若干台机床上进行，但这些条件不是固定不变的。具体安排时需要综合考虑：加工精度要求；材料状态；工件结构特点；生产类型；生产节拍等因素。根据工序加工内容安排的多少，分别称之为工序集中和工序分散，这是工序内容组合的两种方式。

目前，随着数控技术的发展，尤其是数控加工中心机床的广泛应用，以及市场对产品需求的个性化，机械加工向着工序集中方向发展的趋势日益明显。在数控加工中心机床上进行加工是工序集中的典型例子。

工序集中具有如下特点。

① 可减少装夹次数，便于保证各表面之间的位置公差。工件在一次装夹中加工多个表面，各表面间的位置度误差取决于机床或机床夹具的精度。也就是说，只要机床、夹具精度足够，被加工零件各表面之间的位置度误差也就可以足够小。

② 需要高自动化、高生产率的机床。

③ 减少了工序数目，减少了零件转运工作量，简化了生产组织和管理。

④ 减少了机床及操作工人数量，减少了生产面积。

工序集中存在的问题：

① 通常机床结构或工艺装备比较复杂，调整、维护、生产准备工作量加大；

② 采用工序集中，在多刀同时加工时，切削力大，要求系统的刚性要好。

工序分散就是在每一个工序安排较少的加工内容；每一个工步（甚至工作行程）都有可能作为一个工序在一台机床上进行，这就是工序分散的极端情况。由于每一个工序只完成少量的加工内容，因此工序分散具有以下特点。

① 所用机床、工艺装备结构简单，调整容易。
② 各表面之间的位置度误差取决于工件在每次装夹时的定位精度。
③ 对工人的技术要求低，或只需经过短时间的培训就可上岗。
④ 设备调整简单，生产准备工作量小。
⑤ 设备数量多，工人数量多，生产车间占地面积大。

一般情况下，单件小批生产只能工序集中，而大批量生产则可以工序集中，也可以工序分散。但基于前面的讨论，总的发展趋势将多采用工序集中的原则来组织生产。

4.3.3 加工阶段划分

(1) 机械加工工艺路线的五个加工阶段

对一些重要的、复杂的零件，一般工艺路线比较长、加工质量要求高，工序性质也有差异，必须按工序的性质把整个加工过程分阶段进行，在不同阶段完成不同的任务，达到不同的目的。零件各加工表面加工方案确定之后就可确定整个零件加工工艺路线的阶段划分。根据需要零件的加工过程最多可划分为五个加工阶段。

① 去皮加工阶段。有些零件毛坯质量不高，加工余量特别大，表面特别粗糙，有飞边、冒口等多余材料，在粗加工前需要安排去皮加工阶段。为了及时发现毛坯缺陷，减少不必要的运输投入，常把去皮加工放在毛坯生产车间进行。

② 粗加工阶段。这一阶段的主要任务是切除被加工零件大部分表面的大部分加工余量，同时保证适当的加工精度，为后续加工提供较好的加工基础及定位精基准。因此粗加工阶段加工余量大、切削力大，需要解决的主要问题是，在系统具有较好的刚性前提下，如何最大限度地提高生产率。

③ 半精加工阶段。在这一阶段应为重要表面的后续精加工做好准备（达到一定的加工精度，为后续加工提供精度，更高的定位基准，保证适当的精加工余量），并完成非重要表面的终加工（钻孔、攻丝、铣槽、滚齿、剃齿等）。一般在热处理之前进行。因此，半精加工阶段需要兼顾生产率和加工精度两方面的问题。

④ 精加工阶段。完成零件的终加工，保证满足设计要求的零件尺寸、形状、位置精度。保证加工精度是本阶段需要解决的首要问题。

⑤ 光整加工阶段。对一些尺寸精度、表面质量要求很高、表面粗糙度参数值要求很小（IT6 及 IT6 以上，$Ra \leqslant 0.2\mu m$）的零件需要安排专门的光整加工阶段，以提高加工的尺寸精度，减少表面缺陷层的厚度，减小表面粗糙度的值，一般不用来提高形状精度和位置精度。

(2) 划分加工阶段的意义

划分加工阶段的实质是，把粗、精加工工序分开进行，以达到如下目的。

① 易于保证加工质量。粗加工阶段中切除的余量大，产生的切削力、切削热都较多，所需的夹紧力也相应较大，由此使工件产生的内应力、变形也大，难以达到高的尺寸、形状、位置精度及较好的表面质量。而在半精、精加工乃至光整加工阶段，相应的加工余量会逐步减少，相应的切削用量及由此产生的切削力和切削热也会逐步减少，这样可以逐步修正工件的变形，提高零件的尺寸精度、表面质量，满足零件图的最终要求。同时各阶段之间的时间间隔可起到时效的作用，有利于消除内应力，使工件恢复变形，并在后续工序中逐渐修正之。

② 粗加工阶段切除了工件表面大部分余量，可以及时发现毛坯缺陷，采取相应措施，

避免不必要的后续加工投入。

③ 可以把技术水平高、责任心强的人力及精度高的工艺装备用在后续加工阶段，充分、合理地利用人力和物力资源。

④ 便于合理安排热处理工序，充分发挥热处理的性能。

⑤ 精加工安排在最后阶段，减少高质量表面在生产过程中长时间流动，减少其受损的可能性。

当然加工阶段的划分并非必需的。有些工件毛坯的质量高、工件的刚性好、加工质量要求一般、加工余量小时，则可以不划分加工阶段。例如，在自动机上加工标准件之类的零件，通常不划分加工阶段；还有一些矿山设备上的重型零件，由于装夹、运输费时又困难，通常也不划分加工阶段，而是在一次装夹中完成全部的粗、精加工；必要时在粗加工后松开夹紧，使变形恢复后，用较小的夹紧力重新夹紧，进行精加工，以保证加工质量。但对于精度要求较高的重要零件，仍需划分加工阶段，并插入时效、去除应力等辅助工序。总之，在生产中，要具体问题具体分析，酌情掌握。

4.3.4 机械加工工艺路线安排

安排零件的机械加工工艺路线时，首要考虑的就是零件如何放置的问题，也就是选择哪个面作为基准，定位基准的选择与工艺路线的制订密切相关。同一个零件，选择不同的定位基准，工件的加工工艺路线就随之而变。因此要求多设想几种定位方案，比较它们的优缺点，全面地考虑定位方案与工艺过程的关系，尤其是对加工精度的影响。之前我们已经了解了有关基准的概念，结合工艺路线的制订，我们来讨论以下问题。

(1) 基准选择原则

制订工艺过程中基准的选择也就是零件定位面的选择对保证加工精度和确定加工顺序都有决定性影响。在第一道工序中，只能用未经加工的毛面来定位，这类基准称为粗基准（或毛基准）。在以后的各道工序中，可以采用已经加工过的表面作为定位面，这类基准称为精基准（或光基准）。经常也会遇到这种情况：工件上没有合适的面作为定位基准面，这时就必须在工件上专门加工出定位基面，这类基准称为辅助基准。辅助基准在零件的工作过程中不需要，仅仅是为加工的需要而设置的。

在选择定位基准时，需要同时考虑三个问题。

a. 用哪一个（组）表面作为定位精基准，才能有利于经济合理地达到加工精度要求？

b. 为加工出精基准，应采用哪一个（组）表面为粗基准？

c. 是否有个别工序为了特殊加工要求，需要采用第二个（组）精基准？

在选择基准面时有两个基本要求。

a. 各加工表面有足够的加工余量（至少不留下黑皮），使不加工表面的尺寸、位置符合零件图的要求，对一面加工、一面不加工的壁要有足够的厚度。

b. 定位面要足够大，且有一定的分布面积。接触面积大就能承受大的切削力；分布面积广可使定位稳定、可靠。在必要时，可在工件增加工艺凸台或在夹具上增加辅助支撑。如图4-2所示，在加工车床小刀架的 A 面时，为使定位稳定可靠、扩大定位面的分布范围增加了工艺凸台 B，其表面和 C 面同时加工出来用于定位。

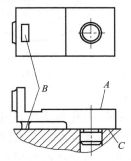

图 4-2 工艺凸台

① 精基准选择原则。

由上述讨论可知，由于对精基准和粗基准的加工要求和使用目的不同，所以在选择精基准和粗基准时所考虑的侧重点也不同。在选择精基准时，考虑的重点是如何减少误差，保证加工精度和安装方便。为此，一般应遵循以下原则。

a. 基准重合原则。也就是定位基准要尽可能与被加工面的工序基准或设计基准重合。特别是在最后精加工工序、加工精度要求较高的场合，为保证精度，更应该注意这个原则。以避免产生基准不重合误差。

工件上往往有多个需要加工的表面，这些表面会有自己的设计基准。遵循基准重合原则，就会有较多定位基准，相应的夹具定位元件种类较多，这显然不合适。为解决这个问题，可设法在工件上找到一组基准，或在工件上专门设计一组辅助定位基准，用来定位加工工件上多个表面，以简化夹具设计，减少工件搬动、翻转次数，同时也有利于满足自动化加工的需要。

b. 统一基准原则。也即尽量选用一组精基准定位，加工工件上大多数（或所有）其他表面的工艺原则，以保证各表面间的位置精度。采用统一基准可以在一次安装中加工多个表面，减少加工过程中工件的装夹次数和安装误差，有利于保证各加工表面之间的相互位置精度。同时有关工序所采用的夹具定位元件结构比较统一，可以简化夹具设计和制造，缩短生产准备时间。尤其当生产批量较大时，便于采用高效率的专用设备，大幅度地提高生产率。在实际生产中，轴类零件两端的中心孔常常作为工艺基准，变速箱、壳体类零件上常常设置一面两孔作为工艺基准，这都是遵循基准统一原则的典型例子。

必须指出，采用基准统一原则时，常常会伴随着基准不重合问题。此时要优先满足加工精度要求，在保证加工精度的前提下采用基准统一原则。

c. 自为基准原则。某些重要表面的表面质量要求较高，精加工（或光整加工）要求加工余量小而均匀，此时可选加工表面本身作定位基准。这种情况一般加工表面本身在前序加工中都达到了一定精度。无心磨、浮动铰孔、浮动镗、抛光等工艺方法都是自为基准的例子。在珩磨加工中，珩磨头和机床主轴是非刚性连接，因此珩磨的本质也是浮动磨削、自为基准。又如，对车床导轨面进行磨削加工时，导轨面与其他表面的位置精度由磨前的精刨工序保证，只用百分表找正床身的导轨面进行磨削加工即可。拉削加工内孔也属于自为基准的情况，不同点在于此时是为了让各工作齿有均匀的吃刀余量，避免个别齿因负荷过重折断。

d. 互为基准、反复加工的原则。当某些表面相互之间位置精度要求很高时，采用互为基准反复加工的一种工艺原则。

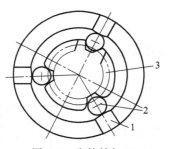

图 4-3 齿轮精加工
1—卡盘；2—定位滚柱；3—被加工齿轮

如图 4-3 所示，精密齿轮的精加工通常是在齿面淬硬以后再磨齿面及内孔，因齿面淬硬层较薄，磨齿余量应力求小而均匀，所以就必须先以齿面为基准磨内孔，然后再以内孔为基准磨齿面。这样，不但可以做到磨齿余量小而均匀，而且还能保证轮齿基圆对内孔有较高的同轴度。又如，当车床主轴支承轴颈与主轴锥孔的同轴度要求很高，也常常采用主轴支承轴颈与主轴锥孔互为基准、反复加工的方法来满足二者同轴度要求。

e. 便于装夹、定位可靠性原则。确保定位简单准确、可靠，便于安装、夹紧可靠，夹具结构上容易实现。

以上五条原则中基准重合原则是首要原则。因此选择精基准的方法步骤是：首先分析零件图，根据零件图上标注的位置要求，找出各表面之间的联系，确定每个表面的设计基准，将设计基准作为定位基准。如果设计基准用于定位时，使工件无法安装或夹具结构复杂，则可以选用其他表面代替。此时定位基准与设计基准不重合，从而会产生基准不重合误差。如果经尺寸换算后，该误差在允许范围内，而工件装夹又方便，可确定替代表面为精基准。每个表面或工序的定位基准确定后，应对整个零件的定位综合进行分析，使每个加工表面的定位基准尽可能统一起来。在大批量生产中，采用基准统一可取得很大的经济效益。自为基准、互为基准属于特殊情况，根据具体问题酌情选用即可。

② 粗基准选择原则。

合理选择粗基准的主要目的是：保证不加工面与加工面之间满足一定的位置关系要求；保证各加工表面余量的合理分配。因此，选择粗基准时应考虑下列原则。

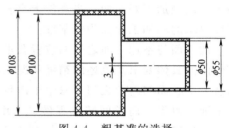

图 4-4 粗基准的选择

a. 余量均匀原则。当零件上加工面较多时，粗基准的选择应满足工件各加工表面尤其是重要表面加工时余量足够或均匀的要求。这时常以余量小的表面为粗基准。对于零件上某些重要表面，如承受运动和力的导轨表面、精度要求较高的重要孔，为了使该表面加工后具有均匀的材料性能，并减少误差复映，常采用这些重要表面为粗基准，以保证其有均匀的加工余量。

图 4-4 所示为一零件的毛坯图，其大小头的余量分别为 8mm、5mm，两者的同轴度为 3mm。加工时以 $\phi 108$mm 大头外圆为粗基准，先车小头，若毛坯大小头同轴度误差大于 2.5mm，则小头的加工余量不够；反之，若以 $\phi 55$mm 小头为粗基准，先车大头，则加工小头时，即使两端同轴度误差达到 3mm，依然有适当的余量。

图 4-5 所示为一车床床身加工时的两种不同粗基准选择方案。由于导轨面是床身最重要的表面，不仅精度要求高，而且要求导轨工作面有均匀的金相组织、较高的耐磨性。为使其表面层的金相组织细密均匀，没有气孔，夹砂等缺陷，在铸造床身毛坯时，导轨面需向下放

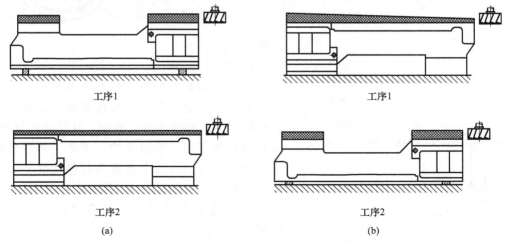

图 4-5 车床床身加工中粗基准的选择

置。加工时导轨面去除余量要尽量薄而且均匀,以便在导轨工作面留下组织紧密、耐磨的金属层。同时导轨面又是床身上最长的表面,易发生余量不均匀的情况,这样局部会切去较厚的金属层,如图4-5(b)所示,不但影响加工精度,而且将把比较耐磨的金属层切去,露出较疏松、不耐磨的金属组织。所以应该用图4-5(a)的定位方案。也就是以导轨面为粗基准,先加工底面,然后再以底面为精基准加工导轨面,以保证导轨面的加工余量均匀。至于底面上的加工余量不均匀,则并不影响床身的加工质量、使用性能。另外选择加工面积大、形状复杂的表面为粗基准,有利于减少工件表面金属的总切削量。

b. 位置关系原则。当零件上同时具有加工面和不加工面时,为保证加工表面与不加工表面之间的位置要求,则粗基准应尽量选择最终零件上非加工表面为粗基准。此时不加工面相当于已经加工好的面。当零件上有多个不加工表面时,应选择其中与加工表面有较高位置精度要求的不加工表面为粗基准。

加工面与不加工面之间的位置要求一般不会在图纸上注明,需要工艺人员根据装配图和零件图的具体要求及毛坯的精度状况来合理判断。如对壳体类零件,为保证其他零件能够顺利装入空腔而与内壁之间不发生干涉且有适当的空间,应选择易发生干涉碰撞的内壁表面为粗基准。对于套筒类回转体零件,常用不加工的外圆(或孔)为粗基准加工孔(或外圆),以保证加工后壁厚均匀。对于铣削平面和钻孔工序,为了保证零件在机器中工作时厚薄均匀、外形对称美观,也常以不加工面为粗基准。

如图4-6(a)所示的铸件,外圆表面1为不加工表面,铸造时孔3和外圆1有偏心,为保证孔加工后壁厚均匀、内孔与外圆的同轴度、外形对称,应采用外圆表面1作为粗基准;若选用需要加工的内孔为粗基准,则结果相反,切去的余量比较均匀,但零件壁厚不均匀,如图4-6(b)所示。又如,图4-6(c)所示轴套零件,毛坯是铸件或锻件的轴套通常总是孔的加工余量大而外圆的加工量小,这时就应该以外圆表面作为粗基准来加工内孔。

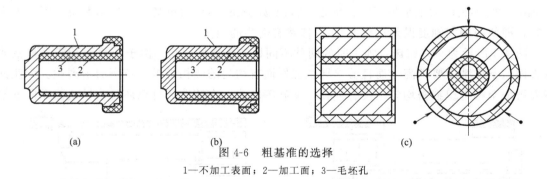

图4-6 粗基准的选择
1—不加工表面;2—加工面;3—毛坯孔

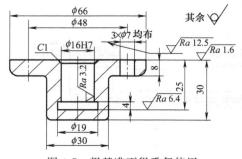

图4-7 粗基准不得重复使用

c. 稳定可靠、便于工件装夹的原则。为保证定位准确、夹紧可靠,作为粗基准的表面,应选用比较可靠、平整光洁的表面,其尺寸应足够大,避免铸造浇冒口、锻造飞边、夹砂、铸造分型面或其他缺陷等。且要考虑到夹具结构简单、装夹方便。如果工件上没有合适的表面作为粗基准,可以先铸造出工艺凸台,必要时用完以后再去除掉。

d. 不重复使用原则。加工零件时,为了实现六点定位，每一道工序用作定位基准的表面往往不是一个，而是一组表面。对于首道工序，如果直接用毛坯进行加工，那么这一组定位基准全部是粗基准，而在以后的各工序加工中，有的工序需要采用已加工面和未加工面组合起来作为定位基准，有的工序只采用已加工面作基准（精基准）。具体如何选择，取决于零件加工要求。一般来说，粗基准的表面粗糙，形位误差大，尺寸精度低，二次使用定位位置不唯一，重复使用会造成相当大的定位误差（有时可达几毫米），从而引起相应的加工表面间的位置误差较大，因此，应尽量避免重复使用。如图 4-7 所示零件，加工内孔 φ16mm、端面时，用 φ30mm 外圆做粗基准加工出来，现加工 φ7mm 的孔，如仍然用 φ30mm 外圆作为粗基准，则三个 φ7mm 孔所在的圆与 φ16 H7 孔的同轴度误差可能较大，因此图 4-7 粗基准应设法避免重复使用。

不能说除首道工序外不能采用粗基准，只要粗基准的使用不影响加工面相互之间的位置精度，则粗基准就可以重复使用。如图 4-8 所示零件，铣 φ40mm 下端面时，用 φ40mm 和 φ10mm 外形限制工件的第二类自由度；钻 φ22mm 孔时，用铣过的 φ40mm 下端面作主要定位基准，用 φ40mm 外圆进行定心。虽然两道工序均用粗基准 φ40mm 外圆定位，但并不影响 φ40mm 下端面和 φ22mm 孔之间的相互位置精度。

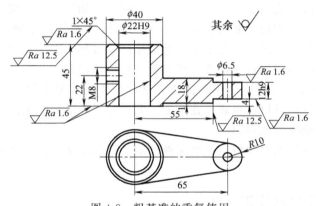

图 4-8 粗基准的重复使用

上述选择粗基准的四条原则，每一条原则都只说明一个方面的问题。在实际应用中，划线装夹有时可以兼顾这四条原则，而夹具装夹则不能同时兼顾，这就要具体问题具体分析，抓住主要矛盾，解决主要问题。

③ 辅助基准。

当工件上没有合适的表面作为定位基准时，可以在工件上设计并加工出专用的定位表面，这种定位面称为辅助基准。辅助基准在零件的工作中并无用处，它仅仅是为了加工需要而设置的。常见的辅助基准有以下三种形式。

a. 在工件上直接加工出专门用于定位的基准面。

b. 在毛坯上专门设计并加工出定位基准面。

c. 在工件上固定一个辅助件，在辅助件上加工出定位基面。

在轴类零件加工时在轴两端用的中心孔，箱体类零件加工时用的两个工艺孔，活塞加工时用的止口和下端面都是辅助基准的典型应用。图 4-2 所示零件的工艺凸台就是辅助基准的例子。

(2) 机械加工工序顺序的安排

制订工艺路线除了安排的工序数目、工序内容，还要考虑机械加工各工序的先后顺序。

此时应遵循以下原则。

① 先基面后其他。即先把后续工序工艺基面的加工安排在前。只有先加工出精基面，才能在后继工序中以精基面定位或度量加工其他面。而为了加工出精基面，又需在它之前安排一些工序，来为它的加工做准备。这一安排原则不仅是说加工一开始要先把精基面加工出来，而且在以后各加工阶段开始时，一般也应先相应安排基准面的加工（即精基准的修正，逐步提高基准面的精度，以适应各加工阶段的需要）。

② 先粗后精。即先安排粗加工，中间安排半精加工，最后安排精加工和光整加工。就加工阶段的划分来说，一般是毋庸置疑的。但对于容易出废品的精加工工序可以适当提前，以减少工时投入。

③ 先主后次。优先安排主要表面的加工，后安排次要表面的加工。这里所谓的主要表面，是指装配基准面、工作表面等；所谓次要表面，是指非工作表面（如紧固用的光孔、螺栓孔等）。由于次要表面的加工工作量比较小，而且它们一般又往往和主要表面有位置度要求，因此一般应放在主要表面的主要加工结束之后、精加工或光整加工之前。当次要表面的加工余量大，切削力、切削热都可能影响主要表面的精度，或者次要表面与主要表面无严格的位置精度要求时，次要表面也可以安排在主要表面的精加工工序之前进行。攻丝工序尽可能安排在最后进行，以免攻丝时黏附在工件上的切削液（尤其是油脂切削液）弄脏其他机床。退刀槽、砂轮越程槽、倒角一般不作为独立工序，可作为工步或复合工步安排在半精加工阶段进行。有关这些结构元素在审查图纸时就应该予以注意。

④ 先面后孔。该原则主要应用于箱体类零件的加工。一般机器零件上，平面所占轮廓尺寸较大，用平面定位比较稳定可靠，在拟定工艺过程时，应先加工出一个平面精基准，再以该平面定位，加工箱体其他表面。

另外，有时为了保证加工质量，有些零件的最后精加工是在部件装配完工之后或在总装过程中进行的。

4.3.5 其他辅助工序的安排

组成工艺过程的工序除了机械加工工序，还有热处理、检验、去毛刺等辅助工序。辅助工序的安排需要兼顾它们的作用和对加工的影响等多方面因素。例如：应能保证加工质量不出质量事故，减少机床精度损失的可能性；缩短运输路线，使零件在现有设备布局下迂回尽可能少等。因此对辅助工序的安排顺序不可忽视。

(1) 热处理工序的安排

热处理工序主要是用来改善材料性能及消除内应力。一般可分为以下几种。

① 预备热处理。安排在机加工之前，以改善切削性能、消除毛坯制造时的应力为主要目的。例如，对于含碳量超过0.5%的碳钢，一般采用退火，以降低硬度；对于含碳量不超过0.5%的碳钢，一般采用正火，以提高材料硬度，使切削时不粘刀，表面光滑。由于调质（淬火后再进行500～650℃的高温回火）能得到组织细密均匀的回火索氏体，因此有时也用作预备热处理。

② 最终热处理。安排在半精加工以后和精加工之前（但氮化处理应安排在精磨之后），主要用于提高材料的强度及硬度。如淬火-回火，由于淬火后材料的塑性和韧性很差，有很大的内应力，易于开裂，组织不稳定，材料的性能和尺寸要发生变化等原因，所以淬火后必须进行回火。其中调质处理能使钢材获得既有一定的强度、硬度，又有良

好的冲击韧性等综合机械性能，常用于汽车、拖拉机和机床零件，如汽车半轴、连杆、机床主轴等。

③ 去除内应力热处理。最好安排在粗加工之后、精加工之前，如人工时效、退火。但是为了避免过多的运输工作量，对于精度要求不太高的零件，一般把去除内应力的人工时效和退火放在毛坯进入机加工车间之前进行。但是，对于精度要求特别高的零件（例如精密丝杠），在精加工和半精加工过程中要经过多次去除内应力退火，在粗、精磨过程中还要经过多次人工时效。

另外，对于机床的床身、立柱等铸件，常在粗加工前以及粗加工后进行自然时效（或人工时效），以消除内应力，并使材料的组织稳定，在以后不再变形。对于精密零件（如精密丝杠、精密轴承、精密量具等），为了消除残余奥氏体，使尺寸稳定不变，还要采用冰冷处理（在 0～−80℃之间的空气中停留 1～2h）。冰冷处理一般安排在回火之后。

④ 表面处理工序的安排。表面处理的主要目的是防止氧化、抗腐蚀、保护表面以求美观。因此表面处理工序的安排如下：金属镀层（镀 Cu、Cr、Ni、Zn、Cd），放在机械加工之后，检验之前；美观镀层（镀 Cr 等），一般安排在精加工之后镀 Cr，然后抛光；非金属镀层（油漆），放在最后；表面氧化膜层（钢件发蓝处理、铬合金阳极化处理、镁合金氧化处理等），一般安排在精加工之后进行。

热处理工序的安排，需根据零件的结构特点、材料、用途及加工质量要求，结合热处理的性质及作用来决定，表 4-7 可供参考。

表 4-7 热处理工序安排

热处理的作用		热处理工序种类	热处理工序的位置	备注
改善切削性能		退火	粗加工前	
		正火	粗加工前	常用
			粗加工后	很少用
消除内应力	毛坯制造中产生的	退火	粗加工前	
		时效	粗加工前	
			粗加工后	较重要的零件
	机械加工中产生	时效	粗加工后	精度要求较高的零件
			粗加工后、半精加工之后和最终加工前多次安排	精度要求特别高的零件（如精密丝杠）
提高材料的硬度和强度		正火	粗加工前	常用
			粗加工后	较少用
		调质	粗加工前	较少用、不重要的零件
			粗加工后	常用、较重要的零件
		淬火-回火	磨削加工前	常用
			终磨之后	很少用、作最终热处理
		渗碳淬火-回火	精切前	较少用、精切前渗碳、磨前淬火
			粗磨前	常用
			粗精磨之间	很少用，要严格控制层深与变形
		氰化	粗精磨之间	很少用
			粗磨前	常用
		氮化	粗精磨之间	较少用
			精磨之后	常用
消除残余奥氏体提高尺寸稳定性		冰冷处理	回火后	用于精密量具、轴承、精密偶件
提高抗腐蚀性能		镀铬、镍等	光整加工前	
		发蓝	最后	

(2) 检验工序安排

检验工序是主要的辅助工序，它是监控产品质量的主要措施。除在零件表面全部加工完成后必须安排之外，在精加工之前、关键工序前后、车间之间进行转移前后、特种性能检验（磁力探伤、密封性试验等）之前都应安排独立的检验工序。

还有其他特种检验工序，如 X 射线探伤用于检查形状复杂零件内部缺陷，一般安排在工艺过程的开始，粗加工前；超声波探伤主要用于检测形状简单、规则、要求探伤面积大的零件内部缺陷，由于它对零件表面粗糙度有要求，故应安排在粗加工后进行；检验工件表面质量（如磁粉探伤、荧光检验等）要放在所要求表面精加工之后；动、静平衡试验、密封性试验，根据加工过程的需要进行安排；重量检验，安排在工艺过程最后进行等。

(3) 其他工序

去毛刺工序必要时一般在钻削和铣削后、毛刺面使用之前（如定位、检验、装配等之前）进行；油封工序一般在入库前或两道工序之间间隔时间较长时安排；清洗工序一般安排在检验、装配之前和磁粉探伤、荧光检验、光整加工等工序之后进行。

4.4 工序设计

4.4.1 工序余量确定

(1) 工序余量与工序尺寸

在由毛坯加工成合格零件的过程中，必须从毛坯某一表面上切除掉一定厚度的金属层，这层金属就是加工余量。涉及下面一系列有关余量的概念。

① 加工总余量。为了得到零件样图上某一表面所要求的尺寸、精度和表面质量，从毛坯这一表面切去的全部多余金属层，即某一表面的毛坯基本尺寸与零件设计基本尺寸之差，称为该表面的加工总余量（Z_0）。

② 工序余量。完成一道工序时，从某一表面上所切除的金属层厚度称为该工序的加工余量，简称工序余量（Z_i）。对某一表面而言，加工总余量与工序余量的关系如下：

$$Z_0 = \sum_{i=1}^{n} Z_i \tag{4-1}$$

式中　Z_0——加工总余量；

　　　Z_i——加工某一表面时，第 i 道工序的工序余量；

　　　n——加工某一表面时的工序数量。

工序余量有单边余量和双边余量之分。平面上的余量则是单边余量。对于外圆、孔等旋转表面，加工余量是从直径上考虑的，故称为对称余量（双边余量）。

对于被包容面 [见图 4-9 (a)]，加工余量为：$Z_b = a - b$ 　　　　　(4-2)

对于包容面 [见图 4-9 (b)]，加工余量为：$Z_b = b - a$ 　　　　　(4-3)

对于外圆面等被包容面 [见图 4-9 (c)]，加工余量为：$Z_b = d_a - d_b$ 　　　(4-4)

对于内圆面等包容面 [见图 4-9 (d)]，加工余量为 $Z_b = d_b - d_a$ 　　　(4-5)

式中　Z_b——本道工序的工序余量；

　　　b——本道工序的基本尺寸；

　　　a——上道工序的基本尺寸；

d_b——本工序加工表面的直径尺寸;
d_a——上工序加工表面的直径尺寸。

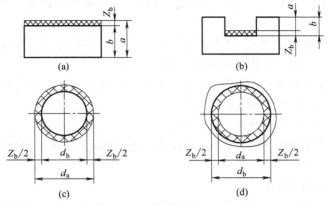

图 4-9 加工余量

③ 公称余量。在实际加工过程中,由于存在工序尺寸公差,因此实际切除的余量是有变化的。故加工余量又有公称余量、最大余量和最小余量之分。

每道工序的公称余量通常是指工序余量的名义值,其大小等于前后工序尺寸的基本尺寸之差。

工序最大余量、最小余量:某工序考虑了工序尺寸公差之后的工序余量。其值按相邻两工序极限尺寸之差求出。

余量公差:某工序最大余量与最小余量之差(也即考虑了工序尺寸公差之后工序余量的变动范围)。

以图 4-10 所示,以外圆表面为例,来说明公称余量的有关概念。

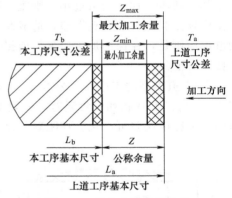

图 4-10 公称余量及其公差

a. 公称余量 Z:
$$Z = L_a - L_b \tag{4-6}$$

b. 最大余量 Z_{max}:
$$Z_{max} = L_{a\,max} - L_{b\,min} \tag{4-7}$$

c. 最小余量 Z_{min}:
$$Z_{min} = L_{a\,min} - L_{b\,max} \tag{4-8}$$

d. 余量公差 T_z:
$$T_z = Z_{max} - Z_{min} = T_a + T_b \tag{4-9}$$

式中 L_a——前道工序基本尺寸(对轴为直径,下同);
L_b——本道工序基本尺寸;
$L_{a\,max}$,$L_{a\,min}$——上道工序的工序最大、最小尺寸;
$L_{b\,max}$,$L_{b\,min}$——本道工序的工序最大、最小尺寸;
T_a——上道工序尺寸公差;
T_b——本道工序尺寸公差。

由此可见,本工序的加工余量公差为相邻两道工序的工序尺寸公差之和。

④ 工序尺寸。在机械加工过程中,每道工序应保证的尺寸称为工序尺寸,其允许的变动量即为工序尺寸公差。

工序尺寸公差取决于该工序所能达到的经济精度，它与具体的加工方法、所用设备及工人的操作水平等密切相关。任何加工方法加工出的尺寸都是有误差的，工序加工误差的总和应不大于工序尺寸公差。在工艺文件上应明确标注出工序尺寸和偏差，其具体标注方式应遵循下列原则。

a. 对被包容面（轴、键等），尺寸公差下差为负值，上差为零（即在加工时，对轴、平面有按尺寸上限作的倾向，外表面以负偏差形式标注）。

b. 对包容面（孔、槽等），尺寸公差下差为零，上差为正值（即在加工时，对孔有按尺寸下限作的倾向，内表面以正偏差形式标注）。

c. 对孔距尺寸公差按双向对称分布标注。

d. 因毛坯尺寸公差难以控制，故按双向对称分布标注，或不对称三分之一入体标注（如轴：$\phi 30^{+2}_{-1}$；孔：$\phi 30^{-1}_{+2}$）。

(2) 影响工序余量的因素

每道工序加工余量大小的基本要求应当使被加工表面经过本工序的加工后，不再残留上一道工序的加工痕迹和缺陷。其大小对于工件的加工质量和生产率均有较大的影响。加工余量过大，增加机械加工的劳动量，降低了生产率，增加材料、工具、人力和电力的消耗，提高了加工成本。加工余量过小，则既不能消除上道工序的各种表面缺陷和误差，又不能补偿本工序加工时工件的装夹误差，造成废品。因此，应当合理地确定加工余量。确定加工余量的基本原则是，在保证加工质量的前提下越小越好。影响加工余量的各个因素归述起来有以下四个方面。

① 上道工序的工序尺寸公差 T_a：本工序的余量必须大于或等于上道工序的尺寸公差，即 $Z_b \geq T_a$。其形状和位置误差，一般都包含在尺寸公差范围内。如圆度一般包含在直径公差内，平行度误差可以包含在距离公差范围内等，这一类的形位公差不单独考虑。

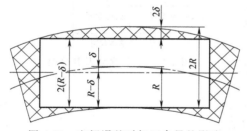

图 4-11 空间误差对加工余量的影响

② 上道工序遗留的空间位置偏差 ρ_a（没有包含在工件尺寸公差范围内的形位误差）。零件上有一些位置误差 ρ_a 不包含在尺寸公差范围内，在本工序必须对其纠正，故需要单独考虑。属于这一类的误差有轴线的直线度、位置度、同轴度、轴线与端面的垂直度、阶梯轴或孔的同轴度、外圆对于孔的同轴度等。如图 4-11 所示，为修正轴线弯曲造成的直线度误差 δ 必须使本工序加工余量在 2δ 以上，才能消除这个误差。因此，同样条件下细长轴的加工余量要比短轴的余量大些，这就是考虑到细长轴因应力作用而变形的缘故。热处理后零件也同样存在这些问题，尤其一些孔或花键孔热处理会使其尺寸略大或略小，甚至发生扭转变形，以致影响工艺过程等，因此相应的变形误差也要考虑。对一些重要零件，一般尽量采用热处理后变形小的材料。

③ 上道工序表面粗糙度 Ra、表面缺陷层深度 h（冷作硬化、脱碳等）。为使加工后的表面不留下上道工序的表面粗糙度、缺陷层。特别是在精加工时，应使：

$$Z_b \geq Ra + h \tag{4-10}$$

本工序必须把上工序留下的表面粗糙度 Ra 全部切除，还应切除上工序在表面留下的一层金属组织已遭破坏的缺陷层 h，如图 4-12 所示。尤其在光整加工中，上道工序的表面粗糙度及缺陷层是构成本道工序加工余量的主要部分。

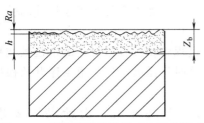 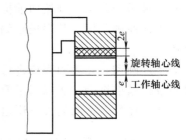

图 4-12 粗糙度及缺陷层对余量的影响　　图 4-13 安装误差对余量的影响

④ 本工序的装夹误差 ε_b。本工序的余量必须大于本工序的装夹误差，即 $Z_b \geqslant \varepsilon_b$。

装夹误差包含定位误差（包括夹具本身的误差）、夹紧误差等。其中定位误差可计算出来，夹紧误差可测定出来。如图 4-13 所示，用三爪卡盘夹持工件外圆磨内孔时，由于定位不准，工件中心和机床主轴中心偏了 e 值，为此就必须使磨削余量加大 $2e$ 值。

具体确定余量时，由于形位误差、装夹误差具有方向性，因此它们对余量的影响应采用向量叠加。根据以上讨论，建立本道工序余量的最小余量计算式。

对于单边，其最小余量为：

$$Z_b \geqslant T_a + R_a + h + |\overline{\rho_a} + \overline{\varepsilon_b}| \tag{4-11}$$

对于外圆和内孔加工，工序余量为双边，其最小余量应为：

$$Z_b \geqslant T_a + 2(R_a + h) + |\overline{\rho_a} + \overline{\varepsilon_b}| \tag{4-12}$$

具体应用时，应具体问题具体分析，抓住主要矛盾解决之。

(3) 确定加工余量的方法

① 计算法。能比较科学合理的确定加工余量，但必须有可靠的试验数据资料，目前很少应用。

② 经验估计法。加工余量是由一些有经验的工程技术人员或工人根据经验估算确定。为了防止工序余量不够而产生废品，所估余量一般偏大，此法只用于单件小批生产。

③ 查表法。是以在生产实际及试验研究中积累的有关加工余量资料数据的基础上制定的各种表格为依据，再结合实际情况加以修正。此法简便，比较接近实际，在生产中应用最广。一般工厂都按经验估计或查阅参考有关手册推荐资料确定，但这两种方法均不能全面考虑毛坯的制造和机械加工中影响加工余量的因素。为正确确定出加工余量，需综合各种影响加工余量的因素予以修正。

4.4.2　工序尺寸确定

在工艺过程中，工件的尺寸是在变化的，一般只有在加工终了，工件上的尺寸才能和零件样图上要求的尺寸一致。因此工序尺寸大多不能直接采用零件图上的尺寸，而需要另行计算。计算工序尺寸及其变动量是制订工艺规程的主要工作之一，通常有以下两种情况。

(1) 基准不重合或多次转换情况下的尺寸换算

基准不重合是指在工艺过程中设计基准与工序基准（定位基准、测量基准等）不一致，由此会带来基准不重合误差；另外，在需要多次基准转换情况下，会引起相关尺寸换算问题，这种计算需要运用尺寸链原理，将在"4.5 工艺尺寸链及其应用"一节中专门讨论。

(2) 工序基准与设计基准重合情况下所形成的工序尺寸（简单工序尺寸）的计算

对于简单的工序尺寸，只需根据工序的加工余量就可以算出各工序的基本尺寸，其计算顺序是由最后一道工序开始向前推算。各工序尺寸的尺寸精度按加工方法的经济精度确定，并按"入体原则"标注其两极限偏差。这里仅就外圆、内孔的加工余量和工序尺寸的关系做一介绍。

对于外圆和内孔表面需要进行多次加工，而且加工过程中相关各道工序的定位基准相同并且与设计基准重合，所以属于简单工序尺寸计算。计算时只需由最后一道工序开始根据工序余量和工序尺寸之间的关系逐道工序往前推算即可。

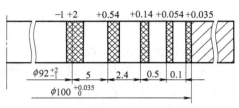

图 4-14　孔的工序余量、工序尺寸及公差

【例 4-1】　某主轴孔，设计尺寸要求 $\phi 100^{+0.035}_{0}$ mm。加工过程如下：粗镗→半精镗→精镗→浮动镗，试求各工序余量、工序尺寸及公差。

【解】　根据机械设计工艺师手册查得各工序的加工余量和所能达到的经济加工精度及其公差值、表面粗糙度的值见表 4-8 第二、四、五、六列，从最终尺寸开始逐道工序向前推算各工序的工序尺寸，最后求得毛坯尺寸。表 4-8 清楚地表明了这个过程。由此作出的各工序加工余量、工序尺寸分布图如图 4-14 所示。

表 4-8　工序尺寸及公差的确定

工序名称	加工余量/mm	工序基本尺寸/mm	加工经济精度等级(IT)	工序尺寸及公差/mm	表面粗糙度/μm
浮动镗	0.1	100	7	$\phi 100^{+0.035}_{0}$	$Ra\,0.8$
精镗	0.5	100−0.1=99.9	8	$\phi 99.9^{+0.054}_{0}$	$Ra\,1.6$
半精镗	2.4	99.9−0.5=99.4	10	$\phi 99.4^{+0.14}_{0}$	$Ra\,3.2$
粗镗	5	99.4−2.4=97	12	$\phi 97^{+0.35}_{0}$	$Ra\,12.5$
毛坯孔		100−8=92		$\phi 92^{+2}_{-1}$	

4.4.3　设备与工装的选择

机床（设备）和工艺装备的选择是工艺规程制定中要解决的主要问题之一。合理地选择机床（设备）和工艺装备是满足被加工零件质量要求、零件加工经济性及生产节奏的重要保证，必须对各种机床（设备）的规格、性能和工艺装备（尤其是刀具、量具和检具）的种类、规格等有较详细的了解。机床和工艺装备的选择不仅要考虑投资的当前效益，还要考虑产品改型及转产的可能性，应使其具有足够的柔性。

(1) 设备的选择

选择机床设备（通用、专用、非标设备）时，要综合考虑下列因素。

① 机床（设备）的尺寸规格要与被加工零件的结构尺寸相适应，应避免盲目加大设备规格。

② 机床（设备）功率、精度等与被加工零件精度要求相适应。这主要是指机床的电机功率、所能达到的加工精度与被加工零件在该序的所需功率、加工要求的精度相适应，机床（设备）的生产率与被加工零件的生产纲领相适应。

③ 机床设备的选用要考虑节省投资和适当考虑生产的发展。并立足于国内，如果必须进口设备要有充分的理由、依据。

④ 改（扩）建车间要充分利用原有设备。如需要改装设备或设计专用机床，则应提出设计任务书，说明与加工工序内容有关的参数、生产率要求，保证零件加工质量的技术要求等。

⑤ 在流水线生产中，清洗设备、回转装置、翻转装置等也是常见的非标设备。根据生产规模，如果需要这些非标设备，同样应提出设计任务书，说明与生产节拍有关的参数、生产率要求，保证零件加工质量的技术要求等，使其自动化程度和生产效率、生产纲领、生产类型相适应。

(2) 工艺装备的选择

工艺装备主要包括夹具、刀具、量检具、非标设备等。各项工艺装备的选择除本身的精度均必须考虑外，都有自己的重点。机床夹具的选择主要考虑生产类型。对于成批、大批量生产，各工序所使用的机床夹具，除车床、外圆磨床等少数机床使用通用机床夹具，多数为专用机床夹具。生产纲领不同对机床夹具的机械化程度要求也不同的。随着成组技术的发展，成组夹具不仅在中批生产中应用，它也适应于单件、小批生产。适应某一类零件加工的可调夹具也应用的很普遍。

刀具的选择主要取决于工序所采用的加工方法、加工表面尺寸的大小、工件材料、要求达到的加工精度、表面粗糙度、生产率和经济性等。在选择时优先选用标准刀具。在专用机床上加工时，由于机床按工序集中原则组织生产，考虑到加工质量、生产率要求，可采用专用刀具（钻扩、扩铰复合刀具等）。这不仅提高生产率、加工精度，经济效果也十分明显。

量检具的选择主要是根据生产类型和要求的检验精度进行的。在单件小批时，广泛采用通用量具（游标卡尺、千分表等）；大批量生产时，多采用极限量规和高生产率的主动检查仪，表面间的位置误差多采用检验夹具等。

4.4.4 切削用量的选择

切削用量主要是指切削速度、进给量和切削深度。影响切削用量选择的因素很多，概括起来有以下几点。

① 刀具材料、刀具结构（工作角度、容屑空间等）、刀具刚度等。
② 被加工零件的材料及其切削加工性能、零件的形状结构特点、刚度等。
③ 机床设备的性能、功率、刚度等。
④ 加工方法所能达到的加工精度、表面粗糙度等。
⑤ 要求的生产率等。

合理选择切削用量对保证加工质量、提高生产率、降低生产成本等具有重要意义。具体确定时要了解、考虑相关行业的切削用量水平。随着刀具新材料、新工艺方法、工艺装备的不断改进、出现，切削用量在不断地提高。

4.4.5 工时定额与工艺过程的技术经济分析

(1) 时间定额

在机械加工过程中组织生产通常是按平均每班生产零件的件数下达任务的。规定工人在单位时间内完成合格零件的数量叫作产量定额。而产量定额则是根据在一

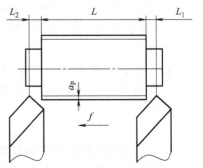

图 4-15　车削加工的机动时间

定生产条件下规定生产一件产品或完成一道工序所消耗的时间定额（简称工时定额）计算出来的。产量定额反映了劳动生产率水平。工时定额与劳动生产率二者成反比的关系，时间定额越紧，要求的生产率越高，反之，生产率越低。因此时间定额是安排生产计划，计算零件成本，确定设备数量、人员编制，规划生产面积以及企业经济核算的重要依据之一；与质量控制、发挥工人的主观能动性也密切相关，不能过紧，也不可过松，应具有平均的先进水平。

时间定额由以下几部分组成。

① 基本时间 T_j。对于机械加工而言，基本时间就是切除加工余量所耗费的时间（包括刀具的切入、切出时间在内），又称机动时间。一般可用计算法确定。如计算车削加工外圆的机动时间为（见图 4-15）：

$$T_j = \frac{l+l_1+l_2}{fn} i \tag{4-13}$$

式中　i——走刀次数，由总余量 Z 和每次走刀背吃刀量 a_p 求得，$i=Z/a_p$；

　　　l——工件加工计算长度，mm；

　　　l_1——刀具的切入长度，mm；

　　　l_2——刀具的切出长度，mm。

② 辅助时间 T_f。辅助时间是指为实现加工过程所完成各种辅助动作所消耗的时间。工件的装夹、开停机床、调整切削用量、刀架转换变换工步等动作所花费的时间均为辅助时间。基本时间与辅助时间之和称为作业时间。

具体零件工时定额中辅助时间的确定与生产纲领有关。大批大量生产时，可先将辅助动作进行分解，然后通过实测、类比或查表等方法求得各分解动作所需要的时间，再累积相加；对于中小批生产，一般用基本时间的百分比进行估算。

③ 布置工作的时间 T_b。布置工作的时间是指为使加工正常进行，工人调整、修磨、更换刀具、润滑机床、清理切屑等所消耗的时间，又称工作的服务时间；一般按工序作业时间的百分比（一般取 2%～7%）估算。

④ 休息和生理需要时间 T_x。它是指工人在工作班内为恢复体力、满足生理需要所消耗的时间。一般按作业时间的百分比（一般取 2%）来估算。

上述四部分时间之和就构成了大批量生产的单件工时定额，即：

$$T_d = T_j + T_f + T_b + T_x \tag{4-14}$$

⑤ 准备与终结时间 T_z。在中、小批量生产中，工人在加工一批工件前需要做一些生产准备：熟悉工艺文件，领料，领取、安装、调试刀具和夹具，调整机床等；加工完毕，需卸下、归还工艺装备，送交成品等。工人为生产一批工件所花费的这部分时间称为准备与终结时间 T_z。

设一批工件数为 m，则分摊到每个工件上的准备与终结时间为 T_z/m。可以看出，工件批量越大，分摊到每个工件上的准备与终结时间越少，因此成批生产的单件计算定额为：

$$T_{dj} = T_d + T_z/m \tag{4-15}$$

(2) 工艺过程的技术经济分析

在制订零件加工方案时，在满足加工技术要求、保证交货期限的前提下，其工艺过程或某一道工序一般会拟订出几种不同的工艺方案进行比较。其中有些方案的生产准备周期短，生产效率高，产品上市快，但生产准备投资大；另外一些工艺方案的设备投资较少，但生产效率低；不同的工艺方案有不同的经济效果。为了选择在给定生产条件下最为经济合理的工艺方案，必须对各种不同的工艺方案进行技术经济分析。

所谓的技术经济分析，就是通过比较各种不同工艺方案的生产成本、投资回报期等，选出其中经济效果最好的工艺方案。

生产成本是指制造一个零件的一切费用的总和。它包括两项费用：一项费用与工艺过程直接相关称之为工艺成本，占生产成本的 70%～75%；另一项费用与工艺过程无直接关系（例如行政人员工资等）。工艺成本主要包括零件的材料费、工人工资、维持生产而对所用设备和工装等支出的费用。这些费用又分为不变费用与可变费用两部分。所谓的不变费用与可变费用是针对生产纲领 N 而言。可变费用包括材料费、机床操作工人工资、通用机床和通用工艺装备维护折旧费。当生产纲领 N 变化时，这些费用也成比例地变化，因而称为可变费用。当生产纲领 N 在一定范围内变动时，与调整工人的工资、专用机床、专用工艺装备等有关的费用基本不变。因此称为不变费用。

因此在生产成本的分析比较时，一般只需考虑工艺成本即可。

① 工艺成本的计算。工艺成本又分为全年工艺成本和单件工艺成本。若零件的年产量为 N，则零件全年工艺成本 S_n（元/年）为：

$$S_n = NV + C \tag{4-16}$$

单件工艺成本 S_d（元/年）为：

$$S_d = V + C/N \tag{4-17}$$

式中 V——零件的可变费用，元/件；

       C——全年的不变费用，元/年。

从上述两个式子可以看出，无论单件工艺成本还是全年工艺成本均和年产量密切相关。图 4-16（a）、（b）分别反映了年产量和全年工艺成本、单件工艺成本之间的关系。

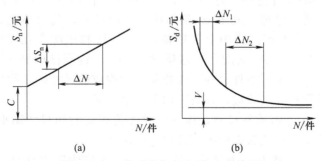

图 4-16 工艺成本与年产量 N 的关系

全年工艺成本比较和单件工艺成本比较适应于不同的情况。对于比较接近的工艺方案，多数工序相同、少数工序不同的情况一般做单件工艺成本对比；而工艺方案差别较大时，多数工序不同、少数工序相同的情况可以对比全年工艺成本。必要时全年工艺成本、单件工艺成本都做对比，最后权衡利弊做出最佳选择。

② 投资回收期的计算。投资回收期是指一种工艺方案比另一种工艺方案多花费的投资

需要多长时间才能由于工艺成本的降低而收回来。各工艺方案的基本投资差额较大时,在考虑工艺成本的同时,还要考虑基本投资差额的回收期。

如果有两种工艺方案,一种采用了高效、价格较高的先进工艺设备,基本投资 K_1 较大,而工艺成本 S_{a1} 较低,但生产准备周期短,产品上市快;另一个方案采用了普通设备,基本投资 K_2 少,工艺成本 S_{a2} 较高,但生产准备周期长,产品上市慢;这样单独比较其工艺成本、评价其工艺成本显然不全面的,应同时比较基本投资的回收期。回收期越短,经济效果越好。投资回收期 τ 可用下式计算:

$$\tau = \frac{K_1 - K_2}{S_{a1} - S_{a2}} = \frac{\Delta K}{\Delta S} \tag{4-18}$$

式中　ΔK——基本投资差额;
　　　ΔS——全年工艺成本节约额。

投资回收期必须满足以下要求:

a. 回收期限应小于基本投资设备的使用年限。

b. 回收期限应小于该产品的市场寿命(年)。

c. 回收期限应小于国家所规定的标准回收期。采用专用工艺装备机床夹具的标准回收期为 2~3 年,采用专用机床的标准回收期为 4~6 年。

4.5　工艺尺寸链及其应用

4.5.1　尺寸链概述

如图 4-17(a)所示,套筒零件图样上标注了设计尺寸 $A_0 = 10_{-0.36}^{0}$ mm、$A_1 = 50_{-0.17}^{0}$ mm。检验时,由于 A_0 测量比较困难,一般总是用深度游标卡尺直接测量大孔深度 A_2 以间接获知 A_0。为此就要对有关尺寸进行换算,以确定深度尺寸 A_2 的基本尺寸和偏差。这就是测量基准与设计基准不重合引起的尺寸换算问题,可应用尺寸链原理加以解决。在这里 $A_0 - A_1 - A_2$ 就构成了一个封闭的尺寸链环。这种在工艺过程中、由同一个零件上的一组相关尺寸构成的尺寸链就称为工艺尺寸链。其中 A_0 是间接保证的尺寸,其大小受 A_1、A_2 支配。同样如图 4-17(b)所示,在装配过程中要保证轴径尺寸 A_1 和相配合孔径尺寸 A_2 之间的间隙 A_0,显然 A_0 的大小受 A_1、A_2 支配,在这里 $A_0 - A_1 - A_2$ 同样构成一个封闭的尺寸链环。这种在机器装配过程中由不同零件上的一组相关尺寸构成的尺寸链,称为装配尺寸链。

由上述可知,不管什么尺寸链,都具有以下三个特征。

① 封闭性。组成尺寸链的各尺寸是按一定顺序排列的封闭尺寸图形。其中,包含一个间接保证的尺寸和若干个对此有影响的直接保证的尺寸。

② 关联性。即尺寸链中有一个尺寸,它的大小是受其他尺寸影响。这一点我们在后续的讨论中会继续证明之。

③ 尺寸链必须至少是由三个尺寸构成的。

4.5.2　尺寸链计算原理

(1) 尺寸链的建立

尺寸链中的每一个尺寸简称为环。有的环是独立存在的,有的环是受其他环的影响而间

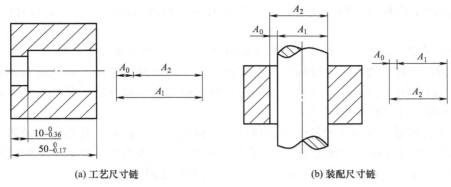

(a) 工艺尺寸链　　　　(b) 装配尺寸链

图 4-17　尺寸链的构成

接形成的。归纳起来尺寸链由组成环和封闭环组成。

① 封闭环。尺寸链中在工艺过程最后形成的、间接得到的尺寸称为封闭环。如上述两例中 A_0。

② 组成环。尺寸链中直接得到的、对封闭环有影响的所有尺寸称为组成环。这些环中任何一环的变动必然引起封闭环的变动。根据组成环对封闭环的影响性质不同,又将封闭环分为增环和减环。

　　a. 增环——该环的变动(增大或减小)引起封闭环同向变动(增大或减小)的环,用 A_z 表示。如图 4-17(a)中的 A_1 和图 4-17(b)中的 A_2 为增环。

　　b. 减环——该环的变动(增大或减小)引起封闭环反向变动(减小或增大)的环,用 A_j 表示。如图 4-17(a)中的 A_2 和图 4-17(b)中的 A_1 为减环。

计算尺寸链时,首先应确定封闭环和组成环,并判别增、减环。判别增、减环多采用回路法。回路法是根据尺寸链的封闭性和尺寸的顺序性判别增、减环的。具体做法为:在尺寸链图上,首先对封闭环标单向箭头,方向任意选定;然后沿箭头方向环绕尺寸链回路画箭头。凡是与封闭环箭头方向相同者为减环,反之为增环。如图 4-17(a)所示尺寸链,按此要求,如果在三个尺寸上方标注箭头,显然 A_1 为增环,A_2 为减环。

③ 尺寸链图的绘制。综上所述,可将工艺尺寸链图的绘制建立方法归纳如下。

　　a. 根据工艺方案,找出间接保证的尺寸作为封闭环。

　　b. 从封闭环两端开始,按照工艺过程中零件上表面之间的关联顺序,画出有关直接获得的尺寸(即组成环),构成一个封闭图形。注意,应遵循最短路线原则,使组成环环数达到最少,也即不要把不相关尺寸引入尺寸链。

　　c. 按照各尺寸首尾相接的原则,顺着一个方向在各尺寸符号上方画箭头。凡是箭头方向与封闭环箭头方向相同的尺寸均为减环,反之均为增环。

这里还应注意以下三点。

- 工艺尺寸链的构成完全取决于具体的工艺方案(定位方法、加工方法、加工顺序、测量方法等)。
- 封闭环的确定至关重要。封闭环确定错了,整个尺寸链全错。
- 一个尺寸链图只能解一个未知环(封闭环或组成环)。

(2) 尺寸链的形式

在不同的生产环节、生产场合，尺寸链都有不同程度的应用，相应也有自己的特点、类别。

① 按尺寸链各环的几何特征和所处空间位置的不同，可分为以下几种

a. 直线尺寸链。直线尺寸链的所有组成环平行于封闭环。它是尺寸链的基本形式，又称线性尺寸链。图 4-17 (a)、(b) 所示的尺寸链，都是直线尺寸链。其特征为：各尺寸均位于同一平面，且互相平行。

b. 角度尺寸链。这种尺寸链全部由角度尺寸构成。一个具有公共顶角的封闭角度图形是最简单的角度尺寸链，如图 4-18 (a) 所示。由平行度、垂直度等位置关系构成的尺寸链也是角度尺寸链。其表达方式和计算方法与直线尺寸链相同。

c. 平面尺寸链。平面尺寸链全部由直线尺寸和角度尺寸组成。全部组成环位于一个或几个彼此平行的平面内，如图 4-18 (b) 所示。

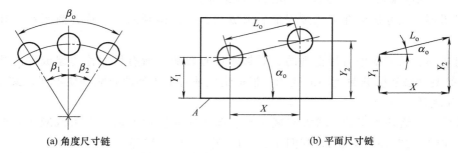

(a) 角度尺寸链   (b) 平面尺寸链

图 4-18 角度尺寸链和平面尺寸链

d. 空间尺寸链。这是所有环位于几个彼此不平行的平面内的尺寸链。空间尺寸链可用投影的方法，先转换为若干个平面尺寸链，再将平面尺寸链转换为若干个线性尺寸链求解。

② 按尺寸链间的相互关系分为以下几种。

a. 独立尺寸链。这种尺寸链的所有组成环和封闭环，都只属于某一个尺寸链，不参与其他尺寸链的组成。

b. 关联尺寸链。有组成环为多个尺寸链共有时，称这些尺寸链为关联尺寸链。参与几个尺寸链的环称为公共环。

③ 按尺寸链的应用场合分为以下几种。

a. 设计尺寸链。全部环为同一零件设计尺寸所形成的尺寸链，简称零件尺寸链。零件图上，无论是坐标式标注、链式标注或者是混合注法标注尺寸，都存在尺寸链关系，但在标注时，封闭环是不标注的。因此在零件图的尺寸链中，标注的尺寸为组成环，未标注而由已知尺寸可以计算求得的尺寸为封闭环。

b. 工艺尺寸链。在加工工艺过程中，所有环为同一零件工艺尺寸所形成的尺寸链称为工艺尺寸链，如图 4-17 (a) 所示。

c. 装配尺寸链。全部环为不同零件设计尺寸构成的尺寸链称为装配尺寸链，如图 4-17 (b)所示。轴向间隙 A_0 为装配精度要求，即封闭环。它是由具有相互装配关系的轴和孔的尺寸所决定的。A_1、A_2 为不同零件的设计尺寸。

(3) 尺寸链的解算类型

根据尺寸链在生产实际中的应用情况，将尺寸链的计算分为三种类型。

① 公差设计计算。已知封闭环，求解各组成环。这种计算也称为反计算，主要用于产品的装配精度设计计算。在计算时，需将封闭环的公差合理地分配给各组成环。各组成环尺寸大小不同，加工的难易程度有别，有些尺寸的公差还受国家标准的限制，因此各组成环的公差不是唯一确定的，分配之后各组成环的公差大小需酌情调整、优化。

另外，也经常遇到已知封闭环及部分组成环，求解其余组成环的情况。这种情况称为公差的设计计算，一般又称为中间计算。用于设计、工艺计算等场合。

在尺寸链的反计算法中，会遇到如何将封闭环的公差值合理地分配给各组成环的问题。解决这类问题的方法有三种。

a. "等公差值"原则。将封闭环的公差值均分给各组成环，即：

$$TA_i = \frac{TA_0}{n-1} \quad (4\text{-}19)$$

式中　TA_i——组成环公差；

　　　TA_0——封闭环公差；

　　　n——尺寸链的总环数（增环、减环及封闭环的总数目）；

　　　i——组成环的环数，$i=1, 2, 3, \cdots, n-1$。

b. "等精度"原则。按同一精度等级，将公差分配给各组成环，并使各组成环的公差满足下列条件：

$$\sum_{i=1}^{n-1} TA_i \leqslant TA_0 \quad (4\text{-}20)$$

然后再作适当调整，从工艺上讲这种方法比较合理。

c. "复合"原则。即先按等公差原则进行分配，然后再视具体的加工难易、尺寸大小等进行适当的调整。

② 公差校核计算。已知组成环，求解封闭环。这种计算也称为正计算，用于校核封闭环公差和极限偏差情况。校核计算时，封闭环的计算结果是唯一确定的。

③ "中间计算"。已知大部分组成环和封闭环，求某一组成环的计算称为中间计算。主要用于工艺过程中的工艺尺寸计算或换算。

(4) 尺寸链计算的基本公式

机械加工过程中的尺寸和公差通常是以基本尺寸及上、下偏差的形式表达的。在尺寸链的计算中基本尺寸的计算比较简单，但最大极限尺寸、最小极限尺寸或中间尺寸、中间偏差等这些与偏差相关的尺寸根据情况需要按不同的公式进行计算。具体情况来讲，在尺寸链中计算中除基本尺寸的计算只有一种方法外，其余与偏差有关尺寸的计算有极值法（极大值极小值法）和概率法两种。下面逐一展开讨论。

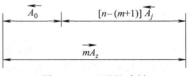

图 4-19　n 环尺寸链

① 封闭环基本尺寸的计算。

对于一个具有 m 个增环的 n 环尺寸链，可以用图 4-19 所示的尺寸链图来表示。根据尺寸链的空间几何关系，可以写出尺寸链的基本计算公式：

$$A_0 = \sum_{z=1}^{m} A_z - \sum_{j=m+1}^{n-1} A_j \qquad (4\text{-}21)$$

即封闭环的基本尺寸等于所有增环基本尺寸之和减去所有减环基本尺寸之和。

式中　A_0——封闭环的基本尺寸；

　　　A_z——增环 A_1、A_2、…、A_m 的基本尺寸；

　　　A_j——减环 A_{m+1}、A_{m+2}、…、A_{n-1} 的基本尺寸。

② 尺寸链解算方法及方程。

a. 极值法。极值法解尺寸链是按各组成环均处于极值条件下分析计算封闭环与组成环之间关系的一种方法。

• 封闭环的极限尺寸。根据增、减环的定义，如果组成环中的增环均为最大极限尺寸，减环均为最小极限尺寸，则封闭环的尺寸必然是最大极限尺寸，即：

$$A_{0\max} = \sum_{z=1}^{m} A_{z\max} - \sum_{j=m+1}^{n-1} A_{j\min} \qquad (4\text{-}22)$$

同理：
$$A_{0\min} = \sum_{z=1}^{m} A_{z\min} - \sum_{j=m+1}^{n-1} A_{j\max} \qquad (4\text{-}23)$$

式中　$A_{0\max}$，$A_{0\min}$——封闭环的最大、最小极限尺寸；

　　　$A_{z\max}$，$A_{z\min}$——增环的最大、最小极限尺寸；

　　　$A_{j\max}$，$A_{j\min}$——减环的最大、最小极限尺寸。

即封闭环的最大极限尺寸等于所有增环最大极限尺寸之和减去所有减环最小极限尺寸之和；封闭环的最小极限尺寸等于所有增环最小极限尺寸之和减去所有减环最大极限尺寸之和。

• 封闭环的上、下偏差。根据上、下偏差的定义，封闭环上偏差由式（4-22）减去式（4-21）、封闭环下偏差由式（4-23）减去式（4-21）可推导出：

$$\text{ESA}_0 = \sum_{z=1}^{m} \text{ESA}_z - \sum_{j=m+1}^{n-1} \text{EIA}_j \qquad (4\text{-}24)$$

$$\text{EIA}_0 = \sum_{z=1}^{m} \text{EIA}_z - \sum_{j=m+1}^{n-1} \text{ESA}_j \qquad (4\text{-}25)$$

式中　ESA_z，EIA_z——增环的上、下偏差；

　　　ESA_j，EIA_j——减环的上、下偏差。

• 封闭环的公差。用式（4-22）减去式（4-23），或用式（4-24）减去式（4-25），可得：

$$\text{TA}_0 = A_{0\max} - A_{0\min} = \Big(\sum_{z=1}^{m} A_{z\max} - \sum_{j=m+1}^{n-1} A_{j\min}\Big) - \Big(\sum_{z=1}^{m} A_{z\min} - \sum_{j=m+1}^{n-1} A_{j\max}\Big)$$

即：
$$\text{TA}_0 = \sum_{z=1}^{m} \text{TA}_z + \sum_{j=m+1}^{n-1} \text{TA}_j = \sum_{i=1}^{n-1} \text{TA}_i \qquad (4\text{-}26)$$

式中　TA_z，TA_j——增、减环公差。

即封闭环公差等于所有组成环公差之和。此式再次说明了尺寸链的封闭性，也就是封闭环的尺寸精度受所有组成环的尺寸精度限制。

采用极值法解算尺寸链中的未知尺寸，简便、可靠。但当封闭环公差值较小，组成环较多时，则显得过于保守，对组成环公差要求过严，增加制造成本。因此极值法多用于封闭环精度要求较高、尺寸链环数较少或封闭环精度较低、尺寸链环数较多的情况。

b. 概率法解算尺寸链。事实上，根据概率论，每个组成环尺寸处于极端情况的可能性是很小的，尤其在多环尺寸链、大批大量生产中，这种极端情况出现的机会可以小到忽略不计。因此尺寸链环数较多，封闭环精度要求较高的情况，极值法就凸显出它的不足，而应用概率法解算之。

• 组成环正态分布的情况。根据概率论原理，当各组成环的尺寸分布规律符合正态分布时，封闭环的尺寸分布规律也符合正态分布。此时有：

$$\sigma_0 = \sqrt{\sum_{i=1}^{n-1} \sigma_i^2} \quad (4\text{-}27)$$

式中 σ_0——分闭环尺寸分布的均方根；

σ_i——组成环各尺寸分布均方根。

假设尺寸链各环尺寸的分散范围中心与尺寸公差带中心重合，如图 4-20（a）所示，则其尺寸分布的算术平均值也就是平均尺寸就等于该尺寸公差带中心尺寸，即中间尺寸。各尺寸环的尺寸公差等于其尺寸标准差的 6 倍，即：

$$T = 6\sigma \quad (4\text{-}28)$$

则封闭环公差等于组成环公差平方和的平方根。即：

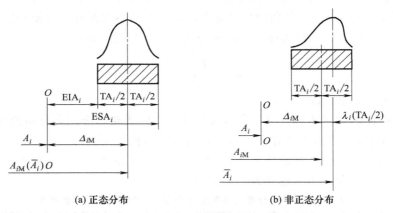

(a) 正态分布 (b) 非正态分布

图 4-20 分布曲线的尺寸计算

$$TA_0 = \sqrt{\sum_{i=1}^{n-1} TA_i^2} \quad (4\text{-}29)$$

• 封闭环尺寸的中间尺寸和中间偏差。对任意一个尺寸，最大极限尺寸与最小极限尺寸之和的平均值称为中间尺寸。上、下偏差的平均值称为中间偏差，又称公差带的中心坐标，用符号 Δ_{iM} 表示。如图 4-21 所示，某尺寸 A_i 的中间偏差 Δ_{iM} 为：

$$\Delta_{iM} = \frac{ESA_i + EIA_i}{2} \quad (4\text{-}30)$$

中间偏差和上、下偏差一样，具有方向性，也即带有正负号。任意尺寸 A_i 的中间尺寸 A_{iM} 可按下式计算：

$$A_{iM} = A_i + \Delta_{iM} \quad (4\text{-}31)$$

式中 Δ_{iM}——任意尺寸的中间偏差。

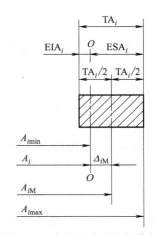

图 4-21 中间尺寸和中间偏差

当尺寸链各环尺寸均呈正态分布时，封闭环基本尺寸计算应采用中间尺寸按下式计算：

$$A_{0M} = \sum_{z=1}^{m} A_{zM} - \sum_{j=m+1}^{n-1} A_{jM} \tag{4-32}$$

式中　A_{0M}——封闭环中间尺寸；
　　　A_{zM}——增环的中间偏差；
　　　A_{jM}——减环的中间尺寸。

则封闭环的中间偏差 Δ_{0M} 可由式（4-32）与式（4-21）相减得出：

$$\Delta_{0M} = A_{0M} - A_0 = \left(\sum_{z=1}^{m} A_{zM} - \sum_{j=m+1}^{n-1} A_{jM}\right) - \left(\sum_{z=1}^{m} A_z - \sum_{j=m+1}^{n-1} A_j\right)$$

$$= \left[\sum_{z=1}^{m}(A_z + \Delta_{zM}) - \sum_{j=m+1}^{n-1}(A_{jM} + \Delta_{jM})\right] - \left(\sum_{z=1}^{m} A_z - \sum_{j=m+1}^{n-1} A_j\right)$$

即：

$$\Delta_{0M} = \sum_{z=1}^{m} \Delta_{zM} - \sum_{j=m+1}^{n-1} \Delta_{jM} \tag{4-33}$$

式中　Δ_{zM}——增环的中间偏差；
　　　Δ_{jM}——减环的中间偏差。

• 组成环非正态分布的情况。如组成环尺寸分布规律不符合正态分布，则根据概率论原理，当组成环环数 $n-1 \geqslant 5$，且各组成环分布范围相差又不太大时，封闭环的尺寸分布规律仍接近正态分布。则对应的封闭环公差计算公式应进行修正，即：

$$TA_0 = \sqrt{\sum_{i=1}^{n-1} k_i^2 TA_i^2} \tag{4-34}$$

式中　k_i——相对分布系数。

相对分布系数 k_i 用来说明尺寸链各有关尺寸分布曲线相对于正态分布曲线的差异程度。因为是以正态分布曲线为比较基准的，故正态分布曲线的 k_i 值为 1。非正态分布时平均尺寸 A_i 相对于中间尺寸 A_{iM} 产生的偏移值为 λ_i（$TA_i/2$），如图 4-20（b）所示。不同分布曲线的相对分布系数 k_i 和相对不对称系数 λ_i，如表 4-9 所示。

表 4-9　几种常见分布曲线的分布系数 k_i 和分布不对称系数 λ_i

分布特征	正态分布	三角分布	均匀分布	瑞利分布	偏态分布	
					外尺寸	内尺寸
分布曲线						
λ_i	0	0	0	−0.28	0.26	−0.26
k_i	1	1.22	1.73	1.14	1.17	1.17

当组成环为不对称分布时，封闭环的中间偏差 Δ_{0M} 计算式（4-33）应修正为：

$$\Delta_{0M} = \sum_{z=1}^{m}\left(\Delta_{zM} + \lambda_z \frac{TA_z}{2}\right) - \sum_{j=m+1}^{n-1}\left(\Delta_{jM} + \lambda_j \frac{TA_j}{2}\right) \tag{4-35}$$

式中　λ_z, λ_j——增、减环的相对不对称系数。

相对不对称系数表示尺寸分布曲线的不对称程度。当曲线对称分布时，$\lambda_i = 0$。图 4-20

(b) 中，中间尺寸 A_{iM} 为 $A_i+\Delta_{iM}$，是公差带中心位置处的尺寸；平均尺寸 $\overline{A_i}$ 为 $A_i+\Delta_i+\lambda_i(TA_i/2)$，表示尺寸分布中心位置处的尺寸。且当曲线呈正态分布时，各环中间尺寸和平均尺寸相等，如图 4-20（a）所示。

· 概率法的近似估值。用概率法计算尺寸链，需确定组成环相对分布系数 k_i 和相对不对称系数 λ_i。决定 k_i 和 λ_i 的值常用实验法，如组成环为零件加工尺寸，则按具体的工艺过程对所加工的一批零件进行测量，然后对测量结果进行统计处理，可求得 k_i 和 λ_i 的值。当缺乏现场数据或不能预先确定零件的加工条件时，只能选定 k_i 和 λ_i 用概率法进行估算。

通常取 $\lambda_i=0$，$k_1=k_2=\cdots=k_{n-1}=k$。平均相对分布系数 k 选取在 1.2～1.7 范围内，这样选取的结果比较可靠、经济。此时式（4-34）简化为：

$$TA_0 = k\sqrt{\sum_{i=1}^{n-1} TA_i^2} \tag{4-36}$$

必须指出，这种估算的应用是有条件的，要求组成环数不能太少。环数越多，估算的准确性越好。当符合表 4-9 典型分布时，可根据具体情况参考表 4-9 选取 k_i 和 λ_i 值。

4.5.3 工艺尺寸链应用

结合前面所述尺寸链的计算公式，本节就几种常见情况结合极值法来讨论工艺尺寸链的应用。概率法的应用例子将在装配尺寸链中讨论。

(1) 测量基准与设计基准不重合时的工序尺寸计算

【例 4-2】 有一批套筒零件如图 4-17（a）所示，现加工右端大孔（其余面都已加工好），轴向要求保证设计尺寸 $10_{-0.36}^{0}$。因该尺寸不便测量，只有通过测量大孔深度来间接保证。试确定工序尺寸大孔的深度。

【解】 ① 建立尺寸链。根据前面的分析可知，与间接保证的尺寸 $10_{-0.36}^{0}$ 相关的尺寸有 $A_1=50_{-0.17}^{0}$ 及大孔深度 A_2，因此 A_1、A_2 是组成环；$10_{-0.36}^{0}$ 是封闭环用 A_0 表示。以此画出尺寸链图，在 A_0 尺寸的上方画出单项箭头，顺着该箭头（即逆时针）的方向在 A_1、A_2 的上方也画出单项箭头，依判别规则，则 A_1、A_2 分别是增、减环，如图 4-22 所示。

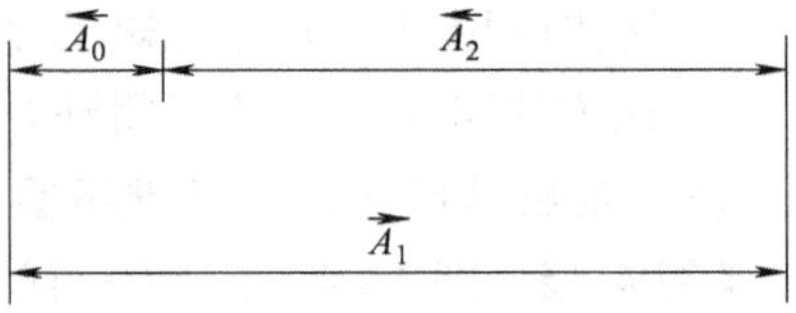

图 4-22 测量尺寸链

② 根据尺寸链极值法计算公式解算未知尺寸 A_2 如下：

由 $A_0=A_1-A_2$ 得：

$$A_2=A_1-A_0=50-10=40 \text{ (mm)}$$

由 $ESA_0=ESA_1-EIA_2$ 得：

$$EIA_2=ESA_1-ESA_0=0-0=0 \text{ (mm)}$$

同理求得：

$$ESA_2=EIA_1-EIA_0=-0.17-(-0.36)=+0.19 \text{ (mm)}$$

所以：$A_2=40_{0}^{+0.19}$ mm

③ 假废品问题分析。由上述计算可知，当测量基准和设计基准不重合时，存在以下两个问题：一是提高了对加工精度的要求；另外一方面，只要尺寸 A_2 在 40～40.19 之间，该零件就是合格的，若实测 $A_2=40.30$，按上述要求判为废品，但此时如 $A_1=50$，则实际为

$A_0=9.7$,零件仍合格,即这种情况下产生的废品为"假废品"。

当实测工序尺寸超差值不大于尺寸链其他组成环公差之和时,都有可能为假废品,应当复检其他有关尺寸。

④ 假废品问题的解决。假废品问题产生的实质是由于测量基准与设计基准不重合引起的,采用图 4-23(a)所示的专用检具可减少假废品出现的可能性。专用检具的度量尺寸为 $A_3 = 50_{-0.02}^{0}$,此时零件的检测尺寸为 A_4,间接保证的尺寸依然为 $A_0 = 10_{-0.36}^{0}$,这三个相关的尺寸构成了一个尺寸链,如图 4-23(b)所示。依判别规则可知 A_4、A_3 分别是增、减环,解此尺寸链可得:

$$A_4 = 60_{-0.36}^{-0.02} \text{ (mm)}$$

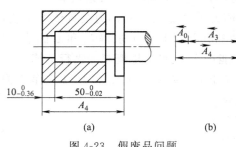

图 4-23 假废品问题

⑤ 竖式计算法。解算尺寸链时也可采用表 4-10 所示的形式。根据一定规则将各环尺寸和偏差填入表中对应位置,根据每列组成环数值的代数和就等于该列封闭环的尺寸,就可解得未知尺寸,这个方法称为竖式计算法。

表 4-10 尺寸链的竖式计算法　　　　　　　　　　　　　　　　mm

环类型	基本尺寸	ES	EI
增环 A_1	50	0	-0.17
减环 A_2	(-40)	(0)	(-0.19)
封闭环 A_0	10	0	-0.36

应用竖式计算法解算尺寸链时应注意下列问题。

a. 表中数值填入须遵循:增环,基本尺寸、上、下偏差照抄;减环,基本尺寸冠负号,上、下偏差对调变号。

b. 如果未知环是减环的话,要将最后的计算结果还原、变号。

c. 具体应用时,为使已知尺寸和未知尺寸有所区别,可给未知尺寸加上括号或方框。

d. 该方法可用于验算封闭环,也可进行尺寸链解算。

(2) 定位基准与设计基准不重合时的工序尺寸计算

【例 4-3】 图 4-24(a)为一阶梯轴零件,其轴向尺寸通过图 4-24(b)、(c)两道工序加工完成。其工艺过程为:

工序(b)。车端面 C,车大外圆到尺寸,车小外圆至轴肩面 B,保证尺寸 A_1,然后切断,保证尺寸 A_2。

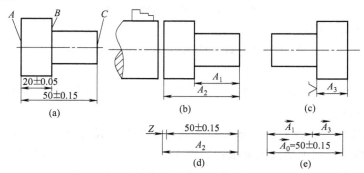

图 4-24 阶梯轴工序尺寸的确定

工序（c）。以轴肩面 B 轴向定位，车端面 A，保证尺寸 A_3。

试确定有关工序尺寸 A_1、A_2、A_3。

【解】 ① 分析建立尺寸链。在该工艺过程中设计尺寸（50±0.15）mm 是由 A_1、A_3 间接保证的，A_3 可以直接按设计尺寸（20±0.05）mm 确定，是在工序（c）中直接得到的。A_2 仅是一个包含 A 端面车削余量 Z［见图 4-24（d）］的中间工序尺寸。A_1 则需要求解，此时的封闭环是 $A_0=50\pm0.15$，由此建立的尺寸链图如 4-24（e）所示。

② 解算上述尺寸链。对图 4-24（d）中的中间尺寸，查有关工艺手册取 $Z=0.5$，则 A_2 的基本尺寸为：

$$A_2=50+0.5=50.5$$

考虑到加工误差取：

$$A_2=50.5\pm0.15\ （\text{mm}）$$

对尺寸链图 4-24（e），根据尺寸链原理有：

$$A_1=A_0-A_3=50-20=30$$
$$\text{ES}A_1=\text{ES}A_0-\text{ES}A_3=+0.15-0.05=+0.1$$
$$\text{EI}A_1=\text{EI}A_0-\text{EI}A_3=-0.15-(-0.05)=-0.1$$

所以：$A_1=30\pm0.10$（mm）

(3) 工序基准是尚待加工面时的工序尺寸计算

【例 4-4】 如图 4-25（a）所示，某齿轮上内孔及键槽的加工顺序如下：

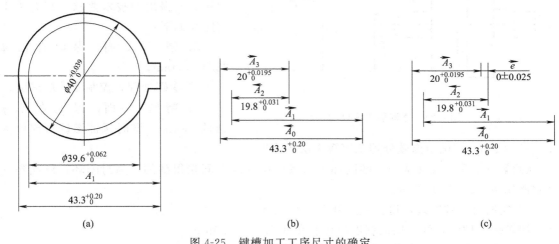

图 4-25 键槽加工工序尺寸的确定

工序 1：镗内孔至尺寸 $\phi 39.6^{+0.062}_{\ 0}$。

工序 2：插槽至尺寸 A_1。

工序 3：热处理—淬火。

工序 4：磨内孔 $\phi 40^{+0.039}_{\ 0}$ 同时保证键槽深度为 $43.3^{+0.2}_{\ 0}$，试求中间工序尺寸 A_1。

【解】 ① 建立尺寸链。在该工艺过程中，键槽最终尺寸 $43.3^{+0.2}_{\ 0}$ 是经工序 2、工序 4 加工完成的，是间接得到到尺寸，为封闭环 A_0，其余尺寸则均是直接保证的。据此建立尺寸链如图 4-25（b）所示，图中除封闭环外，其余尺寸插键槽深度 A_1、磨孔半径 $A_3=20^{+0.0195}_{\ 0}$ 为增环，镗孔半径 $A_2=19.8^{+0.031}_{\ 0}$ 为减环。

② 根据尺寸链原理解算未知尺寸如下。

基本尺寸：$A_1 = A_0 + A_2 - A_3 = 43.3 + 19.8 - 20 = 43.1$
上偏差：$ESA_1 = ESA_0 + EIA_2 - ESA_3 = +0.20 + 0 - 0.0195 = +0.1805$
下偏差：$EIA_1 = EIA_0 + ESA_2 - EIA_3 = 0 + 0.031 - 0 = +0.031$

故插键槽时的工序尺寸：$A_1 = 43.1^{+0.1805}_{+0.031}$ （mm）

按入体原则标注，并四舍五入则：$A_1 = 43.13^{+0.15}_{+0.07}$ （mm）

③ 同轴度误差的处理。在上述讨论中，认为镗孔与磨孔同轴，实际上存在偏心。若镗、磨两孔同轴度允差为 $\phi 0.05$mm，即两孔轴心偏心量为 $e = 0 \pm 0.025$。将偏心 e 作为组成环加入尺寸链，如图 4-25（c）所示，重新计算并四舍五入按入体标注则可以得到：

$$A_1 = 43.16^{+0.118}_{0}(\text{mm})$$

(4) 表面处理工序的工序尺寸计算

有些零件的表面需要进行渗入物（渗碳、渗氮等）处理，也就是要求在精加工前渗入一定厚度的材料，经过精加工后能获得图样规定的渗入层厚度。这类情况最后得到的要求渗入层厚度是精加工后间接形成的，即为封闭环。还有一些零件会要求进行镀层（镀铬、镀锌、镀铜、镀镍等），这种情况通常是通过控制电镀工艺条件来保证镀层厚度的，且镀层后一般不再进行加工，故工件经镀层后形成的尺寸也是封闭环。

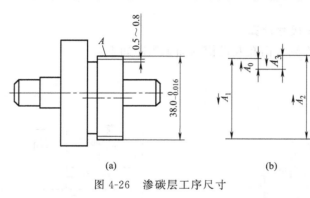

图 4-26 渗碳层工序尺寸

【例 4-5】 图 4-26（a）所示的偏心轴零件，表面 A 要求渗碳处理，渗碳层深度为 $0.5 \sim 0.8$mm。为了保证对该表面提出的技术要求，其有关工艺路线如下：

① 精车 A 面，保证直径 $\phi 38.4^{0}_{-0.1}$mm；

② 渗碳处理，控制渗碳层深度；

③ 精磨 A 面，保证直径 $\phi 38^{0}_{-0.016}$mm，同时保证渗碳层深度为 $0.5 \sim 0.8$mm。试确定渗碳处理工序渗碳层的深度？

【解】 ① 建立尺寸链图。磨削加工后其渗碳深度是间接得到的，为封闭环；依此建立尺寸链如图 4-26（b）所示。

② 根据尺寸链原理可得：$A_3 = 0.7^{+0.250}_{+0.008}$mm

即渗碳处理时，渗碳层的深度应控制在 $0.708 \sim 0.95$mm。

(5) 追踪法求解工艺尺寸链

对结构复杂、加工质量要求高的零件，工艺过程较长，工艺过程中往往需多次转换工艺基准，各个工序尺寸之间的关系就变得相当复杂。于是就会出现两个突出问题：①需要建立工艺尺寸链的数目、组成尺寸链的环数较多，查找组成环较麻烦；②工序余量不宜再靠查表法确定，因为工序余量的变化与若干道工序的工序尺寸及极限偏差有关，这将使得加工中会出现加工余量不够或过大的现象。采用图解跟踪法（又称图解分析法）可以把工艺过程和各相关工序尺寸、余量直观清晰地表达出来，是准确地查找、建立、计算工艺尺寸链的有效方法，也是计算机辅助计算工艺尺寸链的基础的。

【例 4-6】 如图 4-27（a）所示轴套零件。其余表面已加工完毕，有关轴向表面工艺过程如下：

ⅰ. A 面定位,车 D 面得全长 A_1,车小外圆到 B 面得长度 $40_{-0.2}^{\ 0}$;

ⅱ. D 面定位车 A 面得全长 A_2、镗大孔到 C 面保证尺寸 A_3;

ⅲ. D 面定位磨 A 面保证全长 $50_{-0.5}^{\ 0}$、$36_{\ 0}^{+0.5}$。

试求 A_1、A_2、A_3 及公差并验算留磨余量。

【解】 ① 按如下步骤画如图 4-27(b) 所示工艺过程追踪图。

a. 画零件简图,各加工面编号 A、B、C、D,并向下引射线。

b. 按加工顺序和规定符号自上而下标出各工序尺寸和余量;用带圆点的单箭头线表示工序尺寸,箭头指向加工面,实心圆点工序基准;A 面车削余量用 Z_1 表示,磨削余量用 Z_2 表示。

c. 在最下方画出最终得到的、间接保证的设计尺寸,两边均为圆点。

d. 工序尺寸为设计尺寸时,用方框框出,以示区别。

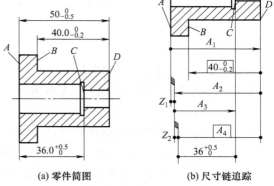

图 4-27 轴套零件工艺尺寸链解算

② 用追踪法查找有关尺寸、建立工艺尺寸链。余量(靠火花磨削余量除外)和间接保证的设计尺寸是尺寸链的封闭环,在此以余量 Z_1 为例来查找以 Z_1 为封闭环的尺寸链:Z_1 的左端是端面 A 向上追踪至 A_1 尺寸的圆点;在 Z_1 右端遇工序尺寸 A_2 的箭头,逆箭头方向沿 A_2 向右横向追踪至 D 面,遇圆点向上折,继续向上追踪遇工序尺寸 A_1 的箭头,逆箭头方向沿 A_1 横向向左追踪至 A 面和沿 Z_1 左端面 A 追踪轨迹闭合,构成封闭图形,即由 Z_1、A_1、A_2 组成一个工艺尺寸链,如图 4-28(a)所示。根据此例归纳跟踪法建立工艺尺寸链的过程如下。

首先确定封闭环,然后从该尺寸两个端面所在的垂线开始同步向上追踪,即往前面的工序中跟踪查找和该封闭环尺寸有关的组成环。与两垂线之一首先相遇的箭头所在的工序尺寸是工艺尺寸链的组成环。箭头所指表面代表加工面,即封闭环的一个面是在这一工序加工的。遇箭头后,逆箭头方向追踪查找其工序基准(即圆点所在表面),再沿代表该工序基准的垂线向上折继续追踪,即查找该工序基准是由哪个工序加工的,直至代表封闭环两个表面的垂线,经有关工序尺寸交汇于同一表面形成封闭图形,即建立了该尺寸链。特别要注意的是,作图画各工序尺寸时严格按加工先后顺序、查找时必须沿着代表封闭环两端表面的垂线同步向上查找,以免错过有关工序尺寸的汇交点、漏掉或把不相关的工序尺寸列入尺寸链,以致出现尺寸链图不封闭等情况,导致计算错误。

下面按此方法建立以设计尺寸 $36_{\ 0}^{+0.5}$ 为封闭环的工艺尺寸链,沿 $36_{\ 0}^{+0.5}$ 尺寸的左端面向上追踪遇工序尺寸 A_4,沿此工序尺寸、逆箭头方向追踪至 D 面(工序基准);同时沿 $36_{\ 0}^{+0.5}$ 尺寸的右端面向上追踪遇工序尺寸 A_3,再沿工序尺寸 A_3、逆箭头方向追踪至 A 面(切去余量 Z_1 后形成的),然后向上折,遇工序尺寸 A_2,再沿工序尺寸 A_2 逆箭头方向追踪至 D 面,至此两侧追踪线相交,追踪路径所经工序尺寸为尺寸链的组成环。得到的如图 4-28(b)所示的尺寸链图。同样用此方法查找到以 Z_2 为封闭环的尺寸链图,见图 4-28(c)。这样就得到了全部尺寸链图,如图 4-28 所示。对每个尺寸链图,按前述确定增环、减环的方法，确定各自的增环、减环，解算其未知环即可。

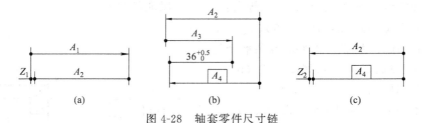

图 4-28 轴套零件尺寸链

在图 4-28（b）中，封闭环为 $A_0=36^{+0.5}_{0}$，增环为 A_3、A_4，减环为 A_2；在图 4-28（a）中封闭环为 Z_1，增环为 A_1，减环为 A_2；在图 4-28（c）中，封闭环为 Z_2，增环为 A_2，减环为 A_4。

③ 工序公差和工序余量的确定方法步骤。按上述方法建立的尺寸链图，有些图中的未知环数不止一个，这主要和工序余量、各工序极限尺寸有关。为了保证各工序都有适当的加工余量，同时使作为封闭环的设计尺寸满足要求，为此首先初步确定各工序尺寸公差、直接保证的工序尺寸、各工序余量，然后解算尺寸链、确定各未知工序尺寸。

a. 初步确定工序尺寸的公差。为便于计算，可将各尺寸的中间尺寸作为基本尺寸，将封闭环的公差分配给各组成环，或将中间工序尺寸公差按经济加工精度或生产实际情况给出。查有关工艺手册，各工序的尺寸公差为：$TA_1/2=0.25$，$TA_2/2=0.1$，$TA_3/2=0.1$。

直接保证的设计尺寸，其工序尺寸和设计尺寸相同，以设计尺寸的公差规定工序尺寸的公差即可：工序尺寸 $A_4=49.75\pm0.25$，$A_5=39.9\pm0.1$；间接保证的尺寸：$A_0=36.25\pm0.25$。由图 4-28（b）可知，A_0 实际能达到的加工精度：

$$\delta A_0=TA_2+TA_3+TA_4=0.2+0.2+0.5=0.9>TA_0=0.5$$

显然结果尺寸不能满足设计要求，需要根据加工的难易程度对有关工序尺寸的加工精度进行调整如下：

$$TA_4/2=0.09；TA_2/2=0.08；TA_3/2=0.08$$

b. 计算工序的平均余量。为下一步计算未知工序尺寸，应先确定各工序平均余量。其最小余量按有关工艺师手册或工厂数值经验确定。余量公差则按工艺尺寸链求解：

$$TZ_1/2=TA_1/2+TA_2/2=0.25+0.08=0.33$$
$$TZ_2/2=TA_2/2+TA_4/2=0.08+0.09=0.17$$

按有关工艺技术资料推荐，磨削余量 Z_2 最小值取 0.2，则：

$$Z_2=(0.37\pm0.17)\text{mm}$$

车削余量 Z_1 最小值取 2.8，则：

$$Z_1=(3.1\pm0.33)\text{mm}$$

计算结果如果发现余量不合理，即余量不够（出现负值）或精加工余量大于粗加工余量的情况，则应对初步确定的余量大小进行调整。

④ 计算未知工序尺寸。根据以上所得数据，首先解算只有一个未知尺寸的工艺尺寸链，然后依次求解其他尺寸链。显然在图 4-28（c）中，只有一个未知尺寸 A_2，解该尺寸链得：

$$A_2=50.12\pm0.08$$

然后将 A_2 代入图 4-28（a）、（b）所示尺寸链依次求解得：

$$A_1=53.22\pm0.25；A_3=36.62\pm0.08。$$

⑤ 将上述求得的工序中间尺寸及公差经四舍五入处理改为基本尺寸及单向入体标注形式：
$A_1 = 53.5_{-0.5}^{0}$ mm；$A_2 = 50.2_{-0.16}^{0}$ mm；$A_3 = 36.5_{0}^{+0.16}$ mm；$A_4 = 49.8_{-0.16}^{0}$ mm。

4.6 数控加工工艺

4.6.1 数控加工工艺特点

数控加工具有高精度、高自动化、高柔性等工艺特点，在机械加工中得到了广泛的应用，数控机床与普通机床加工工件的区别在于：数控机床是按照事先编制的程序自动加工工件，而普通机床全由工人按照工艺过程分步操作。数控加工中，加工不同形状的工件首先要改变加工程序，因此数控加工的整个过程是自动的。从安排加工工艺、保证加工质量的原理来说都是一样的，只是随着数控技术的进步、数控机床的普及，工艺装备（夹具、刀具、辅具等）、检测手段也与之相适应得到了重视发展，相应的工艺技术也形成了自己的特点。

① 具体的工艺内容明确、具体。数控在具体的加工过程中是自动的，无需人工干预。因此工艺内容要在加工前详细设计、规划。如某一工序过程中，主轴的正反转、每个表面加工的先后顺序、进给走刀路线、刀具的切入点、换刀顺序、切削用量、是否用切削液等都是按事先编制好的程序执行的。因此数控加工的工艺文件要比普通加工的工艺文件具体、详细。正是基于这一点，在编程前就要对被加工对象的图形进行数学处理，而且要力求准确。

② 采用先进的刀具、夹具、工艺装备系统，以充分发挥数控加工的优质、高效、高柔性的特点。这一特点在数控加工刀具上表现得尤为突出，无论是刀具的结构还是刀具的材料都与一般的工艺过程相比都有较高要求。不重磨可转位刀具、涂层刀片等应用的很普遍。

③ 工序集中。尤其对加工中心类的数控机床都带有刀库，刚度好、精度高，切削参数选择范围宽，因此一般尽可能在一次装夹中，完成多个表面的多种加工，以缩短加工路线、减少设备投入及工装和工件的运输工作。

4.6.2 数控加工工艺设计的主要内容

进行数控加工工艺设计时，根据被加工零件的材料、结构特点、轮廓形状、加工精度、表面质量要求等选择合适的数控机床；再根据选定设备的有关的技术资料，如机床说明书、编程手册、切削用量表以及标准工具、夹具手册等，与普通机床加工工艺相衔接，制定加工方案，确定工件

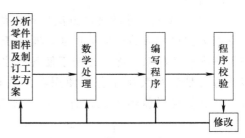

图 4-29 数控程序编制流程

各表面的加工方法、加工顺序、走刀路线及各工序所用刀具、夹具、切削用量等并编制加工程序。图 4-29 表示了数控加工程序的编制流程。

(1) 适合数控加工的零件

在数控机床上加工工件一般有两种情况：一种情况是根据已有工件图样和毛坯选择合适的数控机床，另外一种情况就是已经有数控机床，选择适合在该机床上加工的工件。无论何种情形，首先考虑的是工件的材料、毛坯类型、热处理状态、零件结构尺寸特点、加工面的复杂程度、加工精度要求、生产批量等。概括起来就是要用尽量低的成本满足质量、产量要

求。尽管数控机床设备费用高、调整费时、对工人的技术素质要求高，但数控机床柔性较好、加工精度较高，使得数控加工日益普及。适合在数控机床上加工零件如下。

① 小批量、多品种生产的零件，或新产品试制、样机、样件生产中的零件。

② 零件形状复杂、加工精度要求较高的传统方法难以或无法加工的零件，包括叶片类零件、非圆曲线组成的轮廓型面复杂的零件，如凸轮、型面复杂。

③ 用普通机床加工时，需投入较大的工艺装备的零件。

④ 价格昂贵、加工中不允许报废的关键零件。

⑤ 生产周期紧迫的急需零件。

不适合数控设备加工的零件。

① 生产批量大的零件；

② 装夹困难或完全靠找正定位来保证加工精度的零件，调整占机时间长，以毛坯粗基准定位加工第一精基准；

③ 加工余量很不稳定，且数控机床上无在线检测系统可自动调整零件坐标位置的；

④ 必须用特定的工艺装备（样板）协调加工的零件。如曲轴、凸轮等。

⑤ 加工部位分散。需多次安装、设置原点的工件。

(2) 数控加工工艺路线制定

零件数控加工工艺的具体制订和普通机械加工的方法步骤、考虑的主要问题基本类似，特别要考虑以下几点。

① 零件的结构工艺性分析。除传统加工方法要考虑零件的结构工艺性有关内容之外，针对数控加工，还应注意以下几点。

a. 构成零件轮廓的几何要素给定条件完整、充分。分析零件结构尺寸的完整性、正确性、合理性，是传统机械加工都要考虑的，一些倒角之类的非重要尺寸可以缺失，甚至无需标注，工人师傅可以凭经验决定。而对数控加工而言，特别要强调的是，在加工过程中，一般不进行人工干预，事先所有的尺寸都要给定，否则可能出现意想不到质量问题，因此要特别注意这一点。

b. 零件图上尺寸的标注方法应符合编程方便的特点。在数控加工的零件图上，应以同一基准标注尺寸或给出坐标尺寸，既便于编程，又便于使编程原点与工艺基准、设计基准、测量基准一致起来，而且也便于使各尺寸之间相互协调。一般产品设计人员在设计过程中更多的考虑是满足装配工艺、使用功能要求等特性，多采用局部分散标注方法，如图 4-30 (b) 所示。这样就给工艺设计、数控加工带来不便。由于数控加工过程中重复定位精度、

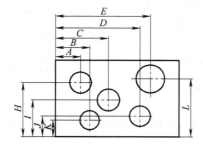
(a) 同一基准的尺寸标注方法

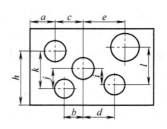
(b) 局部分散的尺寸标注方法

图 4-30 数控加工对尺寸标注的要求

加工精度高，应将局部的分散标注法改为同一基准标注尺寸或给出坐标尺寸，如图 4-30（a）所示。

c. 零件的结构工艺性应符合数控加工的特点，零件的内腔和外形的拐角过渡最好采用统一的几何类型、尺寸，以减少刀具规格及换刀次数，提高加工效率。

d. 内腔周边、槽底的过渡圆角要大小适宜。内腔圆角的大小决定刀具直径。如图 4-31 所示，内腔圆角越大，就可以采用较大直径的铣刀半径。这样加工底面时可以减少进给次数，提高表面的加工质量。通常 $R<0.2H$（H 为工件轮廓的最大高度）时，可以判断该部位的工艺性不好，如图 4-31（a）所示。

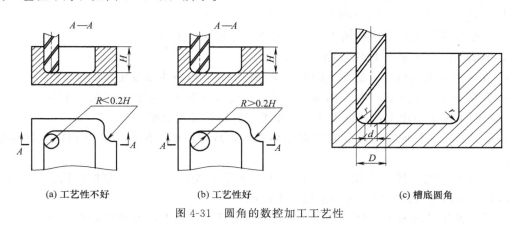

图 4-31　圆角的数控加工工艺性

铣削零件槽底平面时，槽底圆角半径不宜过大，如图 4-31（c）所示。槽底圆角半径越大，铣刀端面的铣削能力越差，加工效率也越低。当 r 大到一定程度时，甚至必须用球头铣刀加工，这是应该尽量避免的情况。铣刀端刃与铣削底面的接触直径越小，加工表面的能力越差，工艺性也越差。

② 工序的划分。在数控机床上加工工件，一般按工序集中原则划分加工工序，划分方法有以下几种情形。

a. 按工件安装、装夹次数划分。一般零件各表面的加工精度、各项技术要求也有差异，加工时的定位方式也就不同。比如有些既有内孔又有外圆类的零件情形，加工时为保证精度，需要内孔、外圆互为基准定位进行加工，因而需要根据不同的定位方式划分加工工序。

b. 按粗、精加工分开原则划分加工工序。根据工件的结构特点、加工精度要求、刚度、变形等情况划分加工工序。此时可按先粗后精、粗、精加工分开的原则划分加工工序，粗、精加工可用不同的机床、刀具。一般情况下，不允许在一次安装中将某一部位加工完毕再加工其他部位。而是先切除整个零件的大部分余量，再将整个表面精加工一遍，以满足零件最终加工精度、表面粗糙度的要求。

c. 按所用刀具类型划分加工工序。为了减少换刀次数，压缩空行程时间，减少不必要的定位误差，可按刀具集中工序的方法加工工件。即在一次装夹中，尽可能用同一把刀干完所有能加工的部位，然后再换刀加工其他部位。在专用数控机床或加工中心上常采用这种方法。

d. 按加工部位划分加工工序。对于表面形状复杂的零件，可按不同的加工部位划分加工工序，加工同一表面的那部分工艺过程为一道工序。

③ 数控加工工步的划分。工步的划分主要从加工质量、加工效率考虑。一般在数控加

工中心类机床上都有刀库,可以装若干把各类刀具加工,因此,在一个工序内,可以分为若干工步,采用不同的刀具、切削用量,完成相应的加工内容。在工序内划分工步的原则如下。

　　a. 同一表面按粗、半精、精加工依次完成,或全部加工表面按先粗后精分开进行。

　　b. 对既铣面又加工孔的情形,应先面后孔。因铣削加工的特点,先面后孔可以使铣后的变形有一段恢复时间,减少其对孔加工精度的影响。

　　c. 按所用刀具类型划分加工工步。某些机床工作台的回转时间比换刀时间短,这样可以减少换刀时间、换刀次数,减少机时占用,提高加工效率。

　　d. 上道工步的加工不能影响下道工步的定位与夹紧。

　　e. 一般先进行内形、内腔加工工步,后进行外形加工工步。

　　f. 采用相同设计基准集中加工的原则。

　　g. 在一次装夹定位中,能加工的部位全部加工完,以减少重复定位次数。

　　h. 在同一次安装中进行加工的多个工步,应先安排对工件刚性破坏较小的工步。

　　i. 相同工位集中加工,邻近工位一起加工,以提高加工效率

　　j. 重要表面优先加工,以及时发现毛坯缺陷,减少不必要的投入。易损伤表面尽量后加工。

　　④ 加工顺序的安排。数控加工顺序的安排除了传统加工方法中先粗后精、先主后次、先面后孔、基面先行的原则,还应遵循以下原则。

　　a. 尽量使工件的装夹次数、工作台回转次数、换刀次数及所有的空行程最少。

　　b. 先内后外,即先进行内腔的加工,后进行外部加工。

(3) 零件的安装与夹具的选择

零件的安装除前面所述定位基准的选择原则之外,还应注意以下几点。

　　① 减少装夹次数,尽量在一次安装中能把工件上所有要加工的表面都加工出来,以减少装夹误差,提高各加工表面之间的相互位置精度。

　　② 力求设计基准、工艺基准与编程原点统一,以减少基准不重合误差及数控编程中的数学计算工作量。

　　③ 尽量避免占机调整,以充分发挥数控机床的效率。

(4) 刀具的选择与切削用量的确定

数控机床刀具的装夹相对费时,所以数控加工中选择切削用量时,要保证刀具有足够的耐用度,能加工完成一个零件,或最低保证刀具耐用度不低于半个工作班次。因此在数控加工中选择切削用量时,除了要遵循一般切削用量选择原则,还应注意以下几点。

　　① 保证加工的连续性,在选择切削用量时,要充分保证每安装或调整一次刀具能加工完一个零件。

　　② 数控机床加工时,背吃刀量的选择比通用机床要小一些。

　　③ 数控车削时,对表面粗糙度的值要求较低的情况,应确定用恒定线速度切削加工。

(5) 进给路线的确定

在数控加工中,进给路线(走刀路线)主要反映加工过程中刀具的运动轨迹,它是编程人员编制程序的依据之一。因此,在确定走刀路线时,最好画一张数控加工走刀路线图,将已经拟定出的走刀路线画上去(包括进、退刀路线),这样可为编程带来不少方便。在确定走刀(进给)路线时,主要遵循以下原则。

① 保证零件的加工精度和表面质量。例如，在铣床上进行加工时，因刀具的运动轨迹和方向不同，可能是顺铣或逆铣，其不同的加工路线所得到的零件表面的质量就不同。究竟采用哪种铣削方式，应视零件的加工要求、工件材料的特点及机床刀具等具体条件综合考虑，确定原则与普通机械加工相同。数控机床一般采用滚珠丝杠传动，其运动间隙很小，并且顺铣优点多于逆铣，所以应尽可能采用顺铣。尤其在精铣内外轮廓时，为了改善表面粗糙度，应采用顺铣的走刀路线加工方案。

对于铝合金、钛合金和耐热合金等材料，建议也采用顺铣加工，这对于降低表面粗糙度值和提高刀具耐用度都有利。但如果零件毛坯为黑色金属锻件或铸件，表皮硬而且余量较大，这时采用逆铣较为有利。

加工位置精度要求较高的孔系时，应特别注意安排孔的加工顺序。若安排不当，就可能将坐标轴的反向间隙带入，直接影响位置精度。图 4-32（a）所示的零件上有 6 个尺寸相同的孔，有两种走刀路线。按图 4-32（b）所示的路线加工时，由于 5、6 孔与 1、2、3、4 孔定位方向不同，Y 方向反向间隙会使定位误差增加，从而影响 5、6 孔与其他孔的位置精度。按图 4-32（c）所示的路线加工时，加工完 4 孔后往上多移动一段距离至 P 点，然后折回来在 5、6 孔处进行定位加工，从而使各孔的加工进给方向一致，避免反向空隙的引入，提高了 5、6 孔与其他孔的相互位置精度。刀具的进退刀路线要尽量避免在轮廓处停刀或者垂直切入切出工件，以免留下刀痕。

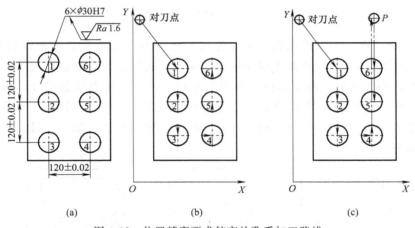

图 4-32 位置精度要求较高的孔系加工路线

铣削零件轮廓表面时，一般采用立铣刀侧刃进行切削。为了减少刀痕，保证零件表面质量，需要精心规划刀具的切入、切出路线。铣削外轮廓表面时，铣刀应沿零件轮廓曲线的延长线切向切入、切出零件表面，如图 4-33（a）所示，注意避免沿法向直接切入、切出零件，以免在加工表面产生划痕，保证零件轮廓表面质量。铣削内轮廓表面时，切入、切出无法外延，这时可将刀具的切入、切出点选在零件轮廓两个几何要素交点处，沿零件轮廓的法线方向切入，如图 4-33（b）所示。

② 走刀路线最短原则。走刀路线短可减少刀具空行程时间，提高加工效率。对点位控制的数控机床而言，要求定位精度高，定位过程尽可能快。图 4-34 所示为一多孔零件的钻孔加工路线，图 4-34（a）是先加工均布于同一圆圈上的外圈孔后，再加工内圈孔；若改用图 4-34（b）所示的走刀路线加工，可减少空程，从而节省每次钻孔时刀具的定位时间。

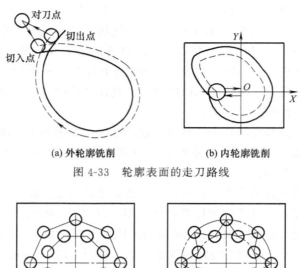

图 4-33　轮廓表面的走刀路线

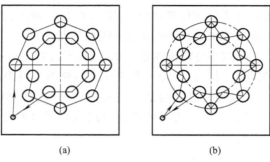

图 4-34　多孔零件的最短加工路线

③ 最终轮廓一次走刀完成原则。最终轮廓一次走刀完成是为了保证加工表面的质量。图 4-35（a）所示为采用行切法加工内轮廓。在减少每次进给重叠量的情况下，走刀路线较短，不留死角，不伤轮廓，但相邻两次走刀的起点和终点间留有残余高度，影响表面粗糙度。图 4-35（b）所示为采用环切法加工，表面粗糙度较小，但刀位计算相对复杂，走刀路线也较行切法长。采用图 4-35（c）所示的走刀路线，先用行切法加工，最后一次走刀环切一周，效果最好。

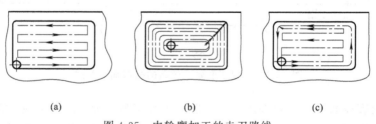

图 4-35　内轮廓加工的走刀路线

对于数控车床或数控磨床加工旋转体类的零件，由于毛坯多为棒料或短件，加工余量大且不均匀，因此，合理制定粗加工时的加工路线对于编程至关重要。一般比较合理的方案是粗加工先用直线多次走刀车去大部分加工余量，最后按零件轮廓走刀精加工成形，如图 4-36 所示。至于粗加工走刀的具体次数，应视每次的切削深度而定，在大多数数控机床控制系统中，都有相应指令。

④ 数值计算简单及编程最短原则。为了减少编程工作量，走刀路线的确定应使编程数值计算简单、程序短最短。

⑤ 应使用子程序缩短程序长度。当每段进给路线重复使用时，为了简化程序，缩短程

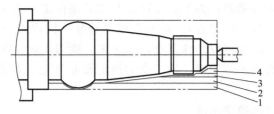

图 4-36　车削加工旋转体零件的走刀路线

序长度，应使用子程序。

此外，确定加工路线时，还要考虑工件的形状与刚度、加工余量大小，机床与刀具的刚度等情况，确定是一次进给还是多次进给，来完成加工以及设计刀具的切入与切出方向等。

另外，为了防止刀具在运动过程中与夹具或工件发生意外碰撞，帮助操作者了解关于编程中的刀具运动路线（如从哪里下刀、在哪里抬刀、哪里是斜下刀等），简化走刀路线图，一般可采用统一约定的符号来表示，不同的企业、不同的机床可以采用不同的图例与格式。目前，数控加工工序卡片、数控加工刀具卡片及数控加工进给路线图还没有统一的标准格式，但标准化是发展方向。

(6) 工序尺寸及其公差的确定

如前所述，零件的尺寸标注一般采用局部分散法。而在数控机床上加工零件，所有点、线、面的尺寸都是以编程原点为基准的，因数控编程原点与设计基准不重合，必须将分散标注的尺寸换算成以编程原点为基准的工序尺寸。这就需要利用传统工艺中的工艺尺寸链原理来进行计算，这一点在此不再赘述。

(7) 对刀点与换刀点的确定

① 对刀点。对刀可以确定工件坐标系与机床坐标系的相互位置关系。每个坐标方向都要分别进行对刀，它可理解为通过找正刀具与一个在工件坐标系中有确定位置的点（对刀点）来实现。对刀点确定后，即确定了机床坐标系和工件坐标系之间的相互位置关系。

选择对刀点的原则是便于数学处理和简化编程，便于确定工件坐标系与机床坐标系的相互位置，容易找正，加工过程中便于检查，引起的加工误差小。

对刀点可以设在工件、夹具或机床上，但必须与工件的定位基准（相当于与工件坐标系）有已知的确定关系，这样才能确定工件坐标系与机床坐标系的关系，当对刀精度要求较高时，对刀点应尽量选在零件的设计基准或工艺基准上，对刀时尽量使对刀点与刀位点重合。刀位点是指编制数控加工程序时用以确定刀具位置的基准点，不同的刀具，刀位点不同。对于平头立铣刀、端面铣刀类刀具，刀位点一般取刀具底端面的中心点。图 4-37 是几种常见刀具的刀位点情况。

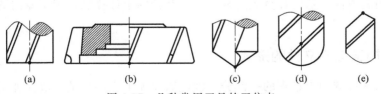

图 4-37　几种常用刀具的刀位点

② 换刀点。

换刀点是指刀架转位换刀时的位置。对数控车床、铣床、加工中心等多刀加工数控机床，在加工过程中需要进行换刀，为了防止换刀时刀具碰伤工件及其他部件，故编程时应考虑不同工序之间的换刀位置（换刀点）。换刀点可以是某一固定点，如加工中心机床，其换刀机械手的位置是固定的。也可以是任意点，如车床，换刀点应设在工件或夹具的外部，以刀架转位时不碰工件及其他部件为准。换刀点的设定值可用实际测量方法或计算确定，换刀点必须设在零件的外部。

(8) 手动数控编程时的数学处理

在手动编程时根据被加工零件图，按照已经确定的加工工艺路线和允许的编程误差，计算数控系统所需要输入的数据，称为数学处理。一般包括两个内容：一方面是首先要正确选择编程原点、根据工艺规划计算各基点或节点的坐标值；另外一方面根据零件图给出的形状、尺寸和公差等直接通过数学方法（如三角、几何与解析几何法等），计算出编程时所需要的有关各基点的坐标值，用直线段或圆弧段去逼近非圆曲线，计算各节点的坐标值。

① 基点的计算。零件的轮廓是由许多不同的几何要素所组成，如直线、圆弧、二次曲线等，不同几何要素之间的连接点称为基点。基点坐标是编程中必需的重要数据，一般计算比较简单。图 4-38（a）所示零件轮廓形状中的 A、B、C、D、E 即为基点。图中各基点坐标的计算，除采用一般几何方法计算外，也可借助 CAD 软件将非常方便。

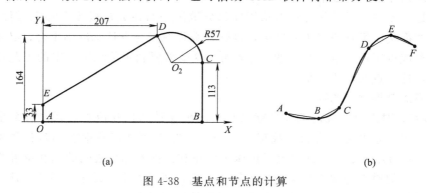

图 4-38 基点和节点的计算

② 节点的计算。数控系统一般只能作直线插补和圆弧插补的切削运动。如果工件轮廓是非圆曲线，数控系统就无法直接实现插补，而需要通过一定的数学处理。数学处理的方法是：用直线段或圆弧段去逼近非圆曲线。

用短小的直线、圆弧小段去逼近非圆曲线时与被逼近曲线的交点称为节点。如图 4-38（b）所示，零件轮廓形状中的 A、B、C、D、E、F 即为节点。这些节点的计算非常复杂，手工编程时计算很烦琐，通常采用自动编程的方法，借助于计算机进行计算。另外，对于一些空间曲面和列表曲面，数学计算更为复杂，通常借助于计算机，使用专门的自动编程软件进行计算。

4.6.3 数控加工工艺文件的形式

数控加工只是机械加工过程的一部分，因此数控加工文件只是在数控加工工序的工序卡片与普通的机械加工工序卡有些不同。不同点主要在工序简图要注明坐标系的原点与对刀点，进行简要的编程说明，如程序编号、刀具补偿半径、切削参数（主轴转速、进给速度、背吃刀量）。另外，还要有数控加工刀具卡片，这是组装、调整刀具的依据，内容包括刀具编号、名称、刀柄规格等。最后根据需要，还要有走刀路线图、机床调整单、数控加工程序等。

① 数控加工工序卡片。数控加工工序卡片是编制数控加工程序的主要依据和操作人员配合数控程序进行数控加工的主要指导性文件。数控加工工序卡片与普通加工工序卡片有许多相似之处，主要包括工步顺序、工步内容、各工步所用刀具及切削用量等。不同的是，在工序简图中应注明工件坐标系的原点与对刀点，进行简要编程说明，如所用机床型号、程序编号、刀具半径补偿以及切削参数（程序中的主轴转速、进给速度、最大背吃刀量或宽度等）的选择。数控加工工序卡片如表 4-11 所示。

表 4-11 数控工序卡片

单位名称		数控加工工序卡片		产品名称		零件名称		零件图号	
工序简图				车间		使用设备			
				工序号		程序编号			
				夹具名称		夹具编号			
				备注					
工步号	工步内容	程序编号	刀具号	刀具类型、规格		主轴转速	进给量	背吃刀量	
编制		审核		批准		共　页		第　页	

② 数控加工刀具卡片。数控刀具卡片是组装刀具和调整刀具的依据，内容包括刀具编号、刀具名称、刀柄型号。它是组装刀具和调整刀具的依据，如表 4-12 所示。

表 4-12 数控刀具卡片

	产品名称			零件名称			零件号	
序号	刀具号		刀具规格名称	数量		加工表面	备注	
编制		审核		批准		共　页	第　页	

习题与思考题

4-1 何谓工艺规程？试简述机械加工艺规程的作用及设计原则。

4-2 切削加工顺序安排的原则是什么？

4-3 什么叫工序集中？什么叫工序分散？各有何特点？

4-4 精、粗定位基准的选择原则分别有哪些？如何理解粗基准不得重复使用？

4-5 影响划分加工阶段的因素有哪些？

4-6 什么叫工序余量？试区别下述有关概念，并用图表示之。

① 公称余量、最大余量、最小余量、平均余量、余量变动量；

② 单边余量、双边余量；

③ 毛坯总余量。

4-7 什么叫时间定额？单件时间定额包括那几方面的内容？

4-8 什么叫工艺成本？工艺成本评比时，如何区分可变费用与不可变费用？试考虑用全年工艺成本或单件工艺成本进行工艺方案比较。

4-9 如图 4-39 所示箱体零件，其工艺路线如下：

① 粗、精刨底面；

② 粗、精刨顶面；

③ 粗、精刨前后两端面；

④ 在卧式镗床上先粗镗、半精镗、精镗大孔，然后将工件准确移动距离，再粗镗、半精镗、精镗小孔。

该零件为中批生产，试分析该工艺路线有无原则性错误，并提出改进方案。

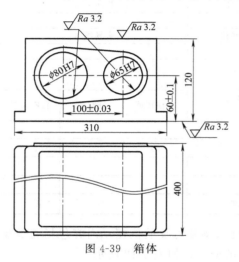

图 4-39 箱体

4-10 试拟定图 4-39 所示零件的工艺路线，并合理选择各工序的定位基准。

4-11 试举例说明工艺尺寸链、封闭环、组成环、增环、减环的概念，以及确定工艺尺寸链中组成环和封闭环的确定原则。

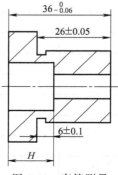

图 4-40 套筒测量

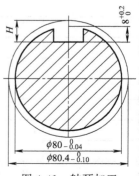

图 4-41 轴颈加工

4-12 加工图 4-40 所示套筒零件，要求保证尺寸 6±0.1mm，由于该尺寸不便测量，只好通过测量尺寸 L 来间接保证。试求测量尺寸 L 及其偏差。并分析是否会产生假废品。

4-13 加工如图 4-41 所示零件，其加工过程为：
① 车外圆至 $\phi 80.4_{-0.10}^{0}$ mm；
② 铣键槽，其深度为 H；
③ 热处理，淬火 55～58HRC；
④ 磨外圆至 $\phi 80_{-0.04}^{0}$ mm，保证 $8_{0}^{+0.20}$ mm。

设车后与磨后外圆同轴度为 $\phi 0.05$，试确定工序尺寸 H 及其偏差。

4-14 如图 4-42 所示零件，加工缺口 B 时要求保证尺寸 $8_{0}^{+0.2}$ mm，若在铣床上采用调整法加工并以左端面定位，试确定此工序的工序尺寸。

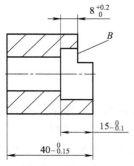

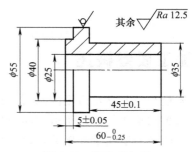

图 4-42 套筒加工　　　　　　　图 4-43 定位套加工

4-15 如图 4-43 所示定位套零件。批量生产时其工艺过程为：① 以工件右端面、外圆定位加工左端端面、外圆及凸肩，保证尺寸 (5±0.05)mm 及右端面余量 1.5mm；② 以左端面、外圆定位加工右端面、外圆、凸肩及内孔，保证尺寸 $60_{-0.25}^{0}$ mm。试标注这两道工序的工序尺寸。

4-16 如图 4-44 所示零件，其加工过程如下：工序 1，铣底平面；工序 2，铣 K 面；工序 3，钻、扩、铰 $\phi 20H8$ 孔，保证尺寸 (125±0.1) mm；工序 4，加工 M 面，保证尺寸 (165±0.3) mm。试求以 K 面定位加工 $\phi 16H7$ 孔的工序尺寸，并分析该定位方案的优劣。

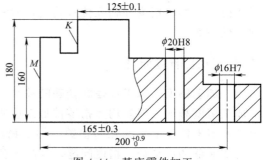

图 4-44 基座零件加工

4-17 数控加工有何特点？安排数控加工工艺规程时要考虑哪些问题？

4-18 何为刀位点？何为对刀点？数控加工对刀的目的？

4-19 试述派生法 CAPP 的方法步骤。

4-20 计算机辅助工艺设计的类型有哪些？各有何特点？

第5章

机械加工质量

5.1 加工质量概述

产品质量是企业立足市场的基石，是企业赖以生存和发展的保证。保证机械产品质量是机械制造人员的首要任务。机械产品质量是指用户对产品的满意程度。它有三层含意：产品设计质量、产品制造质量和服务。以往企业质量管理中，往往只强调制造质量，即产品的制造与设计的符合程度。而现代的质量观，则是站在用户的立场上衡量。设计质量主要反映所设计的产品，与用户（顾客）的期望之间的符合程度。产品的制造质量包括零件的制造质量和产品的装配质量两个方面。目前，组成机械产品的零件大多是由机械加工方法获得的，因此机械加工质量是保证产品质量的重要基础，它将直接影响产品的性能、效率、寿命及可靠性等。

机械加工质量通常包括机械加工精度和加工表面质量两个指标，前者指零件加工后宏观的尺寸精度、形状精度和相互位置精度，后者主要指零件加工后表面的微观几何形状精度和物理机械性能。

5.1.1 加工精度概述

(1) 加工精度、加工误差和公差的关系

加工精度和加工误差均是指零件加工后实际获得几何参数的准确度，它们只是从两个不同角度评定零件加工后的几何参数。加工精度的低和高就是通过加工误差的大和小来表示的。所谓保证和提高加工精度问题，实际上就是限制和降低加工误差的问题。

公差是在零件设计时、由设计人员设定的零件几何参数允许的最大变动范围，也可以看作是零件加工时允许产生的最大误差。即零件几何参数的加工误差不得大于设计人员设计的公差，也可以说其加工精度不得低于设计人员设计的公差对应精度。

加工误差越小，则加工精度越高，反之亦然。所以说，加工误差的大小反映了加工精度的高低。实际加工中由于种种原因，任何加工方法都不可能把零件加工的绝对准确，总会出现这样或那样的加工误差。而且从满足产品使用性能和降低加工成本的角度来看，也没有必要把零件加工的绝对准确，而只要求它在某一规定的范围内变动，制造者的任务就是要使加工误差小于图样上规定的公差。因此，零件存在一定的加工误差是允许的，只要把加工误差控制在零件图上所规定的公差范围内就可以了。

(2) 加工经济精度

加工经济精度是机械加工中常用的一个概念。一个零件从设计到加工都要注意其经济性，因为经济效益是工厂能够发展壮大的重要依据。零件精度等级的高低需要根据使用要求来决定。从这个意义上来说，经济精度就是满足使用要求的最低精度。

一个零件，实际加工能够获得多高的精度取决于众多因素，诸如工艺路线安排、设备和工装选择、工艺参数制定、工人技术水平高低等。精度过高，意味着工艺路线需要精细安排、工艺路线更长、需要的设备和人员更多，需要采用精密的设备和工装，需要较慢的进给速度、加工耗时更长，需要高技术水平的工人，成本投入较大；较低的零件加工精度，其加工成本自然较低。图 5-1 的纵坐标代表了成本，横坐标代表加工误差；C_L 是最低成本线，δ_L 是最小加工误差线，C_L 和 δ_L 是 C-δ 曲线的渐近线。

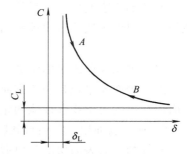

图 5-1 加工误差与成本的关系

从图 5-1 中可以看到成本与加工误差的关系：对某一种加工方法，其加工误差和加工成本有一定的关系，即加工精度越高，成本越高。但上述关系只是在一定范围内才比较明显，有时即使成本提高了很多，但加工误差却减少不多；有时即使工件精度降低很多，但加工成本并不因此降低很多，也必须耗费一定的最低成本。因此，某一加工方法的加工经济精度是指在正常生产条件下（采用符合质量标准的设备、工艺装备和标准技术等级的工人，不延长加工时间）所能保证的加工精度。这种精度相对比较经济，如图 5-1 中曲线的 AB 段就代表某一加工方法的经济精度。

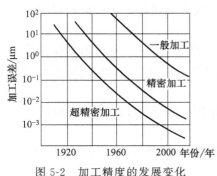

图 5-2 加工精度的发展变化

每一种加工方法的加工经济精度并不是固定不变的，它会随着工艺技术的发展，设备及工艺装备的改进，以及生产管理水平的不断提高而逐渐提高，如图 5-2 所示。

(3) 研究加工精度的目的与方法

研究加工精度的目的在于弄清各种原始误差对加工精度的影响规律，掌握控制加工误差的方法，从而找出减少加工误差、提高加工精度的工艺措施和途径，把加工误差控制在规定的公差范围内。

研究加工精度的方法一般有两种。

① 单因素分析法，即通过分析计算或试验、测试等方法，研究某一确定因素对加工精度的影响。一般不考虑其他因素的同时作用，主要是分析各项误差单独的变化规律。

② 统计分析法，即运用数理统计方法对生产中一批工件的实测结果进行数据处理，用以控制工艺过程的正常进行。当发生质量问题时，可以从中判断误差的性质，找出误差出现的规律，以指导我们解决有关的加工精度问题。统计分析法主要研究各项误差综合的变化规律，一般只适合于大批量生产。

上述两种方法在实际生产中往往结合起来使用。通常先用统计分析法找出误差的出现规律，初步判断产生加工误差的可能原因，然后运用单因素分析法进行分析、试验，以便迅速有效地找出影响加工精度的关键因素。

5.1.2 表面质量概述

任何机械加工所得到的零件表面，实际上都不是完全理想的表面。实践表明，机械零件的破坏，一般总是从表面层开始的。机械零件的表面质量对零件的耐磨性、抗疲劳性以及耐蚀性等影响很大。这表明零件的表面质量是至关重要的，它对产品的质量有很大影响。随着用户对产品质量要求的不断提高，某些零件必须在高速、高温等特殊条件下工作，表面层的任何缺陷都会导致零件失效，因此机械加工表面质量问题显得更加突出和重要。

研究加工表面质量的目的，就是要掌握机械加工中各种工艺因素对加工表面质量影响的规律，以便应用这些规律控制加工过程，最终达到提高加工表面质量、提高产品使用性能的目的。

(1) 加工表面质量的含义

加工表面质量包括两个方面的内容：零件经过机械加工后表面层的微观几何形状误差和表面层金属的力学物理性能和化学性能。

① 加工表面层的几何形状特征。

零件加工后表面层的几何形状可用图 5-3 来描述。

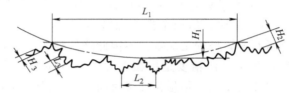

图 5-3 粗糙度和波度之间的关系示意图

a. 表面粗糙度。其波长与波高之比 $L_3/H_3 < 50$ 的称为表面粗糙度，表面粗糙度是加工表面的微观几何形状误差，理论上是刀尖划痕所形成的。

b. 波度。加工表面不平度中波长与波高之比 $L_2/H_2 = 50 \sim 1000$ 的几何形状误差称为波度，它是由机械加工中的振动引起的。其中波长与波高之比 $L_1/H_1 > 1000$ 的属于宏观几何形状误差，如平面度误差、圆度误差、圆柱度误差等。

c. 纹理方向。纹理方向是指表面刀纹的方向，取决于表面形成过程中所采用的机械加工方法。

d. 伤痕。伤痕是在加工表面上一些个别位置上出现的缺陷，如砂眼、气孔、裂痕等。

② 表面层金属的力学物理性能和化学性能。

由于机械加工中力因素和热因素的综合作用，加工表面层金属的力学物理性能和化学性能将发生一定的变化，主要反映在以下几个方面。

a. 表面层金属的冷作硬化。表面层金属硬度的变化用硬化程度和深度两个指标来衡量。机械加工过程中表面层金属产生强烈的塑性变形，使晶格扭曲、畸变，晶粒间产生剪切滑移，晶粒被拉长，这些都会使表面层金属的硬度增加，塑性减小，统称为冷作硬化。在机械加工过程中，工件表面层金属都会有一定程度的冷作硬化，使表面层金属的显微硬度有所提高。一般情况下，硬度层的深度可达 0.05～0.30mm；若采用滚压加工，硬化层的深度可达几毫米。

b. 表面层金属的金相组织变化。机械加工过程中，由于切削热的作用会使在工件的加工区域，温度急剧升高，当温度升高到超过工件材料金相组织变化的临界点时，就会发生金相组织变化。例如在磨削淬火钢件时，由于磨削热的影响会引起淬火钢的马氏体的分解，常出现回火烧伤、退火烧伤等金相组织变化，将严重影响零件的使用性能。

c. 表面层残余应力。机械加工过程中由于切削变形和切削热等因素的作用在工件表面层材料中产生的内应力，称为表面层残余应力。在铸、锻、焊、热处理等加工过程中产生的内应力与这里介绍的表面残余应力的区别在于：前者是在整个工件上平衡的应力，它的重新分布会引起工件的变形；后者则是在加工表面材料中平衡的应力，它的重新分布不会引起工件变形，但它对机器零件表面质量有重要影响。

(2) 表面质量对机器零件使用性能的影响

① 表面质量对耐磨性的影响。

零件的耐磨性不仅与摩擦副的材料、热处理情况和润滑条件有关，而且还与摩擦副表面质量有关。

a. 表面粗糙度对耐磨性的影响。表面粗糙度值大，接触表面的实际压强增大，粗糙不平的凸峰间相互咬合、挤裂，使磨损加剧，表面粗糙度值越大越不耐磨；但表面粗糙度也不能太小，表面太光滑，因为存不住润滑油使接触面间容易发生分子粘接，也会导致磨损加剧。表面粗糙度对耐磨性的影响曲线如图 5-4 所示。表面粗糙度的最佳值与机器零件的工况有关，载荷加大时，磨损曲线向上向右位移，最佳粗糙度值也随之右移。在一定条件下，摩擦副表面总是存在一个最佳表面粗糙度 Ra（为 $0.32\sim 1.25\mu m$），表面粗糙度过大或过小都会使起始磨损量增大。

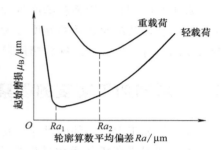

图 5-4　表面粗糙度对耐磨性的影响

b. 表面纹理方向对零件耐磨性影响。在轻载运动副中，摩擦副两个表面的纹路方向与相对运动方向一致时耐磨性好，摩擦副两个表面的纹路方向与相对运动方向垂直时耐磨性差，这是因为摩擦副在相互运动中，切去了妨碍运动的加工痕迹。但在重载时，摩擦副两个表面的纹路方向与相对运动方向一致时却容易发生咬合，磨损量反而大；摩擦副两个表面的纹路方向相互垂直，且运动方向平行于下表面的刀纹方向，磨损量较小。

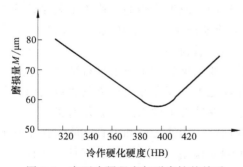

图 5-5　表面冷硬程度与耐磨性的关系

c. 表面层金属的物理机械性能对耐磨性的影响。加工表面冷作硬化一般有利于提高耐磨性，其原因是冷作硬化提高了表面层的显微硬度，但是，并非硬化程度越高耐磨性越好，过度的冷作硬化会使表面层金属组织变的疏松，甚至出现裂纹，降低耐磨性，如图 5-5 所示。

② 表面质量对零件耐疲劳性的影响。

表面粗糙度对零件的疲劳强度影响很大。在交变载荷作用下，表面粗糙度的凹谷部位容易产生应力集中，出现疲劳裂纹，加速疲劳破坏。零件上容易产生应力集中的沟槽、圆角等处的表面粗糙度对疲劳强度的影响更大。图 5-6 表示表面粗糙度对疲劳强度的影响。减小零件的表面粗糙度，可以提高零件的疲劳强度。表面层残余应力对疲劳强度的影响极大，表面层残余压应力有利于提高零件的耐疲劳强度。零件表

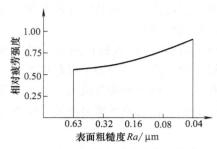

图 5-6 表面粗糙度对耐疲劳性的影响

面存在一定的冷作硬化，可以阻碍表面疲劳裂纹的产生，缓和已有裂纹的扩展有利于提高疲劳强度；但冷作硬化强度过高时，可能会产生较大的脆性裂纹反而降低疲劳强度。所以适度的冷作硬化可以提高零件的疲劳强度。

③ 表面质量对耐腐蚀性的影响。

空气中所含的气体和液体与零件接触时会凝聚在零件表面上使表面腐蚀。零件表面粗糙度越大，加工表面与气体、液体接触面积越大，腐蚀作用就越强烈。加工表面的冷作硬化和残余应力，使表层材料处于高能位状态，有促进腐蚀的作用，一般都会降低零件表面的耐腐蚀性。所以，减小表面粗糙度，控制表面的加工硬化和残余应力，可以提高零件的抗腐蚀性能。

④ 表面质量对配合质量的影响。

对于间隙配合，表面粗糙度越大，磨损越严重，导致配合间隙增大，配合精度降低。对于过盈配合，装配时表面粗糙度较大部分的凸峰会被挤平，使实际的配合过盈量少，降低配合表面的结合强度。因此配合精度要求较高的表面，应具有较小的表面粗糙度。

5.2 影响加工精度的因素及控制

在机械加工中，零件的尺寸、几何形状和表面间相对位置的形成，归结到一点，就是取决于工件和刀具在切削运动过程中相互位置的关系，而工件和刀具，又安装在夹具和机床上，并受到夹具和机床的约束。因此，零件的机械加工是在由机床、夹具、刀具和工件组成的工艺系统中进行的。加工精度的问题也就牵涉到整个工艺系统的精度问题。工艺系统中的种种误差就在不同的具体条件下，以不同的程度和方式反映为加工误差。工艺系统的误差是"因"，是根源；加工误差是"果"，是表现，因此把工艺系统的误差称为原始误差。

工艺系统中凡是能直接引起加工误差的因素都称为原始误差。原始误差的存在，使工艺系统各组成部分之间的位置关系或速度关系偏离了理想状态，致使加工后的零件产生了加工误差。若原始误差是在加工前已存在，即在无切削负荷的情况下检验的，称为工艺系统静误差；若原始误差是在加工过程中存在，即在有切削负荷情况下产生的则称为工艺系统动误差。还有一些原始误差是在加工后存在，我们分类为加工后误差。

在用调整法加工一批零件时，在零件加工前，首先要在夹具和机床上进行装夹，这就会产生由于基准不重合或基准位移形成的定位误差。除此之外，还存在由于夹紧力过大而引起的夹紧误差，这两项原始误差统称为工件的装夹误差。在装夹工件前后，必须对机床、刀具和夹具进行调整，并在试切几个工件后再进行精确微调，才能使工件和刀具之间保持正确的相对位置。由于调整不可能绝对精确，因而就会产生调整误差。另外机床、刀具、夹具本身的制造误差在加工前就已经存在了。有时由于采用了近似的成形方法进行加工，还会造成加工原理误差。综上所述，这类在零件加工之前就已经存在原始误差统称为工艺系统的几何误差。

在零件的加工过程中，由于产生了切削力、切削热和摩擦，它们将引起工艺系统的受力变形、受热变形和磨损，这些都会影响在调整时所获得的工件与刀具之间的相对位置，造成种种加工误差,这类原始误差是在零件的加工过程中出现的,亦叫工艺系统的动误差。

在零件加工后,还必须对工件进行测量,才能确定加工是否合格,工艺系统是否需要重新调整,任何测量方法和量具、量仪也不可能绝对准确,因此测量误差也是零件加工后一项不容忽视的原始误差。此外,工件在毛坯制造(铸造、锻造、焊接、轧制)、切削加工和热处理时的力和热的作用下产生的内应力,将会引起工件变形而产生加工误差。由此,测量误差和内应力引起的变形都属于零件的加工后误差。

最后,为清晰起见,将工件在加工前、中、后工艺系统中可能出现的种种原始误差归纳如下。

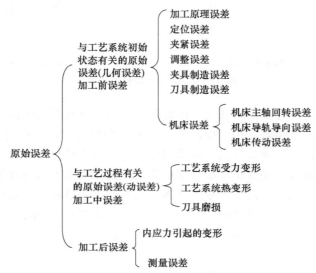

值得指出的是,上述原始误差不一定会同时出现。有时即使出现,可能对加工精度的影响很小,甚至可以忽略不计。因此对原始误差需要结合具体的加工过程作具体分析。例如,外圆车削时就无须考虑加工原理误差和机床传动链误差的影响。

切削加工过程中,由于各种原始误差的影响,会使刀具和工件间的正确几何关系遭到破坏,引起加工误差。通常,各种原始误差的大小和方向是各不相同的,而加工误差则必须在工序尺寸方向上度量。因此,不同的原始误差对加工精度有不同的影响。当原始误差的方向与工序尺寸方向一致时,其对加工精度的影响就最大。为了便于分析原始误差对加工精度的影响,我们把对加工精度影响最大的那个方向(即通过刀刃的加工表面的法向)称为误差的敏感方向。

5.2.1 加工前误差

(1) 加工原理误差

在机械加工中为了获得规定的加工表面,刀具和工件之间必须具有准确的成形运动,将此称为加工原理。加工原理误差是指采用了近似的成形运动或近似的刀具轮廓进行加工而产生的误差。例如,滚齿加工用的滚刀就存在两种原理误差:一是由于制造上的困难,采用阿基米德基本蜗杆或法向直廓基本蜗杆代替渐开线基本蜗杆而产生的齿廓造型误差;二是由于滚刀刀刃数有限,所切出的齿形实际上是一条由微小折线组成的折线面,和理论上的光滑渐开线有差异,这些都会产生加工原理误差,如图 5-7(a)所示。又如用模数铣刀成形铣削齿轮,模数相同而齿数不同的齿轮,齿形参数是不同的。理论上,同一模数,不同齿数的齿轮就要用相应的齿形刀具加工。实际上，为精简刀具数量，常用一把模数铣刀加工某一齿数范围内的齿轮，即采用了近似的刀刃轮廓，同样产生了加工原理误差，如图5-7（b）所示。

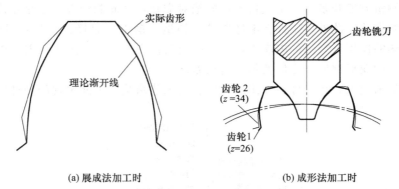

图 5-7　齿轮加工的原理误差

理论上应采用理想的加工原理和完全准确的成形运动以获得精确的零件表面。但实际上完全精确的加工原理常常很难实现。即使能采用准确的加工原理，有时会使加工效率很低；有时会使机床或刀具的结构极为复杂，制造困难；有时由于结构环节多，造成机床传动中的误差增加，或使机床刚度和制造精度很难保证等。因此，采用近似的加工原理以获得较高的加工精度是保证加工质量和提高生产率和经济性的有效工艺措施，只要其误差不超过规定的精度要求（一般原理误差应小于10%～15%工件的公差值），在生产中仍能得到广泛的应用。不过在精加工场合，对原理误差需要进行分析计算。

（2）装夹误差

装夹误差包括定位误差和夹紧误差两部分。

① 因定位不准确而引起的误差称为定位误差。定位误差包括基准不重合误差和由于定位副制造不准确造成的基准位移误差。这部分内容将在机床夹具设计章节讲解。

② 工件或夹具刚度过低或夹紧力作用方向、作用点选择不当，都会使工件或夹具产生变形，造成加工误差。例如，用三爪自定心卡盘装夹薄壁套筒镗孔时，夹紧前薄壁套筒的内外圆是圆的，夹紧后工件呈三棱圆形；镗孔后，内孔呈圆形；但松开三爪卡盘后，外圆弹性恢复为圆形，所加工孔变成为三棱圆形，使镗孔孔径产生加工误差。为减少由此引起的加工误差，可在薄壁套筒外面套上一个开口薄壁过渡环，使夹紧力沿工件圆周均匀分布。

（3）调整误差

在机械加工的每一个工序中，总是要对工艺系统进行这样或那样的调整，由于调整不可能绝对地准确，因而产生调整误差。

工艺系统的调整有两种基本方式，不同的调整方式有不同的误差来源。

① 试切法调整。

单件、小批量生产中普遍采用试切法加工。加工时先在工件上试切，根据测得的尺寸与要求尺寸的差值，用进给机构调整刀具与工件的相对位置，然后再进行试切、测量、调整、直至符合规定的尺寸要求时，再正式切削出整个待加工表面。显然，这时引起调整误差的因素是：

a. 测量误差。指量具本身的精度、测量方法或使用条件下的误差（如温度影响、操作者的细心程度等），它们都影响调整精度，因而产生加工误差。

b. 机床进给机构的位移误差。当试切最后一刀时，往往要按照刻度盘的显示值来微量调整刀架的进给量，这时常会出现进给机构的"爬行"现象，结果使得刀具的实际位移与刻度盘显示值不一致，造成加工误差。

c. 试切时与正式切削时切削层厚度不同的影响。不同材料的刀具的刃口半径是不同的，也就是说，切削加工中刀刃所能切除的最小切削层厚度是有一定限度的。切削厚度过小时，刀刃就会在切削表面上打滑，切不下金属。精加工时，试切的最后一刀往往很薄，而正式切削时的切削深度一般要大于试切部分，所以与试切时的最后一刀相比，刀刃不容易打滑，实际切深就大一些，因此工件尺寸就与试切部分不同；粗加工时，试切的最后一刀切削层厚度还比较大，刀刃不会打滑，但正式切削时切深更大，受力变形也大得多，因此正式切削时切除的金属层厚度就会比试切部分小一些，故同样引起工件的尺寸误差。

② 调整法。

在成批、大量生产中，广泛采用试切法（或样件样板）预先调整好刀具与工件的相对位置，并在一批零件的加工过程中保持这种相对位置不变来获得所要求的零件尺寸。与采用样件（或样板）调整相比，采用试切调整比较符合实际加工情况，故可得到较高的加工精度，但调整费时。因此实际使用时可先根据样件或样板进行初调，然后试切若干工件，再据之作精确微调。这样既缩短了调整时间，又可得到较高的加工精度。

由于采用调整法对工艺系统进行调整时，也要以试切为依据，因此上述影响试切法调整精度的因素，同样也对调整法有影响。此外，影响调整精度的因素还有以下几种。

a. 定程机构误差。在大批大量生产中广泛采用行程挡块、靠模、凸轮等机构保证加工尺寸。这时候，这些定程机构的制造精度和调整，以及与它们配合使用的离合器、电气开关、控制阀等的灵敏度就成为调整误差的主要来源。

b. 样件或样板的误差。包括样件或样板的制造误差、安装误差和对刀误差。这些也是影响调整精度的重要因素。

c. 测量有限试件造成的误差。工艺系统初调好以后，一般都要试切几个工件，并以其平均尺寸作为判断调整是否准确的依据。由于试切加工的工件数即抽样件数不可能太多，因此不能把整批工件切削过程中各种随机误差完全反映出来。故试切加工几个工件的平均尺寸与总体尺寸不可能完全符合，因而造成误差。

(4) 夹具的制造误差

夹具的制造误差主要是指以下几种误差。

① 定位元件、刀具导向元件、分度机构、夹具体等的制造误差。

② 夹具装配后，以上各元件工作表面间的相对尺寸误差。

③ 夹具在使用过程中工作表面的磨损。

夹具的作用是使工件相对于刀具和机床占有正确的位置，夹具的几何误差对工件的加工精度（特别是位置精度）有很大影响。在图 5-8 所示钻床夹具中，影响工件孔轴线 a 与底面 B 间尺寸 L 和平行度的因素有：钻套轴线 f 与夹具定位元件支承面 c 间的距离和平行度误差；夹具定位元件支承面 c 与夹具体底面 d 的垂直度误差；钻套孔的直径误差等。

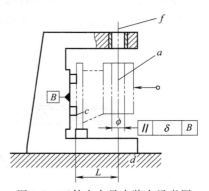

图 5-8　工件在卡具中装夹示意图

在设计夹具时，凡是影响工件精度的尺寸应严格控制其制造误差，精加工用夹具一般可取工件上相应尺寸和位置公差的 1/2～1/3，粗加工用夹具则可取为 1/5～1/10。

夹具元件磨损将使夹具的误差增大。为保证工件加工精度，夹具中的定位元件、导向元件、对刀元件等关键易损元件均需选用高性能耐磨材料制造。

(5) 刀具的制造误差

刀具误差对加工精度的影响，根据刀具的种类不同而异。

① 采用定尺寸刀具（如钻头、铰刀、键槽铣刀、镗刀块及圆拉刀等）加工时，刀具的尺寸精度直接影响工件的尺寸精度。

② 采用成形刀具（如成形车刀、成形铣刀、成形砂轮等）加工时，刀具的形状精度将直接影响工件的形状精度。

③ 展成刀具（如齿轮滚刀、花键滚刀、插齿刀等）的刀刃形状必须是加工表面的共轭曲线。此外，刀刃的形状误差会影响加工表面的形状精度。

④ 对于一般刀具（如车刀、镗刀、铣刀），其制造精度对加工精度无直接影响，但这类刀具的耐用度较低，刀具容易磨损。

(6) 机床误差

加工中，刀具相对于工件的成形运动，通常都是通过机床来完成的。工件的加工精度在很大程度上取决于机床的精度。机床的误差包括机床的制造误差、安装误差和磨损等。机床误差的项目很多，这里着重分析对工件加工精度影响较大的主轴回转误差、导轨误差和传动链误差。

① 机床主轴的回转误差。

机床主轴是用来装夹工件或刀具并传递切削运动和动力的重要零件，它的回转精度是机床主要精度指标之一，主要影响零件加工表面的几何形状精度、相互位置精度和表面粗糙度。

为了保证加工精度，机床主轴回转时，其回转轴线的空间位置应当固定不变，但实际上由于主轴部件在制造、装配、使用过程中的种种因素影响，主轴在每一瞬间回转轴线的空间位置都是变动的。即存在着回转误差。主轴回转误差是指主轴实际回转轴线相对其理想回转轴线（一般用平均回转轴线来代替）的偏离程度。

a. 主轴回转误差的基本形式。为便于分析，主轴回转误差可以分解为三种基本形式：纯径向圆跳动、纯轴向窜动和纯角向摆动。

纯径向圆跳动是主轴回转轴线相对于平均回转轴线在径向的变动量。如图 5-9 (a) 所示，车外圆时，它使加工面产生圆度和圆柱度误差。纯轴向窜动是指主轴回转轴线沿平均回

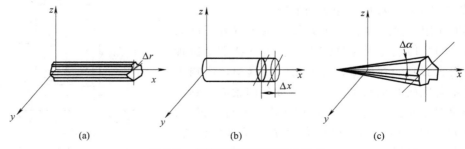

图 5-9 主轴回转的三种基本形式

转轴线方向的变动量。车端面时，它使工件端面产生垂直度、平面度误差，如图 5-9（b）所示。纯角向摆动是指主轴回转轴线相对于平均回转轴线成一倾斜角度的运动。车削时，它使加工表面产生圆柱度误差和端面的形状误差，如图 5-9（c）所示。

b. 主轴回转误差对加工精度的影响。主轴纯径向圆跳动会使工件产生圆度误差。

如图 5-10 所示，在镗床上镗孔时，设主轴在任一截面上，其回转时的纯径向圆跳动使主轴实际轴线在 y 坐标方向上作简谐直线运动，当镗刀回转进行镗孔到某一时刻（$\phi=\varphi$），镗刀从位置 1（$\phi=0$）绕实际回转中心转到 $1'$，而实际回转中心 O_1 偏离平均回转中心 O_m 的距离 $h=A\cos\varphi$。式中，A 为径向误差的幅值，φ 为主轴转角，如图 5-10 所示。由于在任一时刻，刀尖到主轴的实际回转中心 O_1 的距离 R 是一定值，故刀尖轨迹的垂直分量和水平分量为：

$$Z=R\sin\varphi$$
$$Y=h+R\cos\varphi=(A+R)\cos\varphi$$

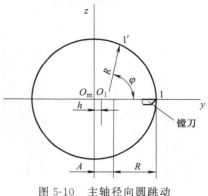

图 5-10 主轴径向圆跳动对镗孔精度的影响

这是一个椭圆方程，说明镗刀镗出的孔是椭圆形的，其圆度误差为 A。

车削时，主轴纯径向圆跳动对工件的圆度误差影响很小，车出的工件表面接近于一个真圆，但由于该误差方向是误差敏感方向，故一般精密车床的主轴径向圆跳动误差应控制在 5um 以内。

主轴纯轴向窜动对内外圆柱面的加工没有影响，但在车床上车端面时，会使车出的工件端面与圆柱面不垂直，见图 5-11（a）。当加工螺纹时，主轴的轴向窜动将使导程产生周期误差，见图 5-11（b）。故精密车床主轴的轴向窜动误差控制在 $2\sim3\mu m$ 内，甚至更严。

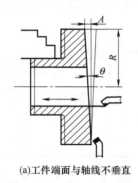
(a)工件端面与轴线不垂直

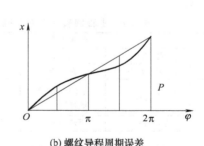
(b)螺纹导程周期误差

图 5-11 主轴轴向窜动对加工的影响

主轴轴线的纯角度摆动有以下两种情形。

情形 1：主轴在绕其轴线自转的同时，其轴线在某一平面内，在平均轴线附近作纯角度摆动。如果摆动频率与主轴回转频率相一致，在垂直于平均轴线的截面内，相当于几何轴心绕平均回转轴心作简谐直线运动。由前面分析可知，车削外圆表面仍是一个圆，就整体而言车削出来的工件是一个圆柱，其半径等于刀尖到平均轴线的距离，如图 5-12（a）所示。而在刀具回转镗孔时，在垂直于主轴平均轴线的各个截面内都形成椭圆，就工件内表面整体来说，镗削出来的是一个椭圆柱孔，如图 5-12（b）所示。如果是刀具主轴送进镗孔，在各个截面内椭圆的长轴将是变化的。

情形2：主轴在绕其轴线自转的同时，又绕其平均轴线沿圆锥轨迹公转。此时，几何轴线相对于平均轴线在空间形成一个圆锥轨迹。如果沿平均轴线与之垂直的各个截面看，等于几何轴心绕平均回转轴心作圆周运动，只是各截面内的圆周回转半径不同而已。在此种情况下，无论车削或镗削都能得到一个正圆柱，如图5-13所示。

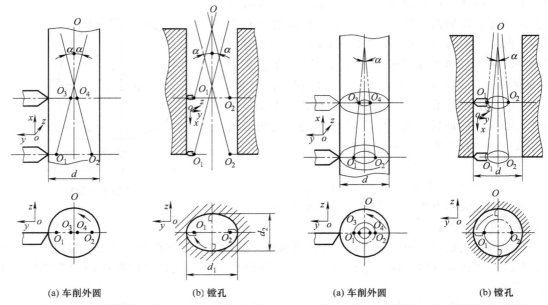

图 5-12　主轴纯角度摆动的第一种情况　　　　图 5-13　主轴纯角度摆动的第二种情况

由上分析可以看出，不同形式的主轴回转误差对加工精度的影响是不同的；同一类型的主轴回转误差在不同的加工方式中造成的影响也不同。表5-1中列出了主轴回转误差对车削和镗削加工的影响。

表 5-1　主轴回转误差对车削和镗削加工误差的影响

主轴回转误差的基本形式	车床上车削			镗床上镗削	
	内、外圆	端面	螺纹	孔	端面
纯径向跳动	影响极小	无影响	无影响	圆度误差	无影响
纯轴向窜动	无影响	平面度误差 垂直度误差	螺距误差	无影响	平面度误差 垂直度误差
纯角度摆动	影响极小	影响极小	螺距误差	圆柱度误差	平面度误差

c. 影响主轴回转精度的主要因素。轴承误差、轴承间隙、与轴承相配合零件的误差、主轴系统的径向不等刚度和热变形等均影响主轴的回转精度。

精度要求较高的机床主轴常采用滑动轴承结构，主轴以轴径在轴承孔内旋转，主轴颈和主轴内孔的圆度误差和波度，将使主轴回转轴线产生径向圆跳动。但其对加工精度的影响还与加工方法有关，对于不同机床，其影响是不同的。对于工件回转类机床（如车床、磨床），由于切削力方向大体不变，主轴颈以不同的部位和轴承内孔的某一固定部位相接触，影响主轴回转精度的主要是主轴颈的圆度和波度，轴承孔的形状误差影响较小，如图5-14（a）所示。对于刀具回转类机床（如镗床），由于切削力方向随主轴的回转而回转，主轴颈在切削力作用下总是以某一固定部位与轴承内表面的不同部位接触，因此，轴承孔的圆度对主轴回转精度影响较大,而主轴颈本身的圆度影响较小,如图 5-14(b)所示。

大部分机床主轴部件均采用滚动轴承结构,因为滚动轴承在很大的转速和载荷范围内能够满足主轴的回转精度,振动状况和工作温度方面的要求,而且润滑费用少,价格低,因而得到广泛的应用。滚动轴承的内、外滚道的圆度误差、滚道相对于轴承内孔的偏心及滚动体的形状误差和直径误差,都会使主轴回转轴线产生径向

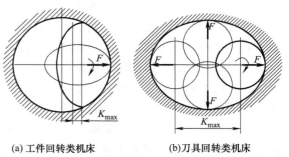

(a) 工件回转类机床　　(b) 刀具回转类机床

图 5-14　主轴采用滑动轴承的径向圆跳动

圆跳动,但这种误差值是部分复映到被加工表面上,这是由于主轴承受载荷时,滚道和滚动体的变形将部分补偿滚道、滚动体形状误差和尺寸不均的影响。

与滑动轴承一样,对于不同的机床,滚道形状误差的影响是不同的。对于车床类机床来说,由于轴承承载区位置基本上不变,故滚动轴承内环滚道的圆度是影响主轴回转精度的主要因素。而对于镗床类机床,由于轴承承载区位置是不断变化的,滚动轴承外环滚道的圆度是影响主轴回转精度的主要因素。

滚动轴承滚动体的尺寸误差会引起主轴回转的径向窜动。当最大的滚动体通过承载区一次,就会使主轴发生一次最大的径向圆跳动。

另外,推力轴承滚道的端面圆跳动会造成主轴的轴向窜动,对于一些同时承受径向和轴向载荷的轴承(如角接触轴承)。其内外环滚道的倾斜既会引起主轴轴向窜动,又会引起径向圆跳动,从而产生加工面的误差。

轴承间隙的影响:轴承间隙对主轴回转精度影响很大也较复杂。它除使主轴在外力作用下发生静位移外,还可能使主轴回转轴线产生复杂的周期运动,造成主轴回转误差。

配合零件和装配质量的影响:安装滚动轴承的主轴轴颈,其尺寸和形状误差必须严格控制,其精度不应低于轴承的相应精度。因为轴承内环是一个薄壁零件,当轴颈不圆时,会导致内环滚道产生变形,破坏了滚动轴承原有的精度,造成主轴回转误差。同理,轴承外环装到箱体的内孔中时,若内孔不圆,也会引起外环滚道的变形,使轴承精度下降,造成主轴回转误差。

装配时,主轴前后轴颈之间,箱体前后轴承孔之间的同轴度误差,将会使轴承内外环滚道相对倾斜,从而引起主轴的径向圆跳动和端面圆跳动。此外,调节螺母、过渡套、垫圈和轴肩等的端面相对于主轴不垂直,也会使轴承装配时受力不均,造成滚道变形,从而引起主轴回转误差。

另外,主轴的转速范围、主轴系统的径向不等刚度及热变形等也是影响主轴回转精度的因素。

d. 提高主轴回转精度的措施。通常采用的措施有以下几种。

设计和制造高精度的主轴部件:获得高精度主轴部件的关键在于提高轴承精度。精度高的机床可采用高精度的滚道轴承,精密机床主轴可采用高精度的多油楔动压轴承和静压轴承。在主轴部件的制造中,注意提高主轴轴颈、箱体支承孔及与轴承相配合零件有关表面的加工精度。在主轴部件的装配中,可通过调整轴承的径向圆跳动,使其误差相互补偿或抵消,以提高主轴回转精度。

对滚动轴承进行预紧：对于精密机床，一般都采取轴承预加载荷的方法来消除其间隙，甚至造成一定的过盈，实质上也就是通过提高轴承刚度来提高回转精度。当然，预加载荷的大小必须严格控制，当其超过某一限度后，进一步增加过盈，对回转精度作用不明显，反而会使轴承工作时发热，降低加工精度。

使回转精度不依赖于主轴：直接保证工件在加工过程中的回转精度而不依赖于主轴，是保证工件形状精度的最简单而又有效的方法。这也是生产中常采用的办法，即工件的回转成形运动不是靠机床主轴的回转运动来实现，而是靠工件的定位基准或被加工面本身与夹具定位元件组成的回转运动副来实现。例如，图 5-15（a）采用死顶尖磨外圆，理论上讲，回转轴线是固定不变的，可加工出高精度的外圆。工件采用两个固定顶尖支承，主轴只起传动作用，工件的回转精度完全取决于顶尖和中心孔的形状误差和同轴度误差，提高顶尖和中心孔的精度要比提高主轴部件的精度容易且经济的多。又如：图 5-15（b）在镗床上加工箱体类零件上的孔时，可采用前、后导向套的镗模，刀杆与主轴浮动连接，所以刀杆的回转精度与机床主轴的回转精度也无关，仅由刀杆和导套的配合质量决定。

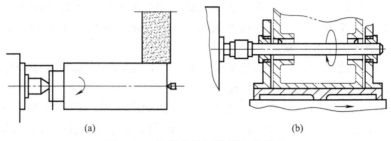

图 5-15　提高主轴回转精度的措施

② 机床导轨误差。

机床导轨是机床中确定某些主要部件相对位置的基准，也是运动基准。机床导轨的导向精度是指导轨副的运动件实际运动方向与理想运动方向的符合程度。两者之间的偏离范围称为导向误差。机床导轨的导向精度是成形运动精度和工件加工精度的保证。由于导轨副的制造误差、安装误差、配合间隙以及磨损等因素的影响，会使导轨产生导向误差。在机床的精度标准中，直线导轨的导向精度一般包括：导轨在水平面内的直线度（弯曲）、在垂直面内的直线度（弯曲）、前后导轨的平行度（扭曲）以及导轨对主轴回转轴线的平行度（或垂直度）等。

对于不同的加工方法和加工对象，导轨误差所引起的加工误差也不相同。在分析时，重点考虑导轨误差引起刀具与工件在误差敏感方向的相对位移。下面以车床为例，分析导轨误差对加工精度的影响。

a. 导轨在水平面内的直线度误差会使被加工的工件产生鼓形或鞍形。当导轨在水平面内如图 5-16（a）所示向后凸，纵向车削圆柱面时会使工件产生如图 5-16（b）的"鞍形"误差。同理可知，如果导轨在水平面内向"前凸"，纵向车削圆柱面时会使工件产生"鼓形"误差。如果导轨在水平面内的直线度误差为 ΔY，则由此引起的工件半径误差 $\Delta R = \Delta Y$，如图 5-16（c）所示。可见导轨在水平面内的直线度误差对加工精度的影响很大。

b. 导轨在垂直平面内的直线度误差对工件加工的影响。假设导轨由于受力变形造成导轨在垂直平面内出现如图 5-17（a）的"上凸"，将导致车刀刀尖沿切线向上偏移 ΔZ，则工

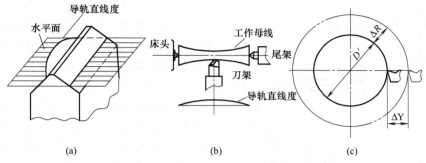

图 5-16 水平面内导轨直线度引起的加工误差

件的半径将由 R 增致 R'，其增加量为 ΔR，如图 5-17（b）所示。

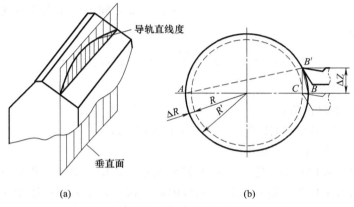

图 5-17 垂直面内导轨直线度引起的加工误差

由图 5-17（b）可知：

$$\frac{\overline{BC}}{\overline{B'C}} = \frac{\overline{B'C}}{\overline{AC}} \quad 即：\frac{\Delta R}{\Delta Z} = \frac{\Delta Z}{(2R+\Delta R)}$$

由于 ΔR 很小，忽略 ΔR^2 则有：

$$\Delta R = \frac{\Delta Z^2}{2R} \tag{5-1}$$

对比图 5-16 和图 5-17 所示情况后发现，同样大小的原始误差在不同方向所引起的加工误差是不等的。当原始误差出现在加工表面的法线方向时，引起的加工误差最大。为此就把加工表面的法线方向称为误差敏感方向。对一般方向上的原始误差，可将由它引起的加工误差向误差敏感方向投影，并只考虑该投影对加工精度的影响。

c. 车床前后导轨之间的扭曲，会使刀尖相对工件产生偏移，如图 5-18 所示。

设车床中心高为 H，导轨宽度为 B，则导轨扭曲量 Δ 引起的刀尖在工件径向的变化量为：

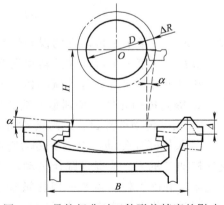

图 5-18 导轨扭曲对工件形状精度的影响

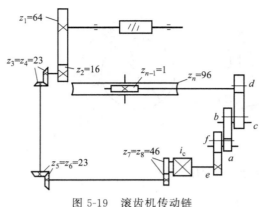

图 5-19 滚齿机传动链

$$\Delta R \approx \Delta y = \Delta H/B \quad (5\text{-}2)$$

该误差将使工件产生圆柱度误差。由于一般车床 $H/B \approx 2/3$，外圆磨床 $H/B=1$，导轨扭曲引起的加工误差还是较大的。

③ 机床传动链误差。

机床传动链误差是指内联传动链首末两端传动件间相对运动的误差，它主要影响诸如螺纹加工、按展成法加工齿形时的加工精度。

图 5-19 所示为某滚齿机的传动系统简图。当用单头滚刀加工直齿轮时，要求滚刀转一转，工件转过一个齿。这种运动关系是靠从滚刀到工件之间的一条内联传动链来保证的。

其传动关系为

$$\phi_n(\phi_g) = \phi_d \times \frac{64}{16} \times \frac{23}{23} \times \frac{23}{23} \times \frac{46}{46} \times i_c i_f \times \frac{1}{96} \quad (5\text{-}3)$$

式中　$\phi_n(\phi_g)$——工件转角；

　　　ϕ_d——滚刀转角；

　　　i_c——差动轮系的传动比，在滚切直齿时，$i_c=1$；

　　　i_f——分度挂轮传动比。

传动链传动误差可用传动链末端元件的转角误差来衡量。由于各传动件在传动链中所处的位置不同，它们对工件加工精度（即末端件的转角误差）的影响程度也不同。假设滚刀轴均匀旋转，若齿轮 z_1 有转角误差为 $\Delta\phi_1$，而其他各传动件无误差，则传到末端件（第 n 个传动元件）上所产生的转角误差为：

$$\Delta\phi_{1n} = \Delta\phi_1 \times \frac{64}{16} \times \frac{23}{23} \times \frac{23}{23} \times \frac{46}{46} \times i_c i_f \times \frac{1}{96} = k_1 \Delta\phi_1 \quad (5\text{-}4)$$

式中　k_1——z_1 到末端件的传动比。

由于 k_1 反映了 z_1 的转角误差对末端元件传动精度的影响，故又称为误差传递系数。

由于所有的传动件都存在误差，因此，各传动件对工件精度影响的总和 $\Delta\phi_\Sigma$ 为各传动元件所引起末端元件转角误差的叠加：

$$\Delta\phi_\Sigma = \sum_{j=1}^n \Delta\phi_{jn} = \sum_{j=1}^n k_j \Delta\phi_j \quad (5\text{-}5)$$

式中　k_j——第 j 个传动件的误差传递系数；

　　　$\Delta\phi_j$——第 j 个传动件的转角误差。

从以上分析可知，为了减小传动误差，可采取以下措施。

a. 提高传动元件，特别是末端件的制造精度和装配精度。

b. 减少传动件数目，缩短传动链。

c. 采用降速传动，以减少传动链中各传动元件对末端元件转角误差的影响。对于螺纹或丝杠加工机床，为保证降速传动，机床传动丝杠的导程应大于工件螺纹导程；对于齿轮加工机床，分度涡轮的齿数一般比被加工齿轮的齿数多，目的也是为了得到很大的降速传动比。同时，传动链中个传动副传动比应按越接近末端的传动副，其降速比越小的原则分配，这样有利于减少传动误差。

d. 采用误差校正装置。由于传动链误差是一个矢量,通过误差校正装置,在原传动链中人为地加入一个补偿误差,其大小与机床传动误差相等,但方向相反,以抵消传动链本身的误差。在精密螺纹加工机床上都有此校正装置。采用机械式的校正装置只能校正机床静态的传动误差。如果要校正机床静态及动态传动误差,则需采用计算机控制的传动误差补偿装置。

5.2.2 加工中误差

在机械加工之前,与工艺系统初始状态有关的原始误差(也叫几何误差)会引起工件产生加工误差。除此之外,在机械加工过程中,工艺系统在切削力、传动力、惯性力、夹紧力以及重力等外力作用下会产生相应的弹性变形和塑性变形,破坏刀具和工件之间的正确位置关系,使工件产生几何形状误差和尺寸误差;工艺系统的热变形、刀具的磨损也会引起工件产生加工误差。

(1) 工艺系统的受力变形对加工精度的影响

① 工艺系统的刚度。

刚度的一般定义是作用力与由它所引起的在作用力方向上的变形量的比值。将此定义引入工艺系统,并注意误差敏感方向的受力变形,工艺系统的刚度 k_{xt} 可定义为:切削力在加工表面法线方向的分力 F_p 与在总切削力作用下产生的沿法向的变形 y_{xt} 的比值,即:

$$k_{xt} = F_p / y_{xt} \tag{5-6}$$

工艺系统在切削力作用下,机床的有关部件、夹具、刀具和工件都会产生不同程度的变形,导致刀具和工件在法线方向的相对位置发生变化,从而产生加工误差。工艺系统在某一处的法向总变形 y_{xt} 是各个组成部分在同一处的法向变形的叠加,即:

$$y_{xt} = y_{jc} + y_{jj} + y_{dj} + y_{gj} \tag{5-7}$$

式中 y_{jc}, y_{jj}, y_{dj}, y_{gj}——机床、夹具、刀具、工件的受力变形。

由式(5-6)可知,工艺系统在法向力 F_p 作用下,工艺系统各部分的变形量如下。

$$y_{xt} = F_p/k_{xt}, \; y_{jc} = F_p/k_{jc}, \; y_{jj} = F_p/k_{jj}, \; y_{dj} = F_p/k_{dj}, \; y_{gj} = F_p/k_{gj}$$

代入式(5-7),整理后可得出工艺系统刚度的一般式为:

$$\frac{1}{k_{xt}} = \frac{1}{k_{jc}} + \frac{1}{k_{jj}} + \frac{1}{k_{dj}} + \frac{1}{k_{gj}} \tag{5-8}$$

② 工艺系统刚度对加工精度的影响

a. 车削加工变形量计算。工艺系统刚度除受各个组成部分的刚度影响之外,还会随着受力点位置变化而变化。现以图 5-20 所示车床顶尖间加工光轴为例来分析说明。

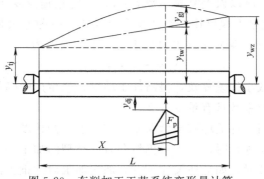

图 5-20 车削加工工艺系统变形量计算

如图 5-20 所示，工件在背向力 F_p 作用下，刀架产生的变形量为 y_{dj}；由头架变形量 y_{tj} 和尾座变形量 y_{wz} 共同作用，导致工件中心线产生的变形量为 y_{tw}；y_{gj} 是工件受背向力产生的挠曲变形量。根据式（5-6）则有：

$$y_{dj} = F_p/k_{dj} ; \quad y_{tj} = \frac{(L-x)F_p}{Lk_{tj}} ; \quad y_{wz} = \frac{xF_p}{Lk_{wz}} \tag{5-9}$$

根据图 5-20 中几何关系可知：

$$y_{tw} = y_{tj} + \frac{x}{L}(y_{wz} - y_{tj}) = \frac{L-x}{L}y_{tj} + \frac{x}{L}y_{wz} = \frac{(L-x)^2 F_p}{L^2 k_{tj}} + \frac{x^2 F_p}{L^2 k_{wz}} \tag{5-10}$$

根据材料力学关于简支梁变形的计算公式，切削点处工件的变形量为：

$$y_{gj} = \frac{(L-x)^2 x^2 F_p}{3EIL} \tag{5-11}$$

则工艺系统在 x 处的总变形量为：

$$y(x) = y_{dj} + y_{tw} + y_{gj} = F_p \left[\frac{1}{k_{dj}} + \frac{1}{k_{tj}}\left(\frac{L-x}{L}\right)^2 + \frac{1}{k_{wz}}\left(\frac{x}{L}\right)^2 + \frac{(L-x)^2 x^2}{3EIL} \right] \tag{5-12}$$

由式（5-12）可知，$y(x)$ 是 x 的二次函数，沿工件长度方向上各截面的变形量不同，这就导致了工件加工后不仅会产生尺寸误差，同时还会产生形状误差。

b. 误差复映现象。如图 5-21 所示，车削一椭圆截面的短轴（假设毛坯材料硬度均匀），加工时根据设定的尺寸（双点画线圆的位置）调整刀具的切削深度 a_p。显然工件每转一圈，切削深度发生变化，引起切削力大小变化。由于 $a_{p1} > a_{p2}$，则 $F_{p1} > F_{p2}$，引起的工艺系统变形 $y_1 > y_2$。车削后的工件仍呈椭圆形。由此可知，当车削具有圆度误差 $\Delta_m = a_{p1} - a_{p2}$ 的毛坯时，由于工艺系统受力变形，使工件产生相应的圆度误差 $\Delta_w = y_1 - y_2$。这种毛坯误差以一定

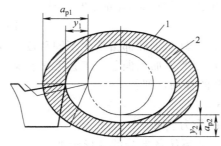

图 5-21 毛坯形状误差的复映

程度反映在工件上的现象称为"误差复映"。

为了衡量误差复映程度，引入误差复映系数 ε：

$$\varepsilon = \Delta_w/\Delta_m \tag{5-13}$$

式中 Δ_w——工件加工后的形状误差值；

Δ_m——工件加工前的形状误差值。

Δ_w 通常远小于 Δ_m，所以误差复映系数 $\varepsilon < 1$，它定量地反映了毛坯误差经加工之后的减小程度。ε 与工艺系统刚度成反比。为减少误差复映，一种方法是提高工艺系统刚度，另一种方法是增加走刀次数。经过 n 次走刀加工后，工件误差为：

$$\Delta_w = \varepsilon_1 \varepsilon_2 \cdots \varepsilon_n \Delta_m$$

增加走刀次数，可减小误差复映，提高加工精度，但生产率降低了。因此，提高工艺系统刚度，对减小误差复映系数具有重要意义。

由以上分析可知，当工件毛坯有形状误差（如圆度、圆柱度、直线度等）或相互位置误差（如偏心、径向圆跳动等）时，加工后仍然会有同类型的加工误差出现。在成批大量生产中用调整法加工一批工件时，如毛坯尺寸不一，那么加工后这批工件仍有尺寸不一的误差。

毛坯硬度不均匀，同样会造成加工误差。在采用调整法成批生产情况下，控制毛坯材料

硬度的均匀性也是很重要的。

③ 夹紧力、惯性力和重力引起的变形对加工精度的影响。

a. 夹紧力引起的加工误差。工件在装夹过程中，由于刚度较低或夹紧力着力点位置不当，都会引起工件的变形，造成加工误差。特别是薄壁套、薄板等零件，易于产生加工误差。见图 5-22 所示薄壁套，在夹紧前内外圆都是正圆形。由于夹紧不当，夹紧后套筒呈三棱形，见图 5-22（a）。镗孔后内孔呈正圆形，见图 5-22（b）。松开卡爪后内孔又变为三棱形，见图 5-22（c）。为减小夹紧变形，采用如图 5-22（d）的开口过渡环或如图 5-22（e）所示的专用卡爪可使夹紧力均匀分布，减少夹紧变形。

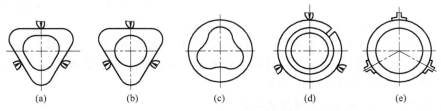

图 5-22　夹紧力引起的误差

b. 惯性力引起的加工误差。在高速切削过程中，工艺系统中如果存在高速旋转的不平衡构件，就会产生离心力，它在误差敏感方向的分力大小随构件的转角变化呈周期性的变化，由它所引起的变形也相应地变化，而造成工件的径向圆跳动误差。为减小惯性力的影响，可在工件与夹具不平衡质量对称的方位配置一平衡块，使两者的离心力互相抵消。必要时还可适当降低转速，以减小离心力的影响。

c. 机床部件和工件本身重力引起的加工误差。在工艺系统中，由于零部件的自重也会产生变形，如大型立车、龙门铣床、龙门刨床的刀架横梁等。由于主轴箱或刀架的重力而产生变形，摇臂钻床的摇臂在主轴箱自重的影响下产生变形，造成主轴轴线与工作台不垂直，铣镗床镗杆伸长而下垂变形等，它们都会造成加工误差。

对于大型工件的加工（如磨削床身导轨面），工件自重引起的变形有时成为产生加工形状误差的主要原因，因此在实际生产中，装夹大型工件时，恰当地布置支承可减小工件自重引起的变形，从而减小加工误差。

④ 减小工艺系统受力变形的途径。

减小工艺系统受力变形是保证加工精度的有效途径之一。由工艺系统刚度表达式可知，减小工艺系统变形的途径有提高工艺系统刚度和减小切削力及其变化两个方面，根据生产实际情况，可采取以下措施。

a. 合理的结构设计，以提高工艺系统的刚度。在设计工艺装备时，除应合理选择零件结构和截面形状外，还应尽量减少连接面的数量，并注意各部分刚度匹配。

b. 提高接触刚度。机床部件刚度远比我们想象的要小，关键是连接面的接触刚度在作怪。所以提高接触刚度是提高工艺系统刚度的关键。常用的方法有：改善工艺系统主要零件接触面的配合质量；给机床部件预加载荷，如对轴承进行预紧、滚珠丝杠螺母副的调整等。比如：在 CA6140 型车床主轴组件中就设有轴承预紧装置，可使轴承径向间隙减小并预紧，以提高主轴组件的刚度。

c. 采用合理的装夹方式和加工方式，提高工艺系统刚度。如车削细长轴时，采用中心架或跟刀架增加支承，以提高工件的刚度；采用反向车削细长轴，使工件由原来的轴向受压

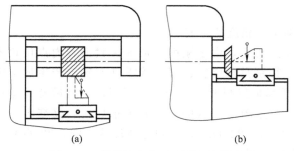

图 5-23 零件装夹方式对刚度的影响

变为受拉,也可提高工件的刚度;当加工呈悬臂加工状态时,设法通过增加支承改成简支梁状态,提高刚度;在机床上安装工件时,尽量降低工件的重心。例如:在卧式铣床上铣一零件的端面,采用图 5-23(a)所示的装夹方式和铣削方式,工艺系统的刚度就低;如果将工件平放,改用图 5-23(b)所示的端铣刀加工,不但增大了定位基面的面积,还使加紧点更靠近加工面,可以显著提高工艺系统刚度。

d. 减小切削力及其变化。改善毛坯制造工艺,减小加工余量,适当增大刀具的前角和后角,改善工件材料的切削性能等均可减小切削力。为控制和减小切削力的变化幅度,应尽量使一批工件的材料性能和加工余量保持均匀。

(2) 工艺系统热变形对加工精度的影响

在机械加工过程中,工艺系统会受到各种热的影响而产生热变形,这种变形将破坏刀具与工件的正确几何关系和运动关系,造成加工误差。

热变形对加工精度的影响比较大,特别是在精密加工和大件加工中,热变形所引起的加工误差通常会占到工件加工总误差的 40%~70%。

工艺系统热变形不仅影响加工精度,而且还影响加工效率。因为为减少受热变形对加工精度的影响,通常需要预热机床以获得热平衡,或降低切削用量以减少切削热和摩擦热,或粗加工后停机以待热量散发后再进行精加工,或增加工序(使粗、精加工分开)等。

高精、高效、自动化加工技术的发展,使工艺系统热变形问题变得更加突出,成为现代机械加工技术发展必须研究的重要问题。工艺系统是一个复杂系统,有许多因素影响其热变形,因而控制和减小热变形对加工精度的影响往往比较复杂。目前,无论在理论上还是在实际上,都有许多问题尚待研究解决。

① 工艺系统的热源和热平衡。

热总是由高温处向低温处传递。热的传递方式有三种,即导热传热、对流传热和辐射传热。

引起工艺系统变形的热源可分为内部热源和外部热源两大类。内部热源主要指切削热和摩擦热,它们产生于工艺系统内部,其热量主要是以热传导的形式传递。外部热源主要是指工艺系统外部的、以对流传热为主要形式的环境温度(它与气温变化、通风、空气对流和周围环境等有关)和各种热辐射(包括由阳光、照明、暖气设备等发出的热辐射)。

切削热是切削加工过程中最主要的热源,它对工件加工精度的影响最为直接。在切削磨削过程中,消耗于切削层的弹、塑性变形能及刀具、工件和切屑之间摩擦的机械能,绝大部分都转变成了切削热。

工艺系统的摩擦热主要是机床和液压系统中运动部件产生的,如电动机、轴承、齿轮、丝杠副、导轨副、离合器、液压泵、阀等各运动部分产生的摩擦热。尽管摩擦热比切削热少,但摩擦热在工艺系统中是局部发热,会引起局部温度升高和变形,破坏了系统原有的几何精度,对加工精度也会带来严重影响。

外部热源的热辐射及周围环境温度对机床热变形的影响,有时也是不容忽视的。例如,在加工大型工件时，往往要昼夜连续加工，由于昼夜温度不同，引起工艺系统的热变形就不一样，从而影响了加工精度。又如，照明灯光、加热器等对机床的热辐射，往往是局部的，日光对机床的照射不仅是局部的，而且不同时间的辐射热量和照射位置也不同，因而会引起机床各部分不同的温升和变形，这在大型、精密加工时尤其不能忽视。

工艺系统的热源虽然既有来之内部的又有来之外部的，但主要热源是系统内部的切削热和摩擦热。在各种热源的作用下，工艺系统各组成部分的温度渐渐升高，同时，它们也通过各种传热方式向周围散发热量。当单位时间内传入和散发的热量相等时，工艺系统达到了热平衡状态，而工艺系统的热变形也就达到某种程度的稳定。

由于作用于工艺系统各组成部分的热源，其发热量、位置和作用的时间各不相同，各部分的热容量、散热条件也不一样，处于不同的空间位置上的各点在不同时间其温度也是不等的。系统在工作一定时间后，温度才逐渐趋于稳定，其精度也比较稳定。因此，精密加工应在热平衡状态下进行。

② 机床热变形引起的误差。

由于机床热源的不均匀性及其结构的复杂性，形成不均匀的温度场，使机床各部分的变形程度不等，从而破坏了机床原有的几何精度，降低了机床的加工精度。由于各类机床的结构和工作条件相差很大，其主要热源各不相同，热变形引起的加工误差也不相同。

车、铣、钻、镗类机床，主要热源是主轴箱轴承的摩擦热和主轴箱中油池的发热，导致主轴箱及其他相连接部分（如床身或立柱）的温度升高，从而引起主轴的抬高和倾斜。图 5-24 所示为车床热变形趋势。车床主轴箱的温升导致主轴线抬高，主轴前轴承的温升高于后轴承又使主轴倾斜，主轴箱的热量经油池传到床身，导致床身中凸，更促使主

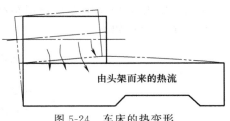

图 5-24　车床的热变形

轴线向上倾斜，最终导致主轴回转轴线与导轨的平行度误差，使加工后的零件产生圆柱度误差。

磨床类机床通常都有液压传动系统并配有高速磨头，它的主要热源为砂轮主轴轴承的发热和液压系统的发热。主要表现在砂轮架位移，工件头架的位移和导轨的变形。其中，砂轮架的回转摩擦热影响最大，而砂轮架的位移，直接影响被磨工件的尺寸。对于大型机床（如导轨磨床、外圆磨床、立式车床、龙门铣床等）的长床身部件，机床床身的热变形将是影响加工精度的主要因素。

③ 工件热变形引起的加工误差。

工件的热变形主要是由切削热引起，对于大型或精密零件，外部热源如环境温度、日光等辐射热的影响也不可忽视。由于工件结构尺寸的差异，工件受热有两种情况。

a. 工件均匀受热。对于一些形状简单、对称的零件，如轴、套筒等，加工时（如车削、磨削）切削热能较均匀地传入工件，工件热变形量可按下式估算

$$\Delta L = \alpha L \Delta t \tag{5-14}$$

式中　α——工件材料的热胀系数，$℃^{-1}$；

L——工件在热变形方向的尺寸（长度或直径），mm；

Δt——工件温升，℃。

对于较短的轴类零件，由于刀具切削行程短，轴向热变性引起的误差可忽略不计。但对

于较长的轴类零件，开始切削时，工件温升为零，随着切削加工的进行，工件温度逐渐升高而使直径逐渐增大，增大量被刀具切除，因此，加工完的工件冷却后将呈现锥形。加工丝杠时，工件的热伸长成为影响螺距误差的主要因素。对于一根长度为 400mm 的丝杠，如果每磨削一次温度升高 1℃，则被磨削丝杠将伸长 4.7μm。而 5 级丝杠的螺距累积误差在 400mm 长度上不允许超过 5μm。可见热变形对工件加工精度影响之大。

b. 工件不均匀受热。平面在刨削、铣削、磨削加工时，工件单面受热，上下平面间产生温差导致工件呈现中凸。凸起部分被切去，冷却后加工表面下凹，使工件产生平面度误差。一般来说，工件上下表面温差 1℃，就会产生 0.01mm 的平面度误差。工件不均匀受热时，工件凸起量随工件长度的增加而急剧增加，工件厚度越薄，工件凸起量就越大。要减小变形误差，必须控制温差 Δt。

如图 5-22 所示，磨削薄片类工件的平面，就属于不均匀受热的情况，上下表面间的温差将导致工件中部凸起，加工中凸起部分被切去，冷却后加工表面呈中凹形，产生形状误差。

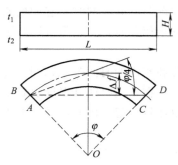

图 5-25 不均匀受热引起的热变形

在图 5-25 中，由于中心角 φ 值很小，故中性层的弦长可近似看作等于工件原长 L。工件凸起量 f 可计算如下：

$$\Delta f = \frac{L}{2}\tan\frac{\varphi}{4} = \frac{L}{8}\varphi$$

$$\alpha L \Delta t = \overset{\frown}{BD} - \overset{\frown}{AC}$$
$$= (AO + AB)\varphi - AO\varphi = AB\varphi$$

所以：
$$\varphi = \frac{\alpha L \Delta t}{H} \tag{5-15}$$

将 φ 值代入前式可得：
$$\Delta f \approx \frac{\alpha L^2 \Delta t}{8H} \tag{5-16}$$

由式 (5-16) 可知，工件凸起量与工件长度 L 的平方成正比，且工件越薄，即 H 值越小，工件的凸起量就越大。

④ 刀具热变形引起的加工误差。

刀具热变形主要是由切削热引起的。传给刀具的热量虽不多，但由于刀具切削部分体积小而热容量小，切削部分仍产生很高的温升。如高速钢刀具车削时刃部的温度可高达 700~800℃，而硬质合金刀刃部可达 1000℃ 以上。这样，不但刀具热伸长影响加工精度，而且刀具的硬度也会下降。

图 5-26 所示为车刀热伸长与切削时间的关系。连续车削时，车刀的热变形情况如曲线 A，经过 10~20min，即可达到热平衡，车刀热变形影响很小；当车刀停止车削后，刀具冷却变形过

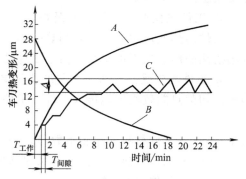

图 5-26 车刀热变形伸长与切削时间的关系曲线

程如曲线 B；当车削一批短小轴类工件时，加工时断时续（如装卸工件）间断切削，变形过程如曲线 C。因此，在开始切削阶段，其热变形显著；在热平衡后，对加工精度的影响则不明显。

对于大型零件，刀具热变形往往造成被加工工件的几何形状误差。如车削长轴或在立车上加工大直径的平面，由于刀具长时间切削而逐渐膨胀，往往造成工件出现圆柱度或平面度误差。

⑤ 减少热变形影响的措施。

a. 减少热源发热和隔离热源。通过控制切削用量，合理选择和使用刀具来减少切削热；从运动部件的结构和润滑等方面采取措施，改善摩擦特性，减少机床各运动副的摩擦热。从机床上分离出如电动机、变速箱、液压系统、油箱等热源。还可采用隔热材料将发热部件与机床的床身、立柱等隔离开。

b. 加强散热能力。采用有效的冷却措施，如增加散热面积或使用强制性的风冷、水冷、循环润滑等。在精密加工时，为增加冷却效果，控制切削液的温度是很必要的。如大型精密丝杠磨床采用恒温切削液淋浴工件，机床的空心母丝杠也通入恒温油，以降低工件与母丝杠的温差，提高加工精度的稳定性。

c. 均衡温度场。当机床零部件温升均匀时，机床本身就呈现一种热稳定状态，从而使机床产生不影响加工精度的均匀热变形。图 5-27 为立式平面磨床采取的均衡温度场的措施。由风扇排出主轴箱内的热空气，经管道通向防护罩和立柱后壁的空间，然后排出。这样使原来温度较低的立柱后壁温度升高，以均衡立柱前后壁的温升，减小立柱的向后倾斜。这种措施可使被加工零件的平面度误差降到未采取措施前的 $1/3 \sim 1/4$。

d. 采用合理的机床结构。如在变速箱中，可将轴、轴承、传动齿轮等对称布置，使箱壁

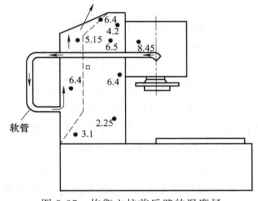

图 5-27 均衡立柱前后壁的温度场

温升均匀，箱体变形减小。机床大件的结构和布局对机床的热态特性有很大影响。以加工中心为例，在热源影响下，单立柱结构会产生相当大的扭曲变形，而双立柱结构由于左右对称，仅产生垂直方向的热位移，很容易通过调整的方法予以补偿。

e. 控制环境温度。精密机床一般应安装在恒温车间，其恒温精度一般控制在 ± 1℃ 以内，精密级的机床为 ± 0.5℃，超精密级的机床为 ± 0.01℃。恒温室平均温度一般为 20℃，冬季可取 17℃，夏季取 23℃。对精加工机床应避免阳光直接照射，布置取暖设备也应避免使机床受热不均匀。

(3) 刀具磨损对加工精度的影响

任何工具在切削过程中都不可避免地要产生磨损，并由此引起工件尺寸和形状误差。例如用成型刀具加工时，刀具刃口的不均匀磨损将直接复映在工件上，造成形状误差；在加工较大表面（一次走刀需要较长时间）时，刀具的尺寸磨损会严重影响工件的形状精度；用调整法加工一批工件时，刀具的磨损会扩大工件尺寸的分散范围。

刀具尺寸磨损是指刀刃在加工表面法线方向（亦即误差敏感方向）上的磨损量 NB，如

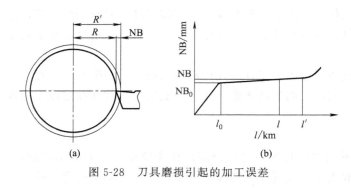

图 5-28 (a) 所示。它直接反映出刀具磨损对加工精度的影响。

刀具尺寸磨损的过程可以分为三个阶段，如图 5-28 (b) 所示。初期磨损阶段（$l < l_0$）、正常磨损阶段（$l_0 \sim l'$）和急剧磨损阶段（$l > l'$）。在刀具新刃磨切削初期，刀具的磨损较剧烈，这段时间的刀具磨损量称为初期磨损量 NB_0；在正常磨损阶段，尺寸磨损与切削路程成正比；在急剧磨损阶段，刀具已经不能正常工作。因此，在达到急剧磨损阶段前就必须重新磨刀。选用新型耐磨刀具材料，合理选用刀具几何参数和切削用量，正确刃磨刀具，正确采用冷却润滑液等，均可减少刀具的尺寸磨损。必要时还可以采用补偿装置对刀具尺寸磨损进行自动补偿。以上方法均可以减少因刀具的尺寸磨损引起的加工误差。

图 5-28 刀具磨损引起的加工误差

5.2.3 加工后误差

(1) 工件内应力引起的变形

内应力亦称残余应力，是指没有外力作用下或去除外力作用后残留在工件内部的应力。工件一旦有内应力产生，就会使工件材料处于一种高能位的不稳定状态，它本能地要向低能位转化，转化速度或快或慢，但迟早总是要转化的，转化的速度取决于外界条件。当带有内应力的工件受到力或热的作用而失去原有的平衡时，内应力就将重新分布以达到新的平衡，并伴随有变形发生，使工件产生加工误差。

① 内应力的产生及其变形。

a. 毛坯制造和热处理过程中产生的内应力。在铸造、锻压、焊接及热处理等过程中，由于零件壁厚不均匀，使得各部分热胀冷缩不均匀以及金相组织转变时的体积变化，使毛坯内部产生相当大的内应力。毛坯的结构越复杂、壁厚越不均匀、散热条件差别越大，毛坯内部产生的内应力也越大。具有内应力的毛坯，内应力暂时处于相对平衡状态，变形缓慢，但当切去一层金属后，就打破了这种平衡，内应力重新分布，工件就明显地出现了变形。

图 5-29 为一个内外壁厚相差较大的铸件，在浇铸后的冷却过程中，由于壁 A、C 和壁 B 的壁厚差，导致冷却速度不等。当壁 A 和 C 冷却至弹性状态时，壁 B 的收缩就受到壁 A 及 C 的牵制。于是出现了图示的应力状态：壁 B 受拉，壁 A 及 C 受压。如果在壁 C 上切一个口子，由于壁 C 的压应力消失，原来的应力平衡状态被打破。壁 B 收缩，壁 A 膨胀，发生弯曲变形。

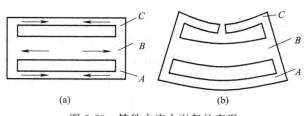

图 5-29 铸件内应力引起的变形

b. 冷校直产生的内应力。实际生产中，常采用冷校直的方法校直弯曲的工件。如图 5-30（a）所示，一弯曲的细长轴，在外力 F 的作用下使工件向相反的方向弯曲产生塑性变形，以达到校直的目的。在外力 F 的作用下工件内部内应力的分布如图 5-30（b）所示，当外力 F 去除后残余应力重新分布，如图 5-30（c）所示。综上分析可知，一个外形弯曲但没有内应力的工件，经过冷校直后外形是校直了，但在工件内部却产生了附加内应力。这种应力平衡状态一旦被破坏之后（或由于在轴上切掉了一层金属材料，或由于其他外界条件变化），工件还会朝着原来的弯曲方向变回去。因此，高精度丝杠的加工，不允许用冷校直的方法来减小弯曲变形，而是用多次人工时效来消除残余内应力。

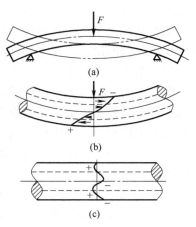

图 5-30　冷校直引起的内应力

c. 切削加工产生的内应力。切削（含磨削）过程中产生的力和热，也会使被加工工件的表面层变形，产生内应力。这种内应力的分布情况，取决于力和热因素中的主导因素。

② 减少内应力的措施。

a. 合理设计零件结构。在零件结构设计中，尽量做到结构对称，壁厚均匀，以消除内应力产生的隐患。

b. 合理安排零件制造工艺。毛坯在进入机械加工之前，应安排预备热处理，如退火、正火、时效等。重要零件在粗加工后须适当安排时效处理；对于一些精密零件，应在工序间多安排时效处理。对工件的重要表面应注意粗、精加工分开，使粗加工后有一定的间隔时间让内应力重新分布，以减少对精加工的影响。

(2) 测量误差引起的加工误差

在加工后，必须对工件进行检验才能确定加工是否合格，检验的手段多种多样，用量具进行测量是最基本的一种检验手段。但是测量过程包含人的因素、测量仪器的因素、外界环境的因素等都会引起测量误差的产生，主要体现在：计量器具的误差，计量器具本身就有误差，在设计、制造和使用过程中都会产生；方法误差，方法误差是指测量方法的不完善引起的误差；环境误差，不符合测量条件的环境引起的误差；人员误差，测量人员的差错也会导致误差的产生。这些误差都是不可避免的，都会对加工结果产生一定的影响。

5.2.4　提高加工精度的工艺措施

生产实际中尽管有许多减少误差的方法和措施，从误差减少的技术看，可将它们分成两大类，即误差预防和误差补救。

(1) 误差预防技术

俗话说：与其补救于已然，不如防患于未然。误差预防就是查明产生加工误差的因素，直接消除或减少误差的方法。具体技术有以下几种。

① 采用先进工艺和设备。这是保证加工精度的最基本方法。因此，在制订零件的加工工艺时，应对零件每道工序的设备加工能力进行精确评价，并尽可能合理采用先进的工艺和设备，使每道工序都具备足够的工序能力。

② 直接减少原始误差法。这也是在生产中应用较广的一种基本方法。该方法是在查明

影响加工精度的主要因素之后，设法对其直接进行消除或减少。如在减少工艺系统受力变形措施中提到的，加工细长轴时采用中心架或跟刀架；采用反向进给切削，使轴向力对工件起拉伸作用，同时尾座改用可伸缩的弹性顶尖。

（2）误差补救技术

实践表明，当加工精度要求高于某一程度后，利用误差预防技术来提高加工精度所花费的成本将呈指数规律增长，会很不经济。误差补救技术就是在现存的误差条件下，以分析、测量信息为依据，通过弱化或改变误差对加工的影响关系，以减少或消除零件的加工误差。在现有工艺条件下，误差补救技术是一种有效且经济的方法，特别是借助计算机辅助技术，可达到很好的效果。

① 转移原始误差法。转移原始误差法实质上是把影响加工精度的原始误差从敏感方向转移到非敏感方向或其他零部件上去。这种方法常用于转移工艺系统的几何误差、受力变形和热变形等。

例如，在立轴转塔车床车削外圆，当车刀水平安装时，转塔刀架的转位误差将位于误差敏感方向，分度误差 Δ 使工件产生 $\Delta R = \Delta$ 的尺寸误差，如图 5-31（a）所示。如果将转塔刀架的水平安装形式改为图 5-31（b）所示情况（车刀垂直安装），则垂直方向为误差敏感方向。由于刀架转位误差此时已位于误差非敏感方向，因此所引起的半径误差可以忽略不计。

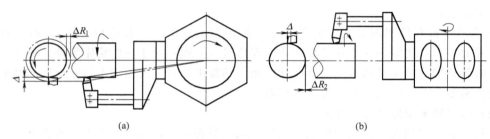

图 5-31 立轴转塔车床刀架转位误差的转移

又如，在成批生产中，用镗模加工箱体孔系的方法，也就是把机床的主轴回转误差、导轨误差等原始误差转移掉，工件的加工精度完全靠镗模和镗杆的精度来保证。由于镗模的结构远比整台机床简单，精度容易达到，故实际生产中得到广泛应用。转移原始误差法的应用实例还有很多。该方法给我们的启示是：当机床精度达不到零件加工要求时，常常不是一味提高机床精度，而是在工艺上或夹具上想办法，创造条件，使机床的几何误差转移到不影响加工精度的方面去。

② 均分原始误差法。生产中会遇到这样的情况：本工序的加工精度是稳定的，但由于前道工序零件（含毛坯）误差过大，导致"误差复映"严重，或定位误差超差，使得本工序无法保证精度要求。解决这类问题最好采用均分误差（分组调整）法：将上工序加工的工件（或毛坯）按误差大小分为 n 组，每组毛坯或零件的误差就缩小为原来的 $1/n$；然后按组分别调整刀具与工件的相对位置或选用合适的定位元件再进行加工，这样就可以大大缩小整批工件的尺寸分散范围。此法要比提高上工序精度要求更加经济可行。

③ 均化原始误差法。加工过程中，机床、刀具或磨具等的误差总是要传递给工件的。机床、刀具的某些误差（例如导轨的直线度、机床传动链的传动误差等）只是根据局部地方的最大误差值来判断的。利用有密切联系的表面之间的相互比较、相互修正，或者利用互为

基准进行加工，就能让这些局部较大的误差比较均匀地影响整个加工表面，使传递到工件表面的加工误差较为均匀，因而工件的加工精度也就大大提高。

例如，研磨时，研具的精度并不是很高，分布在研具上的磨料粒度大小也可能不一样，但由于研磨时工件和研具间有复杂的相对运动轨迹，使工件上各点均有机会与研具的各点相互接触并受到均有的微量切削，同时工件和研具相互修整，精度也逐步共同提高，进一步使误差均化，因此就可以获得高于研具原始精度的加工表面。事实上，该方法在精密零件制造中由来已久。在过去没有精密机床的时代，利用该方法已制造出号称原始平面的精密平板，其平面度仅有几微米。如此高精度的平板就是用"三块平板合研"的方法研出来的。如今，对于配合精度要求很高的轴和孔，常采用研磨方法来制造。

用易位法加工精密分度蜗轮也是均化原始误差法。我们知道，影响被加工蜗轮精度中很关键的一个因素就是机床母蜗轮的累积误差，它直接地反映为工件的累积误差。所谓易位法，就是在工件切削一次后，将工件相对于机床母蜗轮转动一个角度，再切削一次，使加工中所产生的累积误差重新分布一次。

④ 就地加工法。在机械加工和装配中，有些精度是很难，甚至不可能仅仅依靠零部件本身的精度来保证的。而"就地加工"法不仅可行，而且经济。例如：在转塔车床制造中，转塔上六个安装刀架的大孔轴线必须保证与机床主轴回转轴线重合，各大孔的端面又必须与主轴回转轴线垂直。如果把转塔作为单独零件加工出这些表面，那么在装配后要达到上述两项要求是很困难度的。采用就地加工法，把转塔装配到转塔车床上后，在车床主轴上装镗杆，用径向进给小刀架来进行最终精加工，就很容易保证上述两项精度要求。

就地加工法的要点是：要保证部件间什么样的位置关系，就在这样的位置关系上利用一个部件装上刀具去加工另一个部件。

这种"自干自"的加工方法，生产中应用很多。为使牛头刨床、龙门刨床的工作台面分别对滑枕和横梁保持很高的平行度，就在装配后在机床自身上进行"自刨自"的精加工。平面磨床的工作台面也是在装配后作"自磨自"的最终加工。

⑤ 误差补偿法。误差补偿法即人为造出一种新的误差，去抵消工艺系统中原有的原始误差。或用一种原始误差去抵消另一种原始误差。尽量使两者大小相等，方向相反，从而达到减少加工误差，提高加工精度的目的，误差补偿技术在机械制造中的应用十分广泛。

图 5-32 所示为龙门铣床，由于横梁立铣头自重的影响，横梁导轨向下弯曲变形。采用误差补偿法，在横梁导轨制造时故意使导轨面产生向上凸的几何形状误差，从而抵消由于铣头自重产生向下的弯曲变形，保证加工精度。

⑥ 控制误差法。原始误差中的常值系统误差比较容易处理，只要测量出来，就可以用前面的误差补偿的方法来消除或减少。对于变值系统误差的补偿就不是用一种固定的补偿量所能解决的。于是生产中就发展了所谓积极控制的误差补偿技术，又叫控制误差法，目前主要有在线检测法、偶件配作法和数字自动控制法等。

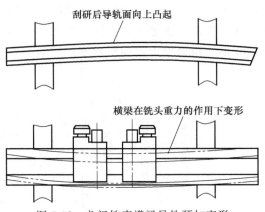

图 5-32　龙门铣床横梁导轨预加变形

5.3 影响加工表面质量的因素及控制

5.3.1 影响表面粗糙度的因素及控制

影响加工表面粗糙度的工艺因素主要有几何因素和物理因素两个方面。不同的加工方式，影响加工表面粗糙度的工艺因素各不相同。

(1) 切削加工中影响表面粗糙度的因素

切削加工表面粗糙度值主要取决于切削残留面积的高度。

① 刀具几何形状的影响。切削加工后的表面粗糙度是刀具相对工件作进给运动时，在加工表面上遗留下来的切削层残留面积，如图 5-33 所示。切削层残留面积的高度越高，表面粗糙度值就越高。影响表面粗糙度的主要因素有：刀尖圆弧半径 r_ε、主偏角 κ_r、副偏角 κ_r' 及进给量 f 等。

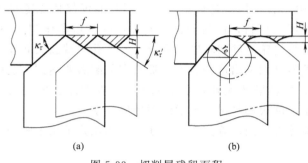

图 5-33 切削层残留面积

当用尖刀刃切削时，切削层残留面积高度为：

$$H = \frac{f}{\cot\kappa_r + \cot\kappa_r'} \quad (5\text{-}17)$$

当用圆弧刀刃切削时，切削层残留面积高度为：

$$H = \frac{f^2}{8r_\varepsilon} \quad (5\text{-}18)$$

由式 (5-17)、式 (5-18) 可知：减小进给量，减小刀具的主、副偏角，增大刀尖圆弧半径可以减小表面粗糙度。事实上，刀具前角 γ_o 和后角 α_o 对表面粗糙度也有一定的影响。如增大前角 γ_o 可以减小材料的塑性变形，有利于降低粗糙度。适当增大后角 α_o 可以减小后刀面与工件的摩擦，也有利于降低粗糙度。

② 切削用量的影响。切削用量三要素中，进给量对表面粗糙度影响最大。但切削速度的影响也不能忽视。采用低、中切削速度加工塑性金属材料时容易出现鳞刺和积屑瘤，使加工表面粗糙度严重恶化，如图 5-34 所示。刀具与被加工材料的挤压与摩擦使金属材料发生塑性变形，也会增大表面粗糙度。切削加工中的振动，使工件的表面粗糙度增大。

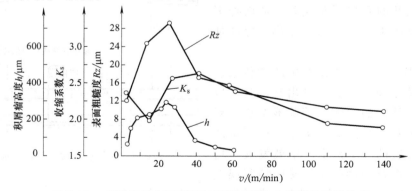

图 5-34 切削塑性金属材料时切削速度与表面粗糙度的关系

③ 零件材料性能的影响。被加工材料的塑性和金相组织对表面粗糙度的影响也很大。材料的塑性大，易形成鳞刺和积屑瘤。材料的晶粒越大，加工后的表面粗糙度也越大。对材料进行调质处理有助于改善加工后的表面粗糙度。

另外，合理选择冷却润滑液有利于减小加工表面的粗糙度。

(2) 磨削中影响表面粗糙度的因素

磨削加工与切削加工有许多不同之处。磨削时由于分布在砂轮表面上的磨粒与被磨削表面间作相对滑擦形成的划痕，构成了表面的粗糙度。由于砂轮上的磨粒形状很不规则，分布很不均匀，而且会随着砂轮的修整、磨料磨耗状态的变化而不断改变。磨削速度比一般切削加工速度高得多，磨料大多为副前角，磨削区温度很高，磨削层很薄，工件表层金属极易产生相变和烧伤。所以，磨削过程的塑性变形要比一般切削过程大得多。磨削中影响表面粗糙度的因素可从以下三个方面考虑。

① 砂轮方面。砂轮的粒度越小，有利于降低表面粗糙度。但粒度过小，砂轮容易堵塞，反而使表面粗糙度增大，还易引起烧伤。砂轮硬度应大小合适，半钝化期越长越好，常选用中软组织的砂轮。砂轮过硬或过软，都不利于降低表面粗糙度，常选用中等组织的砂轮。砂轮的修整质量是改善表面粗糙度的重要因素。修整质量的好坏与所用工具和修整砂轮时的纵向进给量有关。

② 磨削用量。磨削用量包括砂轮速度 v、工件速度 v_w、磨削深度 a_p 和纵向进给量 f。提高砂轮速度有利于降低表面粗糙度。工件速度、磨削深度和纵向进给量增大，均会使表面粗糙度增大。其中磨削深度对表面粗糙度的影响相当大。增加"无进给光磨"次数可以降低表面粗糙度。磨削用量与表面粗糙度的关系如图 5-35 所示。为此，在磨削过程中可以先采用较大的磨削深度，然后再采用较小的磨削深度，最后再无进给磨削几次。

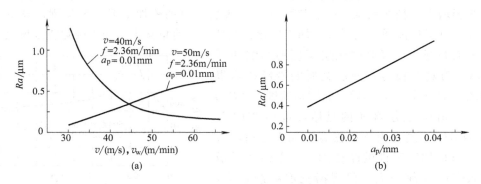

图 5-35　磨削用量与表面粗糙度的关系

③ 其他方面。工件材料硬度越小，塑性大，导热性差，磨削性差，磨削后的表面粗糙度大。采用切削液可以降低磨削区温度，减小烧伤，有利于降低表面粗糙度，但必须选择合适的冷却液和切实可行的冷却方法。

5.3.2　表面层物理机械性能的影响因素及控制

由于受到切削力和切削热的作用，表面金属层的力学物理性能会产生很大的变化，最主要的变化是表层金属显微硬度的变化，即表面层金属的加工硬化和在表层金属中产生的残余应力。

(1) 表面层金属的加工硬化（冷作硬化）

① 切削（磨削）过程中产生的塑性变形，会使表层金属的晶格发生畸变，晶粒间产生剪切滑移，晶粒被拉长，甚至破碎，从而使表层金属的硬度和强度提高，这种现象称为加工硬化或冷作硬化。加工硬化通常用冷硬层的深度 h、表面层的显微硬度 HV 以及硬化程度 N 来表示，如图 5-36 所示。其中 $N = HV/HV_0$，HV_0 为材料原来的显微硬度。

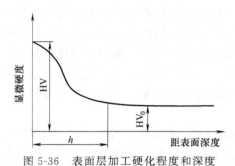

图 5-36　表面层加工硬化程度和深度

金属冷作硬化的结果，使金属处于高能位不稳定状态，只要一有条件，金属的冷硬结构本能地向比较稳定的结构转化。这些现象称为弱化。机械加工过程中产生的切削热，将使金属在塑性变形中产生的冷硬现象得到恢复。

由于金属在机械加工过程中同时受到力和热的作用，机械加工后表面层金属的最后性质取决于强化和弱化两个过程的综合。影响表面层加工硬化的因素有切削力、变形速度和切削温度（变形时的温度）。概括来说：切削力越大，塑性变形越大，硬化程度越大。变形速度越大，塑性变形越不充分，硬化程度也就随之降低。变形时的温度不仅影响塑性变形的程度，也会影响变形后金相组织的恢复。因此，表层金属加工硬化是强化作用和恢复作用的综合结果。切削温度越高、高温持续时间越长、强化程度越大，则恢复作用也就越强。

② 影响切削加工表层金属加工硬化的主要因素。

a. 刀具几何参数的影响。切削刃钝圆半径的大小对切屑形成过程的进行有决定性影响。试验证明，已加工表面的显微硬度随着切削刃钝圆半径的加大而明显地增大。这是因为切削刃钝圆半径增大，径向切削力也将随之增大，表层金属的塑性变形程度加剧，导致冷硬增大。所以刀具刃口钝圆半径增大，加工硬化程度增大。前角减小，加工硬化程度增大。

后刀面磨损 VB 值对硬化层深度的影响如图 5-37 所示。刀具磨损对表面层金属的冷硬影响很大。由图 5-37 可知，刀具后刀面磨损宽度 VB 从 0 增大到 0.2mm，表层金属的显微硬度由 220HV 增大到 340HV，这是由于磨损宽度加大之后，刀具后刀面与被加工工件的摩擦加剧，塑性变形增大，导致表面冷硬增大。但磨损宽度继续加大，摩擦热急剧增大，弱化趋势明显增大，表层金属的显微硬度逐渐下降，直至稳定在某一水平上。

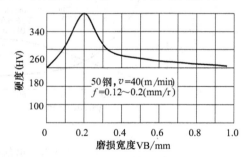

图 5-37　后刀面磨损对表面硬化的影响

后角、主副偏角以及刀尖圆弧半径等对表层金属的冷硬影响不大。

b. 被加工工件材料。工件材料塑性越大，加工硬化倾向越大，硬化程度越严重。碳钢中含碳量越大，强度越高，其塑性越小，因而冷硬程度越小。有色合金金属的熔点低，容易弱化，冷作硬化现象比钢材轻得多。

c. 切削用量。切削加工时，切削用量中以进给量和切削速度的影响最大。总的来说，切削速度和进给量 f 的增大会使加工硬化程度增大，如图 5-38 所示。但切削速度对冷硬程度的影响是力因素和热因素综合作用的结果，不同的速度阶段对冷硬的主导因素不同。当切削速度增大时，刀具与工件的作用时间减少，使得塑性变形的扩展深度减小，因而冷硬深度减小;当切削速度进一步增大时,切削热在工件表面层上的作用时间也缩短了,将使冷硬程度增加。切削深度 a_p 对表层金属冷作硬化的影响不明显。

③ 影响磨削加工表面冷作硬化的因素。

a. 工件材料性能的影响。分析工件材料对磨削表面冷作硬化的影响,可以从材料的塑性和导热性两个方面着手进行。磨削高碳工具钢 T8,加工表面冷硬程度平均可达 60%～65%,个别可达 100%;而磨削纯铁时,加工表面冷作硬化程度可达 75%～

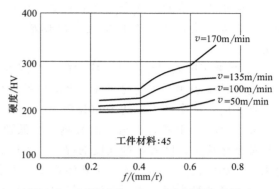

图 5-38 切削用量 f、v 对冷硬程度的影响

80%,有时可达 140%～150%。其原因是纯铁的塑性好,磨削时的塑性变形大,强化倾向大;此外,纯铁的导热性比高碳工具钢高,热不容易集中于表面层,弱化倾向小。

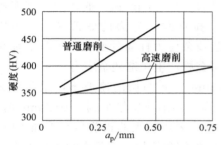

图 5-39 磨削深度 a_p 对冷硬程度的影响

b. 磨削用量的影响。加大磨削深度 a_p,磨削力随之增大,磨削过程的塑性变形加剧,表面冷硬倾向增大,如图 5-39 所示。

加大纵向进给速度,每颗磨粒的切屑厚度随之增大,磨削力增大,冷硬增大。但提高纵向进给速度,有时又会使磨削区产生较大的热量而使冷硬减小。加工表面的冷硬状况要综合考虑上述两种因素的作用。总之,在磨削加工时,工件转速增大,加工硬化程度增大;磨削深度增大,加工硬化程度增大,磨削速度 v 增大,会使切削温度明显升高,加工硬化程度将会减小。

c. 砂轮粒度的影响。砂轮的粒度越大,每颗磨粒的载荷越小,冷硬程度也越小。

(2) 表面层金属的残余应力

在机械加工过程中,当表层金属组织发生形状变化、体积变化或金相组织变化时,将在表面层的金属与其基体间产生相互平衡的残余应力。

① 切削(磨削)过程中形成表面层金属残余应力的原因。

a. 冷态塑性变形。在切削力的作用下,加工表面受到切削刃钝圆部分与后刀面的挤压与摩擦,使晶格扭曲,表面层金属比容增大,体积膨胀,但受到与它相连的内层金属的牵制,故加工后表层金属产生残余压应力(-),里层产生残余拉应力(+)。

b. 热态塑性变形。切削加工中,在切削热的作用下,已加工表面的温度往往很高而产生热膨胀,此时表层产生热压应力。加工后,表层已产生的热塑性变形收缩受到内层金属的阻碍。故加工后表面层残余应力为拉应力(+),里层则产生残余压应力(-)。在磨削时,磨削温度越高,热塑性变形越大,残余拉应力也越大,有时甚至会产生裂纹。

c. 金相组织变化。当加工表面温度超过工件材料的相变温度时,其金相组织将会发生相变。不同的金相组织有不同的密度,故相变会引起体积变化。由于基体材料的限制,表面层金属体积膨胀时会产生残余压应力,缩小时会产生残余拉应力。磨削淬火钢时,如果表面层产生回火,其金相组织由马氏体转化为索氏体或托氏体,表层金属密度增大而体积缩小。表面层将产生残余拉应力。里层将产生残余压应力。

实际加工后表面层残余应力是上述三方面因素综合作用的结果。冷态塑性变形占主导地位时，表面层会产生残余压应力；而热塑性变形占主导地位时，表面层则会产生残余拉应力。

② 影响车削表层金属残余应力的工艺因素。

研究结果表明，车削时表面残余应力的数值在 200～800MPa 范围内变化。使用磨钝的车刀加工时，残余应力可达 1000MPa。

a. 切削速度和被加工材料的影响。在低速车削时，切削热的作用起主导作用，表层产生拉伸残余应力。随着切削速度的提高，表层温度逐渐提高至淬火温度，表层金属产生局部淬火，金属的比容开始增大，金相组织变化因素开始起作用，致使拉伸残余应力的数值逐渐减小。当高速切削时，表层金属的淬火进行的较充分，表面层金属的比容增大，金相组织变化因素起主导作用，因而在表层金属中产生了压缩残余应力。

b. 进给量的影响。加大进给量，会使表层金属的塑性变形增加，切削区发生的热量也将增加。加大进给量的结果，会使残余应力的数值及扩展深度均相应增大。

c. 前角的影响。前角对表层金属残余应力的影响极大。以 150m/min 的切削速度车削 45 钢，当前角由正值变为负值或继续增大负前角时，拉伸残余应力的数值减小。当以 750m/mim 的切削速度车削 45 钢时，前角的变化将引起残余应力性质的变化。刀具负前角很大（$-30°\sim -50°$）时，表层金属发生淬火反应，表层金属产生压缩残余应力。

当车削容易发生淬火反应的 18CrNiMoA 时，在 150m/min 的切削速度下，用前角为 $-30°$ 的车刀切削，就能使表层金属产生压缩残余应力；而当切削速度增加到 750m/min 时，用负前角车刀加工都会使表面层产生压缩残余应力；只有在采用较大的正前角车刀加工时，才会产生拉伸残余应力。前角的变化不仅影响残余应力的数值和符号，而且在很大程度上影响残余应力的扩展深度。

此外，切削刃的钝圆半径、刀具磨损状态等都对表层金属残余应力的性质及分布有影响。

③ 影响磨削残余应力的工艺因素。

磨削加工中，塑性变形严重且热量大，工件表面温度高，热因素和塑性变形对磨削表面残余应力的影响都很大。在一般磨削中，若热因素起主导作用，工件表面将产生拉伸残余应力；若塑性变形起主导作用，工件表面将产生压缩残余应力；当工件表面温度超过相变温度且又冷却充分时，工件表面出现淬火烧伤，此时金相组织变化因素起主要作用，工件表面将产生压缩残余应力。在精细磨削时，塑性变形起主导作用，工件表层金属产生压缩残余应力。

a. 磨削用量的影响。磨削深度对表面层残余应力的性质、数值有很大影响。在磨削工业铁时，磨削深度对残余应力的影响规律如下：当磨削深度为很小（$a_p=0.005$mm）时，塑性变形起主要作用，因此磨削表面形成压缩残余应力。继续加大磨削深度，塑性变形加剧，磨削热随之增大，热因素的作用逐渐占主导地位，在表层产生拉伸残余应力；且随着磨削深度的增大，拉伸残余应力的数值将逐渐增大。当 a_p 大于 0.025mm 时，尽管磨削温度很高，但因工业铁的含碳量极低，不可能出现淬火现象，此时塑性变形因素逐渐起主导作用，表层金属的拉伸残余应力数值逐渐减小；当 a_p 取值很大时，表层金属呈现压缩残余应力状态。

提高砂轮速度，磨削区温度升高，而每颗磨粒所切除的金属层厚度减小，此时热因素的作用增大，塑性变形因素的影响减小，因此提高砂轮速度将使表层金属产生拉伸残余应力的倾向增大。

加大工件的回转速度和进给速度，将使砂轮与工件热作用的时间缩短，热因素的影响逐渐减小，塑性变形因素的影响逐渐增大。这样，表层金属中产生拉伸残余应力的趋势逐渐减小，而产生压缩残余应力的趋势逐渐增大。

b. 工件材料的影响。一般来说，工件材料的强度越高、导热性越差、塑性越低，在磨削时表面金属产生拉伸残余应力的倾向就越大。碳素工具钢 T8 比工业铁强度高，材料的变形阻力大，磨削时发热量也大，且 T8 的导热性比工业铁差，磨削热容易集中在表面金属层，再加上 T8 的塑性低于工业铁，因此磨削碳素工具钢 T8 时，热因素的作用比磨削工业铁明显，表层金属产生拉伸残余应力的倾向比磨削工业铁大。

5.3.3　表面层金相组织变化的影响因素及控制

在机械加工过程中，表面层金属除发生加工硬化及产生残余应力，还会因为高温引起表层金属的氧化及金相组织的改变，从而对表面层金属的化学性能也产生影响。

（1）机械加工表面金相组织的变化与磨削烧伤

机械加工过程中，在工件的加工区及其临近区域，将产生一定的温升。当温度超过金相组织变化的临界点时，金相组织就会发生变化。磨削加工时所消耗的能量绝大部分转化为热，单位面积上产生的切削热比一般切削方法要大几十倍，且有约 70% 以上的热量传给工件，使工件非常易于达到相变点，导致加工表面层金属金相组织发生变化，造成表层金属的强度和硬度降低，并产生残余应力，甚至会出现微观裂纹，这种现象称为磨削烧伤。因此，磨削是一种典型的容易产生加工表面金相组织变化（磨削烧伤）的加工方法。

磨削烧伤的实质是材料表面层的金相组织发生变化，产生的原因是温度高。由于磨削时表面层的温度很高，切削区的温度可达 1500～1600℃，超过了钢的熔点，所以磨削时有火花产生，而工件表面层的温度常达 900℃ 以上，超过了相变温度，因此通常在磨削时容易产生烧伤问题。在磨削加工中若出现磨削烧伤现象，将会严重影响零件的使用性能，使零件使用寿命成倍下降，有时根本无法使用。工件磨削出现的烧伤色是工件表面在瞬时高温下产生的氧化膜颜色，多为黄、褐、紫、青等颜色。

磨削淬火钢时，在工件表面层形成的瞬时高温将使表面金属产生以下三种金相组织变化。

① 如果磨削区的温度未超过淬火钢的相变温度（碳钢的相变温度为 720℃），但已经超过马氏体的转变温度（中碳钢为 300℃），工件表层金属的马氏体将转化为硬度较低的回火组织（索氏体或托氏体），这称为回火烧伤。

② 如果磨削区的温度超过相变温度，再加上冷却液的急冷作用，表层金属会出现二次淬火马氏体组织，硬度比原来的回火马氏体高；在它的下层，因冷却较慢，出现硬度比原先的回火马氏体低的回火组织（索氏体或托氏体），这称为淬火烧伤。

③ 如果磨削区的温度超过相变温度，而磨削过程又没有冷却液，表层金属将产生退火组织，表层金属的硬度将急剧下降，这称为退火烧伤。在干磨时，很容易产生这种情况。

（2）改善磨削烧伤的工艺途径

磨削烧伤零件的物理力学性能和使用寿命大大降低，甚至会报废，因此必须采取措施加以控制。造成磨削烧伤的根本原因是磨削温度过高，因此避免和减轻磨削烧伤的基本途径是尽可能减少磨削热的产生和加快散热速度，一切影响温度的因素都在一定程度上对烧伤有影响，因此研究烧伤问题可以从磨削时的温度入手。具体措施有以下几种。

① 合理选择砂轮。硬度太高的砂轮，自锐性不好，使磨削力增大，温度升高，容易产生烧伤，所以选择合适的黏结剂，采用硬度稍软的砂轮较好。磨削导热性差的材料容易产生烧伤现象，应特别注意合理选择砂轮的硬度、结合剂和组织。硬度太高的砂轮，砂轮钝化之后不易脱落，容易产生烧伤。总之，为避免产生烧伤，应选择较软的砂轮。

选择具有一定弹性的结合剂（如橡胶结合剂、树脂结合剂），这样，当由于某种原因导致磨削力增大时，砂轮的磨粒能产生一定的弹性退让，使切削深度减小，也有助于避免烧伤现象的产生。

立方氮化硼砂轮热稳定性好，磨削温度低，且本身硬度、强度仅次于金刚石，磨削力小，能磨出较高的表面质量。

选用粗粒度砂轮磨削，不容易产生烧伤。当磨削软而塑性大的材料时，为了避免砂轮堵塞，也宜选用较粗磨粒的砂轮。

此外，为了减少砂轮与工件之间的摩擦热，在砂轮的空隙内浸入石蜡之类的润滑物质，对降低磨削区的温度、防止工件烧伤也有一定效果。

② 磨削用量。当磨削深度增加时，无论工件表面温度，还是表面下不同深度的温度，都随之升高，烧伤会增加，故磨削深度不能选得太大。

工件纵向进给量。纵向进给量越大，磨削区表面温度越低，磨削烧伤越少。原因是纵向进给量的增加使得砂轮与工件的表面接触时间相对减少，因而热的作用时间减少，散热条件得到改善。为了弥补纵向进给量增大而导致表面粗糙度的缺陷，可采用较宽的砂轮。

工件的速度。增大工件速度时，磨削区温度会上升，但因为速度的增大，虽使发热量增大，但热的作用时间却减少了。因此，为了减少烧伤而同时又能保持高的生产率，在选择磨削用量时，应选择较大的工件线速度和较小的磨削深度，同时为了弥补工件速度增大而导致表面粗糙的缺陷，一般最好提高砂轮的转速。

总之，适当减小磨削深度和磨削速度，适当增加工件的转动速度和轴向进给量，均会减少烧伤现象的发生。

③ 工件材料。工件材料对磨削区温度的影响主要取决于它的硬度、强度、韧性和导热系数。

硬度越高，磨削热量越多，但材料过软，易于堵塞砂轮，反而使加工表面温度急剧上升。工件强度越高，磨削时消耗的功率越多，发热量也越多。工件韧性越大，磨削力越大，发热越多。导热性能比较差的材料，如耐热钢、轴承钢、不锈钢等，在磨削时都容易产生烧伤。

④ 冷却条件。采用高效冷却方式（如高压大流量冷却、喷雾冷却、内冷却）等措施，能较好地降低磨削区温度，防止磨削烧伤。

5.4 加工误差的统计分析方法

在上一节中，我们对影响加工精度的主要因素进行了分析研究，这对我们研究分析工艺过程产生误差的原因，提出控制加工精度的途径和方法，无疑具有指导意义；但却不能仅凭上述单因素分析方法对工件的加工误差情况做出总体评价，这是因为在实际生产中，影响加工精度的因素很多，工件的加工误差是多因素综合作用的结果，且其中不少因素的作用往往带有随机性。对于一个受多个随机因素综合作用的工艺系统，只有用概率统计的方法分析加工误差，才能得到符合实际的结果。加工误差的统计分析方法，不仅可以客观评定工艺过程的加工精度，评定工序能力系数，而且还可以用来测量和控制工艺过程的精度。

5.4.1 加工误差的分类

根据加工一批工件时误差出现的规律，加工误差可分为系统误差和随机误差。之所以要对加工误差重新分类，是因为不同性质的加工误差，其解决的途径也不同。

(1) 系统误差

在顺序加工一批工件时，若误差的大小和方向保持不变，或者按一定规律变化的误差即为系统性误差。前者称为常值系统误差，后者称为变值系统误差。加工原理误差，机床、刀具、夹具、量具的制造误差，工艺系统静力变形引起的加工误差等都属于常值系统误差。而工艺系统（特别是机床、刀具）在热平衡前的热变形、刀具磨损均属于变值系统误差。常值性系统误差与加工顺序无关，变值性系统误差与加工顺序有关。对于常值性系统误差，若能掌握其大小和方向，可以通过调整来消除；对于变值性系统误差，若能掌握其大小和方向随时间变化的规律，也可以通过采取自动补偿措施加以消除。

(2) 随机误差

在顺序加工一批工件时，若误差的大小和方向呈无规律的变化，称为随机误差。如毛坯误差（余量大小不一、硬度不均匀等）的复映、定位误差、夹紧误差、内应力引起的误差、多次调整的误差等都属于随机误差。随机误差从表面上看似乎没有什么规律，但应用数理统计方法，可以找出一批工件加工误差的总体规律。

应该指出，随机误差和系统误差的划分并非是绝对的，它们之间既有区别也有联系。同一原始误差在不同的场合下会表现出不同的性质。例如，机床在一次调整中加工一批零件时，机床的调整误差是常值系统误差。但是，当多次调整机床时，每次调整时发生的调整误差就不可能是常值，变化也无一定规律，因此对于经多次调整所加工出来的大批工件，调整误差所引起的加工误差又称为随机误差。

5.4.2 分布曲线分析法

分布曲线分析法是将测量加工后所得一批工件的实际尺寸或误差，根据测量结果作出该批工件尺寸或误差的分布图，按照此图来分析和判断加工误差的情况。具体包括：通过工艺过程分布图分析，可以确定工艺系统的加工能力系数、机床调整精度系数和加工工件的合格率，并能分析产生废品的原因。

(1) 画实际分布曲线

通过实例来说明实际分布曲线的绘制步骤。

【例 5-1】 检查一批在卧式镗床上精镗后的活塞销孔直径。图纸规定尺寸与公差为 $\phi 28_{-0.015}^{0}$ mm，随机抽取 $n=100$ 个工件（称为样本）进行测量，按表 5-2 记录测得的数据。

【解】 由于随机误差和变值系统误差的存在，发现这些孔的尺寸各不相同，这种现象称为"尺寸分散"。按尺寸大小将整批工件进行分组，分组数应适当（参照表 5-3）。每一组中的零件尺寸处在一定的间隔范围内。同一尺寸间隔内的零件数量称为频数，频数与该批零件总数之比称为频率。

表 5-2　活塞销孔测量结果

组别	尺寸范围	组中值 X_i	频数 m_i	频率 m_i/n
1	27.992~27.994	27.993	4	4/100
2	27.994~27.996	27.995	16	16/100
3	27.996~27.998	27.997	32	32/100
4	27.998~28.000	27.999	30	30/100
5	28.000~28.002	28.001	16	16/100
6	28.002~28.004	28.003	2	2/100

表 5-3　样本与组数的选择

数据的数量	分组数
50~100	6~10
100~250	7~12
250 以上	10~20

取分组数 $k=6$。则分组间隔为：

$$h=\frac{x_{\max}-x_{\min}}{k-1}=0.002\mu m \tag{5-19}$$

以工件尺寸或误差为横坐标，以频数或频率为纵坐标，即可作出该工序加工尺寸的实际分布直方图。为了便于比较，纵坐标应采用频率密度。

$$频率密度=\frac{频率}{组距}=\frac{频数}{样本容量×组距}$$

直方图上矩形的面积＝频率密度×组距＝频率

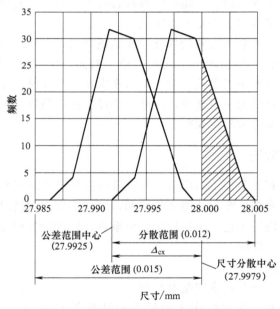

图 5-40　活塞销孔直径尺寸实际分布

以组中值 X_i 代替组内零件实际值，绘制实际分布曲线——折线图，如图 5-40（由直方图的组中值连线而得）。分散范围＝最大孔径－最小孔径＝28.004－27.992＝0.012mm。

为了进一步分析该工序的加工精度情况，可在实际分布图上标出该工序的公差带位置，并计算该样本的统计数字特征，即平均值 $\overline{X}$ 和标准偏差 σ。

样本的平均值 $\overline{X}$ 表示该样本的尺寸分散中心,它主要决定于调整尺寸的大小和常值系统性误差。

$$\overline{X} = \frac{1}{n} \sum_{i=1}^{n} X_i m_i = 27.9979 \text{mm} \tag{5-20}$$

公差范围中心：$L_M = 28 - 0.015 \div 2 = 27.9925 \text{mm}$

常值系统误差：$\Delta_{cx} = 27.9979 - 27.9925 = 0.0054 \text{mm}$

样本的标准偏差 σ 反映了该批工件的尺寸分散程度,它是由变值系统误差和随机误差决定的。该误差大,σ 也大;误差小,σ 也小。

$$\sigma = \sqrt{\frac{1}{n} \sum_{i=1}^{n} (x_i - \overline{X})^2} = 0.002244 \text{mm} \tag{5-21}$$

由图 5-40 可以看出,部分工件的尺寸超出了公差范围,即出现了废品(实际分布曲线图中阴影部分);但这批工件的分散范围 0.012mm 比公差带 0.015mm 小,说明实际加工能力比图纸要求的要高($T > 6\sigma$)。之所以出现废品,是由于有系统误差 $\Delta_{cx} = 0.0054$ 存在。如果能设法将分散中心调整到公差范围中心,工件就完全合格。具体的调整方法是将镗刀的伸出量调短些,以减少镗刀受力变形产生的加工误差。

为了知道这一批零件的废品率,进一步研究工序的加工精度问题,常常应用数理统计学中的一些理论分布曲线代替实际分布曲线,以便找出频率密度与加工尺寸(或误差)之间的关系。

(2) 理论分布曲线

① 正态分布曲线。

大量实验表明,用调整法加工一批工件,当加工中不存在明显的变值系统误差时,各随机误差之间是相互独立的,在随机误差中没有一个是起主导作用的误差因素,则加工后零件的尺寸是近似服从正态分布曲线(即高斯曲线),如图 5-41 所示。

其概率密度的函数表达式是：

$$y = \frac{1}{\sigma \sqrt{2\pi}} e^{-\frac{1}{2} \left(\frac{x-\mu}{\sigma} \right)^2} \quad (-\infty < x < +\infty, \sigma > 0) \tag{5-22}$$

式中　y——分布概率密度；
　　　x——随机变量；
　　　μ——正态分布随机变量总体的算术平均值
　　　　　（分散中心）；
　　　σ——正态分布随机变量的标准偏差。

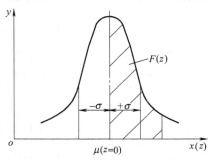

图 5-41　正态分布曲线

正态分布的概率密度函数有两个特征参数。由式 (5-22) 及图 5-41 可以看出,当 $x = \mu$ 时,$y_{\max} = 1/(\sigma\sqrt{2\pi})$,这是曲线的最大值,也是曲线的分布中心。在它左右的曲线是对称的。正态分布总体的 μ 和 σ 通常是不知道的,但可以通过它的样本平均值 $\overline{x}$ 和样本标准偏差 σ 来估计。即用样本的 $\overline{x}$ 代替总体的 μ,用样本的 σ 代替总体的 σ。$\overline{x}$ 是表征分布曲线位置的参数,当 σ 不变时,改变 $\overline{x}$ 的值,分布曲线沿横坐标移动,但形状不变,如图 5-42 (a) 所示。σ 是表征分布曲线形状的参数。当 $\overline{x}$ 不变时改变 σ,曲线形状发生变化,如图 5-42 (b) 所示。可见,σ 反映了随机变量的分散程度,其大小完全由随机误差所决定。

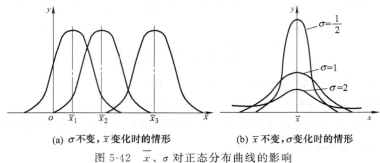

(a) σ 不变，$\bar{x}$ 变化时的情形　　(b) $\bar{x}$ 不变，σ 变化时的情形

图 5-42　$\bar{x}$、σ 对正态分布曲线的影响

平均值 $\mu=0$，标准差 $\sigma=1$ 的正态分布称为标准正态分布，记为：$x(z)\sim N(0,1)$。由分布函数的定义可知，正态分布函数是正态分布概率密度函数的积分，即：

$$F(x)=\frac{1}{\sigma\sqrt{2\pi}}\int_{-\infty}^{x}e^{-\frac{1}{2}\left(\frac{x-\mu}{\sigma}\right)^2}dx \tag{5-23}$$

正态分布曲线下的面积 $F(x)=\dfrac{1}{\sigma\sqrt{2\pi}}\displaystyle\int_{-\infty}^{+\infty}y\,dx=1$，代表了全部零件数（即 100%）。令 $Z=\dfrac{x-\mu}{\sigma}$，则：

$$F(z)=\frac{1}{\sqrt{2\pi}}\int_{0}^{z}e^{-\frac{z^2}{2}}dz \tag{5-24}$$

利用式（5-24），可将非标准正态分布（图 5-41）转换成标准正态分布进行计算。$F(z)$ 为图 5-41 中有阴影部分的面积。不同 z 值的 $F(z)$ 可由表 5-4 查出。

表 5-4　$F(z)=\dfrac{1}{\sqrt{2\pi}}\displaystyle\int_{0}^{z}e^{-\frac{z^2}{2}}dz$

z	$F(z)$	z	$F(z)$	z	$F(z)$	z	$F(z)$	z	$F(z)$
0.02	0.0080	0.36	0.1406	0.66	0.2454	1.10	0.3643	2.10	0.4821
0.04	0.0160	0.38	0.1480	0.68	0.2517	1.15	0.3749	2.20	0.4861
0.06	0.0239	0.40	0.1554	0.70	0.2580	1.20	0.3849	2.30	0.4893
0.08	0.0319	0.42	0.1628	0.72	0.2642	1.25	0.3944	2.40	0.4918
0.09	0.0359	0.43	0.1664	0.74	0.2703	1.30	0.4032	2.50	0.4938
0.10	0.0398	0.44	0.1700	0.76	0.2764	1.35	0.4115	2.60	0.4953
0.12	0.0478	0.45	0.1736	0.78	0.2823	1.40	0.4192	2.70	0.4965
0.14	0.0557	0.46	0.1772	0.80	0.2881	1.45	0.4265	2.80	0.4974
0.16	0.0636	0.47	0.1808	0.82	0.2939	1.50	0.4332	2.90	0.4981
0.18	0.0714	0.48	0.1844	0.84	0.2995	1.55	0.4394	3.00	0.49865
0.19	0.0753	0.49	0.1879	0.86	0.3051	1.60	0.4452	3.20	0.49931
0.20	0.0793	0.50	0.1915	0.88	0.3106	1.65	0.4505	3.40	0.49966
0.22	0.0871	0.52	0.1985	0.90	0.3159	1.70	0.4554	3.60	0.499841
0.24	0.0948	0.54	0.2054	0.92	0.3212	1.75	0.4599	3.80	0.499928
0.26	0.1026	0.56	0.2123	0.94	0.3264	1.80	0.4641	4.00	0.499968
0.28	0.1103	0.58	0.2190	0.96	0.3315	1.85	0.4678	4.50	0.499997
0.30	0.1179	0.60	0.2257	0.98	0.3365	1.90	0.4713	5.00	0.49999997
0.32	0.1255	0.62	0.2324	1.00	0.3413	1.95	0.4744	—	—
0.34	0.1331	0.64	0.2389	1.05	0.3531	2.00	0.4772	—	—

当 $x-\mu=\pm 3\sigma$ 时，由表 5-4 查得 $2F(3)=99.73\%$，即 99.73% 的工件尺寸落在 $\pm 3\sigma$ 范围内，仅有 0.27% 的工件在范围之外（可忽略不计）。因此，可以认为正态分布曲线的分散

范围为 $\pm 3\sigma$。

$\pm 3\sigma$（或 6σ）的概念，在研究加工误差时应用很广，是一个很重要的概念。6σ 的大小代表某加工方法在一定条件下所能达到的加工精度，所以在一般情况下，应该使所选择的加工方法的标准差 σ 与公差带宽度 T 之间具有下列关系：

$$6\sigma \leqslant T \tag{5-25}$$

但考虑到系统性误差及其他因素的影响，应当使 6σ 小于公差带宽度 T，方可保证加工精度。

② 非正态分布曲线。

工件实际尺寸的分布情况，有时并不符合正态分布。例如，将在两次调整下加工出的工件混在一起测定，尽管每次调整时加工的工件都接近于正态分布，但由于常值系统误差不同，相当于两个正态分布中心位置不同，叠加在一起就会得到如图 5-43（a）所示的双峰曲线。

又如当磨削细长孔时，如果砂轮磨损较快且没有自动补偿，则工件的实际尺寸分布将成平顶分布，如图 5-43（b）所示。它实质上是正态分布曲线的分散中心在不断地移动，也即在随机性误差中混有变值系统性误差。

再如，用试切法加工轴颈或孔时，由于操作者为了避免产生不可修复的废品，主观地（而不是随机的）使轴颈加工得宁大勿小，使孔径加工得宁小勿大，则它们的尺寸就是偏态分布，如图 5-43（c）所示。当用调整法加工、刀具热变形显著时，也会出现偏态分布。

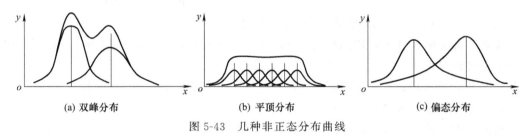

图 5-43 几种非正态分布曲线

(3) 分布曲线的应用

① 判别加工误差的性质。如果 $T/6\sigma < 1$，则必然出现废品，且主要是由随机误差造成的。如果 $T/6\sigma \geqslant 1$，且有废品出现，则主要是由系统误差引起的；如果此时尺寸分布服从正态分布，则说明加工过程中没有明显的变值系统误差。尺寸分散中心 $\overline{X}$ 与公差带中心不重合就说明存在常值系统误差。

② 确定工序能力及等级。工序能力是指某工序处于稳定、正常状态时，此工序加工误差正常波动的幅值。当加工尺寸服从正态分布时，根据 $\pm 3\sigma$ 原则，工序能力为 6σ。引入工序能力系数 C_p 以判断工序能力的大小。C_p 按下式计算：

$$C_p = T/6\sigma \tag{5-26}$$

根据 C_p 的大小，把工序能力分为五级（见表 5-5）。一般情况下，工序能力不应低于二级。

表 5-5 工序能力系数等级

工序能力系数	$C_p > 1.67$	$1.67 \geqslant C_p > 1.33$	$1.33 \geqslant C_p > 1.00$	$1.00 \geqslant C_p > 0.67$	$0.67 \geqslant C_p$
工序能力等级	特级工艺	一级工艺	二级工艺	三级工艺	四级工艺
工序能力判断	很充分	充分	够用但不充分	明显不足	非常不足

③ 估算不合格品率。根据【例 5-1】已计算出的结果，可知其工序能力系数：

$$C_p = \frac{T}{6\sigma} = \frac{0.015}{6 \times 0.002244} \approx 1.114,\text{属于二级工艺。}$$

因为：
$$z = \frac{x - \overline{x}}{\sigma} = \frac{28 - 27.9979}{0.002244} = 0.9358$$

查表 5-4 由插值法可得：$F(z) = 0.3253$。

所以：
$$P_{\text{废品率}} = 0.5 - F(z) = 0.5 - 0.3253 = 0.1747 = 17.47\%$$
$$P_{\text{合格率}} = 0.5 + F(z) = 0.5 + 0.3253 = 0.8253 = 82.53\%$$

【例 5-2】 在卧式镗床上镗削一批箱体零件的内孔，孔径尺寸要求为 $\phi 70^{+0.2}_{0}$ mm，已知孔径尺寸按正态分布，$\overline{X} = 70.08$ mm，$\sigma = 0.04$ mm，试计算这批加工件的合格品率和不合格品率。

【解】 根据题意作图 5-44（分布图）：

转换为标准正态分布时：
$$Z_{右} = \frac{x - \overline{x}}{\sigma} = \frac{70.2 - 70.08}{0.04} = 3$$
$$Z_{左} = \frac{x - \overline{x}}{\sigma} = \frac{70.08 - 70}{0.04} = 2$$

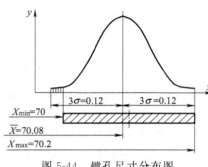

图 5-44 镗孔尺寸分布图

查表 5-4 得：$F(2) = 0.4772$；$F(3) = 0.49865$。

曲线右半部分的尺寸不合格品率为：$P_{右} = 0.5 - F(3) = 0.5 - 0.49865 = 0.135\%$，这些不合格品不可修复。

曲线左半部分的尺寸不合格品率为：$P_{右} = 0.5 - F(2) = 0.5 - 0.4772 = 0.0228 = 2.28\%$，这些不合格品可修复。

合格品率为：$P = 1 - 0.135\% - 2.28\% = 97.585\%$。

由前面的实例分析发现，分布曲线分析法难以把随机误差与变值系统误差区分开，主要是由于分析时没有考虑到工件加工的先后顺序。另外是在一批工件加工完毕后才知道尺寸分布情况的，因此不能在加工过程中及时提供控制精度的信息。采用点图分析法可以弥补这些不足。

5.4.3 点图分析法

点图法是在一批工件的加工过程中，按顺序依次测量被加工工件的尺寸，并以时间间隔为序，逐个或逐组记入相应图表中，以此为依据对加工误差以及加工过程进行分析的方法。

点图有多种形式，这里仅介绍单值点图和 $\overline{X} - R$ 点图两种。

(1) 单值点图

按照加工顺序逐个测量一批工件的尺寸，以工件序号作横坐标，工件尺寸（或误差）为纵坐标，就可以作出如图 5-45（a）所示的单值点图。为了缩短点图的长度，可把顺次加工的几个零件编为一组，以工件组序为横坐标，而纵坐标与图 5-45 相同，可作出如图 5-45（b）所示的分组点图。

假如把点图上的上、下极限点包络成两根平滑的曲线，并作出这两根平滑曲线的平均值曲线，就能较清楚地揭示加工过程中误差的性质及其变化趋势，如图 5-46 所示。平均值曲线

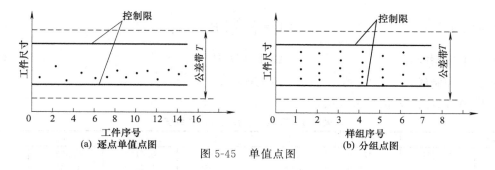

图 5-45 单值点图

OO' 表示每一瞬时的分散中心,其变化情况反映了变值系统性误差随时间变化的规律。其起始点 O 则可看出常值系统性误差的影响。上、下限 AA' 和 BB' 间的宽度表示每一瞬时尺寸的分散范围,也就是反映了随机性误差的大小,其变化情况反映了随机性误差随时间变化的规律。

单值点图上画有上、下两条控制界限的虚线,作为控制不合格品的参考界限。

(2) $\overline{X}-R$ 图

为了能直接反映加工过程中系统误差和随机误差随加工时间的变化趋势,实际生产中常用 $\overline{X}-R$ 图代替单值点图。$\overline{X}-R$ 图是每一小样组的平均值 $\overline{X}$ 控制图和极差 R 控制图联合使用时的统称。前者控制工艺过程质量指标的分布中心,后者控制工艺过程质量指标的分散程度。

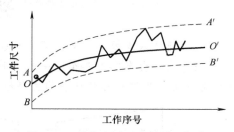

图 5-46 单值点图反映的误差规律

$\overline{X}-R$ 图的横坐标是按时间先后采集的小样本的组序号,纵坐标为样本的平均值 $\overline{X}$ 和极差 R。

绘制 $\overline{X}-R$ 图是以小样本顺序随机抽样为基础的。在工艺过程中,每隔一定时间抽取容量 $m=2\sim10$ 件的一个小样本,求出小样本的平均值 $\overline{X}_i$ 和极差 R_i。经过若干时间后,就可取得若干组(例如 k 组,通常取 $k=25$)小样本。这样,以样组序号为横坐标,分别以 $\overline{X}_i$ 和 R_i 为纵坐标,就可分别作 $\overline{X}$ 点图和 R 点图。在 $\overline{X}-R$ 图上设置三根线,即中心线和上、下控制线,即可得到图 5-48 所示的 $\overline{X}-R$ 控制图。

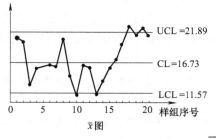 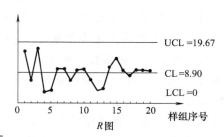

图 5-47 $\overline{X}-R$ 控制图

$\overline{X}$ 图的中心线: $\qquad$ $\mathrm{CL}=\dfrac{1}{k}\sum_{i=1}^{k}x_i$ (5-27)

$\overline{X}$ 图的上控制线: $\qquad$ $\mathrm{UCL}=\overline{X}+AR$ (5-28)

$\overline{X}$ 图的下控制线: $\qquad$ $\mathrm{LCL}=\overline{X}-AR$ (5-29)

R 的中心线：
$$CL = \frac{1}{k}\sum_{i=1}^{k} R_i \tag{5-30}$$

R 的上控制线：
$$UCL = D_1 \overline{R} \tag{5-31}$$

R 的下控制线：
$$LCL = D_2 \overline{R} \tag{5-32}$$

系数 A、D_1、D_2 值见表 5-6。

表 5-6　系数 A、D_1、D_2 的数值

每组件数	3	4	5	6	7	8	9
A	1.0231	0.7285	0.5768	0.4833	0.4193	0.3726	0.3367
D_1	2.5742	2.2819	0.0002	2.0039	1.9242	1.8641	1.8162
D_2	0	0	0	0	0.0758	0.1359	0.1838

习题与思考题

5-1　何谓误差敏感方向？车床与镗床的误差敏感方向有何不同？

5-2　在三台车床上各车削一批光轴，加工后经测量发现有如图 5-48 所示的形状误差。试分别分析产生这种形状误差的主要原因。分别应采用什么办法来减少或消除？

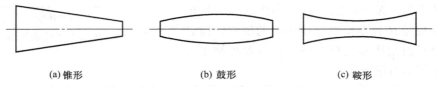

(a) 锥形　　　(b) 鼓形　　　(c) 鞍形

图 5-48　车削形状误差因素分析

5-3　试分析在车床上加工时产生下述误差的原因：
① 在车床上镗孔时，引起被加工孔圆度误差和圆柱度误差。
② 在车床三爪自定心卡盘上镗孔时，引起内孔与外圆不同轴度、端面与外圆的不垂直度。

5-4　什么是主轴回转精度？为什么外圆磨床头架中的顶尖不随工件一起回转，而车床床头箱中的顶尖则是随工件一起回转的？

5-5　为什么卧式车床床身导轨在水平面内的直线度要求高于垂直面内的直线度？

5-6　某车床导轨在水平面内的直线度误差为 0.015/1000mm，在垂直面内的误差为 0.025/1000mm，欲在此车床上车削直径为 ϕ60mm、长度为 150mm 的工件，试计算被加工工件由导轨几何误差引起的圆柱度误差。

5-7　在镗床上镗孔时，刀具作旋转主运动，工件作进给运动，试分析加工表面产生椭圆形误差的原因。

5-8　在车床上车削工件端面时出现图 5-49 所示形状误差，试分别指出造成这种端面几何形状误差的原因。

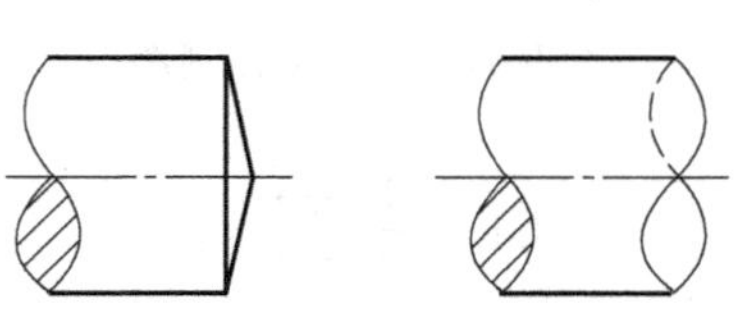

(a) 锥台　　　(b) 平面凸轮

图 5-49　车削端平面形状误差因素分析

5-9 设已知一工艺系统的误差复映系数为 0.25，工件在本工序前有圆柱度误差（椭圆度）0.45mm。若本工序形状精度规定公差 0.01mm，请问至少进给几次方能使形状精度合格？

5-10 已知某车床的部件刚度分别为：$K_{主轴}=50000\text{N/mm}$；$K_{刀架}=23330\text{N/mm}$，$K_{尾座}=34500\text{N/mm}$。现在该车床上采用前后顶尖定位车一直径为 $\phi 50_{-0.2}^{0}\text{mm}$ 的光轴，其径向力 $F_p=3000\text{N}$，假设刀具和工件的刚度都很大。试求：①车刀位于主轴箱端处工艺系统的变形量；②车刀在距主轴箱 1/4 工件长度处工艺系统的变形量；③车刀处在工件中点处工艺系统的变形量；④车刀处在距主轴箱 3/4 工件长度处工艺系统的变形量；⑤车刀处在尾座处工艺系统的变形量，完成计算后，画出加工后工件的纵向截面图。

5-11 试说明磨削外圆时使用死顶尖的目的是什么？若机床几何精度良好，试分析磨外圆后截面的形状误差，画出其截面形状。哪些因素引起外圆的圆度和锥度误差（见图 5-50）。

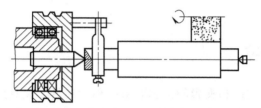

图 5-50 外圆磨削形状误差因素分析

5-12 在车床两顶尖间加工轴的外圆，如图 5-51 所示，当用调整法车削时，试分析：
① 若车床主轴回转轴线每转产生两次径向圆跳动，则工件将呈什么形状？
② 当机床导轨与主轴回转轴线在水平面内不平行时，车出的工件是什么形状？
③ 导轨在水平面内的直线度误差将使工件产生什么样的形状误差？
④ 导轨在垂直面内的直线度误差将使工件产生什么样的形状误差？
⑤ 在背向切削力作用下，当只考虑机床刚度的影响时，若机床头部刚度大于尾部刚度，工件将呈什么形状？若只考虑工件刚度的影响，工件将呈什么形状？

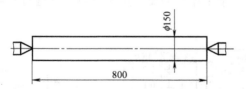

图 5-51 车床刚度对工件形状误差的影响

5-13 车削一批轴的外圆，其尺寸为 $d=(25\pm 0.05)\text{mm}$。已知此工序的加工误差分布曲线是正态分布，其标准偏差 $\sigma=0.025\text{mm}$，曲线的顶峰位置偏于公差带中值的左侧 0.01mm。试求零件的合格率、废品率。工艺系统经过怎样的调整可使废品率降低？

5-14 有一批零件，其内孔尺寸为 $\phi 70_{0}^{+0.03}\text{mm}$，属正态分布。试求尺寸在 $\phi 70_{+0.01}^{+0.03}$ mm 之间的概率。

5-15 车削一铸铁件外圆表面，若进给量 $f=0.3\text{mm/r}$，刀尖圆弧半径 $r_\varepsilon=3\text{mm}$，请问车削后能达到的表面粗糙度是多大？影响切削加工表面粗糙度的因素有哪些？

5-16 加工后，零件表面层为什么会产生加工硬化？影响加工硬化的因素有哪些？

5-17 为什么磨削加工容易产生烧伤？减少磨削烧伤的方法有哪些？

第6章

机床夹具设计原理

6.1 机床夹具概述

凡是用来对工件进行定位和夹紧的工艺装备统称为夹具。夹具广泛应用于机械制造工艺过程的各个环节,如焊接、热处理、机械加工、检测、装配等。因此就有焊接夹具、热处理夹具、机床夹具、检验夹具、装配夹具等夹具名称。作为夹具,在设计原理上存在着共性。例如:均具有定位元件,一般也有夹紧装置等。但由于使用场合不同,它们在设计中也有各自的特殊性。例如:检验夹具和机床夹具对定位精度要求较高,其他夹具对定位精度要求一般较低等。本章主要介绍机床夹具及其设计原理。

6.1.1 机床夹具的作用

图 6-1 是一套筒零件图,其机械加工工艺过程见表 6-1。由表可知,除工序 05 采用通用夹具-三爪自定心卡盘外,其余工序均需要专用夹具对工件进行装夹。

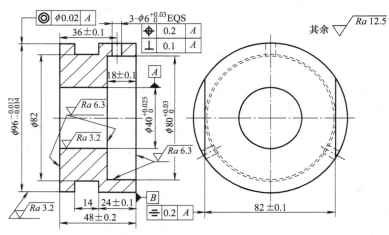

图 6-1 套筒零件图

表 6-1　零件加工工艺过程

工序号	工序内容	工序简图	机床	夹具	备注
05	粗车外圆及左端面；掉头，半精车外圆，粗、精车右端面，粗、精镗 $\phi 80mm$ 和 $\phi 40mm$ 孔		车床	三爪自定心卡盘	此为小批量加工工艺安排
10	精车外圆，精镗 $\phi 40mm$ 孔；精车左端面，保证尺寸 $(48\pm 0.2)mm$		车床	车床夹具	
15	钻 $3\times \phi 6mm$ 孔		钻床	钻床夹具	
20	铣扁保证尺寸 $(86\pm 0.1)mm$		铣床	铣床夹具	

图 6-2 为工序 15 中钻 $3\times \phi 6mm$ 孔的钻床夹具。工件以内孔和端面在定位轴套 2 及其台肩面上定位，采用螺母 3 和开口垫圈 4 对工件实现快速夹紧和装卸。通过对定销 9 实现工件回转分度，以加工 $3\times \phi 6mm$ 孔。回转分度时，通过手柄螺母 7 将定位轴套向右拉，使其靠紧在夹具体 10 上，以实现对工件分度完毕后的锁紧固定；钻套 5 用来引导钻头，以保证加工孔的位置尺寸要求。

在该夹具中，被加工孔的尺寸精度（$\phi 6mm$）直接由定尺寸刀具（钻头）保证，孔的位置尺寸（36 ± 0.1）mm 以及其他位置精度均由钻套相对于定位元件的位置精度来保证，而 $3\times \phi 6mm$ 孔的相互分布位置则由夹具上的分度装置保证。由此不难看出，机床夹具具有以下作用。

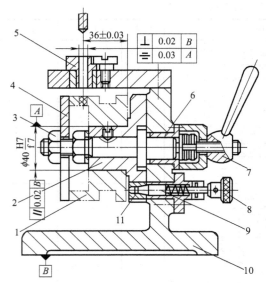

图 6-2 钻 3×φ6mm 孔的钻床夹具
1—工件；2—定位轴套；3—螺母；4—开口垫圈；
5—钻套；6—衬套；7—手柄螺母；8—把手；
9—对定销；10—夹具体；11—对定套

① 可以稳定保证工件的加工精度。采用夹具装夹工件，工件相对于刀具及机床的位置精度由夹具保证，不受工人技术水平的影响，工件的加工精度可以保持稳定不变。

② 可以减少辅助时间，提高劳动生产率。采用夹具后，可以省去对工件的逐个找正和对刀，使辅助时间会显著减少；另外，用夹具装夹工件，比较容易实现多件、多工位加工，以及使机动时间与辅助时间重合等；当采用机械化、自动化程度较高的夹具时，可进一步减少辅助时间，从而可以大大提高劳动生产率。

③ 可以扩大机床的使用范围，实现一机多能。在机床上配备专用夹具，可以使机床使用范围扩大。例如：在车床床鞍上或在摇臂钻床工作台上安放镗模后，可以进行箱体孔系的镗削加工，使车床、钻床具有镗床的功能。

④ 可以改善工人的劳动条件，降低劳动强度。

6.1.2 机床夹具的组成

夹具的结构形式可以千变万化，但其主要作用就是对工件进行定位和夹紧。因此，夹具一般由下列几部分组成。

① 定位元件。定位元件指与工件定位表面相接触或配合，用以确定工件在夹具中准确位置的元件，如图 6-2，中的定位轴套 2。

② 夹紧装置。用来对工件进行夹紧，以保证工件已经定好的位置在加工过程中不受其他作用力的破坏，如图 6-2 中的螺母 3 和开口垫圈 4。

③ 对刀、引导元件。对刀、引导元件是用来保证刀具相对于夹具或工件之间准确位置的元件，如图 6-2 中的钻套 5。此外，铣床夹具中的对刀块和镗床夹具中的镗套也属此类元件。

④ 其他元件和装置。为了满足工件装卸和加工中其他需要所设置的元件及装置。例如：为提高工件局部刚度设置的辅助支承；装卸工件用的上下料装置、顶出装置；为实现多分布面加工用的分度装置；为了让刀的抬起装置等。如图 6-2 中的衬套 6、手柄螺母 7、把手 8、对定销 9 和对定套 11 等均属分度装置的元件。

⑤ 连接元件。连接元件用以确定夹具相对于机床之间准确位置，并将夹具紧固在机床上的元件。如夹具与机床工作台之间连接用 T 形槽螺栓、铣床夹具与铣床工作台相互对定的定位键等。

⑥ 夹具体。夹具体是用来连接夹具其他各部分，使之成为一个有机整体的基础件。一般情况下，夹具体是夹具中最大的一个元件，如图 6-2 中的件 10。

在夹具中，定位元件是必有的，其他各组成部分并不是每一夹具所必需的。

6.1.3 机床夹具的种类

在机床上用来确定工件位置并将其夹紧的工艺装备称为机床夹具（简称夹具）。研究机床夹具分类的目的是为了更好地了解各类夹具的不同特点和应用范围，进而掌握各类夹具设计中的普遍性原理和特殊性问题。机床夹具一般按专门化程度、使用的机床和夹紧动力源进行分类。

(1) 按专门化程度分类

① 通用夹具。指具有较高通用性的夹具，其结构尺寸已经系列化。这类夹具一般由专门厂家生产制造，有些已经作为机床附件随机床一起供应，如三爪卡盘、四爪卡盘、虎钳、顶尖等。通用夹具均具有适应性强、成本低、可缩短生产准备周期的优点，但其效率较低、定位精度较差也是不容忽视的。因此，通用夹具多用于加工精度要求不高的中、小批和单件生产场合。

② 专用夹具。针对某一工件的某一工序加工精度要求而专门设计、制造的夹具称为专用夹具。由于具有非常高的针对性，所以其效率很高，结构紧凑，定位精度较高；但制造周期较长，成本较高，不具有通用性。同时，高的针对性也决定了专用夹具一般由使用单位自行设计、制造。专用夹具多用于生产批量较大场合；小批量生产中，当工件加工精度较高或加工困难时也采用专用夹具。

③ 可调夹具。通过更换和调整夹具上的个别元件，就可满足相同或相似类型，但具有不同结构尺寸工件装夹需要的一类夹具称为可调夹具。可调夹具又分为通用可调夹具和成组夹具两种。通用可调夹具是指具有一定通用性的可调夹具，如滑柱钻模；成组夹具是专门应用于成组工艺的夹具，要求夹具在同组工件装夹中能够可调。

④ 组合夹具。由预先制造好的标准元件组装而成的夹具。组成夹具的元件可多次拆装，重复利用。组合夹具的特点就是夹具组装极快；可减少夹具品种，降低夹具的保管、维护费用；可降低工件的加工成本。因此，组合夹具非常适合于新产品的开发试制和单件、小批生产类型。

⑤ 随行夹具。随行夹具是指在自动线加工中，可随同工件按加工工艺需要一起移动的夹具。随行夹具必须要与固定安装在各加工工位的工位夹具配套使用。随行夹具不同于一般夹具的地方就是具有两套定位基准，一套用于对工件进行定位，另一套用于在工位夹具上对其本身定位。加工时，先将工件装夹在随行夹具上，然后随行夹具带着工件沿自动线依次完成在各工位的装夹和加工。随行夹具适用于被加工工件无可靠定位精基准的情况。

(2) 按使用的机床分类

根据所使用的机床，夹具可分为车床夹具、铣床夹具、钻床夹具、镗床夹具、拉床夹具、齿轮加工机床夹具等。

(3) 按夹紧动力源分类

根据夹具所使用的夹紧动力源，夹具可分为手动夹具、电动夹具、气动夹具、液压夹具、电磁夹具、真空夹具等。

6.2 工件在夹具中的定位设计

工序加工时，必须先要保证工件相对于机床或夹具的正确几何位置关系，这一操作过程称为"定位"。定位的目的是为了保证工序的加工精度（位置尺寸精度和位置精度）要求。要解决工件在夹具中的定位问题，必须首先搞清楚下列几个问题：工件在空间有几个自由度，如何限制这些自由度？工件的工序加工精度与自由度限制有什么关系？如何限制工件的自由度？对工件自由度的限制有什么要求？

6.2.1 工件的定位方案设计

（1）六点定位原理

自由度是指刚体在独立运动方向上的活动可能性，活动可能性的独立方向个数就是自由度的数目。

一个自由刚体在空间直角坐标系中有 6 个独立活动的方向（正反方向认为是一个方向），其中有 3 个是沿坐标轴 x、y、z 方向的移动自由度，分别用 $\vec{X}$、$\vec{Y}$、$\vec{Z}$ 表示；另外 3 个是绕坐标轴 x、y、z 的转动自由度，分别用 $\hat{x}$、$\hat{y}$、$\hat{z}$ 表示，如图 6-3 所示。

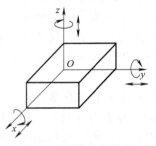

图 6-3　刚体在空间的六个自由度

工件在夹具中定位的实质就是确定工件在夹具中占有正确几何位置的问题。工件可以看作是一个刚体，它同样具有 6 个自由度，要使工件在某方向具有确定的位置，就必须在该方向上对工件施加约束。当工件的 6 个自由度均被限制后，工件在空间的位置就唯一地被确定下来。而每个自由度可以用相应的支承点来加以限制，如图 6-4（a）所示。如果按图 6-4（b）所示，6 个支承点应 6 个支承钉代替，工件的 3 个面分别与这些支承钉保持接触，工件的 6 个自由度就全部被限制了。

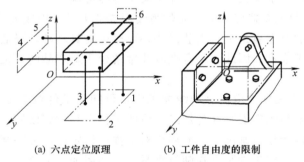

（a）六点定位原理　　　　（b）工件自由度的限制

图 6-4　工件的六点定位

用合理分布的 6 个定位支承点限制工件的 6 个自由度，使工件在空间得到唯一确定位置的方法，称为工件的 6 点定位原理。

在夹具设计中，定位支承点是由具体的定位元件来体现的。一个定位元件究竟相当于几个支承点，要视定位元件的具体工作方式及其与工件接触范围的大小而论。图 6-4 中位于底面的 3 个支承点在实际的夹具结构中可能是一个大的平板，或是两块狭长平板，或是 3 个支承钉。因此，在运用六点定位原理分析工件的定位问题时，必须从定位元件实际能够限制的自由度数来分析判断。当一个较小的支承平面与尺寸较大的工件相接触时，只相当于一个支承点，只能限制工件一个自由度；一个窄长平面在某一方向上与工件有较大范围的接触，就相当于两个支承点或一条线，就可以限制工件两个自由度；一个与工件内孔接触长度较短的圆柱定位销相当于两个支承点，限制工件两个自由度；而一个与工件内孔接触长度较长的圆柱销则相当于 4 个支承点，可以限制工件 4 个自由度等。

(2) 工件加工必须限制的自由度

工件在夹具中定位的目的是为了保证工件工序加工精度要求，所以影响工件工序加工精度的自由度必须加以限制。但有些不影响工序加工精度要求的自由度在夹具设计时也需要加以限制。

如图 6-5 所示工件，铣削平面 A，保证工序尺寸 $H_{-\delta_H}^{0}$。影响该工序尺寸的自由度是 $\vec{Z}$、$\widehat{x}$ 和 $\widehat{y}$，必须加以限制。同时，为了避免夹紧力引起工件产生移动和转动，也需要限制 $\vec{X}$ 和 $\widehat{z}$；为了防止工件由于受到铣削水平分力的作用而沿 y 轴移动，同样也需限制 $\vec{Y}$。

由此可见，需要限制的自由度有两类：把影响工件的工序加工精度要求必须要限制的自由度称为第一类自由度；为了抵消切削力、夹紧力等其他方面要求而需要限制的自由度称为第二类自由度。显然，限制第一类自由度的定位元件需要有较高的制造精度，而限制第二类自由度的定位元件对制造精度就没有特别的要求。

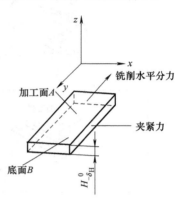

图 6-5　两类自由度的划分

在分析限制工件第一类自由度时，工件的工序尺寸和位置精度往往几项并存，应逐一分析每项加工要求所需限制的第一类自由度，然后加以综合，剔除重复限制的自由度，从而确定必须限制的第一类自由度数目。如果已分析限制的第一类自由度数目达到 6 个，就不需再分析第二类自由度的限制；如果第一类自由度数目少于 6 个，就要根据具体加工情况考虑是否需要限制第二类自由度。事实上，工件的 6 个自由度不一定都要加以限制，那些对工件加工精度要求及其他要求影响不大的自由度可以不加限制。

根据工件加工精度要求需要限制的第一类自由度分析见表 6-2 中各个示例。

表 6-2　根据工件加工精度要求需要限制的第一类自由度

序号	工序简图	加工要求	机床、刀具	需限制的第一类自由度
1	（加工面，球体）	尺寸 H	立式铣床 立铣刀	$\vec{Z}$
2	（加工面，圆柱体）	尺寸 H	立式铣床 立铣刀	$\vec{Z}$ $\widehat{y}$
3	（加工槽，圆柱体）	①尺寸 H ②尺寸 L ③尺寸 W 对 ϕD 轴线的对称度	立式铣床 立铣刀	$\vec{X}$、$\vec{Y}$、$\vec{Z}$ $\widehat{y}$、$\widehat{z}$

续表

序号	工序简图	加工要求	机床、刀具	需限制的第一类自由度
4	加工槽	①尺寸 H ②尺寸 W 对 ϕD 轴线的对称度	立式铣床 立铣刀	$\vec{Y}$、$\vec{Z}$ $\hat{y}$、$\hat{z}$
5	加工槽	①尺寸 H ②尺寸 L ③尺寸 W 对 ϕD 轴线的对称度 ④尺寸 W 对尺寸 W_1 的对称度	立式铣床 立铣刀	$\vec{X}$、$\vec{Y}$、$\vec{Z}$ $\hat{x}$、$\hat{y}$、$\hat{z}$
6	加工槽	①尺寸 B ②尺寸 H ③尺寸 W	立式铣床 立铣刀	$\vec{Y}$、$\vec{Z}$ $\hat{x}$、$\hat{y}$、$\hat{z}$
7	加工槽	①尺寸 B ②尺寸 H ③尺寸 L ④尺寸 W	立式铣床 立铣刀	$\vec{X}$、$\vec{Y}$、$\vec{Z}$ $\hat{x}$、$\hat{y}$、$\hat{z}$
8	加工孔	通孔 ①尺寸 A ②尺寸 B 不通孔	立式钻床 钻头	$\vec{X}$、$\vec{Y}$ $\hat{x}$、$\hat{y}$、$\hat{z}$ $\vec{X}$、$\vec{Y}$、$\vec{Z}$ $\hat{x}$、$\hat{y}$、$\hat{z}$
9	加工孔	通孔 加工孔轴线对 ϕD 轴线同轴 不通孔	立式钻床 钻头	$\vec{X}$、$\vec{Y}$ $\hat{x}$、$\hat{y}$ $\vec{X}$、$\vec{Y}$、$\vec{Z}$ $\hat{x}$、$\hat{y}$
10	加工孔	通孔 ①尺寸 L ②加工孔轴线与 ϕD 圆柱轴线相交且垂直 ③对 ϕd_1 的位置要求 不通孔	立式钻床 钻头	$\vec{X}$、$\vec{Y}$ $\hat{x}$、$\hat{y}$、$\hat{z}$ $\vec{X}$、$\vec{Y}$、$\vec{Z}$ $\hat{x}$、$\hat{y}$、$\hat{z}$

序号	工序简图	加工要求		机床、刀具	需限制的第一类自由度
11	(图:圆柱件上加工孔 φd、φD，尺寸A)	通孔	①尺寸 A ②对 φd 孔的位置	立式钻床 钻头	$\vec{X}$、$\vec{Y}$ $\hat{x}$、$\hat{y}$、$\hat{z}$
		不通孔			$\vec{X}$、$\vec{Y}$、$\vec{Z}$ $\hat{x}$、$\hat{y}$、$\hat{z}$
12	(图:圆筒加工面 φd)	①加工面对 φd 的同轴度		车床	$\vec{Y}$、$\vec{Z}$ $\hat{y}$、$\hat{z}$
13	(图:阶梯轴加工面 L、φD)	①加工面对 φD 的同轴度 ②尺寸 L		车床	$\vec{X}$、$\vec{Y}$、$\vec{Z}$ $\hat{y}$、$\hat{z}$
14	(图:偏心件加工面 M、φd)	①加工面对 φd 的位置度 ②加工面长度尺寸 L ③相对 φd 中心距 M		车床	$\vec{X}$、$\vec{Y}$、$\vec{Z}$ $\hat{x}$、$\hat{y}$、$\hat{z}$

(3) 工件的四种定位方式

根据夹具定位元件限制工件自由度的情况，将工件在夹具中的定位分为下列几种定位方式。

① 完全定位。工件的 6 个自由度均被夹具定位元件所限制，使工件在夹具中处于完全确定的位置。这种定位方式显然是合理的。图 6-6 所示为几种不同工件的完全定位。

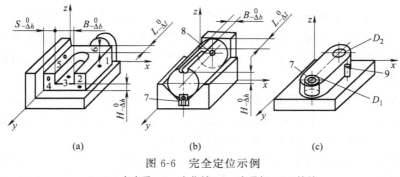

图 6-6　完全定位示例

1～6—点支承；7—定位销；8—支承钉；9—挡销

② 不完全定位。根据工件加工精度要求需限制的自由度被夹具定位元件全部限制，但工件 6 个自由度没有全部被限制的定位。这种定位虽然没有完全限制工件的 6 个自由度，

但可以满足工件加工精度要求,因此也是合理的定位。在实际夹具中,这种定位普遍存在。图 6-7 所示为几种不完全定位方式。

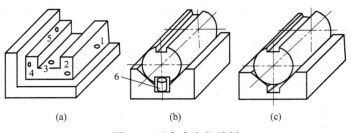

图 6-7 不完全定位示例
1~5—点支承;6—定位销

③ 欠定位。影响工件加工精度要求的自由度有未加限制的定位。这种定位显然不能保证工件的加工精度要求,在工件加工中是绝对不允许的。欠定位在通用夹具中是比较常见的,如在车床上用三爪卡盘装夹车削阶梯轴,其轴向尺寸一般就不定位。

④ 过定位。工件自由度有被重复限制的定位,称为过定位。过定位可能导致定位干涉或工件装不上定位元件,进而导致工件或定位元件在外力作用下产生变形、定位误差增大。因此,在定位设计中应该尽量避免过定位。但另一方面,过定位可以提高工件的局部刚度和工件定位的稳定性。所以当加工刚性差的工件时,过定位又是非常必要的,在精密加工和装配中也时有应用。

图 6-8(a)是工件以一面两孔定位的情况。由于两个短圆柱销均限制了 $\vec{Y}$ 自由度,产生了过定位。其后果可能会造成部分工件无法同时装入两定位销。图 6-8(b)的定位就可以解决这种过定位问题。

图 6-8(c)为孔与端面组合定位的情况。由于长销可限制工件 $\vec{X}$、$\vec{Z}$、$\hat{x}$、$\hat{z}$ 4 个自由度,大端面限制工件 $\vec{Y}$、$\hat{x}$、$\hat{z}$ 3 个自由度,其中 $\hat{x}$、$\hat{z}$ 两个自由度被重复限制,因此该定位也是过定位。如果工件孔与其端面间、长销与其台肩面间存在垂直度误差,则在轴向夹紧力作用下,将导致定位销和工件产生变形。此时,可从图 6-8(d)~(f)中选择一种定位方案加以解决。

应当指出:过定位虽有优点,但其缺点总是存在的。在某些过定位必要的情况下,应该尽量改善过定位的不合理情况,以降低过定位的不良影响,过定位的改善可从下列几个方面入手:改变定位元件间的结构关系;改变定位元件的形状尺寸;提高定位元件的精度。

(4) 定位元件

定位元件是与工件定位面直接相接触或配合,用以保证工件相对于夹具占有准确几何位置的夹具元件。常用定位元件已经国标化,在夹具设计中可直接选用。但在设计中也有不便采用标准定位元件的情况,这时可参照标准自行设计。

设计时应注意:定位元件首先要保证工件准确位置,同时还要适应工件频繁装卸以及承受各种作用力的需要。因此,定位元件应满足:具有足够的精度;有足够的刚度和强度;有一定的耐磨性。

由于定位元件的限位面要与工件的定位面相接触或配合,因此工件定位面的形状和尺寸就决定了定位元件限位面的形状、尺寸。工件定位表面不同,夹具定位元件的结构形式也不

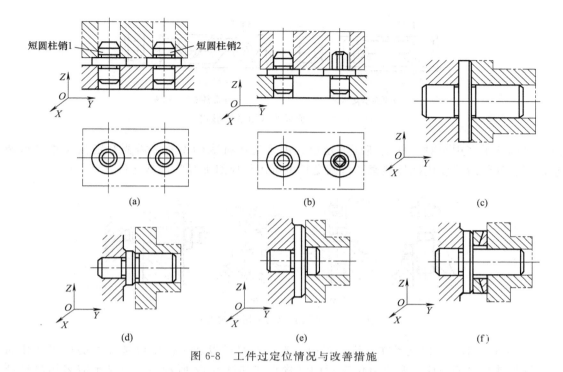

图 6-8 工件过定位情况与改善措施

同，这里只介绍几种常见定位表面所用定位元件。实际生产中使用的定位元件一般都是这些基本定位元件的组合。

① 工件以平面定位的定位元件。

机械加工中，经常见到利用工件上一个或几个平面作为定位基面来定位工件的情况，如机座、箱体盘盖类零件，多以平面作定位基准。以平面作定位基准所用定位元件属于基本支承件，包括固定支承（支承钉、支承板）、可调支承和自位支承，另外还有辅助支承。

a. 支承钉。常用支承钉的结构形式如图 6-9 所示。平头支承钉图（a）用于支承精基准面；球头支承钉图（b）用于支承粗基准面；网纹顶面支承钉图（c）能产生较大的摩擦力，但网槽中的切屑不易清除，常用在工件要求产生较大摩擦力的侧面定位场合。

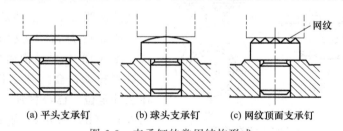

图 6-9 支承钉的常用结构形式

b. 支承板。常用的支承板结构形式如图 6-10 所示。图 6-10（a）为平面型支承板，结构简单，但沉头螺钉处清理切屑比较困难，适于作侧面和顶面定位；图 6-10（b）为带斜槽型支承板，在带有螺钉孔的斜槽中允许容纳少许切屑，适于对工件底面定位。当工件定位平面较大时，常用几块支承板组合成一个平面。

c. 可调支承。定位尺寸可调的支承称为可调支承。常用可调支承结构形式如图 6-11 所

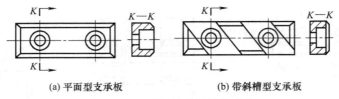

(a) 平面型支承板　　　　　(b) 带斜槽型支承板

图 6-10　支承板的常用结构形式

示。可调支承多用于对工件毛坯面的定位，由于毛坯批次的误差，需要对定位尺寸进行调整，调整到位后需要用螺母锁紧。可调支承也可用作成组夹具的调整元件。

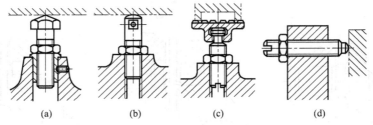

图 6-11　可调支承的常用结构形式

d. 自位支承。自位支承在定位过程中，支承本身可以随工件定位基准面的位置变化而自动调整并与之相适应。常用自位支承的结构形式如图 6-12 所示。自位支承需采用浮动结构，无论与工件是两点或三点接触，其实质只起一个支承点的作用，所以自位支承只限制工件一个自由度。使用自位支承的目的在于增加与工件的接触点，提高工件的接触刚度，减小工件变形或减少接触应力。

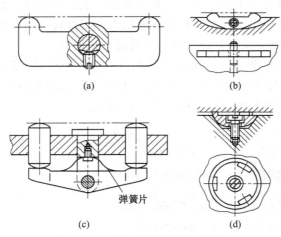

图 6-12　自位支承的常用结构形式

e. 辅助支承。在夹具中，有一种作用于工件表面的支承，但不起定位作用，即不限制工件的自由度，只用以增加工件在加工过程中的刚性，这就是辅助支承。辅助支承必须在工件定位、夹紧之后才能起作用，即在定位过程中，辅助支承要么是浮动的、要么不与工件发生接触。

图 6-13 是辅助支承的几种常见结构形式。图 6-13（a）结构简单，但在调整时支承钉要转动，会损坏工件表面，也容易破坏工件定位，已经精加工过的表面易擦伤；图 6-13（b）所示结构在旋转滚花螺母 1 时，由于止转销 3 和导向衬套 4 的限制，支承螺栓 2 只作上下直线移动；图 6-13（c）为自位式辅助支承，浮动支承钉 6 受下端弹簧 5 的推力作用总是与工件接触；当工件定位夹紧后，回转手柄 9，通过锁紧螺钉 8 和斜面锁销 7，将浮动支承 6 锁紧；图 6-13（d）为推拉式辅助支承，活动支承 11 通过推杆 10 可上下移动，回转手柄 13 时，通过钢球 14 和锁紧键 12，将活动支承 11 锁紧。

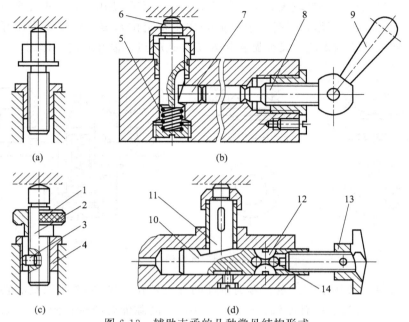

图6-13 辅助支承的几种常见结构形式

1—滚花螺母；2—支承螺栓；3—止转销；4—导向衬套；5—弹簧；6—浮动支承；7—斜面锁销；8—锁紧螺钉；9—手柄；10—推拉斜楔；11—活动支承；12—锁紧键；13—手柄；14—钢球

② 工件以圆孔定位。

工件以孔作为定位基准时，所用定位元件主要有定位销和定位心轴。

a. 定位销。定位销分为固定式和可换式两类，每类中又可分为圆柱销和菱形销两种。它们主要用于零件上的孔定位。图6-14为各种圆柱销的结构。图6-14（a）用于直径小于10mm的孔；图6-14（b）为带凸肩的定位销；图6-14（c）为直径大于16mm的定位销；图6-14（d）为带有衬套的定位销，它便于磨损后进行更换。图6-15为菱形销，它也有上述四种结构。为便于工件顺利地装入，定位销的头部应有15°倒角。

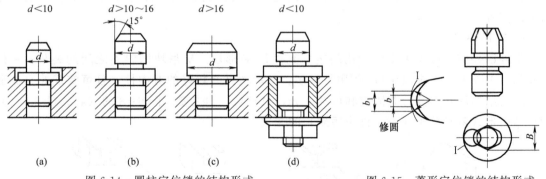

图6-14 圆柱定位销的结构形式　　图6-15 菱形定位销的结构形式

b. 锥销。图6-16所示是用圆锥销对工件孔定位的情况。其中，图6-16（a）主要用于粗基准定位，图6-16（b）可用于精基准定位，它们均可限制工件3个移动自由度。圆锥销定位主要用于定心精度要求较高的场合，但由于锥销只能在工件定位孔口圆周上作线接触，其定心精度受孔口圆误差影响较大，且工件容易倾斜。实际使用中，一般需要和其他元件组合定位，如图 6-16（c）所示，工件以底平面安作主要定位基准，圆锥销采用浮动设计，这样既消除了过定位的不利影响，又使圆锥销对工件孔起到了很好的定心作用。

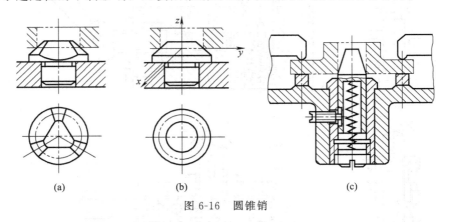

图 6-16　圆锥销

c. 心轴。心轴主要用于加工盘、套类零件的加工定位。图 6-17 所示是心轴的主要结构形式。图 6-17（a）为过盈配合心轴；图 6-17（b）为间隙配合心轴；图 6-17（c）为小锥度 [（1∶5000）～（1∶1000）] 心轴，具有较高的定心精度。由于轴向基准位移误差较大，因此它只能限制工件四个自由度。

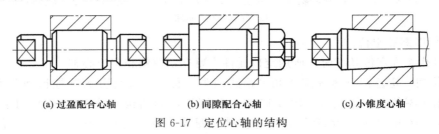

图 6-17　定位心轴的结构

③ 工件以外圆柱面定位。

轴、套类工件加工时，常以外圆柱表面定位，使用得定位元件有 V 形块、定位套、半圆定位座等。

a. V 形块。

工件以外圆表面支承定位常用的定位元件是 V 形块。V 形块两斜面之间的夹角，一般取 60°、90°或 120°，夹具中以 90°用得最多。V 形块具有较好的对中性，且可实现非全圆面定位。其结构形式多变，有固定和可动之分，也有长、短之变。图 6-18 的（a）、（b）、（c）、(d) 结构形式就是分别应对工件由短到长的变化。

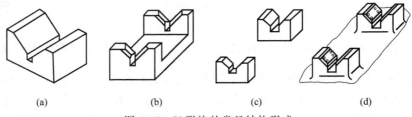

图 6-18　V 形块的常见结构形式

b. 定位套筒。

当工件以外圆柱面定位时,也可采用套筒(圆孔)定位,定位套筒的结构比较简单,它一般直接安装在夹具体上,其安装结构如图 6-19 所示。

c. 半圆孔定位。

当工件尺寸较大或基准外圆不便直接插入定位套的圆柱孔中时,可用半圆孔定位。如图 6-20 所示,定位套分上、下两个部分,下半部 1 固定在夹具体上,上半部 2 一般以铰链与下半部分连接,件 1 起定位作用,件 2 起夹紧作用。采用半圆孔定位的特点在于:可增大接触面积,避免工件局部接触的夹紧损伤和变形,但对工件定位圆柱直径精度有一定要求,一般不应低于 IT8~IT9 级。

前面介绍了各种常见定位元件的结构和使用特点,关于各种定位元件对工件自由度的限制情况可见表 6-3。

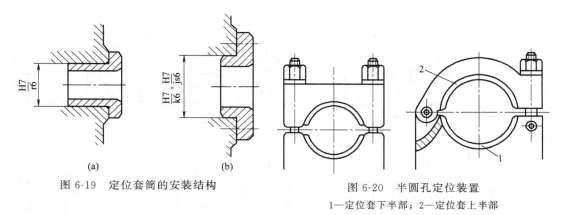

图 6-19 定位套筒的安装结构

图 6-20 半圆孔定位装置
1—定位套下半部;2—定位套上半部

表 6-3 常见定位元件及所限制的自由度

定位表面		定位元件与自由度限制		
平面	支承钉	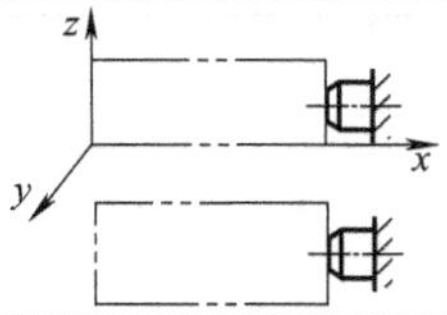	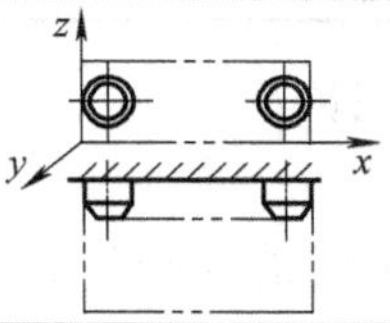	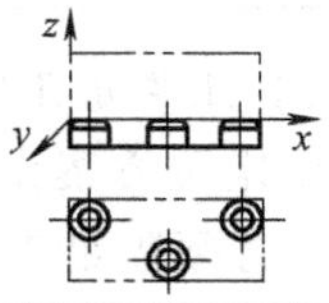
	限制自由度	$\vec{X}$	$\vec{Y}、\vec{Z}$	$\vec{Z}、\hat{x}、\hat{y}$
	支撑板	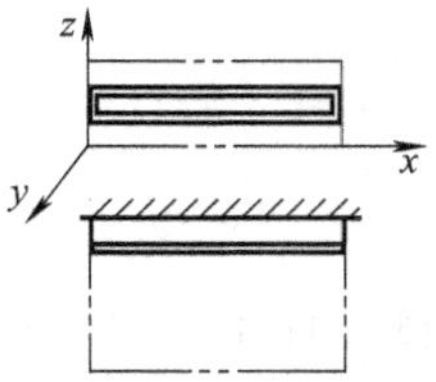	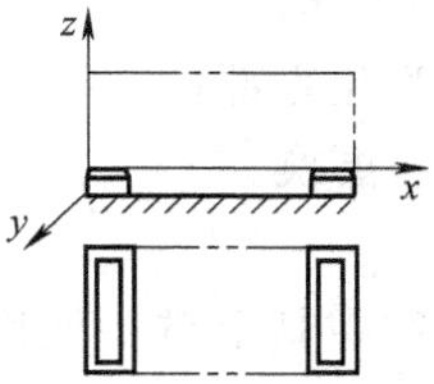	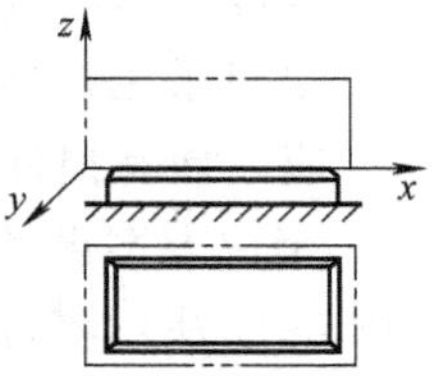
	限制自由度	$\vec{Y}、\hat{z}$	$\vec{Z}、\hat{x}、\hat{y}$	$\vec{Z}、\hat{x}、\hat{y}$
孔定位	圆柱销	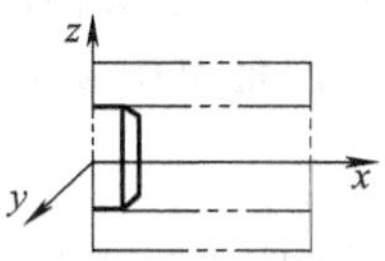	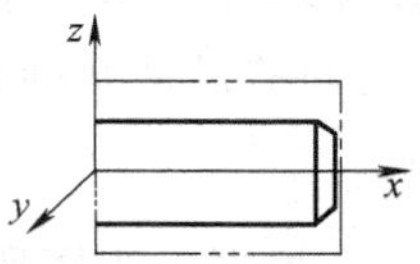	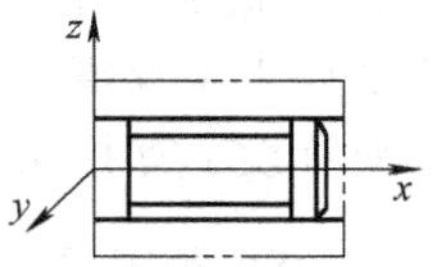
	限制自由度	$\vec{Y}、\vec{Z}$	$\vec{Y}、\vec{Z}、\hat{y}、\hat{z}$	$\vec{Y}、\vec{Z}、\hat{y}、\hat{z}$

续表

定位表面		定位元件与自由度限制		
孔定位	圆锥销及组合			
	限制自由度	$\vec{X}$、$\vec{Y}$、$\vec{Z}$	$\vec{X}$、$\vec{Y}$、$\vec{Z}$、$\widehat{y}$、$\widehat{z}$	$\vec{X}$、$\vec{Y}$、$\vec{Z}$、$\widehat{y}$、$\widehat{z}$
	心轴			
	限制自由度	$\vec{X}$、$\vec{Z}$	$\vec{X}$、$\vec{Z}$、$\widehat{x}$、$\widehat{z}$	$\vec{X}$、$\vec{Z}$、$\widehat{x}$、$\widehat{z}$
外圆定位	V形块			
	限制自由度	$\vec{X}$、$\vec{Z}$	$\vec{X}$、$\vec{Z}$、$\widehat{x}$、$\widehat{z}$	$\vec{X}$、$\vec{Z}$、$\widehat{x}$、$\widehat{z}$
孔定位	套筒			
	限制自由度	$\vec{X}$、$\vec{Z}$	$\vec{X}$、$\vec{Z}$、$\widehat{x}$、$\widehat{z}$	$\vec{X}$、$\vec{Z}$、$\widehat{x}$、$\widehat{z}$

(5) **工件加工定位方案设计**

① 定位方案设计的原则。

a. 必须满足工序加工对定位精度的要求。

b. 定位操作简单、安全、快捷。

c. 定位方案尽量避免复杂结构。

d. 尽量采用标准化、系列化零部件。

e. 应方便易损件的维修和更换。

② 定位方案设计分析。

图 6-21 所示零件简图，欲在其上铣一宽度为 b 的槽，加工要求见图上标注，试分析设计其定位方案。

a. 分析加工精度要求及设计基准。本工序铣槽要保证的尺寸及精度有：$H_{-\delta_H}^{0}$、$A_{-\delta_A}^{0}$、对称度要求 s 及槽宽尺寸 b，它们的设计基准分别为：1、2 面和孔 ϕD 的轴线。其中，A 尺寸和对称度 s 有相互干涉影响。

b. 分析须限第一类自由度。根据主视图所建坐标系分析，必须限制的自由度有 $\vec{X}$、$\vec{Z}$、$\widehat{x}$、$\widehat{y}$、$\widehat{z}$。

c. 选择定位基准。根据定位基准尽量与设计基准重合，选择 1、2 面和孔 ϕD 作为定位基准。主要定位基准应考虑设计精度要求较高的设计基准，也要兼顾装夹的方便性。

d. 设置定位元件。有图 6-22 所示三种定位方案。

e. 定性分析。三种定位方案均照顾到各个设计基准，尺寸 H 定位精度均可以保证，但图 6-22（a）定位方案最为简单方便，但需要 L 和孔 D 尺寸有较高的精度，否则尺寸 A 和对称度 s 很难保证；图 6-22（b）方案结构较为复杂，但由于采用浮动支承，会使孔销产生单边接触定位，有利于降低对 L 和孔 D 尺寸的精度要求，有利于降低孔销定位误差，因此便于保证尺寸 A 的精度要求；图 6-22（c）方案结构最为复杂，但由于对孔采用定心定位，孔尺寸误差对定位精度的影响可以消除，又采用浮动支承，所以对 L 和孔 D 尺寸的精度要求最低，尺寸 A 和对称度 s 最便于保证。

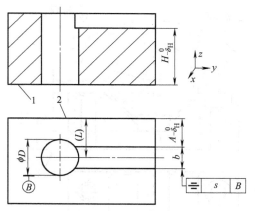

图 6-21　定位方案设计分析举例（1,2 为面）

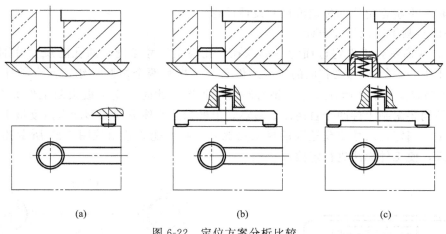

图 6-22　定位方案分析比较

f. 设计定位尺寸，计算定位误差，定量分析定位精度（相关内容没讲，暂略）。

6.2.2　定位尺寸分析与计算

定位尺寸是指影响工件定位精度的定位元件尺寸。主要有两类：一是与工件定位面相配合的配合尺寸；二是定位元件之间的相互位置尺寸。在夹具定位方案设计中，这些尺寸必须要精确地确定。

（1）V 形块定位尺寸确定

如图 6-23 所示，V 形块在夹具中的标准定位高度 T 是主要设计参数，该尺寸是 V 形块检验和调整的依据。

在对 V 形块进行设计计算时，D 为工件标准定位尺寸，N 和 H 可以参照标准确定，也可由下式计算确定：

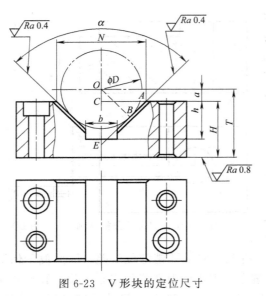

图 6-23 V形块的定位尺寸

$$N = 2\tan\frac{\alpha}{2}\left(\frac{D}{2\sin\frac{\alpha}{2}} - a\right) \quad (\text{mm}) \quad (6\text{-}1)$$

一般取 $a = (0.14 \sim 0.16)D$。

用于大直径定位时：$H \leqslant 0.5D$；

用于小直径定位时：$H \leqslant 1.2D$。

则 T 值的计算如下：

由图 6-23 中几何关系 $T = H + OC = H + (OE - CE)$ 可得：

$$T = H + \frac{1}{2}\left(\frac{D}{\sin\frac{\alpha}{2}} - \frac{N}{\tan\frac{\alpha}{2}}\right) (\text{mm}) \quad (6\text{-}2)$$

当 $\alpha = 60°$ 时：$T = H + D - 0.867N$

当 $\alpha = 90°$ 时：$T = H + 0.707D - 0.5N$

当 $\alpha = 120°$ 时：$T = H + 0.578D - 0.289N$

(2) 过定位尺寸的分析计算

在实际生产中，一面双销定位方式被广泛应用。下面就以一面双销定位方式的结构设计为例，分析一下组合定位的过定位尺寸设计计算。

① 一面双圆销定位尺寸设计。

如图 6-24 所示，工件定位面为一面双孔，孔心距尺寸见图，两孔的尺寸分别为：1 孔 $D_1^{+\delta_{D1}}_0$，2 孔 $D_2^{+\delta_{D2}}_0$。与之相应的定位元件是支承板和两个短圆柱销，两个圆柱销的尺寸分别为：1 销 $d_1^{\ 0}_{-\delta_{d1}}$，2 销 $d_2^{\ 0}_{-\delta_{d2}}$，销心距尺寸见图。此时，支承板限制工件 3 个自由度，两个短圆柱销各限制工件两个自由度。显然，沿两销连心线方向的移动自由度被重复限制而出现过定位。当定位尺寸出现危险的极限情况时，将可能导致出现图 6-25 所示孔、销定位干涉的结果，使工件无法进行定位。

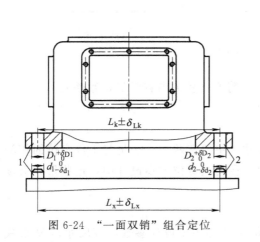

图 6-24 "一面双销"组合定位

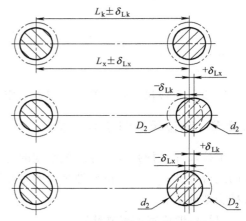

图 6-25 "一面双销"定位干涉情况

如图 6-25 所示，出现定位干涉的极限定位尺寸有两种。第一种是：销心距最大，孔心距最小，两销直径尺寸最大，两孔直径尺寸最小。第二种是：销心距最小，孔心距最大，两销直径尺寸最大，两孔直径尺寸最小。若要使极限情况下，假设第一个定位销、孔处于理想的定位位置，此时保证刚好能够进行定位安装，需满足图 6-26 的几何关系。

此时，按照第一种危险情况，保证孔、销正常定位的几何条件要求是：

$$L_k - \delta_{Lk} + \frac{D_2}{2} = L_x + \delta_{Lx} + \frac{d_2}{2} \qquad (6-3)$$

设孔心距和销心距的基本尺寸相等，即 $L_k = L_x$，则可得：

$$d_2 = D_2 - 2(\delta_{Lk} + \delta_{Lx}) \qquad (6-4)$$

由图 6-26 第二种危险情况的几何关系同样可推得上式。

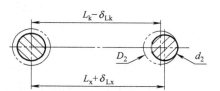

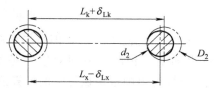

以上推导结果是在第一个销、孔处于理想定位位置下的结果。实际上，第一个销、孔的最小配合间隙 Δ_{min} 可以补偿一部分中心距的误差。因此，第二个短圆柱销的直径尺寸可以比上式的再大一些。即：

图 6-26　危险情况下的正常定位条件

$$d_2 = D_2 - 2\left(\delta_{Lk} + \delta_{Lx} - \frac{\Delta_{1min}}{2}\right) \qquad (6-5)$$

也就是说，为保证危险情况下工件能够正常定位，必须使第二个销的直径小于第二个孔的直径，其最少减小量为：

$$\Delta_{2min} = 2\left(\delta_{Lg} + \delta_{Lj} - \frac{X_{1min}}{2}\right) \qquad (6-6)$$

当第二个短圆柱销的直径减小很多时，势必会造成工件定位时转角误差的增大，如图 6-27（a）所示。为了避免这一情况的发生，采取在过定位方向上将第二个圆柱销削边，如图 6-27（b）所示。

② 削边销尺寸的确定。

如图 6-28 所示。通过对圆柱销削边，将圆柱销定位时容易产生定位干涉的部位 E、D 转移到由削边销定位的 B、A 处，即：

$$\overline{BA} = \overline{ED} = \frac{\Delta_{2min}}{2} = \delta_{Lk} + \delta_{Lx} - \frac{\Delta_{1min}}{2} \qquad (6-7)$$

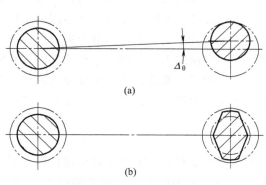

图 6-27　避免过定位的方法

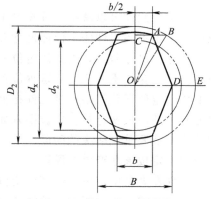

图 6-28　削边销尺寸计算

设削边销直径为 d_x。由图 6-28 中几何关系可得：

$$\overline{OA}^2 - \overline{AC}^2 = \overline{OC}^2 = \overline{OB}^2 - \overline{BC}^2 \tag{6-8}$$

即：

$$\left(\frac{d_x}{2}\right)^2 - \left(\frac{b}{2}\right)^2 = \left(\frac{D_2}{2}\right)^2 - \left(\frac{\Delta_{2min}}{2} + \frac{b}{2}\right)^2 \tag{6-9}$$

展开合并可得：

$$D_2^2 - d_x^2 = 2b\Delta_{2min} + \Delta_{2min}^2 \tag{6-10}$$

设削边销与孔的最小配合间隙为 $\Delta_{xmin} = D_2 - d_x$，且略去 Δ_{2min}^2 和 Δ_{xmin}^2 可得：

$$X_{xmin} = \frac{b}{D_2} X_{2min} \approx \frac{b(\delta_{Lg} + \delta_{Lj})}{D_2} \tag{6-11}$$

显然，$\Delta_{xmin} < \Delta_{2min}$，即第二个销采用削边销定位时，其转角误差比采用圆柱销定位时小。因此，常说的"一面双销"是指：一个支承平面、一个圆柱销和一个削边销。根据 Δ_{xmin} 可以得出削边销设计时的计算公式：

$$d_x = D_2 - \Delta_{xmin} \tag{6-12}$$

削边销的结构尺寸已经标准化，设计时应尽量按照标准选用。削边销的宽度 b 和 B 值可根据表 6-4 选取。

表 6-4　削边销的 b、B 值　　　　　　　　　　　　　　　　　mm

配合孔 D_2	>3~6	>6~8	>8~20	>20~24	>24~30	>30~40	>40~50
b	2	3	4	5	5	6	8
B	$D_2-0.5$	D_2-1	D_2-2	D_2-3	D_2-4	D_2-5	

③ "一面双销"尺寸设计。

在实际设计中，双销尺寸设计的方法步骤如下。

a. 确定销心距。销心距的基本尺寸等于孔心距的基本尺寸（孔心距应转化为对称标注）。销心距的偏差一般取孔心距偏差的 1/5～1/2。

b. 确定第一个定位销尺寸 d_1。取 $d_{1max} = D_{1min}$，销偏差可按 g6 或 f7 确定，再对销尺寸进行圆整处理。

c. 确定削边销宽度 b 和 B 值。根据表 6-4 选取。

d. 计算削边销尺寸 d_x 削边销直径尺寸。根据公式 $d_x = D_2 - \Delta_{xmin}$ 求得，按 g6 或 f7 选取偏差，然后圆整处理。

6.2.3　定位误差的分析与计算

用定位元件可以解决工件相对于夹具的定位问题。但对大批工件定位而言，即使单一定位副，由于不同工件的定位面尺寸存在差异，而且定位元件因磨损需要更换，不同的定位元件同样存在尺寸差异，因此用定位元件对一批工件定位时，不同的工件相对于夹具所占有的空间几何位置是不一样的。这种位置的变化就导致了调整法加工时工件工序尺寸和位置精度的变化。定位误差是指一批工件在夹具中定位时，工件的工序基准在工序尺寸方向或加工要求方向上的最大变化量。定位误差如何产生、如何计算、如何用定位误差评定定位方案的合理性是本节要重点解决的问题。

(1) 定位误差产生的原因

工件在夹具中定位时会产生定位误差，为了有效地控制和最大限度地减小定位误差对加工精度的影响，必须要彻底搞清楚定位误差产生的原因。关于产生定位误差的原因有两种，详述如下。

① 基准不重合误差 Δ_B。

在调整法加工一批工件中，由于工序基准与调刀基准不重合，而导致工序基准有可能产生的最大位置变化量称作基准不重合误差，用符号"Δ_B"表示。

如图 6-29 所示，水平方向上，工件以支承钉 3 定位，欲加工 M 面，保证工序尺寸 A。由于调刀基准与定位基准重合（均为 E 面），而与工序基准不重合，当一次调整好刀具位置，保证调刀尺寸 T 不变时。由于工序尺寸 A 的工序基准为 D 面，显然工序基准与调刀基准（定位基准）不重合，它们之间的尺寸为 $C\pm\delta_c$。由于尺寸 $C\pm\delta_c$ 是在本工序之前已加工好，因此在本工序定位中，对一批工件而言，其工序基准 D 相对于调刀基准（定位基准 E）有可能产生的最大位置变化量就是 $2\delta_c$。因为工序基准的变化方向与工序尺寸 A 同向，所以这一位置变化会导致工序尺寸 A 产生 $2\delta_c$ 的加工误差。这一加工误差就是由基准不重合误差 Δ_B 导致产生的定位误差 Δ_{dw}。即：

$$\Delta_{dw}=\Delta_B=2\delta_c$$

由此可见，基准不重合误差的大小就等于工件上从工序基准到调刀基准（定位基准）之间的尺寸误差累积。显然，基准不重合误差是由于工序基准选择不当引起的，可以通过工序基准正确选择加以消除。

② 基准位移误差 Δ_Y。

调整法加工一批工件中，由于定位副制造误差和两者间最小配合间隙的影响，使工件定位基准相对于调刀基准可能产生的最大位置变动量，称为基准位移误差，用符号"Δ_Y"表示。

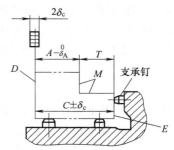

图 6-29 基准不重合误差产生的原因

图 6-30 为某工件加工的定位方案示意图。设工件定位孔尺寸为 $D^{+\delta_D}_{\ 0}$，定位销直径尺寸为 $d^{\ 0}_{-\delta_d}$。由于孔和销配合面（即定位副）的制造误差，当孔在销上定位时，孔的轴线（即工件定位基准）就会相对于销的轴线（即对刀基准）发生位置移动。若移动的方向是任意的，即孔和销的母线可能在任意方向上接触，则该位置移动的范围是一圆，圆直径就是其可能产生的最大移动量，大小为：

$$\Delta_Y=\Delta_{max}=(D+\delta_D)-(d-\delta_d)=\delta_D+\delta_d+\Delta_{min} \tag{6-13}$$

式中 Δ_{min}——定位销与定位孔的最小配合间隙。

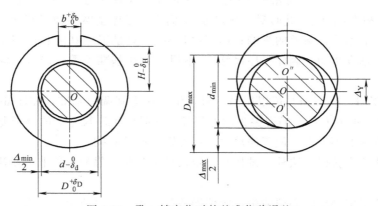

图 6-30 孔、销定位时的基准位移误差

由于工序尺寸 $H_{-\delta_H}^{0}$ 的工序基准与定位基准（孔轴线）重合，因此定位基准的位置移动会导致工序基准产生具有与其相同的移动。当 Δ_Y 在工序尺寸 $H_{-\delta_H}^{0}$ 方向上发生时，就导致工序尺寸 $H_{-\delta_H}^{0}$ 产生 Δ_{max} 的加工误差，这一加工误差就是由于基准位移误差 Δ_Y 导致产生的定位误差 Δ_{dw}。即：

$$\Delta_{dw} = \Delta_Y = \delta_D + \delta_d + \Delta_{min} \tag{6-14}$$

从上述分析可知：基准不重合和基准位移是导致定位误差产生的原因。但基准不重合和基准位移均是通过导致工序基准发生位置变动，进而使工序尺寸产生加工误差。因此可以说，定位误差产生的根本原因是由于工序基准的位置变化，即定位误差均是由于工序基准位置变化引起的。

由定位误差原因分析知道：基准位移误差是由于定位副制造误差及其最小配合间隙引起的，而基准不重合误差是由于工序基准选择不当产生的。在工件定位时，上述两项误差可能同时存在，也可能只有一项存在，但无论如何，定位误差应是两项误差共同作用的结果。这种由于基准不重合和基准位移的存在而导致调整法加工一批工件时，工序尺寸（或位置精度）有可能产生的最大变化量称为定位误差，用符号"Δ_{dw}"表示。由于误差具有方向性，那么定位误差的一般计算公式应写成：

$$\overline{\Delta}_{dw} = \overline{\Delta}_Y + \overline{\Delta}_B \tag{6-15}$$

$$\Delta_{dw} = \Delta_B \cos\alpha \pm \Delta_Y \cos\beta \tag{6-16}$$

式中 α——基准不重合误差 Δ_B 方向与工序尺寸方向间的夹角；

β——基准位移误差 Δ_Y 方向与工序尺寸方向间的夹角。

利用上式计算定位误差称为误差合成法。当 Δ_B 和 Δ_Y 是由同一误差因素导致产生的，这时称 Δ_B 和 Δ_Y 关联。当 Δ_B 和 Δ_Y 关联时：如果 $\Delta_B \cos\alpha$ 和 $\Delta_Y \cos\beta$ 方向相同，合成时取"＋"号；如果 $\Delta_B \cos\alpha$ 和 $\Delta_Y \cos\beta$ 方向相反，合成时取"－"号。当两者不关联时，可直接采用两者的和叠加计算定位误差。

综上所述，定位误差产生的前提是调整法加工一批工件。也就是说，只有采用调整法加工一批工件时，才可使用该定位误差理论分析计算。

调整法加工时，只有调刀基准和定位元件的定位基准重合时，才能采用上述定位误差理论进行定位误差计算。如果调刀基准和定位元件的定位基准不重合，就不适合用该理论进行定位误差计算，如下列情况。

a. 采用钻、镗套加工系列孔时。如图6-31所示，工序尺寸 l_1 和 l_2 分别由夹具中的刀具引导尺寸 L_1 和 L_2 保证。此时对工序尺寸 l_1 而言，工序基准、调刀基准和定位基准三者重合，不存在基准不重合误差的影响；而工序尺寸 l_2 只是工序基准和调刀基准重合，其调刀尺寸不受定位基准影响，因此工序尺寸 l_2 不但不存在基准不重合误差，同时也不存在基准位移误差。

b. 多刀加工时，某一刀具可以用另一刀具位置作为其调刀基准，如图6-32所示。刀具1的轴向加工位置可依刀具2的刀尖为调刀基准。此时，工序尺寸 l 的调刀基准与工序基准重合，而与定位基准不重合，但工序尺寸 l 不受定位误差影响。

除上述尺寸精度获得方法外，试切法、定尺寸刀具法、靠模法等非调整法保证的尺寸亦不存在定位误差。

在分析计算定位误差时必须清楚：定位误差与工序尺寸（或位置精度）是一一对应的关系，即某一个定位误差一定是某一个工序尺寸（或位置精度）的定位误差，某一个工序尺寸

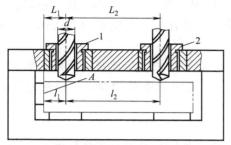
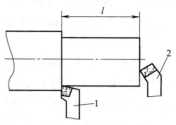

图 6-31　孔系加工的定位误差（1,2 为刀具）

图 6-32　多刀加工时的定位误差（1,2 为刀具）

（或位置精度）一定有它自己的定位误差。

（2）常见典型单一面定位时的定位误差分析计算

工件的结构、形状、尺寸可以千变万化，但构成工件的表面不外乎平面、孔、外圆、特型面，而工件定位时尤以平面、圆柱孔和外圆柱面最为常用。以工件这三种常见单一面定位时的定位误差分析计算如下。

① 平面定位时的定位误差计算。

当工件以单一平面定位时，基准位移误差由平面度误差引起，而对工序加工而言，平面度误差的影响一般可以忽略不计。因此，单一平面定位时，定位误差只受基准不重合误差影响。即：

$$\Delta_{dw} = \Delta_B \cos\alpha \tag{6-17}$$

② 孔、销单边接触定位时的定位误差计算。

工件以单一圆柱孔定位时常用的定位元件是圆柱销（心轴），此时定位误差的计算有两种情形：任意边接触和单边接触。任意边接触时的定位误差计算已在基准位移误差 Δ_Y 分析时已知，此处不再赘述。单边接触是指在工件重力或其他外力作用下，定位孔和销的母线总在固定方位上相接触。

如图 6-33 所示。定位销水平设置：图 6-33（a）为理想定位状态，工序基准（孔轴线）与定位基准（销轴线）重合，$\Delta_B = 0$；但在工件重力作用下，定位孔和销总在销的上母线处接触，孔轴线相对于销轴线将总是下移，图 6-33（b）是可能产生的最小下移状态，图 6-33（c）是最大下移状态，孔轴线在垂直方向上的最大位置变动量为：

$$\Delta_Y = \overline{O_1 O_2} = \overline{OO_2} - \overline{OO_1} = \frac{D_{\max} - d_{\min}}{2} - \frac{D_{\min} - d_{\max}}{2} \tag{6-18}$$

$$\Delta_Y = \frac{\delta_D + \delta_d}{2} \tag{6-19}$$

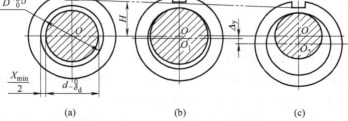

图 6-33　孔、销单边接触的定位误差计算

此例的计算是通过分析工件在工序尺寸方向上的极限位置，然后根据几何关系计算工序基准（孔轴线）的最大位置变动量（定位误差）。这种分析计算定位误差的方法称为"极限位置法"。

需要注意：基准位移误差 Δ_Y 是最大位置变化量，而不是最大位移量，所以基准位移误差 Δ_Y 计算结果中没有包含 $\Delta_{min}/2$。这是因为：$\Delta_{min}/2$ 是常值系统误差，可以通过调刀消除。因此，在确定调刀尺寸时应加以注意。

③ 外圆柱面在V形块上定位时的定位误差计算。

如图 6-34 所示，若不考虑 V 形块的制造误差，则工件定位基准（工件轴线）总是处于 V 形块的对称面上，这就是 V 形块的对中作用。因此，在水平方向上，工件定位基准不会产生基准位移误差。但在垂直方向上，由于工件定位直径尺寸的加工误差，将导致工件定位基准产生位置变化，其可能产生的最大位置变化量为：

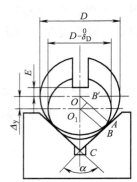

$$\Delta_Y = \overline{OO_1} = \overline{OC} - \overline{O_1C} = \frac{\overline{OA}}{\sin(\alpha/2)} - \frac{\overline{O_1B}}{\sin(\alpha/2)} = \frac{\delta_D}{2\sin(\alpha/2)}$$
(6-20)

由式（6-20）可知：基准位移误差 Δ_Y 与 V 形块夹角 α 成反比，即夹角 α 越大，Δ_Y 反而越小。当 $\alpha=180°$ 时，$\Delta_Y=\delta_D/2$ 为最小，但 V 形块的对中作用也最差（无对中作用）。所以，一般多采用 $\alpha=90°$ 的 V 形块定位。

图 6-35 所示为一外圆直径为 $d_{-\delta_d}^{\ 0}$ 的轴类零件在夹角为 α 的 V 形块上定位铣键槽。当工序尺寸分别以 H_1、H_2、H_3 标注时，其定位误差计算如下。

图 6-34　V 形块定位误差计算

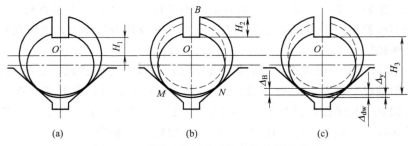

图 6-35　不同工序尺寸标注的定位误差计算

a. 工序尺寸为 H_1 时的定位误差计算 [见图 6-35（a）]。

由于工序基准与定为基准均为外圆的中心，两者重合，故 $\Delta_B=0$；而基准位移误差按式（6-20）计算。故影响工序尺寸 H_1 的定位误差为：

$$\Delta_{dw1} = \Delta_Y = \frac{\delta_d}{2\sin(\alpha/2)}$$
(6-21)

b. 工序尺寸为 H_2 时的定位误差计算 [见图 6-35（b）]。

由于工序基准在外圆的上母线 B 处，而定位基准仍是外圆的中心，两者不重合，故基准不重合误差 $\Delta_B \neq 0$，$\Delta_B=\delta_d/2$；基准位移误差 Δ_Y 同上。

由于 Δ_B 和 Δ_Y 均含有 δ_d，即都是由工件直径尺寸制造误差引起的，属于关联性误差，因此采用合成法计算定位误差时需要判断其正负。其判断方法是：当工件的实际定位基准

(M、N 母线）保持与定位元件相接触时，工件定位直径尺寸由大到小变化时，工件的计算定位基准 O 将会下移；当固定工件的计算定位基准 O 位置，此时工件定位直径尺寸由大到小变化，工序基准 B 也将下移。此时 Δ_B 和 Δ_Y 应采用和叠加，定位误差计算如下：

$$\Delta_{dw2} = \overrightarrow{\Delta_Y} + \overrightarrow{\Delta_B} = \frac{\delta_d}{2\sin(\alpha/2)} + \frac{\delta_d}{2} \quad (6-22)$$

c. 工序尺寸为 H_3 时的定位误差计算 [见图 6-35（c）]。

由于工序基准在外圆的下母线处，与定位基准不重合，故基准不重合误差 $\Delta_B \neq 0$，$\Delta_B = \delta_d/2$；基准位移误差 Δ_Y 同上。显然 Δ_B 和 Δ_Y 也属于关联性误差。同理经判断有：

$$\Delta_{dw3} = \overrightarrow{\Delta_Y} + \overrightarrow{\Delta_B} = \frac{\delta_d}{2\sin(\alpha/2)} - \frac{\delta_d}{2} \quad (6-23)$$

表 6-5 是常见单一表面定位的各种定位误差计算，可供参考学习。

表 6-5　工件单一面定位的定位误差计算

序号	定位简图	加工要求	定位误差 Δ_{dw}
1	$\phi D \pm \delta_D$，加工面，尺寸 B、A、C	A	$\Delta_{dwA} = 0$
		B	$\Delta_{dwB} = \delta_D$
		C	$\Delta_{dwC} = \delta_D$
2	加工槽，K，$\phi D \pm \delta_D$，h	h	$\Delta_{dwh} = 0$
		加工面对 ϕD 中心的对称度	$\Delta_{dw} = \delta_D$
3	$\phi D \pm \delta_D$，加工面，A、β、α	A	$\Delta_{dwA} = \dfrac{\delta_D}{\sin\dfrac{\alpha}{2}}\sin\beta$
4	加工面，A、B、C，$\phi D \pm \delta_D$，内涨式心轴	A	$\Delta_{dwA} = 0$
		B	$\Delta_{dwB} = \delta_D$
		C	$\Delta_{dwC} = \delta_D$
		外圆对内孔的同轴度	$\Delta_{dw\phi} = 0$

续表

序号	定位简图	加工要求	定位误差 Δ_{dw}
5	$D_1{}_{-\delta_{D1}}^{\ 0}$ $D{}_{\ 0}^{+\delta_D}$ $d{}_{-\delta_d}^{\ 0}$ $\Delta_{min}/2$ 任意边接触	A	$\Delta_{dwA} = \delta_d + \delta_D + \Delta_{min}$
		B	$\Delta_{dwB} = \delta_d + \delta_D + \Delta_{min} + \dfrac{\delta_{D1}}{2}$
		C	$\Delta_{dwC} = \delta_d + \delta_D + \Delta_{min}$
6	$d{}_{-\delta_d}^{\ 0}$ $D{}_{-\delta_D}^{\ 0}$	A	$\Delta_{dwA} = \dfrac{\delta_d}{2\sin\dfrac{\alpha}{2}}$
		B	$\Delta_{dwB} = \dfrac{\delta_d}{2\sin\dfrac{\alpha}{2}} - \dfrac{\delta_d}{2}$
		C	$\Delta_{dwC} = \dfrac{\delta_d}{2\sin\dfrac{\alpha}{2}} + \dfrac{\delta_D}{2}$

(3) 组合面定位时的定位误差分析计算

单一表面定位是工件在夹具中定位的一种简单形式，更多情况下需要工件上多个表面共同参与定位。关于组合定位的定位误差分析计算如下。

① 独立定位的定位误差计算。

当不同表面各自独立定位用于约束工件不同方向的自由度时，可按单一面定位分别计算不同方向上的定位误差。

如图 6-36 所示，工件以平面 B 和 C 定位，各自独立约束工件不同方向的自由度。工序尺寸 H_2 只受平面 C 定位的影响。由前面（见图 6-29）的分析可知：

$$\Delta_{dwH_2} = 0$$

工序尺寸 A 只受平面 B 定位的影响，考虑平面 B 和 C 的夹角 $\alpha \pm \Delta\alpha$ 制造误差，则工序尺寸 A 的定位误差为：

$$\Delta_{dwA} = 2(H - H_1)\tan\Delta\alpha \tag{6-24}$$

该定位误差是由于定位基准之间的位置不准确引起的，称为"基准位置误差"，也可以看成是另一种基准位移误差。

② 独立误差因素、关联定位的定位误差计算。

由组合面共同约束工件某自由度的定位称为关联定位。如图 6-37（a）所示，零件以侧平面和部分外圆柱面分别与定位元件的侧平面 1 和斜平面 2 接触，工件的某些自由度由它们共同限制。其中工件圆柱面和限位面 2 定位副所产生定位误差由外圆直径误差引起，而工件侧平面和限位面 1 定位副的定位误差由尺寸 35 的误差引起，即各定位副产生的定位误差分别由各自独立的误差因素引起。

在图 6-37 中，如果把圆柱中心 O 看作是计算定位误差的定位基准，简称计算基准，则引起计算基准位移的误差因素有两项，其大小和方向变化如下。

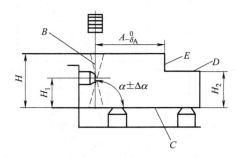

图 6-36 组合面独立定位时的基准位置误差

a. 在工件侧平面定位副处，由于尺寸 $35_{-0.062}^{\ 0}$ 的影响，会产生水平方向位移变化的基准不重合误差，大小为：

$$\Delta_{B1}=0.062=\Delta_{Y1}$$

b. 在斜平面定位副处，由于尺寸 $\phi 90_{-0.035}^{\ 0}$ 的影响，会导致计算基准垂直位移，大小为：

$$\Delta_{Y2}=\frac{\delta_d}{2\sin\frac{\alpha}{2}}=\frac{0.035}{2\sin 45°}\approx 0.025$$

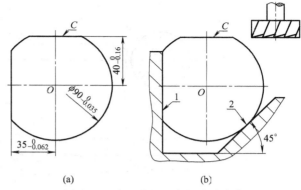

图 6-37　独立误差因素的关联定位
1—侧平面；2—斜平面

$35_{-0.062}^{\ 0}$ 和 $\phi 90_{-0.035}^{\ 0}$ 是两个相互独立的误差因素，但它们导致产生的定位误差却受到关联定位的影响：水平方向的误差 Δ_{B1}，其变化方向只能平行于限位平面 2，导致计算基准在垂直方向产生位移误差 Δ_{Y1}，如图 6-38（a）所示。同理，Δ_{Y2} 实际是由垂直于限位面 2 的误差 Δ_{B2} 和限位面 1 共同影响的结果，Δ_{B2} 是计算基准与斜面 2 限位基准不重合误差，大小为 $\delta_d/2$，见图 6-38（b）。它们叠加后的误差 Δ_{dw} 就是影响 C 面加工工序尺寸 $40_{-0.16}^{\ 0}$ 的定位误差，见图 6-38（c）。

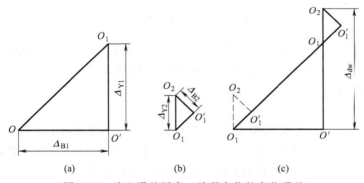

图 6-38　独立误差因素、关联定位的定位误差

根据图 6-38 可计算影响 $40_{-0.16}^{\ 0}$ 的定位误差为：

$$\Delta_{dw}=\Delta_{Y1}+\Delta_{Y2}=0.062+0.025=0.087(\text{mm})$$

③ 双孔关联定位的定位误差计算。

双孔定位时常采用的定位元件是：一个短圆柱销和一个短削边销，如图 6-39（a）所示。在不同的方向和不同的位置，其定位误差的计算方法是不同的，定位误差计算有下列几种情况。

a. X 轴方向上的基准位移误差 $\Delta_{Y(X)}$。在 X 轴方向上的定位是由定位孔 1 实现的，定位孔 2 不起定位作用。因此，工件所能产生的最大定位误差是定位孔 1 相对于定位销 1 的基准位移误差，即：

$$\Delta_{Y(X)}=\delta_{D1}+\delta_{d1}+\Delta_{1\min}$$

b. Y 轴方向上的基准位移误差 $\Delta_{Y(Y)}$。在 Y 轴方向上，基准位移误差受双孔定位的共同影响，其大小随着位置的不同而不同，且在不同的区域内计算方法也有所不同，如图 6-39（b）所示。

在中心 O_1 或 O_2 处，其 $\Delta_{Y(Y)}$ 就等于该处单孔、销定位的基准位移误差；在 O_1 和 O_2 的

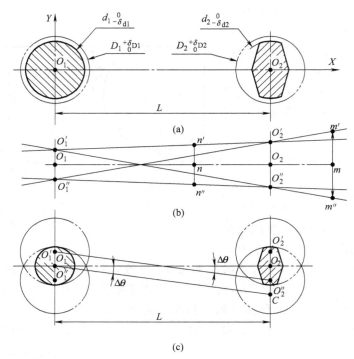

图 6-39 双孔关联定位的定位误差

中间区域,应按双孔同向最大位移计算 $\Delta_{Y(Y)}$,如图 6-39(b)中 n 处的基准位移误差为 $\overline{n'n''}$;在 O_1 和 O_2 的外侧区域,应按双孔的最大转角计算 $\Delta_{Y(Y)}$,如图 6-39(b)中 m 处的基准位移误差为 $\overline{m'm''}$。

c. 转角误差 $\pm\Delta\theta$

如图 6-39(c)所示。最大转角发生的条件是:双孔直径最大 $D_1+\delta_{D1}$、$D_2+\delta_{D2}$;两销直径最小 $d_1-\delta_{d1}$、$d_2-\delta_{d2}$;销心距和孔心距应取最小相等值,由于其对转角误差影响不大,且考虑计算方便起见,销心距和孔心距一般取其基本尺寸。

图中 O_1 和 O_2 分别为两销中心。当双孔顺时针转动时,即孔 1 中心上移至 O_1',而孔 2 中心下移至 O_2'' 时,有最大转角误差 $\Delta\theta$。根据图 6-39(c)中的几何关系可得:

$$\tan\Delta\theta = \frac{\overline{O_2C}}{L} = \frac{\overline{O_2O_2''}+\overline{O_2''C}}{L} \tag{6-25}$$

式中,$\overline{O_2O_2''}=\dfrac{\delta_{d2}+\delta_{D2}+\Delta_{2\min}}{2}$,$\overline{O_2''C}=\overline{O_1O_1'}=\dfrac{\delta_{d1}+\delta_{D1}+\Delta_{1\min}}{2}$。

则:

$$\tan\Delta\theta = \frac{\delta_{d1}+\delta_{D1}+\Delta_{1\min}+\delta_{d2}+\delta_{D2}+\Delta_{2\min}}{2L}$$

$$\Delta\theta = \arctan\frac{\delta_{d1}+\delta_{D1}+\Delta_{1\min}+\delta_{d2}+\delta_{D2}+\Delta_{2\min}}{2L} \tag{6-26}$$

当双孔逆时针转动时,具有相同的 $\Delta\theta$ 误差,故总的转角误差应为 $\pm\Delta\theta$ 或 $2\Delta\theta$。即:

$$2\Delta\theta = 2\arctan\frac{\delta_{d1}+\delta_{D1}+\Delta_{1\min}+\delta_{d2}+\delta_{D2}+\Delta_{2\min}}{2L} \tag{6-27}$$

(4) 对夹具的定位精度要求

合理的定位方案必须首先满足工件对工序加工精度的需要,即定位精度是合理的定位方案设计必须要保证的。那么，合理的定位方案其定位精度应是多少呢？事实上，影响加工精度的因素很多，但根据其影响程度，可将加工误差产生的原因归纳为如下四个方面。

① 工件在夹具中装夹时的定位误差 Δ_{dw}；
② 夹具在机床上安装时产生的夹具安装误差 Δ_{ja}；
③ 由对刀、引导元件引起的对刀、引导误差 Δ_{yd}；
④ 加工中其他因素引起的加工误差 Δ_{qt}。

上述所有误差的合成值不应超出工件的工序加工允差 δ_g 之值。即：

$$\Delta_{dw}+(\Delta_{ja}+\Delta_{yd})+\Delta_{qt}\leqslant\delta_g \tag{6-28}$$

式（6-28）称为误差计算不等式。在判定工件定位方案合理性时，一般按 Δ_{dw}、$(\Delta_{ja}+\Delta_{yd})$ 和 Δ_{qt} 各占工序加工允差 δ_g 的三分之一。即：

$$\Delta_{dw}\leqslant\frac{1}{3}\delta_g \tag{6-29}$$

式（6-29）可以作为误差估算时的初步分配方案，实际中需要根据具体情况进行必要的调整。

6.3 工件在夹具中的夹紧设计

工件定位后需要将其固定，使其在加工过程中保持其位置不发生改变的操作称为夹紧。夹紧是工件装夹过程的重要组成环节，工件定位后必须进行夹紧，才能保证工件不会因为切削力、重力、离心力等外力作用而破坏定位。这种对工件进行夹紧的装置就称为夹紧装置。夹紧装置设计需要考虑定位方案、切削力大小、生产率、加工方法、工件刚性、加工精度要求等因素的影响。

6.3.1 夹紧装置概述

(1) 夹紧装置的组成

按照夹紧动力源的不同，一般把夹紧机构划分为两类：手动夹紧装置和机动夹紧装置；而根据扩力次数的多少，把具有单级扩力的夹紧装置称为简单夹紧装置，把具有两级或更多级扩力机构的夹紧装置称为复合夹紧装置，图 6-40 是具有两级扩力的机动夹紧机构。

由此可知，夹紧装置的结构形式是千变万化的。但不管夹紧装置的结构形式如何变化，作为简单夹紧装置一般有以下三部分组成。

① 力源装置。力源装置指产生夹紧力的装置，它是机动夹紧的必有装置，如气动、电动、液压、电磁等夹紧的动力装置，图 6-40 中的气缸 1 就是力源装置。

② 夹紧元件。夹紧元件是指与工件直接接触用于夹紧的元件，如图 6-40 中的压板 4 即为夹紧元件。

③ 中间递力机构。介于力源装置和夹紧元件之间的机构叫中间递力机构。它把力源产生的力传递给夹紧元件以实施对工件的夹紧。为满足夹紧设计需要，中间递力机构在传力过程中，一般应该具有改变力的大小和方向并自锁的功能，如图 6-40 中的斜楔 2 及相关元件部分。

不同的夹紧装置会有不同的构成，图 6-41 所示为机动和手动夹紧装置的不同构成。

(2) 对夹紧装置的基本要求

夹紧装置设计的合理与否，直接影响着工件的加工质量和工人的工作效率和劳动强度等。为此，设计夹紧装置时应满足下列基本要求。

① 夹紧应保证工件各定位面的定位可靠，而不能破坏定位。

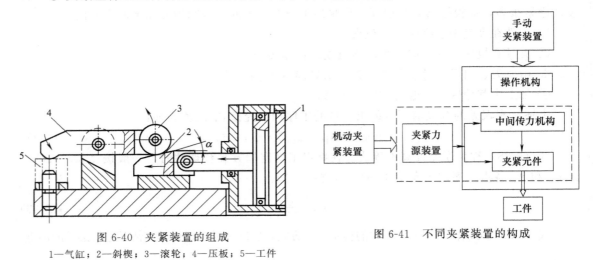

图 6-40　夹紧装置的组成
1—气缸；2—斜楔；3—滚轮；4—压板；5—工件

图 6-41　不同夹紧装置的构成

② 夹紧力大小要适中，在保证工件加工所需夹紧力大小的同时，应尽量减小工件的夹紧变形。
③ 夹紧装置要具有可靠的自锁，以防止加工过程中夹紧突然松开。
④ 夹紧装置要有足够的夹紧行程，以满足工件装卸空间的需要。
⑤ 夹紧动作要迅速，操作要方便、安全、省力。
⑥ 对手动夹紧装置，工人作用力一般不超过 80～100N。
⑦ 夹紧装置的设计应与工件的生产类型相一致。
⑧ 结构紧凑，工艺性要好，尽量采用标准化夹紧装置及元件。

6.3.2　夹紧力设计计算

大小、方向和作用点是力的三要素。对夹紧力而言，其大小、方向、作用点的确定也至关重要，它们直接影响着夹紧装置工作的各个方面。

(1) 夹紧力方向的确定原则

夹紧力作用方向主要影响工件的定位可靠性、夹紧变形、夹紧力大小诸方面。选择夹紧力作用方向时应遵循下列原则。

① 为了保证加工精度，主要夹紧力的作用方向应垂直于工件的主要定位基准，同时要保证工件其他定位面定位可靠。如图 6-42 所示，图 6-42（a）是正确的夹紧力方向，图 6-42（b）是错误的夹紧力方向。

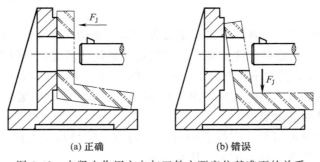

(a) 正确　　　　(b) 错误

图 6-42　夹紧作用方向与工件主要定位基准面的关系

② 夹紧力的作用方向应尽量避开工件刚性比较薄弱的方向，以尽量减小工件的夹紧变形对加工精度的影响。如图 6-43 中，应避免图 (a) 的夹紧方式，可采用图 (b) 的夹紧方式。

③ 夹紧力的作用方向应尽可能有利于减小夹紧力。假设加工中工件只受夹紧力 F_j、切削力 F 和工件重力 F_G 的作用，这几种力的可能分布如图 6-44 所示。为保证工件加工中定位可靠，显然只有采用图 6-44 (a) 受力分布时夹紧力 F_j 最小。

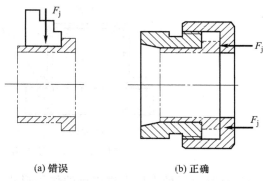

图 6-43 夹紧力作用方向对工件变形的影响

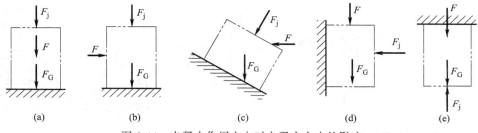

图 6-44 夹紧力作用方向对夹紧力大小的影响

(2) 夹紧力作用点的确定原则

夹紧力作用点选择包括作用点的位置、数量、布局、作用方式。它们对工件的影响主要表现在定位准确性和可靠性及夹紧变形；同时，作用点选择还影响夹紧装置的结构复杂性和工作效率。具体设计时应遵循下列原则。

① 夹紧力作用点应正对定位元件定位面或落在多个定位元件所组成的定位域之内，以防止破坏工件的定位。如图 6-45 中，图 (a) 夹紧力作用点是不正确的，夹紧时会破坏定位；图 (b) 的夹紧是正确的。

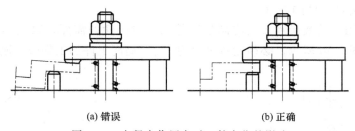

图 6-45 夹紧力作用点对工件定位的影响

② 夹紧力作用点应落在工件刚性较好的部位上，以尽量减小工件的夹紧变形。如图 6-46 所示：图 (a) 是错误的，图 (b) 是正确的。

③ 夹紧力作用点应尽量靠近工件被加工面，以便最大限度地抵消切削力，提高工件被加工部位的刚性，降低由切削力引起的加工振动。如图 6-47 所示，夹紧力 F_{j1}、F_{j2} 不能保证工件的可靠定位，F_{j4} 的作用点距离加工部位较远，只有 F_{j3} 作用点选择最好。

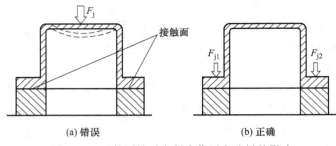

(a) 错误　　　　　　　　(b) 正确

图 6-46　工件刚性对夹紧力作用点选择的影响

④ 选择合适的夹紧力作用点的作用形式，可有效地减小工件的夹紧变形、改善接触可靠性、提高摩擦系数、增大接触面积、防止夹紧元件破坏工件的定位和损伤工件表面等。针对不同的需要，常采用的夹紧力作用点作用方式如图 6-48 所示。

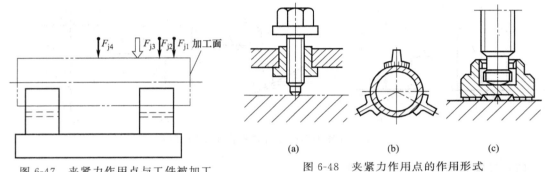

图 6-47　夹紧力作用点与工件被加工部位的位置关系

图 6-48　夹紧力作用点的作用形式

由于毛坯面粗糙不平，所以对毛坯面夹紧时应采用球面压点，如图 6-48（a）所示。图 6-48（b）的工件是薄壁套筒，为了减小夹紧变形，应增大夹压面积以使工件受力均匀。图 6-48（c）夹紧力作用点为大面积、网纹面接触，适用于对工件已加工面夹紧并可提高摩擦系数。

⑤ 夹紧力作用点的数量和布局应满足工件可靠定位的需要。如图 6-49 所示，最好由 F_{j1} 和 F_{j2} 共同实施对工件的夹紧。

⑥ 夹紧力作用点的数量和布局应满足工件加工对刚性的需要，以减小工件的受力变形和加工振动。如图 6-50 所示，必须设置夹紧力 F_{j2} 以提高工件加工部位的刚性。

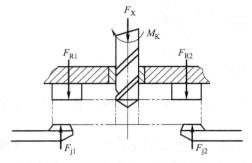

图 6-49　夹紧力作用点的数量和布局对工件定位的影响

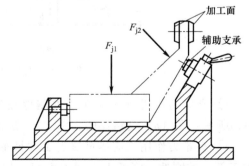

图 6-50　夹紧力作用点的数量和布局对工件刚性的影响

(3) 夹紧力的种类和设计注意事项

① 夹紧力的种类。根据夹紧力作用目的的不同，可以将夹紧力分为辅助定位夹紧力、基本夹紧力和附加夹紧力三种，它们的作用目的和特点如下。

a. 定位过程中，为保证工件可靠定位而施加的夹紧力，称为辅助定位夹紧力，简称定位夹紧力。该夹紧力与工件定位过程同步进行，如图 6-51 中的 F_{j1} 力。

b. 为保证工件的定位免遭加工过程中其他力破坏而施加的夹紧力，称为基本夹紧力，该夹紧力一般应在工件定位后才能作用于工件，如图 6-51 中的 F_{j2} 力。

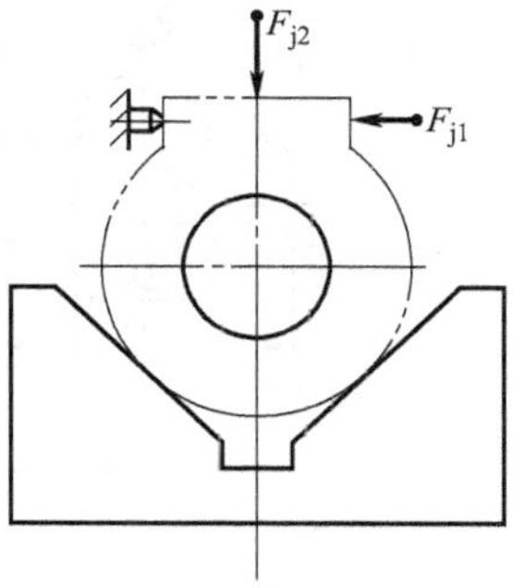

c. 为提高工件局部刚性而施加的夹紧力称为附加夹紧力。附加夹紧力一般应在基本夹紧力作用后才能作用于工件。如图 6-50 中的 F_{j2} 力为附加夹紧力，它需要在基本夹紧力 F_{j1} 作用后才能作用与工件。

② 不同种类夹紧力的设计注意事项。在设计夹紧力时，清楚工件装夹对上述三种夹紧力的需要是非常必要的，设计时需要注意以下问题。

图 6-51 定位夹紧力和基本夹紧力

a. 必须清楚三种夹紧力的作用时间顺序。
b. 应注意各夹紧作用的主次和大小差别，以防相互干涉。
c. 为提高效率，同种夹紧力应尽量采用联动或浮动夹紧机构。

(4) 夹紧力大小的确定原则

夹紧力的大小主要影响工件定位的可靠性和工件的夹紧变形以及夹紧装置的结构尺寸和复杂性。因此，夹紧力的大小应当适中。定位夹紧力的大小一般以能保证工件可靠定位即可；附加夹紧力和基本夹紧力大小的确定，应以能保证工件的加工刚性、避免加紧变形为设计原则，一般需要通过受力分析计算进行确定。

用分析计算法确定夹紧力大小时，实质上是解静力平衡的问题。首先以工件作受力体进行受力分析，受力分析时，一般只考虑切削力、摩擦力和工件重力等；然后建立静力平衡方程求出理论夹紧力 F_L；最后还要考虑到实际加工过程的动态不稳定性，需要将理论夹紧力再乘上一个安全系数，就得出工件加工所需要的实际夹紧力 F_j，即：

$$F_j = KF_L \tag{6-30}$$

式中 K——安全系数，一般取 $K=1.5\sim3$，小值用于精加工，大值用于粗加工。

表 6-6 列出了几种典型加工所需理论夹紧力的分析计算方法。

表 6-6 几种典型加工的理论夹紧力计算方法

加工方法	图例	平衡条件	理论夹紧力计算公式	符号说明
车削	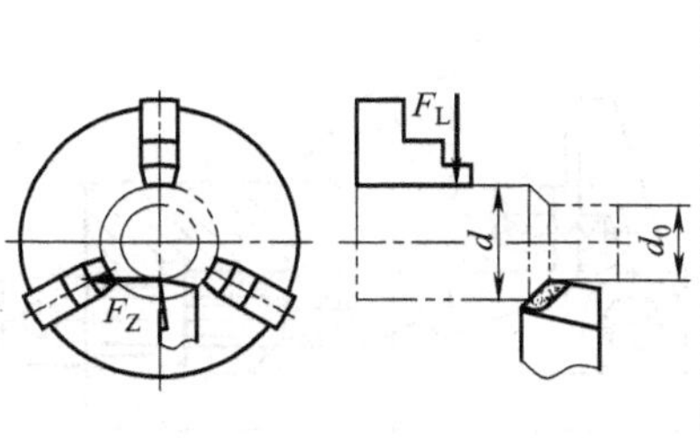	平衡主切削力 F_z 作用下工件可能相对于卡爪的转动：$F_z \dfrac{d_0}{2} = 3F_L f \dfrac{d}{2}$	$F_L = \dfrac{F_z d_0}{3fd}$	F_L——单个卡爪的理论夹紧力，N F_z——主切削力，N f——卡爪与工件间的摩擦系数

续表

加工方法	图例	平衡条件	理论夹紧力计算公式	符号说明
钻削		平衡切削转矩 M 作用下工件可能发生的转动：$1000M = F_L N (f_1 r' + f_2 R)$	$F_L = \dfrac{1000M}{n(f_1 r' + f_2 R)}$ 式中：$r' = \dfrac{1}{3} \times \dfrac{D^3 - D_0^3}{D^2 - D_0^2}$	F_L——每个压板的理论夹紧力，N M——切削扭矩，N·m f_1——定位支承与工件间的摩擦系数 f_2——压板与工件间的摩擦系数 r'——工件与定位面间的当量摩擦半径，mm R——压板与工件的摩擦半径，mm N——压板数量
铣削		平衡铣削合力 F 作用下工件绕点 A 的反转力矩：$FL = F_L(f_1 + f_2)(L_1 + L_2)$	$\dfrac{FL}{(f_1 + f_2)(L_1 + L_2)}$	F_L——每个压板所施的理论夹紧力，N L_1、L_2——两侧支承到 A 点的水平距离，mm f_1——定位支承与工件间的摩擦系数 f_2——压板与工件间的摩擦系数

6.3.3 典型夹紧机构分析

夹紧装置可由简单夹紧机构直接构成，大多数情况下使用的是复合夹紧机构。夹紧机构的选择需要满足加工方法、工件所需夹紧力大小、工件结构、生产率等方面的要求。因此，在设计夹紧机构时，首先需要了解各种简单夹紧机构的工作特点（能产生的夹紧力大小、自锁性能、夹紧行程、扩力比等）。本节主要介绍几种常用的典型基本夹紧机构的设计问题。

(1) 斜楔夹紧机构

图 6-52 所示为斜楔夹紧机构的工作原理图。在夹紧源动力 F_Q 的作用下，斜楔向左移动 L 的位移，由于斜楔斜面的作用，将使斜楔在垂直方向上产生 S 的夹紧行程，从而实现对工件的夹紧。图 6-53 为斜楔夹紧机构的应用实例简图。

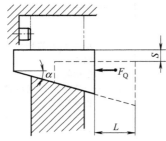

图 6-52 斜楔夹紧工作原理

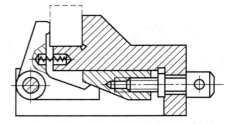

图 6-53 斜楔夹紧机构应用示例

① 斜楔夹紧机构所能产生的夹紧力计算。

以图 6-52 为例，夹紧时斜楔的受力分析如图 6-54 所示。

当斜楔处于平衡状态时，根据静力平衡可列方程组如下：

$$F_1 + F_{Rx} = F_Q$$
$$F_1 = F_W \tan\varphi_1$$
$$F_{Rx} = F_W \tan(\alpha + \varphi_2) \tag{6-31}$$

解上述方程组可得斜楔夹紧所能产生的夹紧力：

$$F_W = \frac{F_Q}{\tan\varphi_1 + \tan(\alpha + \varphi_2)} \tag{6-32}$$

式中 F_Q——斜楔所受的源动力，N；

F_W——斜楔所能产生的夹紧力的反力，N，可看作夹紧力；

φ_1，φ_2——斜楔与工件和夹具体间的摩擦角；

α——斜楔的楔角。

由于 α、φ_1、φ_2 均很小，设 $\varphi_1 = \varphi_2 = \varphi$，式（6-32）可简化如下：

$$F_W = \frac{F_Q}{\tan(\alpha + 2\varphi)} \tag{6-33}$$

② 斜楔夹紧的自锁条件。

手动夹紧机构必须具有自锁功能。自锁是指对工件夹紧后，撤除源动力时，夹紧机构依靠静摩擦力仍能保持对工件的夹紧状态。根据这一要求，当撤除源动力后，斜楔受力分析如图 6-55 所示。

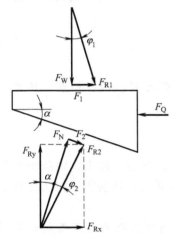

图 6-54 斜楔夹紧受力分析

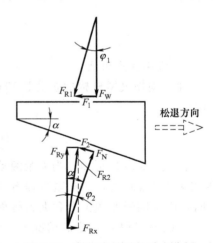

图 6-55 斜楔自锁时的受力分析

由图 6-55 可知，要使斜楔能够保证自锁，必须满足下列条件：

$$F_1 \geqslant F_{Rx}$$

即

$$F_W \tan\varphi_1 \geqslant F_W \tan(\alpha - \varphi_2) \tag{6-34}$$

由于角度 α、φ_1 和 φ_2 的值均很小，所以式（6-34）可近似写成：

$$\varphi_1 \geqslant \alpha - \varphi_2$$

即

$$\alpha \leqslant \varphi_1 + \varphi_2 \tag{6-35}$$

式（6-35）说明斜楔夹紧的自锁条件是：斜楔的楔角必须小于或等于斜楔分别与工件和

夹具体的摩擦角之和。

钢铁表面之间的摩擦系数一般为 $f=0.1\sim0.15$，而 $\tan\varphi=f$，所以可知摩擦角 φ_1 和 φ_2 的值为 $5°43'\sim8°32'$。因此斜楔夹紧机构满足自锁的条件是：$\alpha\leqslant11°\sim17°$。但为了保证自锁可靠，一般取 $\alpha=6°\sim8°$。由于气动、液压系统本身具有自锁功能，所以采用气动、液压夹紧的斜楔楔角可以选取较大的值，一般取 $\alpha=15°\sim30°$。

③ 斜楔夹紧的扩力比。

在夹紧源动力 F_Q 作用下，夹紧机构所能产生的夹紧力 F_W 与 F_Q 的比值，称作扩力比或扩力系数，用符号"i_F"表示。

$$i_F=\frac{F_W}{F_Q} \tag{6-36}$$

扩力比反映的是夹紧机构的省力与否。当 $i_F>1$ 时，表明夹紧机构具有增力特性，即以较小的夹紧源动力可以获得较大的夹紧力；当 $i_F<1$ 时，则说明夹紧机构是缩力的。在夹紧机构设计中，一般希望夹紧机构具有扩力作用。

斜楔夹紧机构是扩力机构，其扩力比为：

$$i_F=\frac{W}{Q}=\frac{1}{\tan\varphi_1+\tan(\alpha+\varphi_2)} \tag{6-37}$$

显然：α、φ_1 和 φ_2 越小，i_F 就越大。当取 $\varphi_1=\varphi_2=\alpha=6°$时，$i_F\approx3$。

④ 斜楔夹紧机构的行程比。

在图 6-52 中，一般把斜楔的移动行程 L 与工件需要的夹紧行程 S 的比值称为行程比，用符号"i_S"表示。行程比从一定程度上反映了夹紧机构的尺寸大小。斜楔夹紧机构的行程比为：

$$i_S=\frac{L}{S}=\frac{1}{\tan\alpha} \tag{6-38}$$

⑤ 应用注意事项。

比较斜楔夹紧机构的扩力比和行程比可以发现：当不考虑摩擦时，两者相等，其大小均为：

$$i_F=\frac{F_W}{F_Q}=\frac{1}{\tan\alpha}=\frac{L}{S}=i_S \tag{6-39}$$

由式 (6-39) 可知：当夹紧源动力 F_Q 和斜楔行程 L 一定时，楔角 α 越小，则所能产生的夹紧力 F_W 越大，而夹紧行程 S 却越小。斜楔夹紧机构的这一重要特性表明：在选择楔角 α 时，必须同时兼顾扩力和夹紧行程，不可顾此失彼。

在斜楔行程 L 一定的情况下，为了获得较大的夹紧行程，可将斜楔做成双楔角；当不需要斜楔自锁时，可以用滚动摩擦代替滑动摩擦以减小机械效率损失，如图 6-56 所示。

由于机械效率较低，所以斜楔夹紧机构很少直接应用于手动夹紧，而多应用于机动夹紧，应用于手动夹紧时，一般应与其他夹紧机构复合使用。

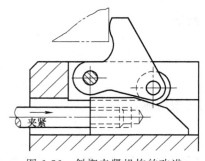

图 6-56 斜楔夹紧机构的改进

(2) **螺旋夹紧机构**

螺旋夹紧机构可以看作是一个螺旋斜楔，它是将斜楔斜面绕在圆柱上形成螺旋面。图 6-57 是手动单螺旋夹紧机构，转动手柄使压紧螺钉 1 向下移动，通过压块 4 将工件夹紧。压块可增大夹紧接触面积，并防止压紧螺钉旋转时有可能破坏工件的定位和损伤工件表面。

在设计时，夹紧用螺母可参阅国标 JB/T 8004.1—1999 和 JB/T 8004.2—1999，夹紧用压紧螺钉的国标是 JB/T 8006.1～8006.4—1999。

① 单螺旋夹紧机构的夹紧力计算。

如图 6-58 所示：图（a）为螺旋夹紧的受力情况分析；图（b）是假想斜楔的受力分析；图（c）是三角螺纹的受力情况和当量摩擦角。

在图 6-58（a）中：F_Q 是源动力（N），L 是源动力臂（mm），r_z 为螺旋中径的半径（mm），F_{Rx} 为螺纹副间作用合力的水平分量（N），F_W 为螺旋夹紧的夹紧力（N），r' 是压紧螺钉端部的当量摩擦半径（mm），F_1 是压紧螺钉端部与其他接触面间的摩擦力（N），φ_1 是压紧螺钉与工件间的摩擦角，φ_2' 是螺纹副当量摩擦角，α 是螺纹副的螺旋升角。根据力矩平衡可列方程可得：

$$F_Q L = F_{Rx} r_z + F_1 r' \tag{6-40}$$

由图 6-58（b）可知：

$$F_{Rx} = F_W \tan(\alpha + \varphi_2') \tag{6-41}$$

解上述两方程可得单螺旋夹紧时所能产生的夹紧力：

$$F_W = \frac{F_Q L}{r' \tan\varphi_1 + r_z \tan(\alpha + \varphi_2')} \tag{6-42}$$

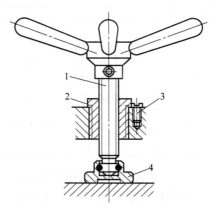

图 6-57　单螺旋夹紧机构
1—压紧螺钉；2—螺母衬套；
3—止转螺钉；4—压块

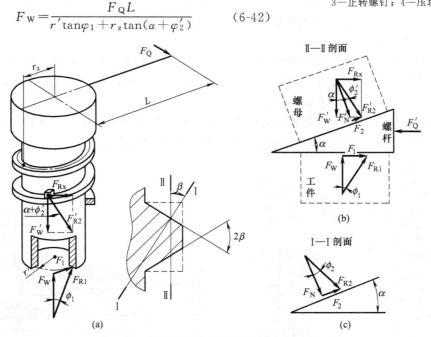

图 6-58　螺旋夹紧受力分析和当量摩擦角计算

在式（6-42）中：当螺纹牙型为矩形时，螺纹副当量摩擦角 φ_2' 就是其摩擦角；当螺纹牙型为三角形时，由图 6-58（c）可知，作用于压紧螺钉三角形螺纹牙型面上的正压力 F_N 和合力 F_{R2} 与平面 Ⅱ—Ⅱ 不重合，其在平面 Ⅱ—Ⅱ 上的投影分别为 F_N' 和 F_{R2}'，当量摩擦角就是 F_N' 和 F_{R2}' 间的夹角。其大小为：

$$\tan\varphi_2' = \frac{F_2}{F_N'} = \frac{F_2}{F_N\cos\beta} = \frac{\tan\varphi_2}{\cos\beta} \tag{6-43}$$

设螺纹副间的摩擦系数为 f_2，则有：

$$\varphi_2' = \arctan\frac{f_2}{\cos\beta} \tag{6-44}$$

压紧螺钉端部的当量摩擦半径 r' 可根据表 6-7 确定。

表 6-7 压紧螺钉端部当量摩擦半径计算

接触形式	点接触	平面接触	圆环线接触	圆环面接触
简图				
r'	0	$\frac{1}{3}d_0$	$R\cot\frac{\beta_1}{2}$	$\frac{1}{3}\times\frac{D^3-D_0^3}{D^2-D_0^2}$

② 单螺旋夹紧机构的扩力比。

单螺旋夹紧机构具有扩力作用，其扩力比为：

$$i_F = \frac{F_W}{F_Q} = \frac{L}{r'\tan\varphi_1 + r_z\tan(\alpha+\varphi_2')} \tag{6-45}$$

如果取：$r'=0$、$\alpha=3°$、$\varphi_2'=7°$、$L=28r_z$，代入式（6-45）可得 $i_F\approx 158$。显然，单螺旋夹紧机构的扩力作用远大于斜楔夹紧机构。

③ 螺旋夹紧机构的应用。

螺旋夹紧机构由于具有较大的扩力比和几乎不受限制的夹紧行程，另外由于采用标准螺纹副，而标准螺纹的螺旋升角一般为 $\alpha<4°$，所以其自锁性能良好。因此在实际设计中得到广泛应用，尤其适合应用于手动夹紧装置。

当夹紧行程较大时，螺旋夹紧机构的操作就显得比较费时。因此，实现快速装卸是螺旋夹紧机构设计的关键。图 6-59 所示是几种实现快速装卸的方法。

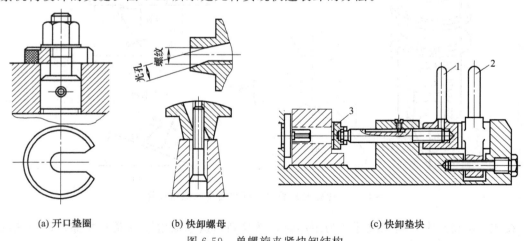

(a) 开口垫圈　　(b) 快卸螺母　　(c) 快卸垫块

图 6-59 单螺旋夹紧快卸结构

1—夹紧螺母手柄；2—扩程垫块；3—压块

在实际应用中，单螺旋夹紧机构常与杠杆压板构成螺旋压板夹紧机构。常见螺旋压板夹紧机构的组合形式如图 6-60 所示。组合形式不同，其扩力比大小亦随之不同，在实际设计中具体采用哪一种组合，除考虑扩力比外，重点还要考虑工件结构的需要。

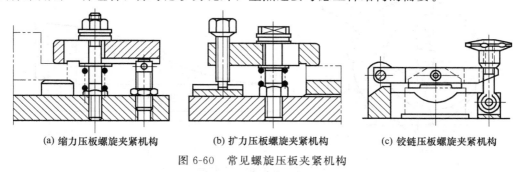

(a) 缩力压板螺旋夹紧机构　　(b) 扩力压板螺旋夹紧机构　　(c) 铰链压板螺旋夹紧机构

图 6-60　常见螺旋压板夹紧机构

考虑夹紧螺钉强度的需要，在实际设计中，应根据工件所需夹紧力计算出夹紧螺钉的作用力，再依据该作用力确定夹紧螺钉的直径。由于在螺旋夹紧机构中，夹紧螺钉可能承受有不同种类的力，如转矩、弯矩、拉力、压力。为简化计算起见，可将准备选用夹紧螺钉的许用拉伸应力降低 30%，然后统一按下式确定夹紧螺钉直径。

$$d = 2000c\sqrt{\frac{F_0}{0.7\pi[\sigma]}} \tag{6-46}$$

式中　d——夹紧螺钉的公称直径，mm；

c——夹紧螺钉大、小径之比，对于米制螺纹：$c = d/d_1 = 1.4$；

F_0——夹紧螺钉承受的轴向力，N；

$[\sigma]$——夹紧螺钉的许用拉伸应力，MPa。

(3) 偏心夹紧机构

偏心夹紧机构是由偏心件来实现夹紧的一种夹紧机构。偏心件有凸轮和偏心轮两种形式，其偏心方法分别采用曲线偏心和圆偏心，如图 6-61 所示。曲线偏心的偏心件制造比较麻烦，应用较少，在此主要介绍圆偏心夹紧的原理和方法。

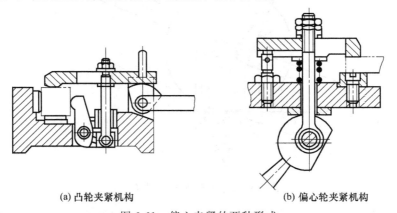

(a) 凸轮夹紧机构　　　　　　　　(b) 偏心轮夹紧机构

图 6-61　偏心夹紧的两种形式

图 6-62 是一偏心轮和它的展开图。由图 6-62 可见，它实际是斜楔夹紧的另外一种形式——变楔角斜楔，在 P 点左侧 A 点处的楔角最大。由于随着楔角的增大，斜楔夹紧的夹紧力减小，自锁性能变差。因此，最大楔角处是偏心轮设计的重要依据。但在实际设计中，为简化计算和保证夹紧行程的需要，一般以 P 点进行夹紧力计算、自锁条件验证和夹紧弧段选择。

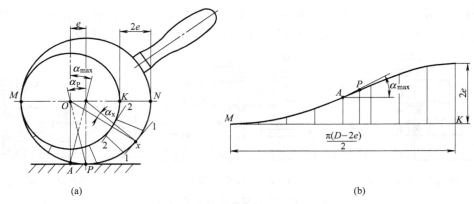

图 6-62 偏心轮夹紧原理

① 偏心轮夹紧所能产生的夹紧力计算。

图 6-63 是偏心轮在 P 点处夹紧时的受力情况。此时,可以将偏心轮看作是一个楔角为 α_P 的斜楔,如图 6-63 中虚线所示。该斜楔处于偏心轮回转轴和工件夹紧面之间,在 F_Q' 力作用下,使该斜楔对工件夹紧。F_Q' 力过 P 点垂直于 OP 连线,是由偏心轮夹紧源动力 F_Q 转化而来。因此有:

$$F_Q L = F_Q' \rho \tag{6-47}$$

所以
$$F_Q' = \frac{F_Q L}{\rho} \tag{6-48}$$

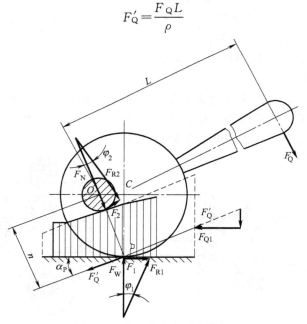

图 6-63 偏心轮夹紧受力分析

F_Q' 力的水平分力为 $F_{Qx} = F_Q' \cos\alpha_P$。由于 α_P 很小,可以认为 $F_{Qx} = F_Q'$。根据斜楔夹紧的夹紧力计算可知,该假想斜楔所能产生的夹紧力为:

$$F_W = \frac{F_Q'}{\tan\varphi_1 + \tan(\alpha_P + \varphi_2)} \tag{6-49}$$

将 F_Q' 的值代入式 (6-49) 可得偏心轮的夹紧力计算公式为:

$$F_W = \frac{F_Q L}{\rho[\tan\varphi_1 + \tan(\alpha_P + \varphi_2)]} \text{ (N)} \quad (6-50)$$

$$\rho = \frac{1}{2}\sqrt{D^2 + 4e^2}$$

$$\alpha_P = \arctan\frac{2e}{D}$$

式中：F_W——夹紧力，N；

F_Q——源动力，N；

L——源动力臂，mm；

φ_1，φ_2——偏心轮与工件和回转轴之间的摩擦角；

ρ——夹压点 P 到偏心轮回转轴线的距离，mm；

α_P——偏心轮在 P 点处的楔角。

由于 α_P、φ_1 和 φ_2 均很小，当取 $\varphi_1 = \varphi_2 = \varphi$ 时，式（6-50）又可写成：

$$F_W = \frac{F_Q L}{\rho \tan(\alpha_P + 2\varphi)} \quad (6-51)$$

② 偏心轮夹紧的自锁条件。

由于偏心轮夹紧只是斜楔夹紧的另一种形式，因此要保证自锁就必须满足：

$$\alpha_{\max} \leqslant \varphi_1 + \varphi_2$$

由于

$$\alpha_{\max} \approx \alpha_P$$

所以

$$\alpha_P \leqslant \varphi_1 + \varphi_2$$

又因为 α_P、φ_1 很小，可使 $\alpha_P = \frac{2e}{D}$、$\varphi_1 = f_1$。且为安全起见，可不计转轴处摩擦。

则有：

$$\frac{2e}{D} \leqslant f_1 \quad (6-52)$$

当 $f_1 = 0.1$ 时，$\frac{D}{e} \geqslant 20$；当 $f_1 = 0.15$ 时，$\frac{D}{e} \geqslant 14$。因此，式（6-52）又可写为：

$$\frac{D}{e} \geqslant 14 \sim 20 \quad (6-53)$$

式（6-53）就是取不同摩擦系数时的偏心轮自锁条件。D/e 是偏心轮的重要特性参数，在偏心轮结构尺寸 D 一定的前提下：该值取 20 时，偏心距 e 就小，这意味着夹紧行程就小，但自锁性能较好；当该值取 14 时，偏心距 e 较大，这意味着夹紧行程就大，但自锁性能较差。

③ 偏心轮夹紧机构的扩力比。

偏心夹紧机构也是扩力夹紧机构，其扩力比为：

$$i_P = \frac{F_W}{F_Q} = \frac{L}{\rho[\tan\varphi_1 + \tan(\alpha_P + \varphi_2)]} \quad (6-54)$$

当取：$L = (2 \sim 2.5)D$，$\varphi_1 = \varphi_2 = 6°$，则 $i_F \approx 12 \sim 13$。

④ 偏心轮夹紧设计。

偏心轮的结构尺寸已经标准化，详细情况参见 JB/T 8011.1～8011.4—1999。特殊情况下需要自行设计时，可参考标准偏心轮结构形状和尺寸，但需要注意下列问题。

a. 确定夹紧行程 S。一般 $S \geqslant \delta + \Delta_1 + \Delta_2$。式中，$\Delta$ 为工件夹压方向上的尺寸公差，Δ_1 为装卸工件所需间隙（一般取 $0.5 \sim 1.5 \text{mm}$），Δ_2 为夹紧机构弹性变形补偿量（一般为 $0.05 \sim 0.15 \text{mm}$）。

b. 确定偏心距 e。偏心轮夹紧时的工作弧段一般只取对称于 P 点左右各 $45°$ 以内的一部分圆弧，因此 $S \approx e$。标准偏心轮的偏心距一般为 $1.3 \sim 6 \text{mm}$。

c. 计算偏心轮直径。在偏心距 e 确定后，偏心轮直径必须根据偏心轮夹紧的自锁条件进行计算求出。

(4) 典型夹紧机构应用

① 联动夹紧机构。联动夹紧机构是指由一个夹紧动作使多个夹紧元件实现对一个或多个工件的多点、多向同时夹紧的夹紧机构。联动夹紧机构可有效地提高生产率、降低工人的劳动强度，同时还可满足有多点、多向、多件同时夹紧要求的场合。

图 6-64 是一多点、单向联动夹紧机构。当向下旋转螺母 1 时，压板 2 夹压工件，同时螺栓 3 上移并带动铰接杠杆 4 顺时针转动，杠杆 4 的转动使螺栓 5 下移，从而使压板 6 同时对工件夹紧。

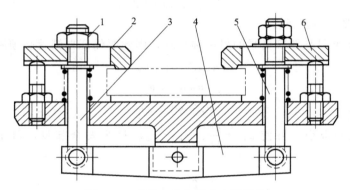

图 6-64 多点、单向联动夹紧机构
1—夹紧螺母；2,6—压板；3,5—螺栓；4—杠杆

在联动夹紧机构中，不同的夹紧元件之间必须用浮动元件或机构连接，以防止某一夹紧元件夹紧运动的终止影响其他夹紧元件的继续夹紧，图 6-64 中的螺栓 3、杠杆 4、螺栓 5 就构成了这样的浮动机构。

根据夹紧点的多少、夹紧力方向的不同和同时夹紧的工件数量，联动夹紧机构有多种多样的结构形式。图 6-65 所示是两种不同形式的联动夹紧机构。

② 定心夹紧机构。工件的对称中心或几何中心不因工件尺寸的变化而变化就称为定心。定心夹紧机构就是利用夹紧元件的等量变形位移或等速相向运动保持工件的对称中心或几何中心不因夹持面尺寸变化而变化的夹紧装置，它在对工件的定位和夹紧是同时进行的。

图 6-66 中，1、2 是起定位夹紧作用的 V 形块，3 为左、右螺纹的双头螺柱。旋转螺柱 3，就可使 V 形块 1、2 作等速相向运动，实现对工件的定心夹紧。当需要调整定心位置时，可拧松螺钉 6，通过调节螺钉 5 调整定位叉座 7，使双头螺柱 3 的轴向位置发生改变，从而就可改变定心的位置。定心位置调整后，需先拧紧螺钉 6，再拧紧螺钉 4 锁死螺钉 5 的位置。

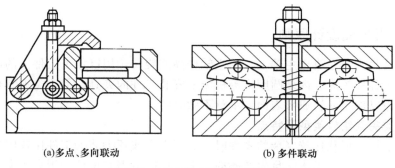

(a) 多点、多向联动　　　　(b) 多件联动

图 6-65　不同形式的联动夹紧机构

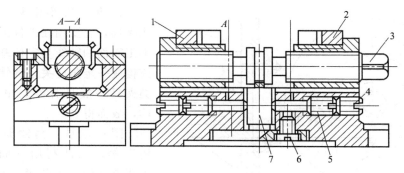

图 6-66　相向等速运动定心夹紧装置

1,2—V 形块；3—双头螺柱；4—锁紧螺钉；5—调节螺钉；6—螺钉；7—定位叉座

由于定位叉座和双头螺柱间定位存在间隙，所以该定心夹紧装置较适合定位精度要求较低的轻载加工场合。

图 6-67 是液性塑料心轴定心夹紧机构，用于对工件孔的定心夹紧。夹紧时，推动柱塞 4 挤压液性塑料 3，利用液性塑料具有液体的流动性和不可压缩性，使薄壁套筒 2 沿径向产生均匀变形，从而实现对工件孔的定心和夹紧。通过调整螺钉 1 限制柱塞 4 的移动位置，以保证夹紧力的大小。当装入或更换液性塑料时，应通过排气螺钉 5 将空气排出。

使用中应注意：薄壁套筒的变形量不能过大，因此要求工件定位面需要有较高精度（一般要求 IT7～IT9）的情况下才能使用，不用时应装上保护套。

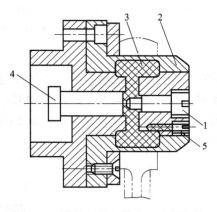

图 6-67　液性塑料心轴定心夹紧机构

1—排气螺钉；2—薄壁套筒；3—液性塑料；4—柱塞；5—调整螺钉

6.4　典型机床夹具设计原则

不同种类的机床具有不同的工艺特点，且夹具与机床连接方式也不尽相同。因此，对不同种类的机床夹具设计就提出了不同的要求，每一类机床夹具的总体结构和技术要求上都有其各自特点。本章就常见的专用机床夹具的类型、结构特点和设计要点等，按机床种类分别

介绍。

6.4.1 车床类夹具设计原则

车床类夹具是指装在机床主轴上，随主轴作高速旋转，用以加工工件上的回转表面，这类夹具包括用于各种车床、内外圆磨床等机床上安装工件的夹具。但这类夹具也有小部分安装在床身上，用以加工回转成形表面，本章不做介绍。

(1) 车床类夹具结构类型及特点

当在车床上加工形状比较复杂的零件时，通用卡盘或顶尖装夹工件比较困难，而利用花盘等装夹工件比较费时，无法满足生产率的要求，此时就需要设计专用车床夹具。专用车床夹具按其总体结构大致可分为：角铁类、定心类、花盘类等类型。

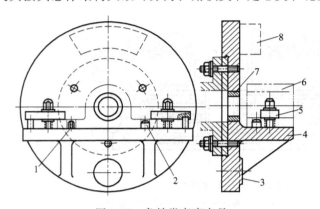

① 角铁类车床夹具。角铁类车床夹具，主要用在工件形状复杂，被加工表面的轴线与定位基准面成平行或构成一定角度关系的情况下。因这类夹具一般具有类似角铁形的夹具体，故而得名。

图 6-68 是一角铁类车床夹具应用实例，工件利用一面双销定位，采用螺旋压板夹紧，加工工件上的孔。

图 6-68 角铁类车床夹具
1—削边定位销；2—圆柱定位销；3—轴向调刀基准；4—夹具体；
5—压板；6—工件；7—导向套；8—平衡配重

② 定心类车床夹具。在车床上加工具有较高同轴度要求的套筒类工件时，对工件的定位往往有较高的定心要求。如图 6-69 所示车床夹具，该夹具利用弹簧心轴定心，工件以内孔和端面在弹性筒夹 4、定位套 3 上定位，当拉杆 1 带动螺母 5 和弹性筒夹 4 向左移动时，夹具体 2 上的锥面迫使轴向开槽的弹性筒夹 4 径向涨大，从而使工件定心并夹紧。加工结束后，拉杆带动筒夹向右移动，筒夹收缩复原，便可装卸工件。

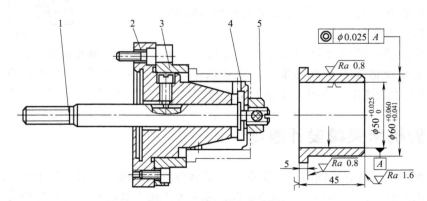

图 6-69 定心类车床夹具
1—拉杆；2—夹具体；3—轴向定位套；4—弹簧胀套；5—螺母

③ 花盘类车床夹具。对形状复杂的工件，当定位基准面与机床回转轴线垂直或有一定夹角时，就可采用花盘式车床夹具。

如图 6-70 所示，工件 $\phi 70_{-0.02}^{\ 0}$ mm 外圆及端面 A 已加工过，本工序加工 $2\times\phi 35_{\ 0}^{+0.027}$ mm 孔、端面 T 和孔的底面 B，具体加工要求见图示。

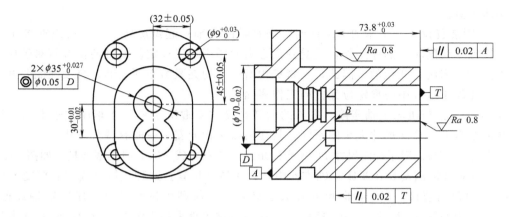

图 6-70　齿轮泵壳体零件工序简图

图 6-71 为加工齿轮泵壳体夹具。工件以端面 A、$\phi 70_{-0.02}^{\ 0}$ mm 外圆及 $\phi 9_{\ 0}^{+0.03}$ mm 孔为定位基准，工件在转盘 2 的 N 面、$\phi 70_{+0.003}^{+0.012}$ mm 孔和削边销 4 上定位，用两副螺旋压板 5 对工件进行夹紧。转盘 2 则由两副螺旋压板 6 压紧在夹具体 1 上。当加工好一个 $\phi 35_{\ 0}^{+0.027}$ mm 孔后，拔出对定销 3，并松开螺旋压板 6，将转盘连同工件一起回转 180°，对定销在弹簧力作用下插入夹具体上另一分度孔中，再夹紧转盘即可加工第二个孔。

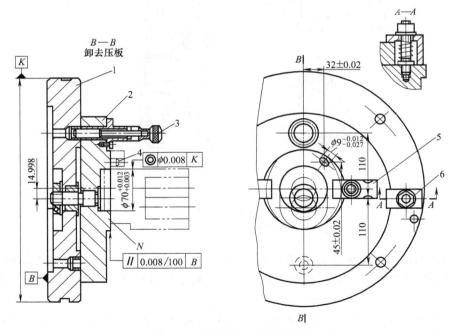

图 6-71　齿轮泵壳体车床夹具
1—夹具体；2—转盘；3—对定销；4—削边销；5,6—螺旋压板

（2）车床夹具设计要点

① 定位装置设计。在车床上加工工件时，要求工件加工面的轴线与车床主轴回转轴线重合，夹具上定位装置的结构和布置，必须保证这一点。对于加工轴套、盘类工件，则采用定心类车床夹具或心轴类车床夹具；对壳体、支座等非规则零件，则用角铁类车床夹具或花盘类车床夹具。

② 夹紧装置设计。车床加工工件时，夹具随同主轴一起做旋转运动，所以在加工过程中，工件除受切削转矩的作用外，还受到离心力的作用，工件定位基准的位置相对于切削力和重力的方向来说是变化的。因此，夹紧机构所产生的夹紧力必须足够，自锁性能要好，以防止工件在加工过程中脱离定位元件的工作表面。

③ 车床夹具与机床主轴连接。夹具的回转精度主要取决于夹具在车床主轴上的连接精度。根据车床夹具径向尺寸大小的不同，其在机床主轴的安装一般有两种方式。

a. 用锥柄连接。对于径向尺寸 D 小于 140mm，或 $D<(2\sim3)d$ 的小型夹具，如图 6-72（a）所示，一般通过锥柄安装在车床主轴锥孔中，并用拉杆拉紧。这种连接方式定心精度较高。

b. 用过渡盘连接。对于径向尺寸较大的夹具，一般利用过渡盘与车床主轴轴颈连接，这种连接结构如图 6-72（b）、(c) 所示。夹具体与过渡盘采用间隙配合（H7/h6）或者过渡配合（H7/js6）连接，然后用螺钉紧固。过渡盘与车床主轴的具体连接形式取决于车床主轴的前端结构。图 6-72（b）的连接形式是：过渡盘与车床主轴采用 H7/h6 或 h7/js6 配合连接，并采用螺纹紧固，为了保证安全，防止倒车时使过渡盘与主轴的连接松开，可在此基础上采用其他措施，把过渡盘和主轴固紧在一起。

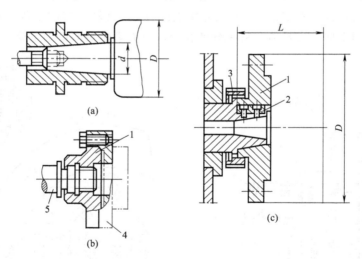

图 6-72 车床夹具的安装
1—过渡盘；2—平键；3—螺母；4—夹具；5—主轴

如果主轴前端为圆锥体并有凸缘结构，如图 6-72（c）所示，则过渡盘 1 以锥体定心，用套在主轴上的螺母 3 对其进行锁紧。旋转运动的转矩则由平键 2 传递给过渡盘。这种结构定心精度高。

④ 夹具总体结构设计。由于车床类夹具多采用悬臂安装，因此应尽量缩短夹具的悬伸长度，使重心靠近主轴，以减少主轴的弯曲载荷保证加工精度；应尽量减小夹具的外形尺寸，并使重心与回转轴线重合，以减小离心力和回转力矩对加工的影响。

夹具的悬伸长度 L 与其外廓直径 D 之比可参照以下的数值选取：

对 $D<150$mm 的夹具，$L/D\leqslant 1.25$；

对 $150\text{mm}\leqslant D\leqslant 300\text{mm}$ 的夹具，$L/D\leqslant 0.9$；

对 $D>300$mm 的夹具，$L/D\leqslant 0.6$。

若夹具和工件的重心偏离机床主轴回转轴线，特别是夹具结构相对回转轴线不对称，则必须有平衡措施，如加平衡块。平衡块上开有圆弧槽（或径向槽），便于调整其位置。对于高速回转的重要夹具，则应专门进行平衡试验，以确保运转安全和加工质量。夹具和工件的整体回转外径不应大于机床允许的回转尺寸。夹具的零部件和其上装夹的工件的外形一般不允许伸出夹具体以外。同时对回转部分尽可能做得光滑光整，避免尖角，最好设置防护罩壳。

6.4.2 钻床夹具设计原则

钻床夹具又称钻模。它一般通过钻套引导刀具对工件进行加工，被加工孔的尺寸精度主要由刀具本身的尺寸和精度来保证，而孔的位置精度则由钻套在夹具上相对于定位元件的位置精度来确定。

(1) 钻床夹具的结构类型

为满足工件上各种不同分布孔的加工要求，钻模结构需采用不同的结构形式，通常可分为以下五种形式。

① 固定式钻模。这类钻模在使用过程中，其在钻床上的位置固定不动，用于立式钻床时，一般只能加工单轴线孔，在摇臂钻床则可加工平面孔系。

如图 6-73 所示。工件以孔 $\phi 25H7$ 孔和端面在心轴 6 上定位，通过螺母 5 和开口垫圈 4 实现对工件的快速装卸，钻头借助钻套 1 的导引加工工件孔 $\phi 6H7$，并保证尺寸 (37.5 ± 0.02)mm。

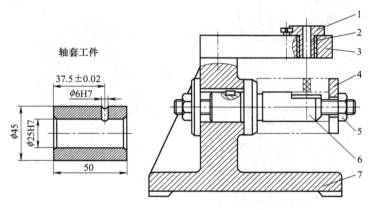

图 6-73　固定式钻模
1—钻套；2—衬套；3—钻模板；4—开口垫圈；
5—螺母；6—定位心轴；7—夹具体

② 分度式钻模。当孔系具有相同的回转轴线并沿径向分布时，需要采用有分度装置的钻模对工件进行加工。

如图 6-74 所示为一分度钻模。工件以内孔和端面在心轴 2 和分度板 12 上定位，用开口

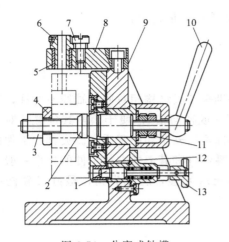

垫圈 4 和螺母 3 将工件夹紧。钻完一个孔后，通过锁紧手柄 10 使分度板 12 放松，将对定销 1 拉出，即可转动分度板 12 到下一个加工位置，对定销在弹簧力作用下自动插入分度板 12 下一个孔中，实现分度对定，然后拧紧锁紧手柄 10，通过定位心轴 2，将分度板 12 锁紧。

③ 翻转式钻模。如图 6-75（b）所示的加工工序图，其径向和端面上分别有 6 个螺纹底孔，可采用图 6-75（a）所示的翻转式钻模进行加工。

翻转式钻模主要用于加工小型工件上不同方向上的孔，适合于中小批量工件的加工。加工时钻模需要人工在工作台上进行翻转，因此夹具的重量不宜过重，夹具连同工件的总重量一般应小于 10kg。加工 $\phi 6mm$ 以下孔时，由于切削力小，钻模在钻床工作台上不用压紧，直接用手扶持，非常方便快捷。

图 6-74 分度式钻模
1—对定销；2—定位心轴；3—夹紧螺母；4—开口垫圈；5—衬套；6—钻套；7—钻套螺钉；8—钻模板；9—夹具体；10—锁紧手柄；11—螺母；12—分度板；13—拉手

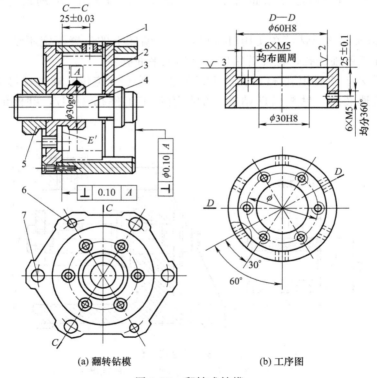

(a) 翻转钻模　　　　(b) 工序图

图 6-75 翻转式钻模
1—夹具体；2—定位件；3—开口垫圈；4—螺栓；5—螺母；6—销钉；7—沉头螺钉

④ 盖板式钻模。盖板式钻模没有夹具体，定位元件和夹紧装置全部安装在钻模板上，适合加工体积庞大工件上局部位置的孔，加工时，只要将它盖在工件上定位夹紧即可。

图 6-76 是一盖板式钻模。钻模以圆柱和钻模板端面在工件上定位，通过拧动螺钉 2 挤压钢球 3，钢球 3 同时挤压推动三个径向分布的滑柱 5 沿径向伸出，在工件内孔中涨紧，从而使钻模夹紧在工件上。

⑤ 滑柱式钻模。该类夹具的主体结构已标准化和系列化，如图 6-77（a）是手动单齿轮-齿条双滑柱式钻模的通用结构。转动操纵手柄 7，经斜齿轮 2 带动齿条导杆 3 上下移动，使钻模板升降。当夹紧工件时，在轴向分力作用下，斜齿轮会沿轴向移动，通过其端部 1：5 圆锥面锁紧在夹具体的锥孔中。同理，当松开时，钻模板在最高点使斜齿

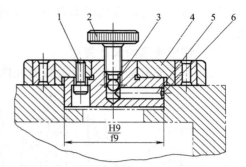

图 6-76 盖板式钻模
1—螺钉；2—滚花螺钉；3—钢球；
4—钻模板；5—滑柱；6—锁圈

轮端部的 1：5 的圆锥面锁紧在固定于夹具体上的圆锥套锥孔中，防止钻模板因自重而下降，从而便于装卸工件。根据不同工件的形状和加工要求，配置相应的定位，夹紧元件以及钻套，便可组成一个滑柱式钻模。

设计时可直接按标准选用，然后根据工件定位情况对其再进行补充设计和加工，添加少量零件就可组成如图 6-77（b）所示的钻模。图 6-77 中 12 是工件，要求在其大端钻孔，用上、下两锥形定位套 9 和 11 一起实现工件大端外圆定心夹紧，保证孔壁厚均匀。杠杆小端部放入挡块 10 的凹槽内，以防止钻孔时工件转动。

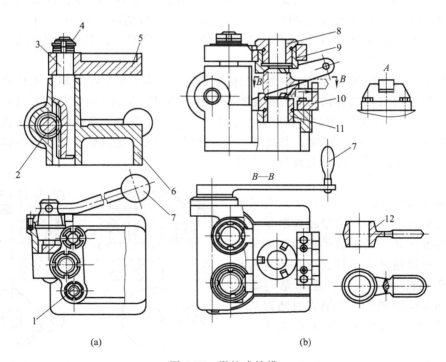

图 6-77 滑柱式钻模
1—导柱；2—斜齿轮；3—斜齿条导杆；4—锁紧螺母；5—升降钻模板；6—夹具体；
7—操纵手柄；8—钻套；9—上锥形定位套；10—挡块；11—下锥形定位套；12—工件

根据钻模板升降采用的动力不同可分为手动滑柱钻模和机动（如气动、液压）滑柱式钻模两类。

(2) 钻床夹具的设计要点

钻套和钻模板是钻床夹具的特有元件，钻套的作用是引导钻头、扩孔钻或铰刀，以防止其在加工过程中发生偏斜，钻模板则是钻套的安装基础件。

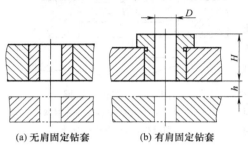

(a) 无肩固定钻套　　(b) 有肩固定钻套

图 6-78　固定钻套

① 钻套形式的选择和设计。根据生产批量和具体工艺安排的不同，一般参照下列四种结构形式选择或设计钻套：

a. 固定钻套。如图 6-78 所示，固定钻套直接被压装在钻模板上，与钻模板安装孔采用过盈配合 H7/n6 或 H7/r6，其位置精度较高，但磨损后不易更换。适用于单一工步及小批量生产场合。

钻套导引孔的基本尺寸 D，应等于所导引刀具刀刃部分直径的最大极限尺寸。对钻孔和扩孔，钻套导引孔尺寸公差带一般取 F7；粗铰时，钻套导引孔尺寸公差带取 G7；当精铰时，钻套导引孔尺寸公差带取 G6。如果采用刀具的导柱部分导向，则可按基孔制选取相应的配合，如 H7/g6、H6/g5、H7/f7 等。

钻套高度 H 即导引孔长度，H 较大则导向性好，但刀具和钻套的磨损较大；H 过小则导引作用差，刀具容易倾斜。设计时，应根据加工孔直径大小、深度、位置精度、工件材料、孔口所在的表面状况及刀具刚度等因素综合而定。一般情况下取 $H=(1\sim3)D$，若刀具容易偏斜（如在斜面或曲面上钻孔）或位置精度要求高时，钻套的高度应按 $(4\sim8)D$ 选取。

钻套距工件孔端距离（间隙）h 会影响排屑和刀具导向。h 大小要根据工件材料和加工孔位置精度要求而定，总的原则是引偏量要小又利于排屑。在加工铸铁等脆性材料时，一般取 $h=(0.3\sim0.7)D$，加工塑性材料时，常取 $h=(0.7\sim1.5)D$。当在斜面上钻孔时，为防止引偏可按 $h=(0\sim0.2)D$ 选取。当被加工孔的位置精度要求很高时，也可以不留间隙（即 $h=0$），这样一来，刀具的导引良好，但钻套磨损严重。

b. 可换钻套。图 6-79 (a) 所示为可换钻套的结构形式。对生产批量较大的单一工步加工，为方便钻套磨损后的更换，应采用可换钻套。可换钻套装于衬套中，而衬套与钻模板采用压配 (H7/n6)。这类钻套需要压套螺钉固定以防转动或在退刀时随刀具带起，钻套与衬套孔常用 F7/m6 或 F7/k6 配合。

c. 快换钻套。图 6-79 (b) 所示为快换钻套的结构形式。当孔需要钻、扩、铰多工步加工时，由于刀具直径尺寸不同，需要内

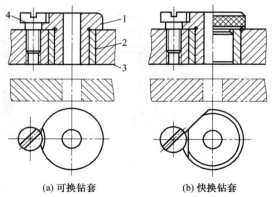

(a) 可换钻套　　(b) 快换钻套

图 6-79　可换钻套和快换钻套

1—钻套；2—衬套；3—钻模板；4—钻套螺钉

径不同的钻套来引导刀具,这时需要采用快换钻套以减少钻套的更换时间。快换钻套外径与衬套孔的配合亦为 F7/m6 或 F7/k6。当需取下钻套时,只要将钻套按逆时针转过一定的角度,使螺钉头部刚好对准钻套上缺口部位即可拔出。削边方向应考虑刀具的旋向,以免钻套自动脱出。

d. 特殊钻套。因工件的形状或工序加工条件而不能使用以上三种标准钻套时,需自行设计的钻套称特殊钻套。特殊钻套设计时可参照上述标准钻套,同时需要注意下列问题。

钻套的材料一般常用 T10A、T12A、CrMn 钢或 20 钢渗碳淬火,其中 CrMn 钢常用于孔径 $d \leqslant 10mm$ 的钻套,而大直径的钻套($d > 25mm$),常用 20 钢经渗碳淬火制造。钻套经热处理之后,硬度应达 60～64HRC;根据材料及热处理情况的不同,钻套寿命为 5000～15000 次;衬套材料及硬度要求,可与钻套相同或稍差些。图 6-80 所示是常见的特殊钻套结构形式。

图 6-80(a)为斜面钻套,用于斜面或圆弧面钻孔,排屑空间小于 0.5mm,可增加钻头刚度,避免钻头的引偏或折断。图 6-80(b)为加长钻套,在加工凹面上的孔时使用,为减少刀具与钻套的摩擦,可将钻套上不需要的引导孔径加大。图 6-80(c)为小孔距钻套,当钻套采用整体结构时,钻套需要用定位销来限制其转角位置。

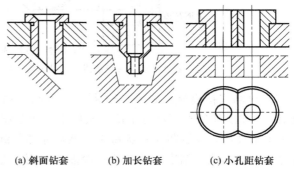

(a) 斜面钻套　　(b) 加长钻套　　(c) 小孔距钻套

图 6-80　特殊钻套

② 钻模板的类型选择和设计。钻模板主要用来安装钻套,有的还兼有夹紧功能,此时应有一定的刚度和强度,其结构形式通常有以下四种。

a. 固定式钻模板。图 6-81 所示为固定式钻模板常见的三种结构形式。图 6-81(a)中,钻模板与夹具体铸造成一个整体,加工面少,但对结构复杂的夹具,不便于加工。图 6-81(b)为焊接结构,由于焊接应力,易产生变形,影响加工精度,一般用于临时急用。图 6-81(c)采用装配结构,便于钻模板位置的调整,使用比较广泛。固定式钻模板结构简单,钻孔位置精度高,但装卸空间会受到影响,造成工件装卸不便。

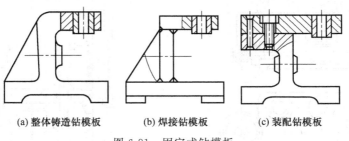

(a) 整体铸造钻模板　　(b) 焊接钻模板　　(c) 装配钻模板

图 6-81　固定式钻模板

b. 铰链式钻模板。当钻模板妨碍工件装卸或后续加工时,可采用如图 6-82 所示的铰链式钻模板。铰链销 2 与钻模板 6 的销孔采用 G7/h6 动配合,与铰链座 4 的销孔采用 N7/h6 过盈配合,钻模板 6 与铰链座 4 之间采用 H8/g7 动配合。钻套导向孔与夹具安装面的垂直度可通过修配两个支承钉 5 的高度加以保证。加工时,钻模板 5 由菱形螺母 1 锁紧。由于铰铰钻模板与铰链销和铰链座之间均存在配合间隙，所以用此类钻模板加工时，孔的位置尺寸精度比固定式钻模板要低。

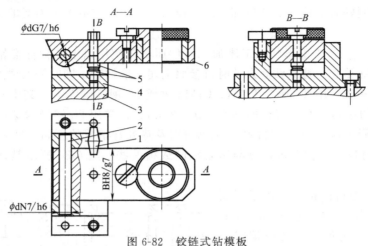

图 6-82　铰链式钻模板

1—菱形螺母；2—铰链销；3—夹具体；4—铰链座；5—支承钉；6—钻模板

c. 可卸式钻模板。如图 6-83 所示，可卸式钻模板 1 以夹具体上的双销（圆柱销 2、削边销 4）和工件顶平面进行定位，然后采用两个铰链螺栓将钻模板和工件一起夹紧。在加工完一个工件后，需要将钻模板卸下，然后才能装卸工件。使用这类钻模板，装卸钻模板比较费力，钻套的位置精度较低，故一般多在使用其他类型钻模板不便于装夹工件时采用。

d. 悬挂式钻模板。图 6-84 是悬挂式钻模板的结构，图中钻模板 4 由紧定螺钉 5 固定在导柱 3 上，导柱 3 上部与多轴传动头 1 的导向孔配合，当多轴头 1 抬起时，通过导杆 3 将钻模板 4 提起，使钻模板 4 悬挂在多轴头 1 下方。导柱 3 的下端与夹具体 6 的导向孔配合，当多轴头下降时，钻模板借助弹簧的压力将工件压紧。当多轴头继续下降时，刀具开始加工工件。钻削完毕，钻模板随多轴头上升，直至钻头退出工件，敞开了空间，以便于工件装卸和切屑清除。

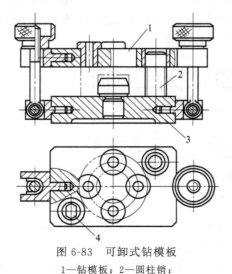

图 6-83　可卸式钻模板

1—钻模板；2—圆柱销；
3—夹具体；4—削边销

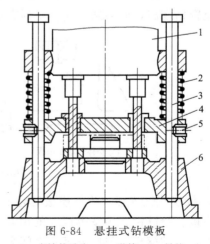

图 6-84　悬挂式钻模板

1—多轴传动头；2—弹簧；3—导柱；
4—钻模板；5—紧定螺钉；6—夹具体

6.4.3 铣床夹具设计原则

铣床夹具主要用来加工平面、沟槽、缺口以及成形表面等。由于铣削时切削力较大，冲击和振动严重，因此铣床夹具的夹紧力要足够大，自锁性能要良好，夹具各组成部分要有较好的强度和刚度。

(1) 铣床夹具的主要类型

按进给方式划分时，铣床夹具分为直线进给式、圆周进给式和仿形进给式三种类型，直线进给式铣床夹具用得最多；根据夹具上同时安装工件的数量，铣床夹具则分为单件铣夹具和多件铣夹具；而按铣削加工工位数划分，铣床夹具又可以有单工位式夹具和多工位式夹具。下面就常用、典型的铣床夹具类型作一简单介绍。

① 直线进给铣削夹具。这类夹具安装在铣床工作台上，随工作台直线进给运动。如图 6-85 所示铣削拨叉零件的直线进给式夹具。

工件以孔和端面在心轴 3 上定位，同时用固定支承 5 限制工件绕心轴 3 的转动自由度。拧紧螺母 1，通过开口垫圈夹紧工件，并可实现工件的快速装卸。更换安装刀具时，可通过对刀块 6 实现快速刀具位置调整。

② 圆周进给铣床夹具。这类夹具通常用在具有回转工作台的铣床上，一般均采用连续进给，生产率高。图 6-86（a）所示为一圆周进给铣床夹具的简图，图 6-86（b）所示为拨叉加工工序图。转台 5 带动拨叉依次进入切削区，加工好后进入装卸区（非切削区）被取下，并装入新的待加工工件。

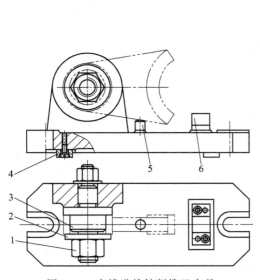

图 6-85　直线进给铣削拨叉夹具
1—螺母；2—开口垫圈；3—定位心轴；
4—定位键；5—固定支承；6—对刀块

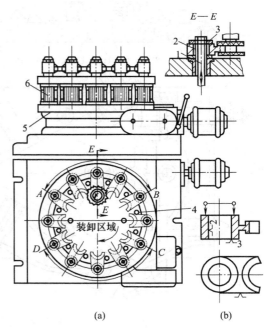

图 6-86　圆周进给铣床夹具
1—拉杆；2—定位销；3—开口垫圈；
4—挡销；5—转台；6—油缸

③ 多工位铣削夹具。多工位夹具可实现装卸工件时间与加工时间重叠，从而有效缩短

辅助时间、提高劳动生产率，因此在钻、铣等加工工序中广泛应用。在设计这类夹具时，应特别注意工作安全和操作者的劳动强度要适当。

图 6-87 所示是某连杆铣开连杆盖夹具，它采用三工位布局，每工位一次装夹两个工件同时加工，三个工位分别是：一个加工工位，一个装卸工位，一个待加工工位。因此该夹具在提高劳动生产率的同时，也可以大大地降低工人的劳动强度。

连杆小头孔在圆柱销 2 上定位，大头孔以导向柱 5 导向，进入定位叉 6 的叉口内，以连杆大头两侧面和端面在定位叉 6 内定位，用开口垫圈 3 和夹紧螺母 4 实现对工件的快速装卸。

当夹具需要转位时，首先逆时针转动手柄 1，使齿轮轴 9 旋转，带动齿条插销 7 下移，完成拔销操作；然后转动手柄 16，通过偏心轴 11 旋转抬起中心立柱 10，通过立柱 10 的阶梯轴又抬起轴承座 12，轴承座 12 再上抬轴向推力轴承 13，这样推力轴承会将夹具回转体 15 彻底抬离夹具底座 14，此时夹具回转体 15 就可以在推力轴承 13 的支承下轻松回转。

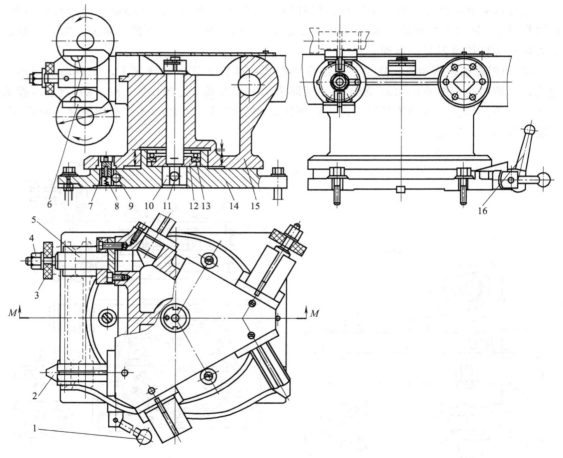

图 6-87 连杆大头铣开夹具

1—对定销手柄；2—定位销；3—开口垫圈；4—夹紧螺母；5—导向柱；6—定位叉；
7—齿条销；8—弹簧；9—齿轮轴；10—立柱；11—偏心轴；12—轴承座；
13—推力轴承；14—底座；15—回转体；16—锁紧手柄

当工件回转到位后，齿条销 7 会在弹簧 8 的作用下自动插入夹具回转体的下一对定孔中,再通过手柄 16 转动偏心轴 11,就会下拉中心立柱 10,从而使推力轴承 13 下移并脱开夹具回转体 15,此时夹具回转体 15 会下移并落在夹具底座 14 的支承面上,同时中心立柱顶部螺母会下压夹具回转体 15,从而使夹具回转体与夹具底座锁死成一体。

④ 多件铣削夹具。在加工中小型零件时,铣床也常采用一次铣削多件的夹具装夹方法,如图 6-88 (a) 所示就是摇臂加工的多件装夹夹具。

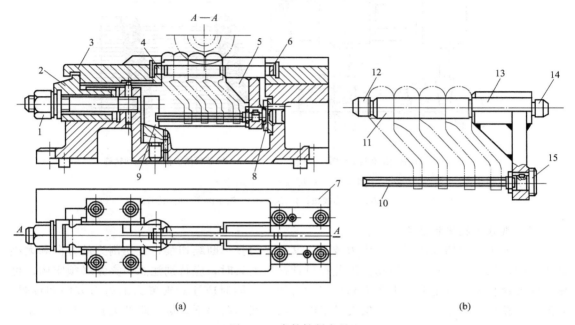

图 6-88 多件铣削夹具
1—夹紧螺母;2—钩头压板;3—滑动压块;4,6—定位孔;5—定位匣;7—夹具体;8,9—定位槽;
10—削边销;11—定位轴;12,14,15—定位匣定位圆柱;13—定位轴定位圆柱

该夹具采用"定位匣"式工件装夹方法,即夹具的定位装置自成一体,可在夹具上独立装卸,如图 6-88 (b) 所示。上部工件定位心轴由四部分构成:12 和 14 为对定部分,用于定位匣在夹具中的定位;11 为工件定位部分;13 为定位匣连接部分。下部是菱形定位销,10 用于工件的定位,15 用于定位匣的定位。定位匣装夹主要用于小型工件装夹,定位匣可配备多个,在工件加工的同时,其他定位匣可在机外装卸工件,从而可缩短工件装卸辅助时间、提高生产效率。

定位匣装入时,其 12、14 圆柱销在夹具的 4、6 定位孔中定位;圆柱销 15 在定位槽 8 种定位,以避免过定位;削边销 10 在定位槽 9 中定位。

夹紧时,由夹紧螺母 1 右压钩头压板 2,钩头压板 2 推动滑动块 3 实现对工件的夹紧。当拧松夹紧螺母 1 时,螺母 1 的凸肩会带动钩头压板 2 左移,而钩头压板 2 的凸缘卡在滑动块 3 的槽中一起左移。

⑤ 靠模铣床夹具。零件上的各种直线成型面或立体成型面,可以在专用的靠模铣床上加工,也可设计靠模夹具在一般万能铣床上加工。靠模铣削夹具的作用是:使机床进给运动和由靠模获得的辅助运动形成加工所需要的成形运动。

图 6-89 (a) 为直线进给式靠模加工与夹具示意图。靠模板 3 和工件 1 分别装在机床工作台夹具中,滚子滑座 5 和铣刀滑座 6 连成一个整体,它们的轴线距离 k 值保持不变,滑座

组合体在强力弹簧或重锤拉力作用下,使滚子 4 始终压在靠模板 3 上,当工作台作纵向直线进给时,滑座组合体即获得一横向辅助运动,从而使铣刀按靠模曲线轨迹在工件上铣出所需要的曲面轮廓。

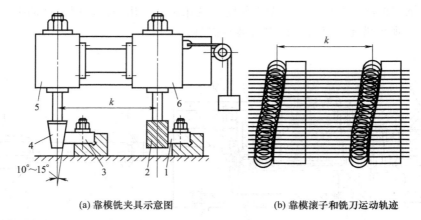

(a) 靠模铣夹具示意图　　(b) 靠模滚子和铣刀运动轨迹

图 6-89　靠模铣削加工示意图

1—工件；2—铣刀；3—靠模板；4—滚子；5—滚子滑座；6—铣刀滑座

(2) 铣床夹具设计要点

铣削加工一般切削用量和切削力较大,又是多刀多刃断续切续,且切削力的方向和大小是变化的,加工时容易产生振动。因此在设计铣床夹具时,应特别注意:夹紧必须牢固、可靠,即夹紧装置要有足够的夹紧力和良好的自锁性,同时应注意夹紧力的施力方向和位置;夹具应有较高的刚性,为此在确保夹具足够排屑空间的前提下,尽量降低夹具的高度;铣床夹具还有它自己的特有元件——定位键和对刀元件。其设计注意事项如下。

① 定位键的设计。为了保证夹具与机床工作台的相对位置,在夹具体的底面上应设置定位键。在一套铣床夹具上必须设置一对定位键,且这一对定位键应分布在一条直线上,即应与机床工作台的同一个 T 形槽相配合,如图 6-85 夹具所示。

如图 6-90 所示。定位键与夹具体的定位槽配合,用沉头螺钉固定在夹具体底面纵向槽的两端,然后通过定位键与铣床工作台上的 T 形槽配合,这样就确保了夹具与铣床的相互位置关系。

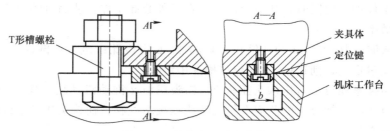

图 6-90　铣床夹具的定位键

定位键可承受铣削产生的扭转力矩,可减轻夹具的螺栓负荷,加强夹具在夹紧过程中的稳固性。因此,在铣削平面时,夹具体也需安装定位键。

② 对刀元件的设计。对刀元件是用来确定刀具与夹具相对位置的元件,由对刀块和塞尺寸组成。

对刀块已经标准化，具体结构尺寸可参阅"机床夹具零件及部件"（JB/T 8031.1～8031.4—1999）。常见的标准对刀块如图 6-91 所示。图 6-91（a）为圆形对刀块，用于加工单一平面时的对刀；图 6-91（b）为方形对刀块，可以调整铣刀相互垂直两个方向的位置；图 6-91（c）为直角对刀块，可以调整刀具两相互垂直方向的位置；图 6-91（d）为侧装对刀块，装在夹具侧面，用作加工两相互垂直面或铣槽时的对刀。

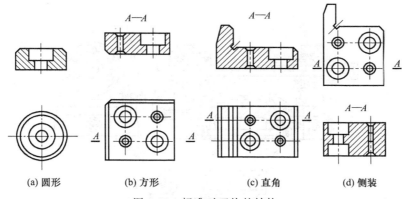

图 6-91　标准对刀块的结构

图 6-92 所示为各种对刀块的应用情况。对刀时，应将塞尺放在刀具与对刀块工作表面之间，在调整刀具与对刀块之间距离时，不断抽动塞尺，以松紧感觉来判断铣刀的位置。这样做的目的是避免刀具撞上对刀块，造成切削刃或对刀块的损坏。

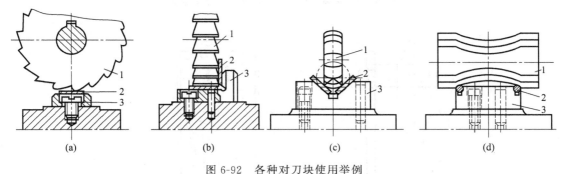

图 6-92　各种对刀块使用举例
1—对刀块；2—对刀平塞尺寸；3—对刀圆柱塞尺

6.4.4　其他机床夹具设计原则

(1) 镗床夹具

镗床夹具也称镗模，它具有钻模的特点，所加工孔或孔系的位置精度主要由镗模保证。由于镗孔加工切削速度较高，加工孔的位置精度更高，因此镗模中的刀具导向装置多采用滚动导向。而根据加工孔直径的大小，刀具的导向又有"内滚式"和"外滚式"之分。对"外滚式"导向，还需要解决镗刀与镗套孔的避让问题。另外，镗模的制造精度也比钻模高得多。

为了便于确定镗床夹具相对工作台进给方向的相对位置，有时也使用定向键定位或用底座侧面作找正基面用百分表找正定位。

图 6-93 所示为镗削车床尾架孔的镗模。由于加工孔长度较长，即孔长与孔径比 $L/D > 1.5$，因此采用两个镗套分别设置在刀具的前方和后方，镗刀杆 9 和主轴之间通过浮动接头 10 连接。工件以底面、槽及侧面在定位板 3、4 及可调支承钉 7 上定位，限制 6 个自由度。采用联动夹紧机构，拧紧夹紧螺钉 6，压板 5、8 同时将工件夹紧。镗模支架 1 上装有滚动回转镗套 2，用以支承和引导镗刀杆。镗模以底面 A 装在机床工作台上，其位置用 B 面找正。

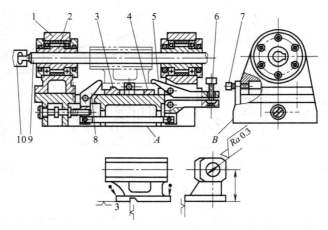

图 6-93　车床尾座孔镗削夹具

1—镗模支架；2—回转镗套；3,4—定位板；5,8—压板；6—夹紧螺钉；7—可调支承；9—镗刀杆；10—浮动接头

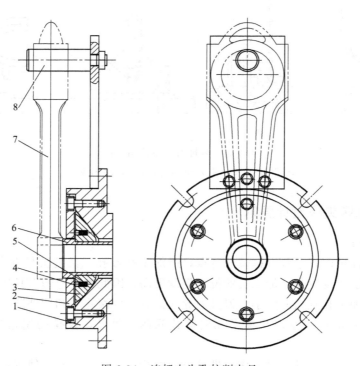

图 6-94　连杆小头孔拉削夹具

1—夹具体；2—盖板；3—浮动盘；4—活动顶销；5—弹簧；6—定位套；7—工件；8—销轴

(2) 拉床夹具

拉削加工是一种高效率的加工方法，主要用于大批量生产，它可以加工两类表面：截面是各种形状的通孔；各种敞开面及外表面上的通槽和成形面。针对这两类加工表面，加工时需要分别采用"浮动"拉削法和"定向"拉削法。

采用"浮动"拉削法加工时，工件和刀具均处于浮动状态，加工时依靠工件加工面和刀具导向部分进行相互定位，夹具设计时，只需限制沿拉削方向的一个移动自由度即可。采用"定向"拉削法加工时，工件与刀具只能沿某一固定方向产生进给运动，在其他方向上，工件与刀具相对位置必须保持不变，此时，拉削夹具设计与一般的铣床夹具和刨削夹具类似。

图6-94所示是某连杆小头孔拉削夹具。工件7悬挂在销轴8上，但销轴8对工件7并不定位。当拉刀从工件加工孔中穿过时，靠加工孔与刀具进行自定位。拉削力使工件紧靠在定位套6的端面上，当定位套6端面与工件加工孔不垂直时，定位套6会通过浮动盘3进行自位调整，而活动销4通过弹簧5顶在盖板2上，其反作用力使活动盘总是靠在夹具体1的锥孔内。

6.5 专用机床夹具设计的方法步骤

6.5.1 专用机床夹具设计的原则

① 保证工件的加工精度。定位精度是专用夹具设计必须满足的首要目标，正确地选择定位方案和定位元件，进行误差分析和计算；同时，要合理地确定夹紧力三要素，尽量减少因夹紧力、切削力、振动等所产生的变形；合理的夹具结构也可以有效地提高夹具的刚性，从而减少工件的加工误差。

② 提高生产率，降低生产成本。根据工件生产批量的大小，选用不同的夹具配置方案，以缩短辅助时间，最大限度提高生产率；同时还需尽量缩短夹具的设计和制造周期，降低夹具制造成本，提高经济性。

③ 操作方便、省力和安全，能降低工人劳动强度。夹具的操作要尽量做到省力和方便。若有条件，尽可能采用气动、液压等自动化夹紧装置。同时，要从结构上保证操作的安全，必要时要设计和配备安全防护装置。

④ 便于排屑。排屑不畅会影响工件在夹具上的定位精度，切削热不能较快地随切屑带走，工艺系统产生热变形，影响加工质量，同时还会增加不断清理切屑的辅助时间。

⑤ 良好的结构工艺性。在保证使用要求的前提下，要力求结构简单，制造容易，尽量采用标准元件和结构，以便于制造、装配、检验和维修。

6.5.2 专用机床夹具设计的步骤

(1) 明确设计任务，收集设计资料

研究被加工零件的零件图、工艺规程、工序图、毛坯图、生产纲领、切削用量，尤其是了解工件的定位基面、夹紧表面，以及所用机床、刀具、量具等。

收集所用机床、刀具、量具、辅助工具等的有关资料。对于机床来说，主要是机床与夹具连接部分的形状和尺寸；如铣床类夹具应了解T形槽的槽宽和槽距；车床类夹具，主要是了解主轴前端结构和尺寸。还应了解机床的主要技术参数。对于刀具来说，主要了解刀具

结构尺寸、精度、主要技术条件等；了解本厂制造夹具的经验与能力；收集国内外同类夹具资料，吸收其中的先进技术，并要结合本厂的实际情况。

(2) 拟定夹具结构方案，绘制夹具草图

① 确定工件定位方案。虽然定位基准在工序图中已经确定，仍然要分析研究其合理性，诸如定位精度和夹具结构实现的可能性。在确定定位方案后，选择、设计定位元件，进行定位误差分析计算。

② 确定夹紧方案。选择或设计夹紧机构，并对夹紧力进行验算。

③ 对刀、引导方案。设计刀具的对刀方案或刀具导引方式，设计刀具的导向装置。

④ 确定夹具其他装置的结构。根据夹具设计需求，确定夹具的分度装置、上下料装置等的结构方案。

⑤ 确定夹具体的形式及夹具在机床上的安装方式。

⑥ 绘制夹具草图。在夹具草图上要正确地画出工件定位、夹紧机构、重要的联系尺寸、配合尺寸及公差等，还要提出相应的技术要求。

⑦ 方案的审查及改进设计。草图绘制好以后，要征求有关人员的意见，并送相关部门审查，综合各种意见，对设计方案进行改进。

(3) 绘制夹具总装配图及零件图

图纸设计中，首先须符合国家图纸绘制标准，其次要尽量采用国家、行业和企业的设计标准，并且其设计应符合夹具制造的工艺规范。夹具总图设计尽量采用1:1的比例，工件用双点画线绘制，并把工件视为透明体。夹具总图须清楚表明其工作原理，诸如定位原理、对刀原理及夹紧机构工作原理等；同时还应清楚地表达各零件之间的装配关系和相互位置关系；尽量清楚地反映夹具的总体及主要结构。夹具总图绘制顺序为：工件→定位元件→对刀、导引元件→夹紧装置→其他装置→夹具体→标注必要尺寸公差及技术要求→编制夹具明细表及标题栏。根据夹具设计总图，测绘所有非标准零件的零件图，在零件图中须标注出全部尺寸，表面粗糙度及必要的形状和位置公差，材料及热处理要求，其他的技术要求。

6.5.3 专用机床夹具的技术要求

夹具的工作精度主要受定位尺寸精度和主要元件工作表面之间的位置精度影响。在夹具设计中，主要元件工作表面之间的位置精度一般用文字或符号表示，习惯上称为夹具的技术要求，一般包括下列几个方面。

① 定位元件之间的相互位置精度。

② 主要定位元件相对于对刀、引导元件之间的相互位置精度。

③ 对刀、引导元件相对于夹具安装（找正）基面之间的相互位置精度。

④ 主要定位元件相对于夹具安装（找正）基面之间的相互位置精度。

这些技术要求是夹具制造、验收、使用时的主要技术依据，在夹具设计中需要正确的制订，当它们与工件加工精度要求直接相关时，其数值可按工件相应精度要求数值的1/2～1/5确定，若与工件加工精度要求无直接关系时，可参照表6-8进行制订。

6.5.4 专用机床夹具设计举例

图 6-95 所示为某摇臂零件简图。零件材料为 45 钢，毛坯为模锻件，成批生产规模，所用机床为 Z525 型立式钻床，现设计加工 $\phi16H7(^{+0.018}_{0})$ 孔的钻床夹具。

表 6-8　夹具技术要求与参考数值　　　　　　　　　　　　　　　　　　　　mm

技　术　要　求	参考数值
多个定位元件构成平面的平面度误差	≤0.02
定位元件工作面对定位键工作侧面的平行度误差	≤0.02/100
定位元件工作面对夹具安装基面的平行度或垂直度误差	≤0.02/100
钻套轴线对夹具安装基面的垂直度误差	≤0.05/100
多个镗套的同轴度误差	≤0.02
定位元件工作面与对刀块工作面间的平行度或垂直度误差	≤0.03/100
对刀块工作面对定位键工作侧面的平行度或垂直度误差	≤0.03/100
车、磨夹具找正基面对回转轴线的径向圆跳动	≤0.02

(1) 零件加工情况分析与夹具总体方案确定

本工序加工孔尺寸为 7 级精度，孔中心距离精度要求较高，由于零件属批量生产、结构比较复杂，为可靠保证精度要求，需使用专用夹具进行加工。但考虑到生产批量不是很大，因而夹具结构应尽可能的简单，以采用手动夹具为宜，以降低夹具的制造成本。

(2) 确定夹具的结构方案

① 确定定位方案，设置定位元件。本工序加工要求保证的主要尺寸是 (120 ± 0.08)mm 和 $\phi 16H7(^{+0.018}_{\ 0})$ 孔。根据工艺规程给定的定位基准和夹紧力知道：用 $\phi 36H7(^{+0.025}_{\ 0})$ 孔和端面及小头外圆定位，定位方案设计如图 6-96 所示。

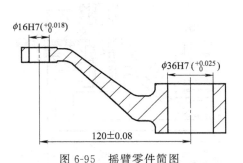

图 6-95　摇臂零件简图

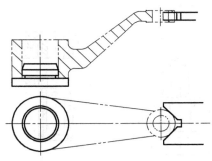

图 6-96　定位方案设计

定位孔与定位销的配合尺寸取为 $\phi 36H7/g6$（定位销 $\phi 36^{-0.009}_{-0.025}$ mm）。对于工序尺寸 (120 ± 0.08)mm 而言，定位基准与工序基准重合 $\Delta_B=0$；由于定位副制造误差引起的基准位移误差是导致定位误差产生的唯一原因，因此本工序的定位误差大小计算如下：$\Delta_{dw}=\delta_d+\delta_D+\Delta_{min}=0.025+0.016+0.009=0.050$mm，它小于该工序尺寸制造公差 0.16 的 1/3。说明上述定位方案可行。

② 确定刀具导引装置。本工序小头孔加工的精度要求较高，需采用钻→扩→铰工艺，才能达到零件设计要求（$\phi 16H7$）。

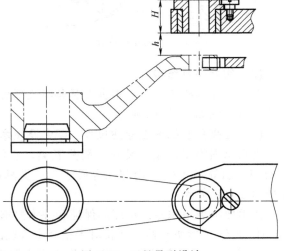

图 6-97　刀具导引设计

因此，钻套需要采用快换式，如图 6-97 所示。

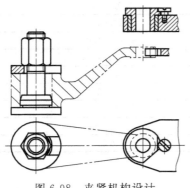

钻套主要结构尺寸确定如下：

钻套高度 $H=1.5D=1.5\times18=27\mathrm{mm}$，排屑空间 $h=d=18\mathrm{mm}$。

③ 设计夹紧机构。根据工艺规程设计内容，考虑到简化结构和工件快速装卸，确定采用螺旋夹紧机构，用螺母和开口垫圈实现快速装卸工件，如图 6-98 所示。

因钻削力一般较小，根据经验和类比，该夹紧机构完全可以满足加工要求，故此不再进行切削力、夹紧力等的设计验算。

④ 辅助支承设计。考虑到加工部位的刚性，在加工部位设计一辅助支承以提高刚性。因加工部位操作空间有限，可设计如图 6-99 所示螺旋辅助支承，可另配手柄进行操作。

图 6-98 夹紧机构设计

⑤ 夹具体设计。夹具体是连接夹具各组成部分、使之成为一个有机整体的基础零件，设计时需要综合考虑装配、强度和刚度、操作应用、排屑以及与机床连接等诸多因素。因立式钻床夹具安装一般用钻套找正并用压板固定，故只需在夹具体上留出压板压紧的位置即可。考虑到夹具的刚度和安装的稳定性，夹具体底面设计成周边接触的形式，具体如图 6-100 所示。

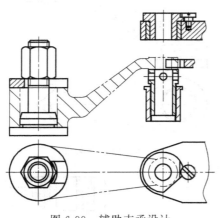

图 6-99 辅助支承设计

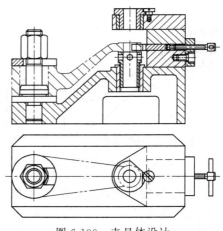

图 6-100 夹具体设计

(3) 完善夹具结构

在夹具体结构确定后，根据夹具各组成部分与夹具体的连接关系进行修改、完善，完善后的夹具总图如图 6-101 所示。

(4) 在夹具装配图上标注尺寸、配合及技术要求

夹具总图需要标注的尺寸一般分五类，它们分别是：a. 夹具轮廓尺寸；b. 定位尺寸；c. 对刀、引导尺寸；d. 内部配合尺寸；e. 夹具在机床上的安装连接尺寸。该夹具的尺寸标注如图 6-102 所示。

技术要求需考虑零件精度的保证和技术要求测定的可行性而定，具体如下：

① 活动 V 形块对称平面相对于钻套中心线的对称度公差取为 0.05mm。

② 定位平面对夹具底面的平行度不大于取为 0.02mm。

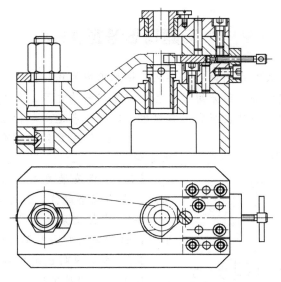

图 6-101　夹具总图的完善

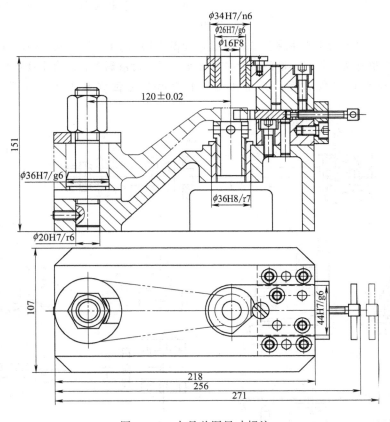

图 6-102　夹具总图尺寸标注

③ 钻套中心线对夹具底面的垂直度误差不大于 0.03mm。

(5) 对零件进行编号、填写明细表、测绘零件图（略）

习题与思考题

6-1 什么是机床夹具？举例说明夹具在机械加工中的作用。

6-2 机床夹具通常由哪几部分组成？各个组成部分的作用是什么？

6-3 通用夹具与专用夹具在组成上有何根本区别？各适用于什么场合？

6-4 什么是工件的定位？简述工件定位的基本原理。

6-5 工件安装在夹具中，凡是有6个定位支承点，即为完全定位，这种说法对吗？为什么？

6-6 定位支承点不超过6个，就不会出现过定位，这种说法对吗？举例说明之。

6-7 举例说明过定位可能产生哪些不良后果？如何处理出现的过定位？

6-8 简述工件夹紧与夹紧的区别和联系。

6-9 什么是定位误差？试述产生定位误差的原因。

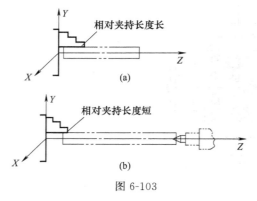

图 6-103

6-10 在三爪自定心卡盘中夹持二件外圆，如图6-103所示，图6-103 (a) 为相对夹持较长，图6-104 (b) 为相对夹持较短。请问相对夹持长度不同，对限制工件的自由度有何影响？

6-11 根据六点定位原理，分析图6-104所示各定位方案中各定位元件所限制的自由度。

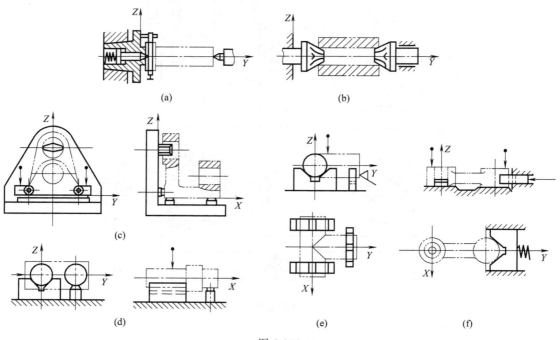

图 6-104

6-12 如图 6-105 所示,孔 O 及其他表面均已加工,今欲钻孔 O_1 和 O_2。在图 6-105 (a)、(b) 两种不同加工要求中,分别要求距 C 面尺寸为 A_1 和距孔 O 中心尺寸为 A_2,且与 C 面平行。L 为自由尺寸,试确定合理的定位方案,并绘制定位方案草图。

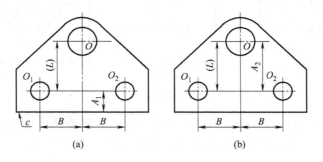

图 6-105

6-13 有一批工件,如图 6-106 (a) 所示。今采用钻模钻削工件上两孔 O_1 和 O_2,其尺寸分别为 $\phi 5$mm 和 $\phi 8$mm,除保证图纸尺寸要求外,还要求保证两孔连心线通过 $\phi 60_{-0.1}^{\ 0}$mm 的轴线,其偏移量公差为 0.08mm。现采用如图 6-106 (b)、(c)、(d) 三种定位方案,若定位误差不得大于加工允差的 1/2,试问这三种定位方案是否都可行($\alpha = 90°$)?

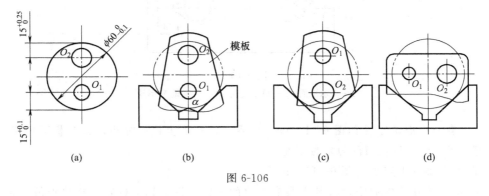

图 6-106

6-14 图 6-107 所示齿坯在 V 形块上定位插键槽,要求保证工序尺寸 $H = 38.5_{\ 0}^{+0.2}$mm。已知:$d = \phi 80_{-0.1}^{\ 0}$mm,$D = \phi 35_{\ 0}^{+0.025}$mm。若不计内孔与外圆同轴度误差的影响,试求此工序的定位误差。

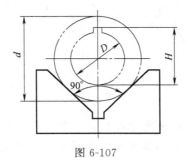

图 6-107

6-15 图 6-108 (a) 所示为铣键槽工序的加工要求,已知轴径尺寸 $\phi = \phi 80_{-0.1}^{\ 0}$mm,试分别计算图 6-108 (b)、(c) 两种定位方案的定位误差。

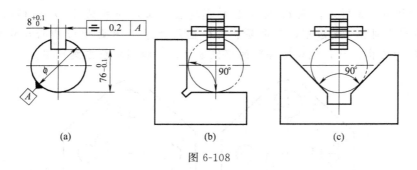

图 6-108

6-16 如图 6-109 所示，零件以平面 1 和两个固定短 V 形块 2 定位。试分析各定位元件限制了哪些自由度？有无过定位现象？如有，如何改进？

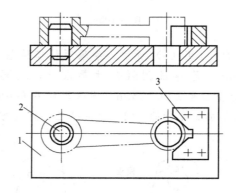

图 6-109

1—支承平面；2—短圆柱销；3—固定短 V 形块

6-17 有一批套类零件如图 6-110 (a) 所示，欲在其上铣一键槽，试分析下列定位方案中，工序尺寸 H_1、H_2、H_3 的定位误差。

① 在可涨心轴上定位 [图 6-110 (b)]。

② 在处于垂直位置的刚性心轴上具有间隙的定位 [图 6-110 (c)]，定位心轴直径 $d_{\Delta xd}^{\Delta sd}$。

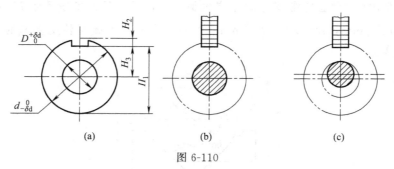

图 6-110

6-18 试分析图 6-111 所示的夹紧方案是否合理？若有不合理之处，则应如何改进？

6-19 工件在夹具中夹紧的目的是什么？夹紧和定位有何区别？对夹紧装置的基本要求是什么？

6-20 斜楔夹紧机构的斜楔，一般均做成 1:10 的根据是什么？请详细述之。

6-21 为什么说螺旋夹紧机构实际上是斜楔夹紧的一种变形？

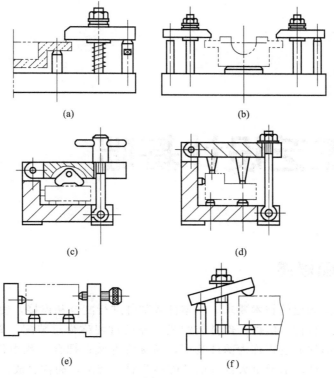

图 6-111

6-22 定心夹紧机构的实质是什么？哪些场合最适宜选用？

6-23 夹紧装置如图 6-112 所示，若切削力 $F=800\text{N}$，液压系统压力 $p=2\times10^6\text{MPa}$（为简化计算，忽略加力杆与孔壁的摩擦及转轴间摩擦，按效率 $\eta=0.95$ 计算），试求液压缸的直径应为多大，才能将工件夹紧。夹紧安全系数 $K=2$；夹紧杠杆与工件间的摩擦因数 $\mu=0.1$。

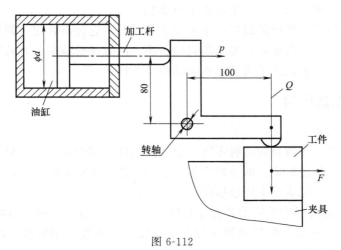

图 6-112

第7章

装配工艺设计基础

7.1 机器装配概述

装配,就是根据规定的技术要求,将零件或部件进行配合和连接,使之成为半成品或成品的过程。由零件、合件、组件、部件装配成机器的过程称为总装配,简称总装;将零件、合件、组件装配成部件的过程称为部件装配,简称为部装;把合件或组件的装配称为组装;把小部件装配到大部件以形成更大部件的装配称为总成装配,简称总成。

机械制造业初期的装配,完全由人工对零件进行,如锉、磨、修刮、锤击和拧紧螺钉等操作,使零件配合和连接起来。18世纪末期,随着产品批量的增大、质量要求的提高,出现了互换性装配,产生了装配技术的早期雏形。例如:1789年,美国E·惠特尼公司,采用专门工夹具,生产一万支可以互换零件的滑膛枪,不熟练的童工也能从事装配工作,工时大为缩短。19世纪初至中叶,互换性装配逐步推广到时钟、小型武器、纺织机械和缝纫机等产品。在互换性装配发展的同时,还产生了装配流水线,到20世纪初就出现了比较完善的汽车装配生产线。再后来,进一步发展了自动化装配。

装配是影响机器质量性能的最后一个重要工艺过程,它包括装配、调整、检测和试验等工作。机器装配的质量不仅受零件加工质量的影响,同时还受装配工艺的影响,即高质量的零件和高质量的装配工艺是构成高质量机器的必要条件。

7.1.1 机器装配的内容

(1) 机器的装配质量

机器装配的主要工作内容就是将零件、合件、组件、部件组合在一起,形成机器,但其核心的目标是要保证装配质量。即使是全部合格的零件,如果装配不当,往往也不能形成质量合格的产品。机器装配质量主要包括两方面的内容。

① 几何精度。指机器装配后的几何参数精度,主要有装配后的配合精度和位置精度。

② 物理精度。指机器装配后的物理参数和精度,如速度、密封性、摩擦性、振动、噪声、温升、能效、力和转矩等。

装配几何精度主要受零件加工精度和装配工艺影响。而影响装配物理精度的因素有:机器的结构设计、零件的加工精度和装配工艺等。以后讲的装配精度主要指几何精度。

(2) 机器装配的工作内容

常用的装配工艺有：清洗、连接、平衡、修配、校正和调整、试验和验收等。

清洗是为了去除零件表面残留的油污和内部杂物，使零件达到规定的清洁度。常用的清洗方法有：浸洗、喷洗、气相清洗和超声波清洗等。浸洗是将零件浸渍于清洗液中晃动或静置，清洗时间较长。喷洗是靠压力将清洗液喷射在零件表面上。气相清洗则是利用清洗液加热生成的蒸汽在零件表面冷凝而将油污洗净。超声波清洗是利用超声波清洗装置使清洗液产生空化效应，以清除零件表面的油污。

连接在机器装配中占有较大的工作量。连接可分为运动连接和固定连接两类，固定连接又有可拆卸和不可拆卸两种。

相互运动零件装配属于运动连接，这类装配对配合间隙有较高的精度要求，对运动方向也有较高的位置精度要求。

可拆卸固定连接主要通过螺纹、键和销等实现，螺纹连接是机器装配中常见的零件间连接形式，对重要场合的螺纹连接，对其强度和拧紧力矩会有严格的要求，需要采用专门的工具进行拧紧，以达到一定的紧固力矩。

固定连接按其配合性质又分为：过盈配合、过渡配合和间隙配合。其中，过盈配合一般需要采用压合、热胀、冷缩和液压锥度套合等方法进行装配，对过盈量和零件位置有一定的精度要求。过盈量较大的连接一般用于不再拆卸的零件装配场合，不可拆卸零件装配也可采用铆接、焊接和胶接等装配工艺。

平衡就是利用平衡试验机或平衡试验装置对旋转零、部件进行静平衡或动平衡，测量出不平衡量的大小和相位，用去重、加重或调整配重位置的方法，使之达到规定的平衡精度。汽车发动机中的曲轴、连杆零件、磨床上的砂轮组件等，都需要进行动平衡，以确保设备的安全、可靠工作。

修配主要用于装配精度要求较高的单件小批生产类型。这种情况下，无法靠零件加工精度和简单的装配保证精度，装配过程中往往需要进行刮削、配作等工艺实现。这是比较经济的一种装配工艺手段。

校正和调整是通过调整环节，借助一定的工具，对机器装配的物理量或几何量进行纠正，以达到设计的参数精度要求，它是保证装配质量的重要环节。

验收是保证产品质量的最后手段，机器的几何精度一般通过静态检测进行验收。而物理参数大多需要通过试验进行验收，诸如温升、振动、噪声等，只有通过试验，才能进行进一步的调校和验收。

7.1.2 机器装配的组织形式

装配工作的组织形式包括固定式装配和移动式装配两种。

(1) 固定式装配

固定式装配，是指将装配的全部工作集中在一个工作地点完成，装配所需的零件和部件需要全部运送到该装配位置。固定式装配又可分为下列两种方式。

① 集中固定式装配。全部装配工作都由一组工人在一个工作地点上完成。由于装配过程有各种不同的工作，所以这种装配组织形式具有车间占地面积小，装配投资较低，对工人的技术水平要求较高，装配周期一般较长，生产率较低的特点。因此，这种组织形式一般适于单件小批生产、新产品试制或不便移动等产品的装配工作。

② 分散固定式装配。按装配流程把产品的装配工作固定放置在多个装配地点同时进行，每组工人需要在不同的装配地点完成相同的装配内容，这种装配组织形式也称为固定装配流水线。这种装配组织形式具有车间占地面积较大，对装配工人技术水平要求较低，便于专业化生产和工人的合理分工，易于提高工人的操作熟练程度的特点。所以，装配周期可缩短，能提高车间的生产率，主要适用于批量化生产。

(2) 移动式装配

移动式装配是将所装配的产品或部件放在装配线上，顺次经过每个装配地点，以完成全部的装配工作，这种装配方式就是装配流水线。每一工作地点重复完成固定工序内容，每一工作地点均配备专用工装；根据装配需要，所需要零件及部件会被输送到相应的工作地点。这种装配组织形式具有装配线投资较大，对工人技术水平要求较低，生产率较高，易于实现专业化生产的特点，主要用于大批大量生产。

根据产品移动方式不同，移动式装配又可分为下列两种形式。

① 自由移动式装配。每道工序装配后，由装配工人自己控制移动到下道工序，一般采用人力输送或用传送带和起重机来移动，产品每移动一个位置，即完成某一工序的装配工作，这种装配方式也可称为自由流水装配线，它适用于成批量生产中。

② 强制移动式装配。由装配工人完成工序装配后，产品由传送带或小车强制移动，产品的装配直接在传送带或小车上进行，这种装配方式称为自动流水装配线。发达国家的自动流水装配线有些已经实现自动装配，即称为自动装配流水线。强制移动式装配又有两种不同的形式：一种是连续移动式装配，装配工作在产品移动过程中进行；另一种是间歇移动式装配，传送带按装配节拍的时间间歇移动，这种装配形式广泛应用于大批大量生产中。

7.1.3 机器装配工艺过程

(1) 装配系统图与装配工艺流程图

机器是由众多零件构成的，装配时按装配单元进行装配，所谓装配单元，就是能够进行独立装配的结构单元，它可以是零件、合件、组件和部件。即按照装配层级机器是由五个层级构成，分别是零件、合件、组件、部件和机器。

① 产品装配系统图。分析产品的装配工艺过程，离不开装配系统图。装配系统图是表达产品由零件装配成机器的所有装配层级关系图，如图7-1所示。

② 装配工艺流程图。在装配工艺过程中，工人需要清晰地了解各装配单元的数量和装配次序，这就需要用装配工艺流程图来表示。它是表示产品零、部件间相互装配关系及装配流程的示意图，其画法是：先画一条横线，横线左端的长方格是基准件，横线右端的长方格是装配完成的产品；再按装配的先后顺序，从左向右依次将装入的零件、合件、组件和部件画入，表示零件的长方格画在横线的上方，表示合件、组件和部件的长方格画在横线的下方。每一个装配单元用一个长方格来表示，在长方格上方标明装配单元的名称，左下方是装配单元的编号，右下方填入装配单元的数量。图7-2是表示机器的装配工艺流程图。

③ 机器装配工艺流程系统图。图7-2中的部件、组件和合件又有各自的装配工艺流程安排及工艺流程图，在生产中，它们可以与机器的装配同步进行生产。将机器所有部件、组件、合件的装配流程全部反映在机器的装配流程图上，有时在图上还要加注一些工艺说明，如焊接、配钻、冷压和检验等内容，就构成了机器的装配流程系统图，如图7-3所示。它是车间规划布局、生产组织管理、编制更详尽工艺文件等的技术依据。

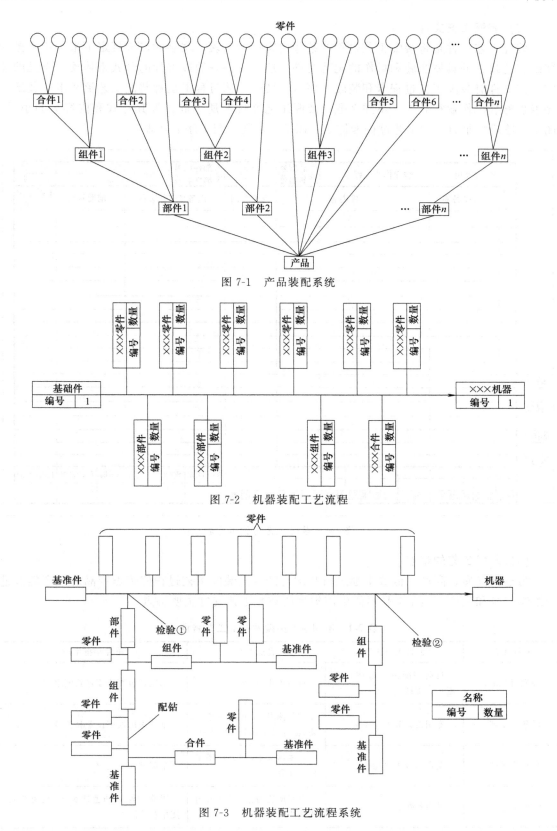

图 7-1 产品装配系统

图 7-2 机器装配工艺流程

图 7-3 机器装配工艺流程系统

(2) 装配工艺文件

装配工艺文件是将装配工艺过程的某些内容用图、表、文字的形式规定下来，用来指导装配工艺过程的具体实施和操作的规范文件。这些文件一般以卡片的形式来体现，常见的装配工艺文件有装配工艺过程卡和装配工序卡。装配工艺过程卡也称装配工艺流程卡，装配工序卡也称装配作业指导书。不同企业的装配工艺文件有所不同，但其样式和内容大同小异。图 7-4 是某企业的装配工艺过程卡样表，图 7-5 是其装配工序卡样表。

×××公司	装配作业流程卡	产品型号	×××	零部件图号	×××	第 页
		产品名称	×××	零部件名称	×××	共 页
序号	工序名称	工序内容	装配部门	设备及工艺装备	辅助材料	工时定额/min
描图						
描校						
底图号						
装订号						

										设计(日期)	审核(日期)	标准化(日期)	会签(日期)	批准(日期)
标记	处数	更改文件号	签字	日期	标记	处数	更改文件号	签字	日期					

图 7-4 装配工艺过程卡样表

(3) 装配工艺的特点

为达到优质、高产、低成本地进行装配生产，其装配工艺过程应依据产品的生产类型进行组织安排和生产。表 7-1 是不同生产类型的装配工艺安排主要特点。

表 7-1 不同生产类型的装配工艺特点

装配工艺	大批大量生产	成批生产	单件小批生产
装配组织形式	自动装配流水线或自动流水装配线	自由流水生产线	固定式装配或固定式流水线
设备和工装	专用设备和专用工装	尽量采用通用设备和工装，也可采用部分专用工装	全部采用通用设备和工装
自动化程度	全自动或半自动化	主要靠人工，部分使用工具和夹具	全部靠人工完成
装配工艺方法	采用互换法	以互换法为主，也可采用调整法	以修配法和调整法为主，也可少量使用互换法

续表

装配工艺	大批大量生产	成批生产	单件小批生产
生产节拍	严格固定,工人必须在节拍内完成工序装配工作	基本固定,不太严格	不固定,随工人装配进度确定
工艺文件	有非常完善工艺过程卡、工序卡、调整卡等	有工艺过程卡,有关键工序的工序卡和调整卡	一般只有简单的装配工艺过程卡,或无工艺文件
生产率	生产率高	生产率一般	生产率低
装配质量	装配质量稳定,受人为因素影响较小	装配质量一般	装配质量不稳定,取决于工人的技术水平
对工人技术水平要求	对工人技术水平要求较低	对工人有一定的技术水平要求	工人需要有较高的技术水平
装配线投资	装配线投资巨大	装配线投资一般	只要有场地和简单的工具即可

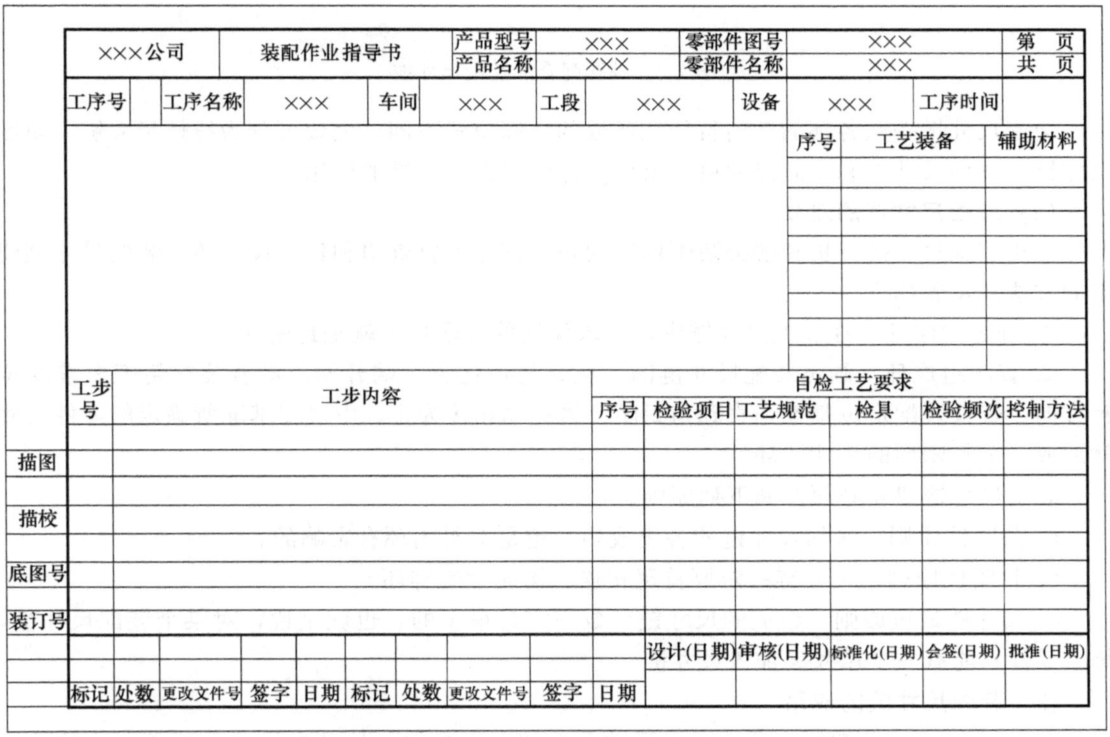

图 7-5 装配工序卡样表

7.2 装配精度的保证方法

在长期的生产实践中,通过尺寸链原理在装配中的应用,人们总结出了各种保证装配精度的方法,形成了保证装配精度的系统性理论基础。

7.2.1 装配尺寸链及应用

同工艺尺寸原理相同,装配精度是由多个零件装配后间接形成的。因此,装配精度就是封闭环，而由这些不同零件的相关尺寸或相互位置度所组成的尺寸链，就称为装配尺寸链。

如图 7-6（a）所示，是最常见的轴孔配合，孔尺寸 A_1 与轴尺寸 A_2 形成配合后，就会间接形成尺寸 A_0。A_0 就是封闭环，A_1、A_2 尺寸就是组成环，由它们形成的尺寸链见图 7-6（b），这就是装配尺寸链。它与工艺尺寸链最大的不同在于：组成工艺尺寸链的各环，是来自于同一个工件上的尺寸；而组成装配尺寸链的各环则来自于不同的零件尺寸。

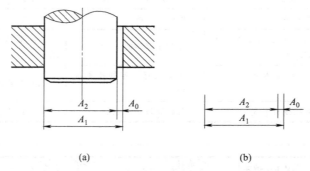

图 7-6　轴孔配合的装配尺寸链

装配尺寸链按照各环的几何特征和所处的空间位置不同，大致可分为线性尺寸链、角度尺寸链、平面尺寸链和空间尺寸链。书中只介绍线性尺寸链的应用。

(1) 装配尺寸链的建立

应用装配尺寸链分析和解决装配精度问题，首先需要查明和建立尺寸链，装配尺寸链建立的方法和步骤如下。

① 确定封闭环。在装配尺寸链中，要求保证的装配精度就是封闭环。

② 查明组成环，画出装配尺寸链图。从封闭环任意一端开始，沿着装配精度要求的位置方向，查找装配定位基准，直到与封闭环另一端相接为止，由装配基准所确定的零件尺寸就形成一个封闭形的尺寸链环。

装配尺寸链建立必须遵循下列原则。

a. 关联性原则。参加尺寸链的各组成环一定是对封闭环有影响的。

b. 封闭性原则。尺寸链一定要首尾相连、构成封闭链环。

c. 尺寸链最短原则。组成的尺寸链环数一定是最少的。也就是说，对某个装配尺寸链，每个零件只能有一个尺寸参加该尺寸链。

(2) 装配尺寸链的应用

① 正计算法。已知组成环的基本尺寸及偏差，求封闭环的基本尺寸和偏差。这种计算比较简单，所求的解是唯一的，主要用于装配精度的校核计算。

② 反计算法。已知封闭环的基本尺寸及偏差，求所有组成环的基本尺寸和偏差。由于在一个尺寸链中，封闭环只有一个，而组成环有多个，所以，解有无数多。在机器的结构设计中，就需要根据要求的装配精度，确定各相关零件的主要结构尺寸和偏差，这就需要反计算。

③ 中间计算法。已知封闭环及大部分组成环的基本尺寸及偏差，求某一组成环的基本尺寸及偏差，这种计算，解也是唯一的，计算过程比较简单。

无论是哪一种应用计算，其解算方法都有两种，即极值法和概率法。具体选择哪一种解算方法，需要根据精度高低、生产批量大小、组成环多少等情况，加以综合考虑。

(3) 组成环偏差确定原则

在用反计算法进行结构设计计算时，由于已知的只有装配精度，而需要确定的是众多组成环的尺寸及偏差。尺寸需要根据结构强度要求进行确定，偏差的确定就需要考虑众多因素，其主要确定原则如下。

① 组成环公差应综合考虑加工的难易程度和尺寸大小进行确定。
② 标准件的尺寸、公差和偏差按标准件取。
③ 孔心距、轴心距一般取对称偏差标注。
④ 采用极限量规测量的尺寸，其偏差要按标准偏差值进行确定。
⑤ 公共环的尺寸偏差要从严控制，即要同时满足不同尺寸链的要求。
⑥ 一般尺寸的偏差一般按"单向入体法"确定偏差。

7.2.2 保证装配精度的方法

采用何种方法保证装配精度，这是机器设计过程中就要确定的问题，并不是只在装配时加以考虑就可以的。在机器设计过程中，设计人员需要根据选择的装配精度保证方法，对组成机器的零件主要结构尺寸，通过运用尺寸链进行计算确定，并设计零件图纸。机器装配时，必须按照已经选定的精度保证方法进行机器装配。

用于保证装配精度的方法有四种，它们分别是互换法、选配法、调整法和修配法。具体选择何种方法保证装配精度，需要根据它们的特点加以选择。

(1) 互换法

零件按照图纸设计尺寸和精度进行加工，装配时不需要对零件做任何的挑选、调整和修配，就能保证机器的装配精度要求，这种保证装配精度的方法称为互换装配法，简称互换法。在互换法中，根据尺寸链解算方法的不同，又分为"完全互换法"和"不完全互换法"。

① 完全互换法。采用极值法解算尺寸链时，由于考虑了极限情况，所以设计出来的零件，可以百分之百地满足装配精度要求，这就是完全互换法。

采用完全互换法时，解算尺寸链的基本要求是：各组成环的公差之和不得大于封闭环的公差。完全互换法的特点如下。

a. 可以百分之百保证互换装配，装配过程简单。
b. 便于流水装配线作业，生产率较高。
c. 装配作业对工人技术水平要求不高。
d. 便于零部件的专业化生产和协作。
e. 便于备件供应及维修工作。
f. 适合组成环数较少或装配精度要求较低的各种生产批量的装配场合。

【例 7-1】 在图 7-7 中，齿轮空套安装于轴上，为保证齿轮在轴上正常回转，需保证装配后齿轮轴向间隙在 0.10～0.35mm 之间。已知 $A_1=35$mm，$A_2=14$mm，$A_3=49$mm。试以完全互换法解算各组成环的标注尺寸。

【解】 尺寸链建立如图 7-7 所示。根据极值法解算尺寸链原理可求：

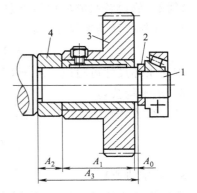

图 7-7 互换法计算齿轮装配结构
1—轴；2—挡圈；3—齿轮；4—隔套

1) 求封闭环基本尺寸

$$A_0 = A_3 - A_1 - A_2 = 49 - 35 - 14 = 0$$

则封闭环尺寸可写成：$A_0 = 0^{+0.35}_{+0.10}$，封闭环公差：$T_0 = 0.25$。

2) 求平均公差

已知组成环数为：$i = 3$，则：

$$T_M = \frac{T_0}{i} = \frac{0.25}{3} \approx 0.083$$

3) 确定协调环

协调环一般取便于加工保证的尺寸，选取隔套 4 的 A_2 尺寸作协调环。

4) 确定各组成环（除协调环）公差及偏差

根据加工难易程度和尺寸大小取：$T_3 = 0.15$，$T_1 = 0.08$。

根据组成环偏差确定原则确定：$A_3 = 49^{+0.15}_{0}$，$A_1 = 35^{0}_{-0.08}$。

5) 计算协调环的上偏差 ES_2 和下偏差 EI_2

根据尺寸链原理可列方程：$+0.35 = +0.15 - (-0.08) - EI_2$，求得：$EI_2 = -0.12$

$+0.10 = 0 - 0 - ES_2$，求得：$ES_2 = -0.10$

即：$A_2 = 14^{-0.10}_{-0.12}$

故为保证装配间隙，各组成环尺寸标注为：$A_1 = 35^{0}_{-0.08}$ mm，$A_2 = 14^{-0.10}_{-0.12}$ mm，$A_3 = 49^{+0.15}_{0}$ mm。

② 不完全互换法。零件公差采用概率法解算确定，有少量废次品无法进入装配，故称为不完全互换法，不完全互换法又称部分互换法或大数互换法。这种方法的实质是：将组成环的公差适当放大加工，根据概率分布理论，大部分零件仍可以实现互换法装配，只有很少一部分零件无法满足装配精度要求，成为废次品。但公差放大加工带来的经济效益，足以弥补废次品造成的损失。不完全互换法的特点与完全互换法基本雷同，所不同的是：

a. 不能百分之百互换，有少量废次品无法装配；

b. 不完全互换法可以放大零件加工公差，相对于完全互换法，经济性较好；

c. 由于概率法是建立在大数据基础上，所以该方法适用于组成环数较多或精度要求较高的大批量生产场合。

【例 7-2】 采用概率法解算【例 7-1】题的各组成环标注尺寸。

【解】 假设各组成环均为正态分布，且分布对称，则根据概率法解算尺寸链原理可求：

1) 求封闭环基本尺寸 A_0

$$A_0 = A_3 - A_1 - A_2 = 49 - 35 - 14 = 0$$

则封闭环尺寸可写成：$A_0 = 0^{+0.35}_{+0.10}$，封闭环公差：$T_0 = 0.25$。

2) 求平均公差

已知组成环数为：$i = 3$，则：

$$T_M = \frac{T_0}{\sqrt{i}} = \frac{0.25}{\sqrt{3}} \approx 0.144$$

3) 确定协调环

选取隔套 4 的 A_2 尺寸作协调环。

4) 确定各组成环（除协调环）公差及偏差：

根据加工难易程度和尺寸大小取：$T_3 = 0.20$，$T_1 = 0.12$。

根据组成环偏差确定原则确定：$A_1 = 35_{-0.12}^{0}$，$A_3 = 49_{0}^{+0.20}$。

5) 求协调环 A_2 的公差 T_2

$$T_0^2 = T_1^2 + T_2^2 + T_3^2$$

将已知代入有：$T_2 = \sqrt{T_0^2 - T_1^2 - T_3^2} = \sqrt{0.25^2 - 0.12^2 - 0.20^2} = 0.09$

6) 计算各尺寸的平均偏差和平均尺寸

根据尺寸换算关系，可求个尺寸的平均偏差：

$$\Delta_{0M} = \frac{+0.35 + (+0.10)}{2} = 0.225, \quad \Delta_{1M} = \frac{0 + (-0.10)}{2} = -0.05, \quad \Delta_{3M} = \frac{+0.20 + 0}{2} = 0.1$$

则各环的平均尺寸为：

$$A_{0M} = A_0 + \Delta_{0M} = 0 + 0.225 = 0.225$$
$$A_{1M} = A_1 + \Delta_{1M} = 35 + (-0.05) = 34.95$$
$$A_{3M} = A_3 + \Delta_{3M} = 49 + 0.1 = 49.1$$

7) 计算协调环 A_2 的平均尺寸 A_{2M}

根据尺寸链原理可列方程：$A_{0M} = A_{3M} - A_{1M} - A_{2M}$

将已知代入有：$A_{2M} = A_{3M} - A_{1M} - A_{0M} = 49.1 - 34.95 - 0.225 = 13.925$

8) 确定协调环尺寸 A_2 并圆整

根据上述计算可知协调环尺寸为：

$$A_2 = A_{2M} \pm \frac{T_2}{2} = 13.925 \pm \frac{0.09}{2} = 13.925 \pm 0.045 = 14_{-0.12}^{-0.03}$$

故为保证装配间隙，各组成环尺寸标注为：$A_1 = 35_{-0.12}^{0}$ mm，$A_2 = 14_{-0.12}^{-0.03}$ mm，$A_3 = 49_{0}^{+0.20}$ mm。

比较该题目的完全互换法和概率法两种计算结果可以发现，概率法计算的各组成环尺寸公差，明显大于极值法计算的尺寸公差。也就是说，采用概率法计算时，尺寸公差可以更大，尺寸加工会更容易保证，加工成本会更低。

(2) 选配法

零件按照经济加工精度进行加工，通过选择合适的零件进行装配，以保证装配精度，这种保证装配精度的方法称为选配法。选配法又分为直接选配法、分组互换法和复合选配法三种，它们均可用较低的零件加工精度，实现较高的装配精度。

① 直接选配法。所谓直接选配，就是从许多加工好的零件中任意挑选合适的零件进行装配。一个不合适再换另一个，直到满足装配精度要求为止。这种方法的特点在于：

a. 挑选零件费时，生产率较低；

b. 可能有零件无法实现配对，会造成零件浪费；

c. 装配质量受人为因素影响较大；

d. 不便于流水装配线作业，不适合大批量生产；

e. 适合于组成环数较少，精度要求较高，具有较高附加值产品的批量化生产。

② 分组互换法。零件按照经济加工精度进行加工，加工后将零件进行测量分组，对应组零件可以进行互换装配，以保证装配精度。采用分组互换法必须注意下列几点：

a. 分组数越多，装配精度越高，但零件管理越麻烦，所以分组数不宜过多；

b. 尺寸公差放大时，需注意形位公差、粗糙度变化的影响；

c. 组成环需具有相同的分布,否则对应组零件数量不匹配,易造成浪费;

d. 为保证配合性质不发生变化,组成环尺寸公差须相等,且公差必须同方向放大或缩小。

该方法的特点是:

a. 增加检验工时和费用;

b. 只有对应组零件才能互换,零件管理麻烦;

c. 由于概率分布特点,可能有零件长时间无法配对装配。

d. 只适合于高精度,少环数(2~3个组成环),大批量生产场合。

【例 7-3】 如图 7-8(a)所示,销按经济加工精度设计为 $d = \phi 28_{-0.010}^{0}$ mm,活塞销与活塞销孔装配时,要求在冷态时为过盈配合,其过盈量要求为 0.0025~0.0075mm,试对孔、销尺寸进行分组配对。

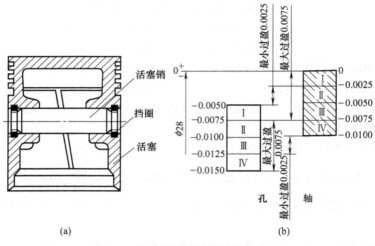

图 7-8 活塞销与活塞销孔装配关系

【解】 1) 计算销和孔的装配公差 T_d 和 T_D

设活塞销和销孔直径尺寸分别为 d 和 D,其装配公差分别为 T_d 和 T_D。

根据冷态过盈量要求,其极限尺寸应满足下两式要求:

$$d_{\max} - D_{\min} = 0.0075$$
$$d_{\min} - D_{\max} = 0.0025$$

两式相减可得: $T_d + T_D = 0.005$

取销与孔直径尺寸公差相同,则有: $T_d = T_D = 0.0025$

2) 装配分组数 m 的确定

分组数取决于销和孔的实际加工公差 T_S 和装配公差 T_Z。即:

$$m = \frac{T_S}{T_Z} = \frac{T_S}{T_d} = \frac{0.01}{0.0025} = 4$$

当分组数计算为非整数时,分组数只能按进位数字确定,如 $m = 3.15$,分组数仍为 4。此时的分组装配公差值尽量均分处理。

3) 计算销孔的实际加工尺寸 D

销直径的最大装配尺寸组的尺寸为: $d_1 = \phi 28_{-0.0025}^{0}$

此时为满足装配过盈要求,销孔的最大尺寸为:

$$D_{\max}=d_{\min}-0.0025=28-0.0025-0.0025=27.9950$$

此时的销孔尺寸也是销孔实际加工的最大尺寸,由于销和孔的实际加工公差需要相等,故销孔的实际加工尺寸为:$D=27.9950^{\ 0}_{-0.010}=28^{-0.0050}_{-0.0150}$。

4) 确定销和孔的分组尺寸

根据销孔装配过盈要求,其装配对应关系如图 7-8(b)所示。销和孔的各级具体分组尺寸如表 7-2 所示。

表 7-2　活塞销和孔的装配尺寸分组情况　　　　　　　　　　　　　　　　mm

分　　组	销尺寸 $d=\phi 28^{\ 0}_{-0.010}$	孔尺寸 $D=\phi 28^{-0.0050}_{-0.0150}$	标记
1	28.0000～27.9975	27.9950～27.9925	红
2	27.9975～27.9950	27.9925～27.9900	白
3	27.9950～27.9925	27.9900～27.9875	黄
4	27.9925～27.9900	27.9875～27.9850	绿

为防止发生混组装配,对同一组的零件应做相同的标记处理,如均刷上相同颜色的油漆等。

③ 复合选配法。零件按照经济加工精度进行设计、加工,加工后将零件进行测量分组,装配时对应组零件再采用直接选配法装配。这种方法就是分组互换法和直接选配法的复合应用,故称复合选配法。它的特点也就兼具分组互换法和直接选配法的特点,主要应用于组成环数较少,精度很高,具有很高附加值的批量化生产场合。

(3) 调整法

零件按照经济加工精度进行加工,装配时通过对调整件的调整保证装配精度,这种保证装配精度的方法就称为调整法。按照装配后调整件的调整尺寸是否可以变化,调整法又分为固定调整法、可动调整法和误差抵消法三种。

① 固定调整法。是根据装配间隙大小,采用相应固定尺寸的调整件来保证装配精度。其保证装配精度的原理如图 7-9 所示。A_1、A_2、A_3 为装配组成环,A_Z 为调整件,首先把 A_Z 和装配精度 A_0 作为一个整体考虑,产生一个松动尺寸 A_S,它的变化范围就是松动公差,大小为 T_S。当松动尺寸最大时,可以采用调整件 A_{Z1} 对其调整,以保证装配精度 $A_{0\max}$ 和 $A_{0\min}$ 的要求,当松动尺寸依次减小时,则可分别用调整件 A_{Z2} 和 A_{Z3} 对其调整,即采用分级调整件,分别应对不同松动尺寸大小的装配精度调整。每级调整件能够调整的范围为:

$$\omega \leqslant T_0 - T_Z \tag{7-1}$$

由式(7-1)可知,调整件本身的公差越小,其调整范围就越大。因此应尽量减小调整件的公差,扩大其调整范围,从而可以减少调整件的分级数。

在采用固定调整法进行装配结构设计时,需要确定调整件的分级数及各级调整件的设计尺寸。分级数可按下式计算:

$$k=\frac{T_S}{T_0-T_Z} \tag{7-2}$$

式中　k——固定调整件分级数,只能是整数,若计算:$k=3.02$,应取值 4;

　　　T_S——松动尺寸公差值;

　　　T_0——装配精度公差值;

T_z——调整件的调整尺寸公差值。

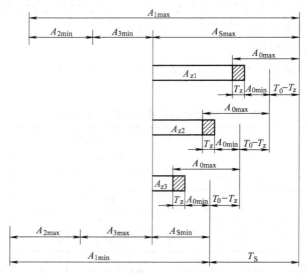

图 7-9 固定调整法保证装配精度的原理

调整件要选取结构简单，尺寸小巧，尽量便于装拆的零件，一般常用垫片、套筒、垫板等作调整件。固定调整法装配有如下特点和用途。

a. 需要调整件，增加了结构尺寸。

b. 调整件需分级使用，增加管理的麻烦性。

c. 装配精度主要取决于调整件的精度与分级数。

d. 主要用于多环数、高精度，大批量生产场合。

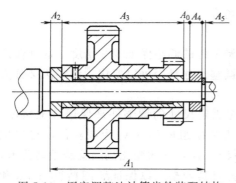

图 7-10 固定调整法计算齿轮装配结构

【例 7-4】 图 7-10 所示双联齿轮装配后，需保证轴向间隙为 0.20～0.50mm，已知 $A_1=115$mm，$A_2=8.5$mm，$A_3=95$mm，$A_4=9$mm，$A_5=2.5$mm。试以固定调整法解算各组成环的标注尺寸，并求调整环的分组数和分组尺寸情况。

【解】 采用极值法原理求解该尺寸链如下。

1) 求封闭环基本尺寸
$$A_0=A_1-A_2-A_3-A_4-A_5=115-8.5-95-9-2.5=0$$

则封闭环尺寸可写成：$A_0=0^{+0.50}_{+0.20}$

2) 选择调整件，建立松动尺寸链

根据调整件选择原则，选取 A_4 为调整环，则松动尺寸链见图 7-11，其中 A_S 为封闭环。

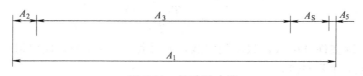

图 7-11 松动尺寸链

3) 确定松动尺寸链各组成环公差和尺寸

各组成环按经济加工精度取公差为：$T_1=0.3$，$T_2=0.1$，$T_3=0.2$，$T_4=T_Z=0.02$，$T_5=0.29$。

按照偏差确定原则有：$A_1=115^{+0.3}_{0}$，$A_2=8.5^{0}_{-0.1}$，$A_3=95^{0}_{-0.2}$，$A_5=2.5^{+0.07}_{-0.22}$（标准件）。

松动环尺寸由计算确定。

4) 解算松动尺寸 A_S

在图 7-8 中，A_S 为封闭环，则有：

$$A_S = A_1 - A_2 - A_3 - A_5 = 115 - 8.5 - 95 - 2.5 = 9$$
$$ES_S = ES_1 - EI_2 - EI_3 - EI_5 = +0.3 - (-0.1) - (-0.2) - (-0.22) = 0.82$$
$$EI_S = EI_1 - ES_2 - ES_3 - ES_5 = 0 - 0 - 0 - (+0.07) = -0.07$$

则有：$A_S = 9^{+0.82}_{-0.07}$，$T_S = 0.89$

5) 求调整件分级数 k

$$k = \frac{T_S}{T_0 - T_Z} = \frac{0.89}{0.3 - 0.02} \approx 3.18$$

取调整件分级数：$k=4$

6) 确定 A_S 分段公差值及尺寸

平均分段公差值为：

$$T_{SM} = \frac{T_S}{k} = \frac{0.89}{4} \approx 0.22 \leqslant T_0 - T_Z = 0.28$$

根据松动尺寸范围：$A_S = 9^{+0.82}_{-0.07}$，可确定各级松动尺寸为：

$$A_{S1} = 9^{+0.82}_{+0.60}，A_{S2} = 9^{+0.60}_{+0.38}，A_{S3} = 9^{+0.38}_{+0.16}，A_{S4} = 9^{+0.16}_{-0.07}。$$

7) 计算各级调整件尺寸 A_Z

此时由分级松动尺寸、调整件尺寸和装配精度要求组成的尺寸链如图 7-12 所示。

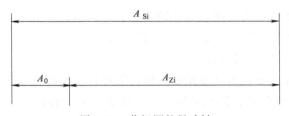

图 7-12 分级调整尺寸链

在该尺寸链中，装配精度要求 $A_0 = 0^{+0.50}_{+0.20}$ 是封闭环。用各级松动尺寸分别进行尺寸链计算，可以求得各级调整件尺寸如下：

$$A_{Z1} = 9^{+0.40}_{+0.32}，A_{Z2} = 9^{+0.18}_{+0.10}，A_{Z3} = 9^{-0.04}_{-0.12}，A_{Z4} = 9^{-0.27}_{-0.34}。$$

关于计算结果的几点说明：

a. 由于 1、2、3 级调整件与第 4 级调整件的调整范围不同，所以其公差不同；

b. 由于各级调整件的调整范围减小，所以 $T_{Zi} > T_Z$，这样更有利于调整件的加工；

c. 允许的情况下，可以通过调整组成环的公差，使调整件分级数 k 为整数，从而使各级调整件的公差值与调整范围恒定，调整件的最终计算尺寸公差与选定公差一致，即 $T_{Zi} = T_Z$。

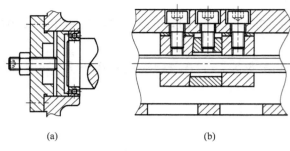

图 7-13 可动调整法保证装配精度

② 可动调整法。通过改变调整件的位置保证装配精度，这种方法称为可动调整法。如图 7-13（a）所示，通过调整紧定螺钉可实现对轴承的轴向预紧和消隙，图 7-13（b）中，通过螺钉拉动楔形套，将左右两边螺母推开，从而消除丝杠-螺母副的轴向配合间隙。

可动调整法一般采用螺纹副、弹簧等实现调整件位置的改变，可实现位置的无级调整，但需要较大的结构空间，调整一般较为费时，多用于精度要求较高的单件、中小批量生产。

③ 误差抵消法。通过预先测量出相关零部件的误差大小和方向，采用定向装配方法，使误差能够产生相互抵消的功能，以提高装配精度的方法称为误差抵消装配法。这种方法在机床装配时应用较多，如装配机床主轴时，通过调整前后轴承的径向圆跳动方向来控制主轴的径向圆跳动；在滚齿机工作台分度蜗轮装配中，通过调整二者偏心方向达到抵消误差、提高分度蜗轮装配精度。由此可知误差抵消法装配具有如下特点：

　a. 误差大小和方向的测定、误差抵消调整都非常费时，生产效率非常低；
　b. 调整时，对工人的技术水平要求非常高；
　c. 主要应用于精度要求特别高的小批量生产场合。

（4）修配法

零件按照经济加工精度进行加工，装配时通过对修配件的修配保证装配精度，这种保证装配精度的方法就称为修配法。修配法的实质就是通过修配件对装配误差进行补偿，以保证装配精度。修配件的选择需要遵循：结构简单，便于修配且修配量较小，非公共环，易于装拆的零件。修配法具有如下一些特点：

① 可采用较低的零件加工精度，实现较高的装配精度；
② 修配劳动强度大，费时，不适合流水线生产；
③ 对工人的技术水平要求较高；
④ 主要应用于组成环数较多且装配精度较高的单件、小批量生产场合。

如何保证修配件有修配量且修配量最小，是修配法设计的关键。为此，需要了解修配环尺寸变化对装配精度的影响。

修配环对装配精度的影响有两种情况：一是"越修越大"，即对修配环越修，封闭环尺寸会变的越大；另一种是"越修越小"，即对修配环越修，封闭环尺寸会变的越小。

在此设 $A_{0\max}$、$A_{0\min}$、T_0 分别为装配精度要求的最大尺寸、最小尺寸和公差。设 $A'_{0\max}$、$A'_{0\min}$、T'_0 分别为装配后实际形成的装配精度最大尺寸、最小尺寸和公差。由于组成环零件实际加工公差放大，所以 $T'_0 > T_0$。为保证装配精度要求，两种修配方法的设计装配精度与实际装配精度的公差带应满足图 7-14 要求。

由图 7-14 不难看出：如果对修配环越修，实际装配精度 A'_0 尺寸变得越大，为保证装配精度要求，就必须使：$A'_{0\max} \leqslant A_{0\max}$，为保证修配量最小，需使：

$$A'_{0\max} = A_{0\max}（此时无修配量） \tag{7-3}$$

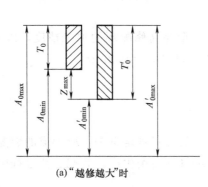
(a) "越修越大"时

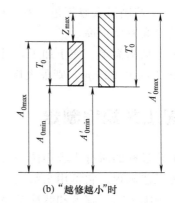
(b) "越修越小"时

图 7-14 两种修配方法公差带应满足的关系

同理，"越修越小"时，$A'_{0\min} \geqslant A_{0\min}$，取：

$$A'_{0\min} = A_{0\min} （此时无修配量） \tag{7-4}$$

此时的最大修配量可由下式计算：

$$Z_{\max} = T'_0 - T_0 = \sum_{i=1}^{n-1} T_i - T_0 \tag{7-5}$$

【例 7-5】 如图 7-15 所示普通车床，已知各组成环基本尺寸为：$A_1 = 202\text{mm}$，$A_2 = 46\text{mm}$，$A_3 = 156\text{mm}$。要求床头和尾架两顶尖在垂直平面内的等高误差为 $0 \sim 0.02\text{mm}$（只许尾架高），试计算最大修配量和修配环尺寸。

【解】 采用极值法原理求解该尺寸链如下。
1) 求封闭环基本尺寸
$A_0 = A_2 + A_3 - A_1 = 46 + 156 - 202 = 0$
则封闭环尺寸可写成：$A_0 = 0^{+0.02}_{0}$
2) 选择修配环
根据修配环选择原则，选取垫板 A_2 为修配环。显然对 A_2 越修，A'_0 会越小。

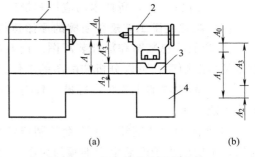

图 7-15 车床等高装配尺寸链
1—主轴箱；2—尾架；3—垫板；4—床身

所以：$\quad A'_{0\min} = A_{0\min}$
3) 确定各组成环公差和偏差
各组成环按经济加工精度取公差为：$T_1 = 0.1$，$T_2 = 0.15$，$T_3 = 0.1$。
按照偏差确定原则有：$A_1 = 202 \pm 0.05$，$A_3 = 156 \pm 0.05$。
4) 计算最大修配量
由式（7-5）可求最大修配量为：
$$Z_{\max} = T_1 + T_2 + T_3 - T_0 = 0.1 + 0.15 + 0.1 - 0.02 = 0.33$$
5) 求修配环 A_2 的极限尺寸
由：$\quad A_{0\min} = A_{2\min} + A_{3\min} - A_{1\max}$
可得：$A_{2\min} = A_{0\min} + A_{1\max} - A_{3\min} = 0 + 202 + 0.05 - 156 + 0.05 = 46.1$
则有：$\quad A_2 = A_{2\min}{}^{+T_2}_{0} = 46.1^{+0.15}_{0} = 46^{+0.25}_{+0.10}$

此时，A_2 尺寸的最小修配量为 0mm，最大修配量为 0.33mm。若要保证最小修配量不小于 0.1mm，又控制最大修配量不变，可使修配环尺寸为：$A_2 = 46^{+0.25}_{+0.20}$mm，当然这样修配环的加工精度会有所提高。

由于修配环结构简单、便于加工，所以应尽量提高修配环的加工精度，以减少修配量。如此题中若取 $T_2 = 0.02$mm，则最大修配量计算为 $Z_{max} = 0.2$mm。

7.3 装配工艺规程制定

将装配工艺过程的所有内容用图、表、文字的形式规定下来，所形成的装配工艺文件汇编，称为装配工艺规程。它可用来组织、指导和管理装配生产。装配工艺过程中常用的工艺文件主要有：装配工艺过程卡和装配工序卡。

7.3.1 装配工艺规程制定原则

(1) 装配工艺规程设计的原则

① 保证产品装配质量，力求提高装配质量。
② 选择合理的装配组织形式，最大限度地提高装配效率，缩短装配周期。
③ 合理地安排装配顺序和工序，尽量减少钳工装配工作量。
④ 尽量减少装配占地面积，提高单位面积生产率。
⑤ 尽量改善工人的劳动条件，提高工人劳动能动性。
⑥ 注意新工艺和新技术的应用和推广。

(2) 制定装配工艺规程所需的原始资料

① 产品的总装图和部件装配图。由装配图可以清楚零、部件间的连接装配关系，零件数量及装配顺序，可以分析装配图的工作原理、作用及技术要求等。
② 产品验收的主要技术标准。针对某些重要的验收标准，有时需要采取针对性的装配工艺才能解决。
③ 产品的生产纲领。生产纲是制定装配工艺的重要依据，装配工艺过程自动化水平的高低，主要取决于产品生产纲领的大小。针对不同的生产纲领，需要在生产组织、设备工装配置、人员调度等方面，做出具体的安排，才能最大限度保证优质、高产、低成本制造产品的目标。
④ 现有的生产条件。充分挖掘和利用现有生产条件。
⑤ 国内外新工艺和新技术的应用情况。始终关注新工艺和新技术的应用和推广，是企业发展的推动力。

7.3.2 装配工艺规程制定的方法和步骤

(1) 研究产品的装配结构及验收技术条件，绘制产品装配系统图

详细分析产品及部件的装配结构；分析产品的装配结构工艺性；审查产品装配技术要求和验收标准；用装配尺寸链对装配精度进行校核；画出装配系统图。

(2) 确定装配方法与组织形式

根据产品的技术要求、结构、尺寸大小和重量，以及产品的生产纲领，并考虑现有的生产技术条件和设备，选择合理的装配方法和装配组织形式。

(3) 确定装配单元，绘制装配工艺流程图

根据套件、组件、部件和机器的构成原则，对产品进行装配单元划分；确定各装配单元的基准零件及零件装配顺序。

装配顺序确定时，一般应遵循先难后易、先内后外、先下后上、先重大后轻小、先精密后一般的原则。

在此基础上分别画出合件、组件、部件和机器的装配工艺流程图，综合后再画出机器的装配工艺流程系统图。

(4) 划分装配工序

① 划分装配工序，并确定工序内容。
② 确定各工序所需的设备和工装。
③ 制定各工序装配的具体操作规范。
④ 制定各工序装配质量要求与检验方法。
⑤ 确定各工序的时间定额，平衡各工序的工作节拍。

(5) 制定产品的检测和试验标准

① 检测和试验的项目和指标。
② 检测和试验的方法和技术要求。
③ 检测和试验所需的仪器设备和工具。
④ 质量问题的处理方法。

(6) 编制装配工艺文件

与机械加工工艺文件编制要求基本相同，随着生产批量的扩大，工艺文件也就越加详尽。对单件小批生产一般只编制装配工艺过程卡；对成批生产，还要编制重要工序的装配工序卡和调整卡；对大批量生产，装配工艺过程卡和装配工序卡需要全面编制。

习题与思考题

7-1 装配指的是什么？它对机器质量有什么影响？

7-2 装配质量包括哪些内容？各受什么因素影响？

7-3 常用的装配工艺方法有哪些？各有什么作用？

7-4 机器装配的组织形式有哪些？各有什么特点？分别用于什么场合？

7-5 不同生产类型，其装配工艺有什么不同？

7-6 什么是装配尺寸链？装配尺寸链与工艺尺寸链有什么不同？

7-7 装配尺寸链如何建立？建立时应遵循什么原则？

7-8 装配尺寸链有什么用途？在什么时候应用？

7-9 装配尺寸链的解算方法有哪些？各用于什么场合？

7-10 反计算解算装配尺寸链时，确定组成环尺寸公差和偏差时需遵循什么原则？

7-11 保证装配精度的方法有哪些？各有什么特点？分别用于什么场合？

7-12 什么是装配工艺流程图？装配工艺流程图如何绘制？

7-13 装配工艺规程制定的原则是什么？简述其制定的方法步骤。

7-14 图 7-16 所示齿轮箱部件，要求装配后的轴向间隙 $A_0 = +0.2 \sim +0.7$ mm，有关

零件的基本尺寸是：$A_1=122$，$A_2=28$，$A_3=5$，$A_4=140$，$A_5=5$。分别按极值法和概率法确定各组成环零件的标注尺寸。

7-15 图 7-17 所示的装配中，要求保证轴向间隙 $A_0=0.1\sim 0.35\mathrm{mm}$，已知：$A_1=30\mathrm{mm}$，$A_2=5\mathrm{mm}$，$A_3=43\mathrm{mm}$，$A_4=2.5_{-0.22}^{+0.07}\mathrm{mm}$（标准件），$A_5=5.5\mathrm{mm}$。

① 采用修配法装配时，选 A_5 为修配环，试确定修配环的尺寸及上下偏差。

② 采用固定调整法装配时，选 A_5 为调整环，求 A_5 的分组数及其尺寸系列。

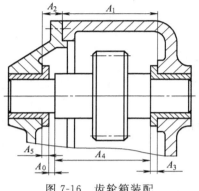

图 7-16 齿轮箱装配

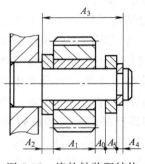

图 7-17 惰轮轴装配结构

7-16 图 7-18 所示蜗杆-蜗轮传动副，其对称度误差要求为 ± 0.02，已知：$A_1=118\mathrm{mm}$，$A_2=40\mathrm{mm}$，$A_3=130\mathrm{mm}$，$A_4=28\mathrm{mm}$。若采用修配法保证装配精度，试选择修配环，并计算修配环的尺寸。

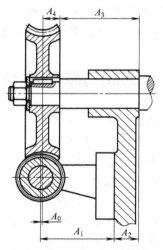

图 7-18 蜗杆-蜗轮传动副

7-17 图 7-19 所示的双联转子泵，要求在冷态下轴向装配间隙为 $A_0=0.05\sim 0.15\mathrm{mm}$，已知：$A_1=62_{-0.2}^{0}\mathrm{mm}$，$A_2=20.5\pm 0.2\mathrm{mm}$，$A_3=A_5=17_{-0.2}^{0}\mathrm{mm}$，$A_4=7_{-0.05}^{0}\mathrm{mm}$，$A_6=41_{+0.05}^{+0.10}\mathrm{mm}$。

① 通过计算分析可否用完全互换法保证装配精度？

② 若通过修配 A_4（$T_4=0.05$）保证装配精度，试计算修配环的尺寸和最大修配量。

7-18 图 7-20 为机床导轨与溜板的装配关系，已知：$A_1=46_{-0.04}^{0}\mathrm{mm}$，$A_2=30_{0}^{+0.03}\mathrm{mm}$，

$A_3 = 16^{+0.06}_{+0.03}$ mm。试计算：

① 实际装配后溜板压板与导轨下平面之间的间隙 A'_0。

② 若要求间隙为 0.02～0.04mm，应采用什么方法保证？并进行设计计算。

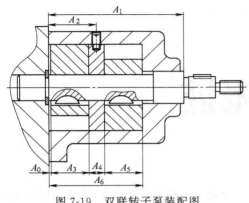

图 7-19 双联转子泵装配图

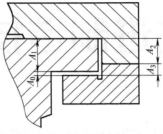

图 7-20 机床导轨-溜板装配

第8章

先进制造技术概述

现代制造业必须以最短的交货期、最优的产品质量、最低的产品价格和最好的服务，向用户提供定制产品，才能占领市场，赢得竞争，落伍者将丧失市场占有额，甚至被挤出市场，因此，先进制造技术是提高制造企业市场竞争力的最有力工具，越来越受到广泛的关注和重视。

先进制造技术是为了适应时代发展，提高竞争力，对制造技术不断优化而形成的。目前，对先进制造技术尚没有一个明确的、一致公认的定义。经过近年来对发展先进制造技术方面开展的工作，以及对其特征的分析研究，可以认为，先进制造技术是制造业不断吸收机械、电子、信息、材料、能源和现代管理技术等方面的成果，将其综合应用于产品设计、加工、检测、管理、销售、使用、服务乃至回收的制造全过程，以实现优质、高效、低耗、清洁、灵活生产，提高对动态多变市场的适应能力和竞争力的制造技术的总称。其要点在于：目标是提高制造企业对市场的适应能力和竞争力；强调信息技术、现代管理技术与制造技术的有机结合；注重信息技术、现代管理技术在整个制造过程中的综合应用。

先进制造技术是"使原材料成为产品而采用的一系列先进技术"，其外延则是一个不断发展更新的技术体系，不是固定模式，它具有动态性和相对性。因此，不能简单地理解为就是 CAD、CAM、FMS、CIMS 等各项具体的技术。先进制造技术具有以下特点。

① AMT 是面向 21 世纪的动态技术。它不断吸收各种高新技术成果，将其渗透到产品的设计、制造、生产管理及市场营销的所有领域及其全部过程，并且实现优质、高效、低耗、清洁、灵活的生产。

② AMT 是面向工业应用的技术。AMT 不仅包括制造过程本身，而且还涉及市场调研、产品设计、工艺设计、加工制造、售前售后服务等产品寿命周期的所有内容，并将它们结合成一个有机的整体。

③ AMT 是驾驭生产的系统工程。它强调计算机技术、信息技术和现代管理技术在产品设计、制造和生产组织管理等方面的应用。

④ AMT 强调环境保护。它既要求产品是"绿色商品"，又要求产品的生产过程是环保型的。国内企业技术需求调查表明："九五"期间对先进制造技术有迫切要求的企业占被调查企业总数的 65%，这说明制造技术是阻碍企业生产发展的关键技术。因此，对于我国当前而言，发展先进制造技术更是迫在眉睫。

8.1 先进设计技术

8.1.1 先进设计思想

设计是人类改造自然的基本活动之一，它与人类的生产活动及生活密切相关。国际工业设计学会（International Council Societies of Industrial Design）对设计定义如下："设计是一种创造性活动，它的目的在于决定产品的包括性能、过程、服务及整个生命周期各个方面的品质，以获得一种使生产者和消费者都能满意的整体"。针对机电产品的工程设计是为满足人类社会日益增长的需要而进行的创造性劳动，它和生产、生活及其未来密切相关，所以人们对设计工作越来越重视，产品设计的重要性主要表现在：产品设计是以社会需求为目标，在一定设计原则的约束下，利用设计方法和手段创造出产品结构的过程。

人类的设计活动也经历了直觉设计阶段、经验设计阶段、半理论半经验设计阶段和现代设计阶段。其中半理论半经验设计阶段被称为传统设计。随着社会的发展，产品的设计与开发面临着严峻挑战，要求不断地发展和应用现代设计方法和先进的生产制造技术来适应这一需求。

(1) 传统设计与现代设计

传统设计是以经验为基础，运用长期设计实践和理论计算而形成的经验、公式、图表、设计手册等作为设计的依据，通过经验公式、近似系数或类比等方法进行设计。传统设计在实际运用中有一定的局限性，也暴露出一些问题。

① 传统设计是经验、类比的设计方法，对功能原理的分析既不充分又不系统，强调经验类比和直接主观的评价决策，不强调创新，方案的拟订很大程度上取决于设计人员的个人经验，容易陷入思维定式，很难得到最优方案。

② 传统设计在设计—评定—再设计的循环中，凭借设计人员的有限知识、经验和判断力选取较好方案，因此受人为因素的限制，难以对多变量系统在广泛影响因素下进行精确计算与方案优化。

③ 传统设计主要靠人工计算及手工绘图，信息处理、经验或知识的存储和重复使用方面还没有一个有效方法，这不仅影响设计速度和设计质量，设计的准确性和效率都受到限制，修改设计也不方便。

④ 传统设计以静态分析、少变量和近似计算为主。参考数据偏重于经验，往往忽略了一些难解或非主要的因素，因而造成设计结果的近似性，有时不符合客观实际。如机械学中将载荷、应力等因素作集中处理，由此考虑安全系数，这与实际工况有时相差较远。

⑤ 传统设计对技术与经济、技术与美学、技术与社会也未能做到很好的统一，设计过程中多为单纯注意技术性，设计试制后才进行经济分析、成本核算，很少考虑其他问题，使设计带有一定的局限性。

总之，传统设计方法是一种以静态、经验、类比和手工为基本特征。随着现代科学技术的飞速发展、生产技术的需要和市场的激烈竞争以及先进设计手段的出现，这种传统设计方法已难以满足当今时代的要求，从而迫使设计领域不断研究和发展新的设计方法和技术。

(2) 先进的设计思想

先进设计思想是以满足产品的质量、性能、时间、成本/价格综合效益最优为目的，以计算机辅助设计技术为主体，以多种科学方法及技术为手段，研究、改进、创造产品活动过程所用到的技术群体的总称。其内涵就是以市场为驱动，以知识获取为中心，以产品全寿命周期为对象，人、机、环境相容的设计理念。

现代设计是过去传统设计活动的延伸和发展，它继承了传统设计的精华，吸收了当代科技最新成果和计算机技术。与传统设计相比，它则是一种基于知识的，以动态分析、精确计算、优化设计和CAD为特征的设计方法。

现代设计方法与传统设计方法相比，主要完成了以下几方面的转变。

① 产品结构分析的定量化。
② 产品工况分析的动态化。
③ 产品质量分析的可靠性化。
④ 产品设计结果的最优化。
⑤ 产品设计过程的高效化和自动化。

现代设计理论和方法的特点是计算机、计算技术、应用数学和力学等学科的充分结合与应用，它使机械设计从经验的、静止的、随意性较大的传统设计逐步发展为基于知识的、动态的、自动化程度高的、设计周期短的、设计方案优越的、计算精度高的现代化设计，它应用系统工程的方法，将高度自动化的信息采集、产品订购、制造、管理、供销等一系列环节有机地结合起来，使产业结构、产品结构、生产方式和管理体制发生了深刻变化。现代设计理论与方法在机械设计领域的推广和应用，必将极大地促进机械产品设计的现代化，从而促进机械产品的不断现代化，提高企业的竞争能力。

(3) 现代设计方法的特点

① 程式性。研究设计的全过程。要求设计者从产品规划、方案设计、技术设计、施工设计到试验、试制进行全面考虑，按步骤有计划地进行设计。

② 创造性。突出人的创造性，发挥集体智慧，力求探寻更多突破性方案，开发创新产品。

③ 系统性。强调用系统工程处理技术系统问题。设计时应分析各部分的有机联系最优。同时考虑技术系统与外界的联系，即人—机—环境的大系统关系。

④ 最优性。设计的目的是得到功能全、性能好、成本低的价值最优的产品。设计中不仅考虑零部件参数、性能的最优，更重要的是争取产品的技术系统整体最优。

⑤ 综合性。现代设计方法是建立在系统工程、创造工程基础上，综合运用信息论、优化论、相似论、模糊论、可靠性理论等自然科学理论和价值工程、决策论、预测论等社会科学理论，同时采用集合、矩阵、图论等数学工具和电子计算机技术，总结设计规律，提供多种解决设计问题的科学途径。

⑥ 数字性。将计算机技术全面地引入设计过程，并运用程序库、数据库、知识库、信息库和网络技术服务于设计，实现了设计过程数字性，使计算机在设计计算和绘图、信息储存、评价决策、动态模拟、人工智能等方面充分发挥作用。

(4) 现代设计技术理论与方法内容

① 现代设计方法学。包括：系统设计、价值工程、功能设计、并行设计、模块化设计、质量功能配置、反求设计、绿色设计、模糊设计、面向对象的设计、工业造型设计。

② 计算机辅助设计技术。主要有：有限元法、优化设计、计算机辅助设计、模拟仿真与虚拟设计、智能计算机辅助设计、工程数据库。

③ 可信性设计。可信性设计包括：可靠性设计、安全设计、动态设计、防断裂设计、抗疲劳设计、减摩耐磨设计、防腐蚀设计、健壮设计、耐环境设计、维修设计和维修保障设计、测试性设计、人机工程设计。

8.1.2 先进设计方法

(1) 优化设计方法

优化设计是在现代计算机广泛应用的基础上发展起来的一项新技术。是根据最优化原理和方法，以人机配合方式或"自动探索"方式，在计算机上进行的半自动或自动设计，以选出在现有工程条件下的最佳设计方案的一种现代设计方法。

优化算法中大多数都是采用数值计算法，其基本思想是搜索、迭代和逼近。即在求解问题时，从某一初始点 $x(0)$ 出发，利用函数在某一局部区域的性质和信息，确定下一步迭代搜索的方向和步长，去寻找新的迭代点 $x(1)$。然后用 $x(1)$ 取代 $x(0)$，$x(1)$ 点的目标函数值应比 $x(0)$ 点的值小（对于极小化问题）。这样一步步重复迭代，逐步改进目标函数值，直到最终逼近极值点。

① 常用的优化方法。

优化方法的种类很多，表 8-1 列出了常用优化方法及其特点。

表 8-1 常用的优化方法及其特点

名 称			特 点
一维搜索法		黄金分割法	简单、有效、成熟的一维直接搜索方法，应用广泛
		多项式逼近法	收敛速度较黄金分割法快，初始点的选择影响收敛效果
无约束非线性规划算法	间接法	梯度法（最速下降法）	需计算一阶偏导数，对初始点要求较低，初始迭代效果较好，在极值点附近收敛速度较慢，常与其他算法配合使用
		牛顿法（二阶梯度法）	具有二次收敛性，在极值点附近收敛速度快，但要用到一阶、二阶偏导数的信息，并且要用到海色（Hesse）矩阵，计算工作量大，所存储空间大，对初始点的要求很高
		DEP 变尺度法	共轭方向法的一种，具有二次收敛性，收敛速度快，可靠性较高，需计算一阶偏导数，对初始点的要求不高，可求解 $n>100$ 的优化问题，是有效的无约束优化方法，但所存储空间大
	直接法	Powell 法（方向加速法）	共轭方向法的一种，具有直接法的共同优点，即不必对目标函数求导，具有二次收敛性，收敛速度快，适合中小型问题($n<30$)的求解，但程序复杂
		单纯形法	适合于中小型问题($n<20$)的求解，不必对目标函数求导，方法简单，使用方便
有约束非线性规划算法	间接法	网格法	计算量大，适合于中小型问题($n<5$)的求解，对目标函数的要求不高，易于求得近似局部最优解
		随机方向法	对目标函数的要求不高，收敛速度快，适合于中小型问题的求解，但只求得局部最优解
		复合形法	具有单纯形法的特点，适合于求解中小型的规划问题，但不能求解有等式约束的问题
	直接法	拉格朗日乘子法	适合于只有等式约束的非线性规划问题的求解，求解时要解非线性方程组，经改进可以求解不等式约束，效率也较高
		罚函数法	将有约束问题转化为无约束问题，对大中型问题的求解均较合适，计算效果较好
		可变容差法	可用来求解有约束的规划问题，适合问题的规模与其采用的基本算法有关

② 优化设计过程。

a. 设计问题分析。根据优化设计的特点和规律，认真地分析设计对象和要求，合理确定优化的范围和目标，以保证所提出的问题能够通过优化设计来实现。对众多的设计要求要分清主次，可忽略一些对设计目标影响不大的因素，以免模型过于复杂，造成优化求解困难。

b. 优化设计数学模型的建立。建立正确的优化设计数学模型，是进行优化设计的关键。优化设计数学模型由设计变量、约束条件、目标函数三个基本要素组成。

c. 优化计算方法的选择。优化方法很多，且各种优化方法有着不同的特点及适用范围，一般选用时都应遵循两个原则：选用适合模型计算的算法；选用已经有计算机程序且使用简单、计算稳定的算法。

d. 编程求解。在数学模型建立以后，工程技术人员可用各种计算语言（如 C 语言和 MATLAB、FORTRON 语言等）进行编程，对目标函数进行求解。

e. 优化结果分析。通过对求解的结果进行综合分析，确认其是否符合原先设想的设计要求，并从实际出发在优化结果中选择满意的方案。当结果与预期目标相差较大时，可通过修改设计变量、增加约束等手段，改变数学模型或者重新选择优化方法，继续寻找最优解，直到满意为止。

(2) 可靠性设计方法

系统的可靠性设计是指在遵循系统工程规范的基础上，在系统设计过程中，采用一些专门技术，将可靠性"设计"到系统中，以满足系统可靠性的要求。它是根据需要和可能，在事先就考虑产品可靠性诸因素基础上的一种设计方法。系统可靠性设计技术是指那些适用于系统设计阶段，以保证和提高系统可靠性为目的的设计技术和措施。它是提高系统可靠性的行之有效的方法。

可靠性设计（Reliability Design，RD）的基本思想是：与设计有关的载荷、强度、尺寸、寿命等都是随机变量，应根据大量实践与测试，揭示出它们的统计规律，并用于设计，以保证所设计的产品符合给定可靠度指标的要求。可靠性设计的任务就是确定产品质量指标的变化规律，并在其基础上确定如何以最少的费用保证产品应有的工作寿命和可靠度，建立最优的设计方案，实现所要求产品的可靠性水平。

可靠性设计是为了在设计过程中挖掘和确定隐患及薄弱环节，并采取设计预防和设计改进措施，有效地消除隐患及薄弱环节，定量计算和定性分析主要是评价产品现有的可靠性水平和确定薄弱环节，而要提高产品的固有可靠性，只能通过各种具体的可靠性设计来实现。

① 可靠性设计的主要内容。

a. 建立可靠性模型，进行可靠性指标的预计和分配。要进行可靠性预计和分配，首先应建立产品的可靠性模型。而为了选择方案、预测产品的可靠性水平、找出薄弱环节，以及逐步合理地将可靠性指标分配到产品的各个层面上去，就应在产品的设计阶段，反复多次地进行可靠性指标的预计和分配。

b. 进行各种可靠性分析。诸如故障模式影响和危机度分析、故障树分析、热分析、容差分析等。以发泄和确定薄弱环节，在发泄了隐患后通过改进设计，从而消除隐患和薄弱环节。

c. 采取各种有效的可靠性设计方法。如制定和贯彻可靠性设计准则、降额设计、冗余设计、简单设计、热设计、耐环境设计等，并把这些可靠性设计方法和产品的性能设计工作结合起来，减少产品故障的发生，最终实现可靠性的要求。

② 可靠性设计的常用指标。

可靠性设计是指将可靠性及相关指标定量化，从而使设计具有可操作性，用以指导产品开发过程。可靠性设计的常用指标有以下几个。

a. 产品的工作能力：在保证功能参数达到技术要求的同时，产品完成规定功能所处的状态，称为产品的工作能力。

b. 可靠度：可靠度是指产品在规定的运行条件下，在规定的工作时间内，能正常工作的概率。

c. 失效率：失效率又称故障率，它表示产品工作到某一时刻后，在单位时间内发生故障的概率。

d. 平均寿命：对于不可修复产品，平均寿命是指产品从开始工作到发生失效前的平均工作时间，称为失效前平均工作时间（Mean Time To Failure，MTTF）。对于可修复产品，平均寿命是指两次故障之间的平均工作时间，称为平均无故障工作时间（Mean Time Between Failure，MTBF）。

③ 可靠性设计的基本原则。

a. 可靠性设计应有明确的可靠性指标和可靠性评估方案。

b. 可靠性设计必须贯穿于功能设计的各个环节，在满足基本功能的同时，要全面考虑影响可靠性的各种因素。

c. 应针对故障模式（即系统、部件、元器件故障或失效的表现形式）进行设计，最大限度地消除或控制产品在寿命周期内可能出现的故障（失效）模式。

d. 在设计时，应在继承以往成功经验的基础上，积极采用先进的设计原理和可靠性设计技术。但在采用新技术、新型元器件、新工艺、新材料之前，必须经过试验，并严格论证其对可靠性的影响。

e. 在进行产品可靠性的设计时，应对产品的性能、可靠性、费用、时间等各方面因素进行权衡，以便做出最佳设计方案。

(3) 计算机辅助工程设计技术

计算机辅助工程设计技术（Computer Aided Engineering，CAE）准确地说，是指工程分析中的计算与仿真，具体包括工程数值计算；结构与过程有限元分析；结构与过程优化设计；强度与寿命评估；运动、动力学仿真。工程数值计算用来确定分析产品的性能；结构与过程优化设计用来在保证产品功能、工艺过程的基础上，使产品、工艺过程的性能最优；结构强度与寿命评估用来评估产品的强度设计是否可行，可靠性如何以及使用寿命为多少；运动、动力学仿真用来对样机进行运动学、动力学仿真。

运用有限元等技术分析计算产品结构的应力、变形等物理场量，给出整个物理场量在空间与时间上的分布，实现结构从线性、静力的计算、分析到非线性、动力的计算、分析。CAE 的关键技术包括以下几个方面。

① 计算机图形技术。CAE 系统中表达信息的主要形式是图形，如三维造型图、网格图与各类结果显示图。在 CAE 运行的过程中，用户与计算机之间的信息交流是非常重要的。交流的主要手段之一也是计算机图形。所以，计算机图形技术是 CAE 系统的基础和主要组成部分。

② 三维实体造型技术。工程设计项目和机械产品都是三维空间的形体。在设计过程中，设计人员构思的形成也是三维形体。CAE 技术中的三维实体造型就是在计算机内建立三维形体的几何模型，记录下该形体的点、棱边、面的几何形状及尺寸，以及各点、边、面间的连接关系。

③ 数据交换技术。CAE 系统中的各子系统，各功能模块都是系统有机的组成部分，它们有不同的数据表示格式，在不同的子系统间、不同模块间要进行数据交换，就需采用数据交换技术，以充分发挥应用软件的效益，同时应具有较强的系统可扩展性和软件的可重用性，以提高 CAE 系统的编程效率。另一方面，各种不同的 CAE 系统之间为了信息交换及

资源共享的目的，也应建立 CAE 系统软件应遵守的数据交换规范。目前，国际上通用的接口标准有 GKS、IGES、STEP 等，除了通用接口外，还有专用接口。

④ 工程数据管理技术。CAE 系统中生成的几何与拓扑数据，工程机械，工具的性能、数量、状态，原材料的性能、数量、存放地点和价格，工艺数据和施工规范等数据必须通过计算机存储、读取、处理和传送。这些数据的有效组织和管理是建造 CAE 集成系统的核心技术。采用数据库管理系统（DBMS）对所产生的数据进行管理是最好的技术手段。

⑤ 数值计算技术。a. 有限元计算，如高度非线性有限元方程组的解法；b. 优化计算，如多目标优化模型的全局解法；c. 动力学仿真计算，如多柔体系统的动力学仿真算法；d. 疲劳寿命评估，如多轴疲劳的寿命评估算法。

(4) 计算机辅助设计 CAD

① 计算机辅助设计（CAD）的含义和内容。

计算机辅助设计（CAD）技术是指利用计算机作为工具，帮助工程师进行设计的一切适用技术的总和。它是以满足产品的质量、性能、时间、成本/价格综合效益最优为目的，以计算机辅助设计技术为主体，以多种科学方法及技术为手段，研究、改进、创造产品活动过程所用到的技术群体的总称。其内涵就是以市场为驱动，以知识获取为中心，以产品全寿命周期为对象，人、机、环境相容的设计理念。

CAD 技术的基本内容有：a. 图形处理技术，如几何建模、图形仿真、自动绘图等；b. 工程分析技术，如有限元分析、优化设计、可靠性设计、运动学及动力学仿真等；c. 数据管理与交换技术，如数据库管理、产品数据交换与接口技术等；d. 文档处理技术；e. 软件设计技术。

CAD 技术的核心是几何建模。为便于产品几何建模，CAD 系统为用户提供了颜色、网格、图层等辅助功能，提供了缩放、平移、旋转等各种图形变换工具，以及各种渲染、动画等可视化操作方式。此外，CAD 软件系统也均具有尺寸和公差的标注、物料清单的制备、图框和标题栏的绘制等基本功能。

② CAD 技术的工作过程及优点。

CAD 的工作过程，即人机结合的交互式设计过程，就是充分利用计算机高速的计算功能，巨大的存储能力和丰富、灵活的图形、文字处理功能，并结合人的知识、经验、逻辑思维能力，形成一种人机各尽所长、紧密配合的系统，以提高设计的质量和效率。其工作过程如图 8-1 所示。

CAD 技术的优点主要有以下几项。

a. CAD 技术可以显著提高效率，缩短设计周期，降低设计成本。设计计算和图样绘制的自动化大大缩短了设计时间，节省了劳动力。

b. CAD 技术可以有效地提高设计质量。在计算机系统内存储了许多与设计相关的综合性技术和知识，可以为产品设计提供科学基础。

c. CAD 技术的实施，可以将设计人员从烦琐的计算和绘图工作中解放出来，使其能够从事更富有创造性的工作。

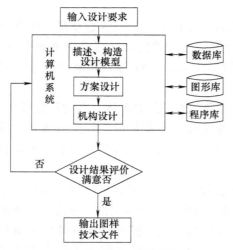

图 8-1　CAD 工作流程

③ CAD 系统的类型。

a. 信息检索型 CAD 系统。主要用于设计已定型的标准化和系列化程度很高的产品。其工作原理是将已定型的产品的标准化图纸变成图形信息存入计算机。设计时根据订货要求输入必要的信息，在计算机进行必要的计算以后，自动检索出最佳的标准图形。

b. 人机交互型 CAD 系统。人机交互型 CAD 系统的工作原理大体是：由设计者根据自己的知识和经验确定并描述出设计模型，再由计算机对与之有关产品的大量资料进行检索，并对有关数据和公式进行高速运算；通过草图和标准图的显示，设计者运用长期工作中积累的经验对其进行分析，用键盘或者鼠标等输入装置，人机对话式地直接对图形进行实时修改，计算机根据指令作出响应，重新组织显示，反复循环，逐步完善。

c. 智能型 CAD 系统。在现阶段，人工智能的应用主要是以专家系统的方式来体现的，即把专家系统与原 CAD 系统有机地结合在一起。专家系统是一种使计算机能够运用专家的专门知识和推理、判断能力进行设计工作的计算机软件系统。在智能型 CAD 系统中，专家系统承担需要依靠知识和经验作出推理的判断工作，主要有设计过程决策（解决设计思路问题）、设计技术决策（解决设计中遇到的具体技术问题的决策）和各种结果评价等。而一些可以用数学模型来描述的问题则由通常的 CAD 辅助设计系统来解决。

(5) 计算机辅助工艺规程设计 CAPP

① 计算机辅助辅助工艺设计的含义。

计算机辅助工艺过程设计（Computer Aided Process Planning，CAPP）是指用计算机辅助人来编制零件的机械加工工艺规程，是通过向计算机输入被加工零件的几何信息和加工工艺信息等，由计算机自动进行编码、编程，直至最后输出经过优化的零件工艺规程的过程。

② CAPP 系统的基本组成。

CAPP 系统的基本组成与其开发环境、产品对象及规模大小有关。总体上来看，CAPP 系统包括四个基本组成部分，如图 8-2 所示。

a. 产品设计信息输入。对于工艺过程设计而言，产品设计信息是指零件的结构形状和技术要求。表示零件结构形状和技术要求的方法有多种，如常用的工程图纸和 CAD 系统中的零件模型。

b. 工艺决策。工艺决策是指根据产品设计信息，利用工艺经验和具体的生产环境条件，确定产品的工艺过程。CAPP 系统所采用的基本工艺决策方法有派生式方法和创成式方法。

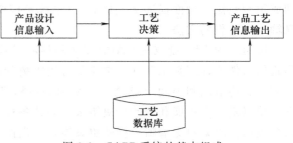

图 8-2 CAPP 系统的基本组成

c. 产品工艺信息输出。产品工艺过程信息常常以工艺过程卡、工艺卡、工序卡、工序简图等各类文档输出，并可利用编辑工具对生成的工艺文件进行修改，得到所需的工艺文件。在 CAD/CAPP/CAM 集成系统中，CAPP 系统需要提供 CAM 数控编程所需的工艺参数文件。

d. 工艺数据库。工艺数据库是 CAPP 系统的支撑工具，包含工艺设计所需要的所有工艺数据（如加工余量、切削用量、机床、工艺装备及材料、工时、成本核算等多方面的信息）和工艺规则（如加工方法选择、工序顺序安排等）。

③ 计算机辅助辅助工艺设计（CAPP）的工作原理。

实际使用的 CAPP 系统的工作原理可划分为 3 种类型，即派生式 CAPP 系统、创成式 CAPP 系统和半创成式 CAPP 系统。

a. 派生式 CAPP 系统。派生式（又称变异式或样件法）CAPP 系统，以成组技术为基础，通过应用成组技术，将工艺相似的零件汇集成零件组，然后使用综合零件法或综合路线法，为每一个零件组制定适合本企业的成组工艺规程，即零件组的标徒工艺规程。

派生式 CAPP 系统程序设计简单，易于实现，特别适用于回转类零件的工艺规程设计，目前仍是回转类零件计算机辅助工艺规程设计的一种有效方式。但由于派生式 CAPP 系统常以企业现有工艺规程为基础，因而具有较浓厚的企业色彩，有较大的局限性。

b. 创成式 CAPP 系统。创成式 CAPP 系统与派生式 CAPP 系统不同，它不是依靠对已有的标准工艺规程进行编辑和修改来生成新的工艺规程，而是根据输入的零件信息，按存储在计算机内的工艺决策算法和逻辑推理方法，从无到有地生成零件的工艺规程。

创成式 CAPP 系统一般不需要人工干预，自动化程度较高，而且决策更科学，更具有普遍性。但由于目前工艺过程设计经验的成分居多，理论还不完善，完全使用创成方法进行工艺过程设计还有一定的困难。

c. 半创成是 CAPP 系统。派生式 CAPP 系统以企业现行工艺和个人经验为基础，难以保证设计结果最优，且局限性较大；完全的创成式 CAPP 系统目前还不成熟。因此，将上述两种方法结合起来，互相取长补短，是一种可取的方案，这就是半创成式（或综合式）CAPP 系统。在半创成式 CAPP 系统中，通常对于可以来用创成的部分尽量采用创成方法；对于难以实现创成的部分，则采用派生方法或交互方法。

④ CAPP 的关键技术。

a. 零件的信息输入。目前，对于常用的 CAPP 系统，主要有 3 种零件信息输入方式，即成组编码法、型面描述法、从 CAD 系统直接获取零件信息。第三种是 CAPP 系统零件信息输入最理想的方法。

b. 工艺决策。创成式 CAPP 系统的核心是构造适当的工艺决策算法。这可以借用一定形式的软件设计工具来实现，常用的有决策树和决策表。决策树由节点和分支构成。节点有根节点、终节点和中间节点之分，采用决策树进行决策的特点是直观，易于理解，便于编程；缺点是难于扩展和修改。决策表是表达各种事物间逻辑关系的一种表格。决策表的逻辑关系表达比决策树更清晰，格式更紧凑，且也便于编程。决策表同样存在难于扩展和修改的弱点。

8.2 先进制造工艺技术

机械制造工艺是将各种原材料通过改变其形状、尺寸、性能或相对位置，使之成为成品或半成品的方法和过程。机械制造工艺流程是由原材料和能源的提供、毛坯和零件成形、机械加工、材料改性与处理、装配与包装、质量检测与控制等多个工艺环节组成 。

随着机械工业的发展和科学技术的进步，机械制造工艺的内涵和面貌不断发生变化，而且变化和发展速度越来越快。常规工艺不断优化并得到普及；原来十分严格的工艺界限和分工，诸如下科和加工、毛坯制造和零件加工、粗加工和精加工、冷加工和热加工、成形与改性等在界限上趋于淡化，在功能上趋于交叉；新型加工方法不断出现和发展，主要的新型加工方法类型有精密加工和超精密加工、超高速加工、微纫加工、特种加工及高密度能加工、快速原型制造技术、新型材料加工、大件及超大件加工、表面功能性覆层技术及复合加工等加工方法。

先进制造工艺技术就是机械制造工艺不断变化和发展后所形成的制造工艺技术，包括常规工艺经优化后的工艺，以及不断出现和发展的新型加工方法。先进制造工艺技术由先进成形加工技术、现代表面工程技术及先进制造加工技术构成。

(1) 先进制造工艺技术的特点

先进制造工艺技术要求实现加工过程的优质、高效、低耗、清洁和灵活。

① 优质。以先进制造工艺加工制造出的产品质量高、性能好、尺寸精确、表面光洁、组织致密、无缺陷杂质、使用性能好、使用寿命和可靠性高。

② 高效。与传统制造工艺相比，先进制造工艺可极大地提高劳动生产率，大大降低了操作者的劳动强度和生产成本。

③ 低耗。先进制造工艺可大大节省原材料消耗，降低能源的消耗，提高了对日益枯竭的自然资源的利用率。

④ 清洁。应用先进制造工艺可做到零排放或少排放，生产过程不污染环境，符合日益增长的环境保护要求。

⑤ 灵活。它能快速地对市场和生产过程的变化以及产品设计内容的更改作出反应，可进行多品种的柔性生产，适应多变的产品消费市场需求。

(2) 先进制造工艺发展的趋势

① 采用模拟技术，优化工艺设计。成形、改性与加工是机械制造工艺的主要工序，是将原材料（主要是金属材料）制造加工成毛坯或零部件的过程。应用计算机技术及现代测试技术形成的热加工工艺模拟及优化设计技术风靡全球，成为热加工各个学科最为热门的研究热点和跨世纪的技术前沿。应用模拟技术，可以虚拟显示材料热加工（铸造、锻压、焊接、热处理、注塑等）的工艺过程，预测工艺结果（组织性能质量），并通过不同参数比较以优化工艺设计，确保大件一次制造成功，确保成批件一次试模成功。模拟技术同样已开始应用于机械加工、特种加工及装配过程，并已向拟实制造成形的方向发展，成为分散网络化制造、数字化制造及制造全球化的技术基础。

② 成形精度向近无余量方向发展。毛坯和零件的成形是机械制造的第一道工序。金属毛坯和零件的成形一般有铸造、锻造、冲压、焊接和轧材下料五类方法。随着毛坯精密成形工艺的发展，零件成形的形状尺寸精度正从近净成形（Near Net Shape Forming）向净成形（Net Shape Forming）（即近无余量成形）方向发展。"毛坯"与"零件"的界限越来越小。有的毛坯成形后，已接近或达到零件的最终形状和尺寸，磨削后即可装配。主要方法有多种形式的精铸、精锻、精冲、冷温挤压、精密焊接及切割。如在汽车生产中，"接近零余量的敏捷及精密冲压系统"及"智能电阻焊系统"正在研究开发中。

③ 成形质量向近无缺陷方向发展。毛坯和零件成形质量高低的另一指标是缺陷的多少、大小和危害程度。由于热加工过程十分复杂，因素多变，所以很难避免缺陷的产生。近年来，热加工界提出了向近无缺陷方向发展的目标，这个"缺陷"是指不致引起早期失效的临界缺陷概念。采取的主要措施有：采用先进工艺，净化熔融金属薄板，增大合金组织的致密度，为得到健全的铸件、锻件奠定基础；采用模拟技术，优化工艺设计，实现一次成形及试

模成功；加强工艺过程监控及无损检测，及时发现超标零件；通过零件安全可靠性能研究及评估，确定临界缺陷量值等。

④ 机械加工向超精密、超高速方向发展。超精密加工技术目前已进入纳米加工时代，加工精度达 $0.025\mu m$，表面粗糙度达 $0.0045\mu m$。精切削加工技术由目前的红处波段向加工可见光波段或不可见紫外线和 X 射线波段趋近；超精加工机床向多功能模块化方向发展；超精加工材料由金属扩大到非金属。目前起高速切削铝合金的切削已超过 1600m/min；铸铁为 1500m/min；超高速切削已成为解决一些难加工材料加工问题的一条途径。

⑤ 采用新型能源及复合加工。超硬材料、超塑性材料、复合材料、工程陶瓷等新型材料的出现，一方面要求进一步改善刀具材料的切削性能、改进机械加工设备，使之能够胜任新材料的切削加工，另一方面迫使人们寻求新型的制造工艺，以便更有效地适应新型工程材料的加工，因而出现了一系列特种加工方法，用于解决新型材料的加工和表面改性难题。激光、电子束、离子束、分子束、等离子体、微波、超声波、电液、电磁、高压水射流等新型能源或能源载体的引入，形成了崭新的特种加工及高密度能切割、焊接、熔炼、锻压、热处理、表面保护等加工工艺或复合工艺。其中以多种形式的激光加工发展最为迅速。这些新工艺不仅提高了加工效率和质量，同时还解决了超硬材料、高分子材料、复合材料、工程陶瓷等新型材料的加工难题。

⑥ 采用自动化技术，实现工艺过程的优化控制。微电子、计算机、自动化技术与工艺设备相结合，形成了从单机到系统，从刚性到柔性，从简单到复杂等不同档次的多种自动化成形加工技术，使工艺过程控制方式发生质的变化，将计算机辅助工艺编程（CAPP）、数控、CAD/CAM、机器人、自动化搬运仓储、管理信息系统（MIS）等自动化单元技术综合用于工艺设计、加工及物流过程，形成不同档次的柔性自动化系统；数控加工、加工中心（MC）、柔性制造单元（FMC）、柔性制造岛（FMI）、柔性制造系统（FMS）和柔性生产线（FTL），及至形成计算机集成制造系统（CIMS）和智能制造系统（IMS）。

⑦ 采用清洁能源及原材料、实现清洁生产。机械加工过程产生大量废水、废渣、废气、噪声、振动、热辐射等，劳动条件繁重危险，已不适应当代清洁生产的要求。近年来清洁生产成为加工过程的一个新的目标。其途径为：一是采用清洁能源，如用电加热代替燃煤加热锻坯，用电熔化代替焦炭冲天炉熔化铁液；二是采用清洁的工艺材料开发新的工艺方法，如在锻造生产中采用非石墨型润滑材料，在砂型铸造中采用非煤粉型砂；三是采用新结构，减少设备的噪声和振动。在清洁生产基础上，满足产品从设计、生产到使用乃至回收和废弃处理的整个周期都符合特定的环境要求的"绿色制造"将成为 21 世纪制造业的重要特征。

⑧ 加工与设计之间的界限逐渐淡化，并趋向集成及一体化。CAD/CAM、FMS、CIMS、并行工程、快速原型等先进制造技术及哲理的出现，使加工与设计之间的界限逐渐淡化，并走向一体化。同时冷热加工之间，加工过程、检测过程、物流过程、装配过程之间的界限亦趋向淡化、消失，而集成于统一的制造系统之中。

⑨ 工艺技术与信息技术、管理技术紧密结合，先进制造生产模式获得不断发展。先进制造技术系统是一个由技术、人和组织构成的集成体系，三者有效集成才能取得满意的效果。因而先进制造工艺只有通过和信息、管理技术紧密结合，不断探索适应需求的新型生产模式，才能提高先进制造工艺的使用效果。先进制造生产模式主要有：柔性生产、准时生产、精益生产、敏捷制造、并行工程、分散网络化制造等。这些先进制造模式是制造工艺与信息、管理技术紧密结合的结果，反过来，它也影响并促进制造工艺的不断革新与发展。

8.2.1 精密、超精密加工技术

先进制造工艺是先进制造技术的核心和基础，在最近几十年，科技进步所取得的重大成果，无不与制造技术，尤其与超精密加工技术密切相关。精密加工与超精密加工技术是一个国家制造业水平的重要标志，它不仅为其他高新技术产业提供精密装备，同时它本身也是高新技术的一个重要生长点，在某种意义上看，超精密加工担负着支持最新科学发现和发明的重要使命。

目前，精密、超精密技术在我国的应用已不再局限于国防尖端和航空航天等少数部门，它已扩展到了国民经济的许多领域，应用规模也有较大增长。计算机、现代通信、影视传播等行业，现都需要精密、超精密加工设备，作为其迅速发展的支撑条件。计算机磁盘、录像机磁头、激光打印机的多面棱镜、复印机的感光筒等零部件的精密、超精密加工，采用的都是高效的大批量自动化生产方式。

(1) 精密、超精密加工技术的分类

在高精密加工的范畴内，根据精度水平的不同，分为三个档次：精度为 $3 \sim 0.3\mu m$，粗糙度为 $0.3 \sim 0.03\mu m$ 的叫精密加工；精度为 $0.3 \sim 0.03\mu m$，粗糙度为 $0.03 \sim 0.005\mu m$ 的叫超精密加工，或亚微米加工；精度为 $0.03\mu m$（30nm），粗糙度优于 $0.005\mu m$ 的称为纳米（nm）加工。

精密加工和超精密加工根据加工方法的机理和特点可以分为超精密切削、超精密磨削、超精密特种加工和复合加工。

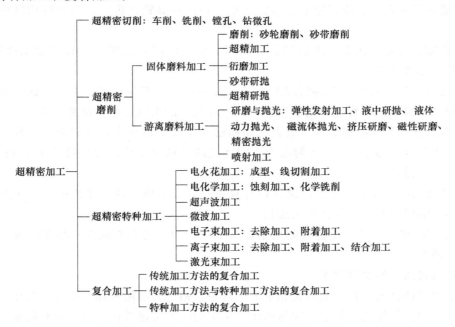

超精密切削的特点是借助金刚石刀具对工件进行车削和铣削。金刚石刀具与有色金属亲和力小，其硬度、耐磨性及导热性非常好，刃磨锋利，刃口圆弧半径可小于 $0.01\mu m$，可加工出粗糙度小于 $Ra0.01\mu m$ 的表面，可实现镜面加工，它成功地解决了高精度陀螺仪、激光反射镜和某些大型反射镜的加工。在超精密车床上用经过精细研磨的单晶金刚石车刀进行微量车削，切削厚度仅 $1\mu m$ 左右，常用于加工有色金属材料的球面、非球面和平面的反射

镜等高精度、表面高度光洁的零件。例如加工核聚变装置用的直径为 800mm 的非球面反射镜，最高精度可达 $0.1\mu m$，表面粗糙度为 $Rz0.05\mu m$。

超精密磨削是在一般精密磨削基础上发展起来的一种镜面磨削方法，其关键技术是金刚石砂轮的修整，使磨粒具有微刃性和等高性。超精密磨削的加工对象主要是脆硬的金属材料、半导体材料、陶瓷、玻璃等。磨削后，被加工表面留下大量极微细的磨削痕迹，残留高度极小，加上微刃的滑挤、摩擦、抛光作用，可获得高精度和低表面粗糙度的加工表面，当前超精密磨削能加工出圆度 $0.01\mu m$、尺寸精度 $0.1\mu m$ 和表面粗糙度为 $Ra0.005\mu m$ 的圆柱形零件。

超精密特种加工是指直接利用机械、热、声、光、电、磁、原子、化学等能源的采用物理的、化学的非传统加工方法的超精密加工，如电子束加工、离子束加工、激光束加工等能量束加工方法。

复合加工是指同时采用几种不同能量形式、几种不同的工艺方法的加工技术，例如电解研磨、超声电解加工、超声电解研磨、超声电火花等。复合加工比单一加工方法更有效，适用范围更广。

(2) 精密、超精密加工的特点

① "进化"加工原则。a. 直接式进化加工，利用低于工件精度的设备、工具，通过工艺手段和特殊工艺装备，加工出所需工件，适用于单件、小批生产。b. 间接式进化加工，借助于直接式"进化"加工原则，生产出第二代工作母机，再用此工作母机加工工件，适用于批量生产。

② 微量切削机理。背吃刀量小于晶粒大小，切削在晶粒内进行，与传统切削机理完全不同。

③ 特种加工与复合加工方法应用越来越多。传统切削与磨削方法存在加工精度极限，超越极限需采用新的方法。

④ 形成综合制造工艺。要达到加工要求，需综合考虑工件材料、加工方法、加工设备与工具、测试手段、工作环境等诸多因素，是一项复杂的系统工程，难度较大。

⑤ 与高新技术产品紧密结合。精密与超精密加工设备造价高，难成系列。常常针对某一特定产品设计（如加工直径 3m 射电天文望远镜的超精密车床，加工尺寸小于 1mm 微型零件的激光加工设备）。

⑥ 与自动化技术联系紧密。广泛采用计算机控制、适应控制、在线检测与误差补偿技术，以减小人的因素影响，保证加工质量。

⑦ 加工与检测一体化。精密检测是精密与超精密加工的必要条件，并常常成为精密与超精密加工的关键。

(3) 超精密加工的关键技术

在精密和超精密加工技术的研究和发展过程中，精密和超精密加工设备（机床、测试设备等）起着决定性的作用，是精密和超精密加工中的一个关键所在。精密和超精密加工设备的性能，是衡量一个国家精密和超精密加工水平的重要指标，具有带动全局的战略意义。而主轴、导轨部件是决定精密和超精密加工设备性能的关键性部件，其支承元件如轴承，其性能则直接影响加工技术的向前发展，具有重大的现实意义，并对精密与超精密机械设备的设计和制造产生深远的影响。

实现超精密切削技术，不仅需要超精密的机床和刀具，也需要超稳定的环境条件，还需要运用计算机技术进行实时检测和反馈补偿。只有将各个领域的技术成就集合起来，才有可能实现超精密加工。

① 超精密加工的机理。超精密加工的精度要求越来越高，机床相对工件的精度裕度已很小。精密切削是微量切削，微量切削过程中许多机理有其特殊性，如积屑瘤的形成，鳞刺的产生，切削参数及加工条件对切削过程的影响，以及它们对加工精度和表面质量的影响，都与传统切削有很大不同。在这种情况下，只是靠改进原来的技术很难提高加工精度，因此，应该从工作原理着手进行研究，以寻求解决办法。因此，必须深入研究切削机理，探索和掌握其变化规律。

② 超精密机床。超精密机床的高确定性取决于对影响精度性能的各环节因素的控制。这些控制品质常常要求达到当代科技的极限，如机床运动部件（导轨、主轴等）较高的运动精度和可控性（如摩擦、阻尼品质），机床坐标测量系统较高的分辨率、测量精度和稳定性，运动伺服控制系统较高的动、静态加工轨迹跟踪和定位控制精度等。此外，还要求数控系统具有较高性能的多轴实时控制及数据处理能力，机床本体的高刚性、高稳定性和优良的振动阻尼。为了防止环境振动和加工中机床姿态微小变化的影响，机床还需安装隔振、精密自动水平调整机构等。

我国研制成功的第一台大型光学级加工水平的 LODTM 机床如图 8-3 所示。

机床本体水恒温、主轴、导轨液压系统恒温为 0.1℃，加工机房空气恒温为 0.1℃。机床主要技术指标：工件尺寸范围大于 1m；测量、控制系统分辨率为纳米级；加工面形精度为亚微米级；加工工件表面粗糙度为纳米级。

③ 金刚石刀具。精密切削加工必须能够均匀地切除极薄的金属层，微量切削是精密加工的基本原理。金刚石刀具的精密切削的重要手段，金刚石刀具必

图 8-3 LODTM 机床

须要解决的问题是：a. 金刚石晶体的晶面选择，这对刀具的使用性能有重要的影响。b. 金刚石刀具的锋利性，即刀具入口的圆弧半径，它将直接影响到切削加工的最小切削深度，影响到微量切除能力和加工质量。先进国家刃磨金刚石刀具的刃口半径可以小到纳米级的水平。我国在这方面的研究相对落后。目前刃磨的刃口半径只能达到 0.1~0.3。

④ 超精密工件主轴技术。现在超精密加工机床中使用的回转精度最高的主轴是空气静压轴承主轴。空气静压轴承的回转精度受轴承部件圆度和供气条件的影响很大，由于压力膜的匀化作用，轴承的回转精度可以达到轴承部件圆度的 1/15~1/20，因此要得到 10nm 的回转精度，轴和轴套的圆度要达到 0.15~0.20μm。中小型机床常采用空气静压主轴方案。空气静压主轴阻尼小，适合高速回转加工应用，但承载能力较小。空气静压主轴回转精度可达 0.05μm。超精密机床主轴承载工件尺寸、重量大，一般宜采用液体静压主轴。液体静压主轴阻尼大、抗震性好、承载力大，但主轴高速时发热多，需采取液体冷却恒温措施。液体静压主轴回转精度可达 0.1μm。为了保证主轴精度和稳定性，无论气压源或液压源都需进行恒温、过滤和压力精密控制处理（见图 8-4）。

⑤ 超精密导轨技术。超精密加工机床导轨应具有动作灵活、无爬行，直线精度好，高

速运动时发热量少，维修保养容易等优点。早期的超精密机床采用气浮静压导轨技术。气浮静压导轨易于维护，但阻尼小，承载抗震性能差，现已较少采用。闭式液体静压导轨具有高抗振阻尼、高刚度、承载力大的优势。国外主要的超精密加工现在主要采用液体静压导轨。超精密的液体静压导轨的直线度可达到 $0.1\mu m$（见图 8-5）。

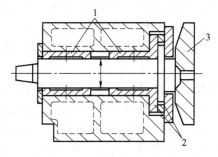
图 8-4　典型液体静压轴承主轴结构原理
1—径向轴承；2—止推轴承；3—真空吸盘

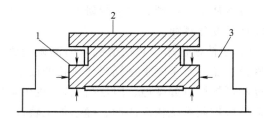
图 8-5　平面型空气静压导轨
1—静压导轨；2—移动工作台；3—底座

⑥ 纳米级动态超精密测量技术。目前，在超精密加工领域，尺寸测量技术主要有两种：一是激光干涉技术，二是光栅技术。激光干涉仪分辨率高，最高可达 0.3nm，一般为 1.25nm；测量范围大，可达几十米；测量精度高。双频激光干涉仪常用于超精密机床中的位置测量和用作位置控制测量反馈元件。

早期的超精密机床坐标测量系统采用激光干涉测量方式。激光干涉测量是一种高精度的标准几何量测量基准，但是易受环境因素（气压、湿度、温度、气流扰动等）影响。这类因素容易影响刀具控制，从而影响工件的表面加工质量。

现今的超精密机床坐标测量系统大多采用衍射光栅。光栅测量系统稳定性高，分辨率可达纳米级。为了进一步获得较高的位置控制特性和表面加工质量，采用 DSP 细分，测量系统分辨率可达纳米级。

⑦ 超精密传动、驱动控制技术。为了超精密加工，机床必须具有纳米级重复定位精度的刀具运动控制品质。伺服传动、驱动系统需消除一切非线性因素，特别是具有非线性特性的运动机构摩擦等效应。因此，采用气浮、液浮等方式应用于轴承、导轨、平衡机构成了必然的选择。

伺服运动控制器除具有高分辨率、高实时性要求外，在控制方程及模式技术上也需不断进步。实验证明：研制系统进行曲面加工控制时，高性能伺服运动控制器执行一阶无差、二阶有差控制，刀具轨迹动态跟踪有滞后现象。这种滞后量虽小，精密加工可不计，但超精密加工中不可忽略。

⑧ 开放式高性能 CNC 数控系统技术。从加工精度和效能出发，数控系统除了满足超精密机床控制显示分辨率、精度、实时性等要求，还需扩展机测量、对刀、补偿等许多辅助功能。因为通用数控系统难以满足要求，所以国外的超精密机床现在基本都采用 PC 与运动控制器相结合研制开放式 CNC 数控系统模式。这种模式既可使数控系统实现高的轴控性能，还可获得高的功能可扩充性。

超精加工与一般精度加工不同，加工需辅以测量反复迭代进行。为了减少工件再定位引入的安装误差，或解决大尺寸、复杂型面无有效测量仪器问题，机床在机需配置各种光学、电子测量仪器和补偿处理手段。对此，PC 与运动控制器相结合的开放式 CNC 数控系统可发挥其优势。

⑨ 稳定的加工环境。加工环境的极微小变化可能影响超精密加工的加工精度，因此，超精密加工必须在超稳定的加工环境条件下进行，超稳定环境条件主要是指恒温、防振、超静和恒湿四个方面的条件。超精密加工必须在严密的恒温条件下进行，即不仅放置机床的房间应保持恒温，还要对机床采取特殊的恒温措施。超精密加工实验室要求恒温，目前已达（20±0.5）℃，而切削部件在恒温液的喷淋下最高可达（20±0.5）℃。

精密和超精密加工设备必须安放在带防振沟和隔振器的防振地基上，并可使用空气弹簧（垫）来隔离低频振动。高精密车床还采用对旋转部件进行动平衡的方法来减小振动。超精密加工还必须有洁净的环境，其最高要求为 $1m^3$ 空气内大于 $0.01\mu m$ 的尘埃数目少于 10 个。

(4) 精密、超精密加工的应用

① 金刚石超精密车削。

金刚石超精密车削是为适应计算机用的磁盘、录像机中的磁鼓、各种精密光学反射镜、射电望远镜主镜面、照相机塑料镜片、树脂隐形眼镜镜片等精密产品的加工而发展起来的一种精密加工方法。它主要用于加工铝、铜等非铁系金属及其合金，以及光学玻璃、大理石和碳素纤维等非金属材料，M-18G 金刚石车床结构见图 8-6。

金刚石超精密车削属于微量切削，其加工机理与普通切削有较大的差别。超精密车削要达到 $0.1\mu m$ 的加工精度和 $Ra0.01\mu m$ 的表面粗糙度，刀具必须具有切除亚微米级以下金属层厚度的能力。这时的切削深度可能小于晶粒的大小，切削在晶粒内进行，要求切削力大于原子、分子间的结合力，刀刃上所承受的剪应力可高达 13000MPa。刀尖处应力极大，切削温度极高，一般刀具难以承受。由于金刚石刀具具有极高的硬度和高温强度，耐磨性和导热性能好，加之金刚石本身质地细密，能磨出极其锋利的刃口，因此，可以加工出粗糙度很小的表面。通常，金刚石超精密车削会采用很高的切削速度，故产生的切削热少，工件变形小，因而可获得很高的加工精度。图 8-6 是一台 M-18G 金刚石车床的结构示意图，表 8-2 所示为超精密车削加工应用举例。

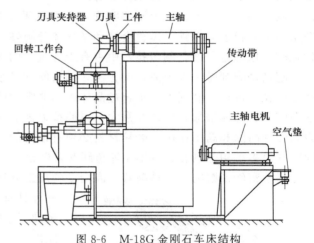

图 8-6 M-18G 金刚石车床结构

表 8-2 超精密车削加工应用举例

应用领域	应 用 举 例
航空及航天	①高精度陀螺仪浮球，球度为 $0.2\sim0.6\mu m$，表面粗糙度 $Ra0.1\mu m$ ②气浮陀螺和和静电陀螺的内外支撑面，球度为 $0.05\sim0.5\mu m$，尺寸精度为 $0.6\mu m$，表面粗糙度为 $Ra0.012\sim0.025\mu m$ ③激光陀螺平面反射镜，平面度为 $0.05\mu m$，反射率为 99.8%，表面粗糙度为 $Ra0.012\mu m$ ④油泵、液压马达转子及分油盘，其中转子柱塞孔圆柱度为 $0.5\sim1\mu m$，尺寸精度为 $1\sim2\mu m$，分油盘平面度为 $0.5\sim1\mu m$，表面粗糙度为 $Ra0.05\sim0.1\mu m$ ⑤电机整流子 ⑥雷达波导管，内腔表面粗糙度为 $Ra0.01\sim0.2\mu m$，平面度和垂直度均为 $0.1\sim0.2\mu m$ ⑦航空仪表轴承，孔、轴的表面粗糙度为 $Ra0.001\mu m$

续表

应用领域	应用举例
光学	①红外反射镜，表面粗糙度为 $Ra0.01\sim0.2\mu m$ ②激光制导反射镜 ③非球面光学元件，型面精度为 $0.3\sim0.5\mu m$、表面粗糙度为 $Ra0.005\sim0.020\mu m$ ④其他光学元件，表面粗糙度为 $Ra0.01\mu m$
民用	①计算机磁头，平面度为 $0.01\sim0.5\mu m$，表面粗糙度为 $Ra0.03\sim0.05\mu m$ ②磁头，平面度为 $0.04\mu m$，表面粗糙度为 $Ra0.1\mu m$，尺寸精度为 $\pm2.5\mu m$ ③非球面塑料镜成形模，形状精度为 $0.001\mu m$，表面粗糙度为 $Ra0.05\mu m$

② 超精密磨削加工。

超精密磨削技术是在一般精密磨削基础上发展起来的一种亚微米级加工技术。它的加工精度可达到或高于 $0.1\mu m$，表面粗糙度低于 $Ra0.025\mu m$，并正在向纳米级加工方向发展。镜面磨削一般是指加工表面粗糙度达到 $Ra0.01\sim0.02\mu m$，使加工后表面光泽如镜的磨削方法，其在加工精度的含义上不够明确，比较强调表面粗糙度，也属于超精密磨削加工范畴。精密磨削是目前对钢铁等黑色金属和半导体等脆硬材料进行精密加工的主要方法之一，在现代化的机械和电子设备制造技术中占有十分重要的地位。

超精密磨削是一种极薄切削方法，切屑厚度极小，当磨削深度小于晶粒的大小时，磨削就在晶粒内进行，磨削力必须超过晶体内部非常大的原子、分子结合力，因此磨粒上所承受的切应力会急速增加并变得非常大，可能接近被磨削材料的剪切强度极限。同时，磨粒切削刃处受到高温和高压作用，磨粒材料必须有很高的高温强度和高温硬度。因此，在超精密磨削中一般多采用金刚石、PCBN 等超硬磨料砂轮。

超精密砂带磨削是一种高效、高精度的加工方法，它可以补充和部分代替砂轮磨削，是一种具有宽广应用前景和较大潜力的精密和超精密加工方法，如图 8-7 所示的砂带超精密磨削原理。

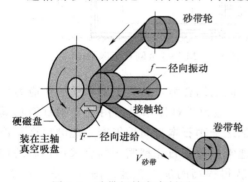

图 8-7 砂带超精密磨削原理

8.2.2 高速加工技术

(1) 高速加工技术的定义

高速加工技术（High Speed Machining，HSM）作为先进制造技术中的重要组成部分，正成为切削加工的主流，具有强大的生命力和广阔的应用前景。高速加工的理念从 20 世纪 30 年代初提出以来，经过半个多世纪艰难的理论探索和研究，并随着高速切削机床技术和高速切削刀具技术的发展和进步，直至 20 世纪 80 年代后期进入工业化应用。目前在工业发达国家的航空航天、汽车、模具等制造业中应用广泛，取得了巨大的经济效益。

高速加工技术是指采用超硬材料刀具和磨具，利用高速、高精度、高自动化和高柔性的制造设备，以达到提高切削速度、材料切除率和加工质量目的的先进加工技术。

高速加工技术中的"高速"是一个相对的概念。对于不同的加工方法和工件材料与刀具材料，高速加工时应用的切削速度并不相同。如何定义高速切削加工，至今还没有统一的认识。目前沿用的高速加工定义主要有以下几种。

① 1978 年，CIRP 切削委员会提出以线速度 $500\sim7000m/min$ 的切削加工为高速加工。

② 根据 ISO 1940 标准，主轴转速高于 8000r/min 为高速切削加工。

③ 德国 Darmstadt 工业大学生产工程与机床研究所（PTW）提出以高于 5~10 倍的普通切削速度的切削加工定义为高速加工。

高速切削不能简单地用某一具体的切削速度值来定义，对于不同的工艺或不同的工件材料，其高速切削的速度范围是不同的，具体见表 8-3、表 8-4。

表 8-3 不同加工工艺的高速/超高速切削速度范围

加工工艺	切削速度范围/(m/min)
车	700~7000
铣	300~6000
钻	200~1100
拉	30~75
铰	20~500
锯	50~500
磨	5000~10000

表 8-4 各种材料高速/超高速切削速度范围

加工材料	切削速度范围/(m/min)
铝合金	2000~7500
铜合金	900~5000
钢	600~3000
铸铁	800~3000
耐热合金	500 以上
钛合金	150~1000
纤维增强塑料	2000~9000

(2) 高速加工技术的特点和优势

① 切削力小。和常规切削加工相比，高速切削加工切削力至少可降低 30%，这对于加工刚性较差的零件（如细长轴、薄壁件）来说，可减少加工变形，提高零件加工精度。

② 切削温度低。工件热变形减少。95% 以上的切削热来不及传给工件，而被切屑迅速带走，零件不会由于温升导致弯翘或膨胀变形。因而，超高速切削特别适合于加工容易发生热变形的零件。

③ 加工效率高，加工成本低。超高速切削加工比常规切削加工的切削速度高 5~10 倍，进给速度随切削速度的提高也可相应提高 5~10 倍，这样，单位时间材料切除率可提高 3~6 倍，因而零件加工时间通常可缩减到原来的 1/3，刀具寿命可提高约 70%。

④ 加工精度高、加工质量好。由于超高速切削加工的切削力和切削热影响小，使刀具和工件的变形小，工件表面的残余应力小，保持了尺寸的精确性。同时，由于切屑被飞快地切离工件，可以使工件达到较好的表面质量。

⑤ 加工过程稳定。超高速旋转刀具切削加工时的激振频率高，已远远超出"机床-工件-刀具"系统的固有频率范围，不会造成工艺系统振动，使加工过程平稳，有利于提高加工精度和表面质量。

⑥ 可实现绿色制造。高速加工通常采用干切削方式，使用压缩空气进行冷却，无需切削液及其设备，从而降低了成本，是绿色制造技术。

(3) 高速加工关键技术

高速加工关键技术包括：高速切削加工理论、高速机床结构设计、高性能刀具材料及刀具设计制造技术、高速切削加工工艺、高速 CNC 控制系统、高速主轴系统、高速进给系统、高速刀柄系统等。

① 高速切削加工理论。

高速加工是一种新的切削加工理念，它是切削加工的发展方向。与传统的切削加工相比，高速切削加工的切屑行成、切削力学、切削热与切削温度和刀具磨损与破损有其不同的规律与特征。

工件材料及其性能对形成什么样的切屑形态起决定性作用。但工件材料及其性能确定后，切削速度对切屑的形态起决定性作用。在高速切削范围内，根据切削力和切削温度的变化特征，在刀具和机床条件许可的情况下，尽可能地提高切削速度是有利的。在高速切削时，刀具的损坏形式主要是磨损和破损。磨损的主要机理是黏结磨损和化学磨损（氧化、扩散和溶解）。而脆性大的刀具切削高硬材料时，常是在切削力和切削热的综合作用下造成刀具的崩刃、剥落和碎断形式的破损。

② 高速机床结构设计。

高速切削加工时，虽然切削力一般比普通加工时低，但因高加速和高减速产生的惯性力、不平衡力等却很大，因此机床床身等大件必须具有足够的强度和刚度，高的结构钢性和高水平的阻尼特性，使机床受到的激振力很快衰减。与之相对应的措施是：a. 合理设计其截面形状、合理布置筋板结构，以提高静刚度和抗震性。b. 对于床身基体等支撑部件采用非金属环氧树脂、人造花岗石、特种钢筋混凝土或热胀系数比灰铸铁低 1/3 的高镍铸铁等材料制作。c. 大件截面采用特殊的轻质结构。d. 尽可能采用整体铸造结构。

③ 高性能刀具材料及刀具设计制造技术。

高速切削对刀具的材料、镀层、几何形状以提出了很高的要求。高速加工切削刀具的材料必须具有很高的高温硬度和耐磨性，必要的抗弯强度、冲击韧性和化学惰性，良好的工艺性（刀具毛坯制造、磨削和焊接性等），且不易变形。目前国内外性能好的刀具主要是超硬材料刀具，包括：人造金刚石（PCD）刀具、聚晶立方氮化硼（PCBN）刀具、金属陶瓷、涂层刀具和超细晶粒硬质合金刀具等。目前工业上使用的金刚石刀具根据成分结构和制备方法不同可分为三种：a. 天然金刚石 ND（Natural Diamond）；b. 人造聚晶金刚石 PCD（Artificial Polycrystalline Diamond）和复合片 PDC（Polycrystalline Diamond Compact）；c. 化学气相沉积涂层金刚石 CVD 刀具（Chemical Vapor Deposition Diamond Coated Tools）。

④ 高速切削加工工艺。

目前国内的高速切削加工工艺的研究主要集中在薄壁类零件或模具的加工工艺研究，基于三维软件仿真的零件切削轨迹研究以及深小孔电火花高速加工的研究上。此外还有干切与准干切加工技术的研究。如高速切削铝合金，切屑与刀具前刀面接触处产生局部熔化，形成一层液态薄膜，使切屑容易剥离，并避免了积屑瘤。激光辅助切削 Si_3C_4，使工件材料局部软化，实现干切。

⑤ 高速 CNC 控制系统。

数控高速切削加工要求 CNC 控制系统具有快速数据处理能力和高的功能化特性，以保证在高速切削特别是在 4~5 轴坐标联动加工复杂曲面时仍具有良好的加工性能。数字主轴控制系统和数字伺服轴驱动系统应该具有高速响应特性；采用气浮、液压或磁悬浮轴承时，要求主轴支撑系统能根据不同的加工材料、不同的刀具材料以及加工过程中的动态变化自动调整相关参数；工件加工的精度检测装置应选用具有高跟踪特性和分辨率的检测元件（双频激光干涉仪）。

进给驱动的控制系统应具有很高的控制精度和动态响应特性，以满足高进给速度和高进给加速度。

为适应高速切削，要求单个程序段处理时间短；为保证高速下的加工精度，要有前馈和大量的超前程序段处理功能；要求快速形成刀具路径，刀具路径尽可能圆滑，走样条曲线而不是逐点跟踪，少转折点、无尖转点；程序算法应保证高精度；遇到干扰能迅速调整，保持合理的进给速度，避免刀具振动。

⑥ 高速主轴系统。

高速主轴系统是高速切削技术最重要的关键技术之一。高速主轴由于转速极高，主轴零件在离心力的作用下产生振动和变形，高速运转摩擦热和大功率内装电机产生的热会引起热变形和高温，所以必须严格控制，为此对高速主轴提出如下性能要求：a. 结构紧凑、重量轻、惯性小、可避免振动和噪声，具有良好的启停性能；b. 足够的刚性和回转精度；c. 良好的热稳定性；d. 大功率；e. 先进的润滑和冷却系统；f. 可靠的主轴监控系统。

高速主轴要求在极短的时间内实现升降速，在指定的区域内实现快速准停，这就要求主轴具有很高的角加速度。为此，将主轴电机和主轴合二为一，制成电主轴，实现无中间环节的直接传动，是高速主轴单元的理想结构。为了适应高速切削加工，高速切削机床采用先进的主轴轴承、润滑和散热等新技术。目前高速主轴主要采用陶瓷轴承、磁悬浮轴承、空气轴承和液体动、静压轴承等，图 8-8 为一种陶瓷轴承的高速主轴。

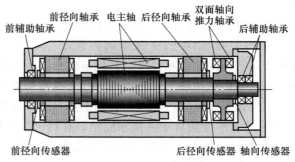

图 8-8　一种陶瓷电主轴结构示意图

⑦ 高速的进给系统。

高速切削时，为了保持刀具每次进给量基本不变，随着主轴转速的提高，进给速度也必须大幅度提高。为了适应进给运动高速化的要求，在高速加工机床上主要采取如下措施：a. 采用新型直线滚动导轨，其中的球轴承和与钢轨之间的接触面积很小，摩擦系数为槽式导轨的 1/20 左右，并且爬行现象大大降低；b. 采用小螺距、大尺寸、高质量滚珠丝杠或粗螺距多头滚珠丝杠；c. 高速进给伺服系统已发展为数字化、智能化和软件化，使伺服系统与 CNC 系统在 A/D 与 D/A 转换中不会有丢失和延迟现象；d. 为了尽量减轻工作台重量但又不损失工作台的刚度，高速进给机构通常采用碳纤维增强复合材料；e. 直线电机消除了机械传动系统的间隙、弹性变形等问题，减小了传动摩擦力，几乎没有反向间隙，并且具有高加速、减速特性。

8.2.3　特种加工技术

现代产品要求高精度、高速度、高温、高压、大功率、小型化，这些产品所使用的材料越来越难加工，仅仅依靠传统的切削加工方法很难甚至根本无法解决，人们由此相继探索研究新的加工方法，特种加工就是在这种前提下产生和发展起来的。特种加工方法用于解决一些难加工材料的加工问题。

① 各种难切削材料的加工问题，如硬质合金、铁合金、耐热钢、不锈钢、淬火钢、金刚石、宝石、石英以及锗、硅等各种高硬度、高强度、高韧性、高脆性的金属及非金属材料的加工。

② 各种特殊复杂表面的加工问题，如喷气涡轮机叶片、整体涡轮、发动机机匣和锻压模和注射模的立体成形表面，各种冲模、冷拔模上特殊截面的型孔，炮管内膛线，喷油嘴，栅网，喷丝头上的小孔、窄缝等的加工。

③ 各种超精、光整或具有特殊要求的零件的加工问题，如对表面质量和精度要求很高的航天、航空陀螺仪，伺服阀，以及细长轴、薄壁零件、弹性元件等低刚度零件的加工。

(1) 特种加工方法的定义和特点

特种加工方法将电、磁、声、光等物理量及化学能量或其组合直接施加在工件被加工的部位上，从而使材料被去除、累加、变形或改变性能等。特种加工方法具有如下特点。

① 非传统加工方法主要不是依靠机械能，而是用其他能量（如电能、光能、声能、热能、化学能等）去除材料。

② 非传统加工方法由于工具不受显著切削力的作用，对工具和工件的强度、硬度和刚度均没有严格要求。

③ 工具硬度可以低于被加工材料硬度。

④ 加工机理不同于一般金属切削加工，不产生宏观切屑，不产生强烈的弹、塑性变形，故可获得很低的表面粗糙度，其残余应力、冷作硬化、热影响度等也远比一般金属切削加工小。一般不会产生加工硬化现象。且工件加工部位变形小，发热少，或发热仅局限于工件表层加工部位很小区域内，工件热变形小，加工应力也小，易于获得好的加工质量。

⑤ 加工中能量易于转换和控制，有利于保证加工精度和提高加工效率。

⑥ 非传统加工方法的材料去除速度，一般低于常规加工方法，这也是目前常规加工方法仍占主导地位的主要原因。

(2) 特种加工的分类

依据加工能量的来源及作用形式将各种常用的特种加工方法进行分类，如表 8-5 所示。

表 8-5 各种常用的特种加工方法分类表

加工方法		主要能量形式	作用形式
电火花加工	电火花成形加工	电能、热能	熔化、气化
	电火花线切割加工	电能、热能	熔化、气化
电化学加工	电解加工	电化学能	离子转移
	电铸加工	电化学能	离子转移
	涂镀加工	电化学能	离子转移
高能束加工	激光束加工	光能、热能	熔化、气化
	电子束加工	电能、热能	熔化、气化
	离子束加工	电、机械能	切蚀
	等离子加工	电能、热能	熔化、气化
物料切蚀加工	超声加工	声能、机械能	切蚀
	磨料流加工	机械能	切蚀
	液体喷射加工	机械能	切蚀
化学加工	化学铣切加工	化学能	腐蚀
	照相制版加工	化学、光能	腐蚀
	光刻加工	光、化学能	光化学、腐蚀
	光电成形加工	光、化学能	光化学、腐蚀
	刻蚀加工	化学能	腐蚀
	黏结	化学能	化学键
	爆炸加工	机械能	爆炸
成形加工	粉末冶金	热能、机械能	热压成形
	塑料成形	机械能	超塑性
	快速成形	热能、机械能	热熔化成形
复合加工	电化学电弧加工	电化学能	熔化、气化腐蚀
	电解电火花机械磨削	电、热能	离子专业、熔化、切削
	电化学腐蚀加工	电化学能、热能	熔化、气化腐蚀
	超声放电加工	声、热、电能	熔化、切蚀
	复合电解加工	电化学能、机械能	切蚀
	复合切削加工	机械、声、磁能	切削

(3) 电火花加工

电火花加工是指在介质中，利用两极（工具电极与工件电极）之间脉冲性火花放电时的电腐蚀现象对材料进行加工，使零件的尺寸、形状和表面质量达到预定要求的加工方法，见图 8-9。

随着数控水平和工艺技术的不断提高，其应用领域日益扩大，已经覆盖到机械、宇航、航空、电子、核能、仪器、轻工等部门，用以解决各种难加工材料、复杂形状零件和有特殊要求的零件制造。电火花加工与机械加工相比有其独特的加工特点。

① 适合于难切削材料的加工。由于加工中材料的去除是靠放电时的电、热作用实现的，材料的可加工性主要与材料的导电性及其热学特性。可以突破传统切削加工中对刀具的限制，实现用软的工具加工硬、韧的工件，甚至可以加工像聚晶金刚石、立方氮化硼一类的超硬材料。

② 可以加工特殊及复杂形状的零件。由于没有机械加工的切削力，因此适宜加工低刚度工件及进行微细加工。

③ 易于实现加工过程自动化。由于是直接利用电能加工，而电能、电参数较机械量易于实现数字控制、适应控制、智能化控制和无人化操作。

④ 可以通过改进结构设计，改善结构的工艺性。可以将拼镶结构的硬质合金冲模改为用电火花加工的整体结构，减少了加工和装配工时，延长了使用寿命。

⑤ 脉冲放电持续时间极短，放电时产生的热量传导范围小，材料受热影响范围小。

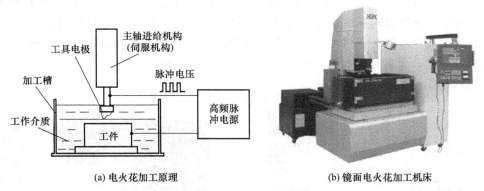

图 8-9　电火花加工原理和机床

(4) 激光加工

激光加工的原理：激光加工是把具有足够能量的激光束聚焦后照射到所加工材料的适当部位，在极短的时间内，光能转变为热能，被照部位迅速升温。根据不同的光照参量，材料可以发生气化、熔化、金相组织变化，并产生相当大的热应力，从而达到工件材料被去除、连接、改性或分离等。激光加工具有以下特点。

① 适应性强。可在不同环境中加工不同种类材料，包括高硬度、高熔点、高强度、脆性及软性材料等。

② 加工效率高。在某些情况下，用激光切割可提高效率 8～20 倍，用激光进行深熔焊接时生产效率比传统方法提高 30 倍以上。

③ 加工质量好。激光具有的能量密度高、瞬态性和非接触等特点，激光局部加工时对非激光照射部位影响较小。因此，其热影响区小，工件热变形小，后续加工量小，加工出的

零部件相对于传统加工具有更好的加工质量。

④ 综合效益高。激光加工可以显著提高加工综合效益。如激光打孔的直接费用可节省 25%～75%。

⑤ 加工材料范围广，适用于加工各种金属材料和非金属材料，特别适用于加工高熔点材料、耐热合金及陶瓷、宝石、金刚石等硬脆材料。

⑥ 激光加工可控性好，易于实现自动控制。

图 8-10 所示是激光打孔加工。激光打孔是最早达到实用化的激光加工技术，也是激光加工的主要应用领域之一。激光打孔广泛应用于金刚石拉丝模、钟表宝石轴承、陶瓷、玻璃等非金属材料，以及硬质合金、不锈钢等金属材料的小孔加工。激光打孔具有高效率、低成本的特点，特别适合微小群孔加工。

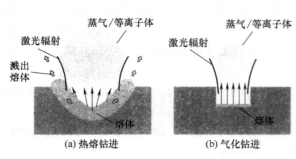

图 8-10 激光打孔去除材料

与打孔相比，激光焊接所需能量密度较低，因不需将材料气化蚀除，而只要将工件的加工区烧熔使其黏合在一起，如图 8-11 所示。其优点是：没有焊渣，不需去除工件氧化膜，可实现不同材料之间的焊接，特别适宜微型机械和精密焊接。

图 8-12 为激光切割加工。激光束加热脆性材料小块区域，引起该区域大的热梯度和严重的机械变形，导致材料形成裂缝。激光切割具有切缝窄、速度快、热影响区小、省材料、成本低等优点，并可以在任何方向上切割，包括内尖角。可以切割钢板、不锈钢、钛、钽、镍等金属材料，以及布匹、木材、纸张、塑料等非金属材料。

图 8-11 激光焊接

图 8-12 激光切割

8.2.4 快速成形技术

20 世纪 80 年代末、90 年代初发展起来的快速成形（Rapid Prototyping Manufacturing：RPM 或 RP，以下简称为 RP）技术，是当前先进产品开发与快速工具制造技术，其核心是基于数字化的新型成形技术。它突破了传统的加工模式，不需机械加工设备即可快速地制造形状极为复杂的工件。作为与科学计算可视化和虚拟现实相匹配的新兴技术，快速成形技术提供了一种可测量、可触摸的手段，是设计者、制造者与用户之间的新媒体。快速成形技术综合机械、电子、光学、材料等学科，可以自动、直接、快速、精确地将设计思想转化为具有一定功能的原型或直接制造零件、模具，有效地缩短了产品的研究开发周期。

(1) 快速成形定义

美国 3DSystems 公司的创始人 Charles Hull 于 1984 年设计了世界上第一个基于离散-堆积原理的快速成形装置，从而揭开了快速原型技术的序幕。随着各种新型 RP 的出现，"Rapid Prototyping"一词已无法充分表达出各种成形系统、成形材料及成形工艺等所包含的内容。

Terry T. Wohlers 和美国制造工程师协会（SME）对 RP 技术进行了定义：RP 系统依据三维 CAD 模型数据、CT（Computerized Tomography，计算机 X 放射断层造影术）和 MRI（Magnetic Resonance Imaging，核磁共振成像）扫描数据和由三维实物数字化系统创建的数据，把所得数据分成一系列二维平面，又按相同序列沉积或固化出物体实体。

清华大学颜永年教授等对 RP 的描述为：RP 技术是基于离散、堆积成形原理的新型数字化成形技术，是在计算机的控制下，根据零件的 CAD 模型，通过材料的精确堆积，制造原形或零件的。

对"Rapid Prototyping"分别从广义角度及狭义角度作如下定义。

① 针对工程领域而言，其广义上的定义为：通过概念性的具备基本功能的模型快速表达出设计者意图的工程方法。

② 针对制造技术而言，其狭义上的定义为：一种根据 CAD 信息数据把成形材料层层叠加而制造原型的工艺过程。

(2) 快速成形工作原理

RP 各种技术的工作原理基本相同，在计算机控制下按加工零件各分层截面的形状对成形材料有选择的扫描，从而形成一个层片。当一层扫描完成后，再进行第二层扫描。新成形的一层牢固地粘在前一层上，如此重复，直到整个零件制造完毕，如图 8-13 所示。

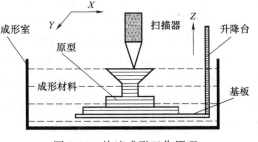

图 8-13　快速成形工作原理

(3) 快速成形特点

RP 技术较之传统的诸多加工方法展示了以下的优越性。

① 可以制成几何形状任意复杂的零件，而不受传统机械加工方法中刀具无法达到某些型面的限制。

② 大幅度缩短新产品的开发成本和周期。一般来说，采用 RP 技术可减少产品开发成本 30%～70%，减少开发时间 50%，甚至更少，如开发光学照相机体采用 RP 技术仅 3～5 天（从 CAD 建模到原型制作），花费 6000 美元，而用传统的方法则至少需一个月，花费约 3.6 万美元。

③ 曲面制造过程中，CAD 数据的转化（分层）可百分之百地全自动完成，而不像在切削加工中需要高级工程人员数天复杂的人工辅助劳动才能转化为完全的工艺数按代码。

④ 不需要传统的刀具或工装等生产准备工作。任意复杂零件的加工只需在一台设备上完成，其加工效率亦远胜于数控加工。

⑤ 属非接触式加工，没有刀具、夹具的磨损和切削力所产生的影响。

⑥ 加工过程中无振动、噪声和切削废料。
⑦ 设备购置投资低于数控机床。

8.3 制造自动化技术

(1) 制造自动化的概念

制造技术自动化包括产品设计自动化、企业管理自动化、加工过程自动化和质量控制过程自动化。产品设计自动化包括计算机辅助设计（CAD）、计算机辅助工艺设计（CAPP）、计算机辅助工程分析（CAE）、产品数据管理（PDM）和计算机辅助制造（CAM）；企业管理自动化包括企业资源计划 ERP；加工过程自动化包括各种计算机控制技术，如现场总线、计算机数控（CNC）、分布式数控技术（DNC）、各种自动化生产线、自动存储与运输设备、自动检测与监控设备。质量控制自动化包括各种自动检测方法、手段和设备。

制造自动化的广义内涵包括以下几点。

① 在形式方面，制造自动化有三层含义：一是代替人的体力劳动；二是代替或辅助人的脑力劳动；三是实现制造系统中人、机及整个系统的协调、管理、控制和优化。

② 在功能方面，制造自动化可用 T（Time）、Q（Quality）、C（Cost）、S（Service）、E（Environment）这五个功能目标（简称为 TQCSE）模型来描述。其中 T 有两方面的含义：一是指采用自动化技术，可缩短产品制造周期；二是提高生产率。Q 的含义是采用自动化系统，能提高和保证产品质量。C 的含义是采用自动化技术能有效地降低成本，提高经济效益。S 也有两方面的含义：一是利用自动化技术，更好地做好市场服务工作；二是利用自动化技术，替代或减轻制造人员的体力和脑力劳动，直接为制造人员服务。E 的含义是制造自动化应该有利于充分利用资源，减少废弃物和环境污染，有利于实现绿色制造。

③ 在范围方面，制造自动化不仅涉及具体生产制造过程，而且涉及产品寿命周期所有过程。一般来说，制造自动化技术的内涵是指制造技术的自动化和制造系统的自动化。

(2) 机械制造自动化的主要内容和作用

一般的机械制造主要由毛坯制备、物料储运、机械加工、装配、辅助过程、质量控制、热处理和系统控制等过程组成。狭义的机械制造过程，主要是机械加工过程以及与此关系紧密的物料储运、质量控制、装配等过程。因此机械制造过程中的自动化技术主要有以下几种。

① 机械加工自动化技术，包含上下料自动化技术、装夹自动化技术、换刀自动化技术、加工自动化技术和零部件检验自动化技术等。

② 物料储运过程自动化技术，包含工件储运自动化技术、刀具储运自动化技术和其他物料储运自动化技术等。

③ 装配自动化技术，包含零部件供应自动化技术和装配过程自动化技术等。

④ 质量控制自动化技术，包含零部件检测自动化技术、产品检测自动化和刀具检测自动化技术等。

机械制造中采用的自动化技术可以有效改善劳动条件，降低工人的劳动强度，显著提高劳动生产率，大幅度提高产品的质量，有效缩短生产周期，并能显著降低制造成本。因此，机械制造自动化技术得到了快速发展，并在生产实践中得到越来越广泛的应用。

(3) 机械制造自动化的分类

对机械制造自动化的分类目前还没有统一的方式，大致可按下面几种方式来进行分类。

① 按制造过程分类。

毛坯制备过程自动化、热处理过程自动化、储运过程自动化、机械加工过程自动化、装配过程自动化、辅助过程自动化。

② 按设备分类。

局部动作自动化、单机自动化、刚性自动化、刚性综合自动化系统、柔性制造单元、柔性制造系统。

③ 按控制方式分类。

机械控制自动化、机电液控制自动化、数字控制自动化、计算机控制自动化、智能控制自动化。

8.3.1 数控加工技术

(1) 数控技术

数控技术是集机械、电子、自动控制理论、计算机和检测技术于一体的机电一体化高新技术，它是实现制造过程自动化的基础，是自动化柔性系统的核心，也是现代集成制造系统的重要组成部分。数控加工是指数控机床在数控系统的控制下，自动地按预先编制好的程序进行机械零件加工的过程。

① 数字控制。数控（NC）是数字控制（Numerical Control）的英文简称。它是指用数字、文字和符号组成的数字指令来实现一台或多台机械设备动作控制的技术。其技术涉及多个领域：a. 机械制造技术；b. 信息处理、加工、传输技术；c. 自动控制技术；d. 伺服驱动技术；e. 传感器技术；f. 软件技术等。

② 计算机数控。计算机数控（CNC）是计算机数控（Compute Numerical Control）的英文简称，它是采用计算机实现数字程序控制的技术。这种技术用计算机按事先存储的控制程序来执行对设备的运动轨迹和外设的操作时序逻辑控制功能。由于采用计算机替代原先用硬件逻辑电路组成的数控装置，使输入操作指令的存储、处理、运算、逻辑判断等各种控制机能的实现，均可通过计算机软件来完成，处理生成的微观指令传送给伺服驱动装置驱动电机或液压执行元件带动设备运行。

③ 直接数控。直接数控（DNC）是直接数控（Direct Numerical Control）的英文简称。它是用电子计算机对具有数控装置的机床群直接进行联机控制和管理，英文缩写 DNC。直接数控又称群控，控制的机床由几台至几十台。直接数控是在数控（NC）和计算机数控（CNC）基础上发展起来的。

④ 微型计算机数控。微机数控（MNC）是微型计算机数控（Micro-computer Numerical Control）的英文简称。它是指用微处理器和半导体存储器的微型计算机数控装置。

⑤ 数控机床。数控机床（Numerical Controled Machine Tool），是用数字代码形式的信息（程序指令），控制刀具按给定的工作程序、运动速度和轨迹进行自动加工的机床，简称数控机床。

(2) 数控机床

数控机床是用计算机通过数字信息来自动控制机械加工的机床。具体地说，数控机床是通过编制程序，即通过数字（代码）指令来自动完成机床各个坐标的协调运动，正确地控制机床运动部件的位移量，并且按加工的动作顺序要求自动控制机床各个部件的动作（如主轴转速、进给速度、换刀、工件夹紧与放松、工件交换、冷却液开关等）的机床。它是集计算机应用技术、自动控制、精密测量、微电子技术、机械加工技术于一体的一种具有高效率、高精度、高柔性和高自动化的光机电一体化数控设备。

(3) 数控机床的发展趋势

随着科学技术的发展，世界先进制造技术的兴起和不断成熟，对数控加工技术提出了更高的要求，超高速切削、超精密加工等技术的应用，对数控机床的各个组成部分提出了更高的性能指标。当今的数控机床正在不断采用最新技术成就，朝着高速化、高精度化、多功能化、智能化、系统化与高可靠性等方向发展，具体表现在以下几个方面。

① 高速度与高精度化。速度和精度是数控机床的两个重要指标，它直接关系到加工效率和产品的质量，特别是在超高速切削、超精密加工技术的实施中，它对机床各坐标轴位移速度和定位精度提出了更高的要求；另外，这两项技术指标又是相互制约的，也就是说，要求位移速度越高，定位精度就越难提高。现代数控机床配备了高性能的数控系统及伺服系统，其位移分辨率和进给速度已可达到 $1\mu m$（$100\sim 240 m/min$）、$0.1\mu m$（$24 m/min$）、$0.01\mu m$（$400\sim 800 mm/min$）。

② 多功能化。数控机床采用一机多能，以最大限度地提高设备利用率；前台加工、后台编辑的前后台功能，以充分提高其工作效率和机床利用率；具有更高的通信功能，现代数控机床除具有通信口、DNC 功能外，还具有网络功能。

③ 智能化。自适应控制 AC（Adaptive Control）技术的目的是要求在随机变化的加工过程中，通过自动调节加工过程中所测得的工作状态、特性，按照给定的评价指标自动校正自身的工作参数，以达到或接近最佳工作状态。由于在实际加工过程中，大约有 30 余种变量直接或间接的影响加工效果，如工件毛坯余量不均匀、材料硬度不均匀、刀具磨损、工件变形、机床热变形等。这些变量事先难以预知，编制加工程序时只能依据经验数据，以致在实际加工中，很难用最佳参数进行切削。而自适应控制系统则能根据切削条件的变化，自动调节工作参数，如伺服进给参数、切削用量等，使加工过程中能保持最佳工作状态，从而得到较高的加工精度和较小的表面粗糙度，同时也能提高刀具的使用寿命和设备的生产效率。

利用 CNC 系统的内装程序实现在线故障诊断，一旦出现故障时，立即采取停机等措施，并通过 CRT 进行故障报警，提示发生故障的部位、原因等。并利用"冗余"技术，自动使故障模块脱机，接通备用模块。

利用红外、声发射（AE）、激光等检测手段，对刀具和工件进行检测。发现工件超差、刀具磨损、破损等，进行及时报警、自动补偿或更换备用刀具，以保证产品质量。

应用图像识别和声控技术，使机器自己辨识图样，按照自然语言命令进行加工。

④ 高的可靠性。数控机床的可靠性一直是用户最关心的主要指标，它取决于数控系统和各伺服驱动单元的可靠性，为提高可靠性，目前主要采取以下几个方面的措施：提高系统硬件质量；采用硬件结构模块化、标准化、通用化方式；增强故障自诊断、自恢复和保护功能。

8.3.2 机器人技术

(1) 工业机器人的概念

机器人学是近 20 年来发展起来的一门交叉性科学，涉及机械学、电子学、计算机科学、控制技术、传感器技术、仿生学、人工智能等学科领域。机器人是一个在三维空间具有较多自由度的，并能实现诸多拟人动作和功能的机器。而工业机器人则是在工业生产中应用的机器人，是一种可重复编程的、多功能的、多自由度的自动控制操作机。其中，操作机是指机器人赖以完成作业的机械实体，是具有和人手臂相似的动作功能，可在空间抓放物体或进行其他操作的机械装置。因此，工业机器人可以理解为：是一种模拟人手臂、手腕和手功能的机电一体化装置，它可把任一物体或工具按空间位姿的时变要求进行移动，从而完成某一工业生产的作业要求。

(2) 工业机器人的基本组成和结构特点

现代工业机器人一般由机械系统、控制系统、驱动系统、智能系统四大部分组成，如图8-14 所示。

① 机械系统。机械系统是工业机器人的执行机构（即操作机），一般由手部、腕部、臂部、腰部和基座组成。手部又称为末端执行器，是工业机器人对目标进行操作的部分，如各种夹持器，有人也把焊接机器人的焊枪和喷漆机器人的油漆喷头等划归机器人的手部；腕部是臂和手的连接部分，主要功能是改变手的姿态；臂部用以连接腰部和腕部；腰部是连接臂和基座的部件，通常可以回转。臂和腰的共同作用使得机器人的腕部可以作空间运动。基座是整个机器人的支撑部分，有固定式和移动式两种。

图 8-14　工业机器人的组成
1—基座；2—腰部；3—臂部；4—腕部

② 控制系统。控制系统实现对操作机的控制，一般由控制计算机和伺服控制器组成。前者发出指令协调各关节驱动器之间的运动，后者控制各关节驱动器，使各个杆件按一定的速度、加速度和位置要求进行运动。

③ 驱动系统。驱动系统是工业机器人的动力源，包括驱动器和传动机构，常和执行机构联成一体，驱动臂杆完成指定的运动。常用的驱动器有电动机、液压和气动装置等，目前使用最多的是交流伺服电动机。传动机构常用的有谐波减速器、RV 减速器、丝杠、链、带以及其他各种齿轮轮系。

④ 智能系统。智能系统是机器人的感受系统，由感知和决策两部分组成。前者主要靠硬件（如各类传感器）实现，后者则主要靠软件（如专家系统）实现。

(3) 工业机器人的分类

① 按结构形式分类。可分为直角坐标型、圆柱坐标型、球坐标型、关节型机器人。

② 按驱动方式分类。可分为电力驱动、液压驱动、气压驱动以及复合式驱动机器人。电力驱动是目前工业机器人中应用最为广泛的一种驱动方式。

③ 按控制类型分类。可分为伺服控制、非伺服控制机器人。其中，伺服控制机器人又可分为点位伺服控制和连续轨迹伺服控制两种。

④ 按自由度数目分类。可分为无冗余度机器人和有冗余度机器人。无冗余度机器人是指包括具有 2 个、3 个或多个（4~6）自由度的机器人。有冗余度机器人（或称冗余度机器人）是指独立自由度数目不少于 7 个的机器人。

此外，还可按基座形式分为固定式和移动式机器人；按操作机运动链型式分为开链式、闭链式和局部闭链式机器人；按应用机能分为顺序型、示教再现型、数值控制型、智能型机器人；按用途分为焊接机器人、搬运机器人、喷涂机器人、装配机器人、检测机器人以及其他用途的机器人等。

(4) 工业机器人的基本参数和性能指标

表示机器人特性的基本参数和性能指标主要有工作空间、自由度、有效负载、运动精度、运动特性、动态特性等。

① 工作空间。是指机器人臂杆的特定部位在一定条件下到达空间的位置集合。工作空间的性状和大小反映了机器人工作能力的大小。

通常工业机器人说明书中表示的工作空间指的是手腕上机械接口坐标系的原点在空间能达到的范围，也即手腕端部法兰的中心点在空间所能到达的范围，而不是末端执行器端点所能达到的范围。

机器人说明书上提供的工作空间往往要小于运动学意义上的最大空间。这是因为在可达空间中，手臂位姿不同时有效负载、允许达到的最大速度和最大加速度都不一样，在臂杆最大位置允许的极限值通常要比其他位置的小些。此外，在机器人的最大可达空间边界上可能存在自由度退化的问题，此时的位姿称为奇异位形，而且在奇异位形周围相当大的范围内都会出现自由度退化现象，这部分工作空间在机器人工作时都不能被利用。

除了在工作空间边缘，实际应用中的工业机器人还可能由于受到机械结构的限制，在工作空间内部也存在着臂端不能达到的区域，这就是常说的空洞或空腔。空腔是指在工作空间内臂端不能达到的完全封闭空间。而空洞是指在沿转轴周围全长上臂端都不能达到的空间。

② 运动自由度。是指机器人操作机在空间运动所需的变量数，用以表示机器人动作灵活程度的参数，一般是以沿轴线移动和绕轴线转动的独立运动的数目来表示。

自由物体在空间有 6 个自由度（3 个转动自由度和 3 个移动自由度）。工业机器人往往是一个开式连杆系，每个关节运动副只有一个自由度，因此通常机器人的自由度数目就等于其关节数。机器人的自由度数目越多，功能就越强。目前工业机器人通常只有 4~6 个自由度。当机器人的关节数（自由度）增加到对末端执行器的定向和定位不再起作用时，便出现了冗余自由度。冗余度的出现增加了机器人工作的灵活型，但也使控制变得更加复杂。

工业机器人在运动方式上，总可以分为直线运动（简记为 P）和旋转运动（简记为 R）两种，应用简记符号 P 和 R 可以表示操作机运动自由度的特点，如 RPRR 表示机器人操作机具有 4 个自由度，从基座开始到臂端，关节运动的方式依次为旋转—直线—旋转—旋转。此外，工业机器人的运动自由度还有运动范围的限制。

③ 有效负载。是指机器人操作机在工作时臂端可能搬运的物体重量或所能承受的力或力矩，用以表示操作机的负荷能力。机器人在不同位姿时，允许的最大可搬运质量是不同的，因此机器人的额定可搬运质量是指其臂杆在工作空间中任意位姿时腕关节端部都能搬运的最大质量。

④ 运动精度。机器人机械系统的精度主要涉及位姿精度、重复位姿精度、轨迹精度、重复轨迹精度等。位姿精度是指指令位姿和从同一方向接近该指令位姿时各实到位姿中心之间的偏差。重复位姿精度是指对同一指令位姿从同一方向重复响应 n 次后实到位姿的不一致程度。轨迹精度是指机器人机械接口从同一方向 n 次跟随指令轨迹的接近程度。轨迹重复精度是指对一给定轨迹在同一方向跟随 n 次后实到轨迹之间的不一致程度。

⑤ 运功特性。速度和加速度是表明机器人运动特性的主要指标。在机器人说明书中，通常提供了主要运动自由度的最大稳定速度，但在实际应用中单纯考虑最大稳定速度是不够的，还应注意其最大允许加速度。最大加速度则要受到驱动功率和系统刚度的限制。

⑥ 动态特性。结构动态参数主要包括质量、惯性矩、刚度、阻尼系数、固有频率和振动模态。设计时应该尽量减小质量和惯量。对于机器人的刚度，若刚度差，机器人的位姿精度和系统固有频率将下降，从而导致系统动态不稳定；但对于某些作业（如装配操作），适当地增加柔顺性是有利的，最理想的情况是希望机器人臂杆的刚度可调。增加系统的阻尼对于缩短振荡的衰减时间、提高系统的动态稳定性是有利的。提高系统的固有频率，避开工作频率范围，也有利于提高系统的稳定性。

(5) 工业机器人的应用

在工业发达国家，机器人已进入越来越多的产业部门，在机械制造业中，尤其在焊接、装配、装卸、搬运等领域中得到了广泛的应用。图 8-15 是机器人的几种应用情况。

(a) 点焊机器人

(b) 装配机器人
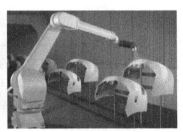
(c) 喷涂机器人

图 8-15　几种机器人应用情况

8.3.3　自动化检测与监控技术

自动化制造系统的检测与监控系统从功能角度可分为系统运行状态检测监控和加工过程检测监控，如图 8-16 所示。运行状态检测监控功能主要是检测与收集自动化制造系统各基本组成部分与系统运行状态有关的信息，把这些信息处理后传送给监控计算机，以保证系统的正常运行。加工过程检测与监控主要是对零件加工精度的检测和对加工过程中刀具的磨损和破损情况的检测与监控。

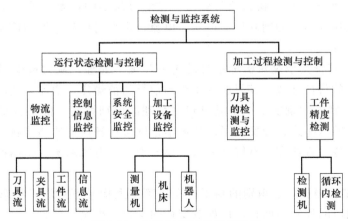

图 8-16　检测与监控系统的组成

(1) 自动化加工系统的检测

工件尺寸精度是直接反映产品质量的指标，因此在许多自动化制造系统中都采用直接测量工件尺寸的方法来保证产品质量和系统的正常运行。

① 主动测量装置。在大规模生产条件下，常将专用的自动检测装置安装在机床上，不必停机，就可以在加工过程中自动检测工件尺寸的变化，并能根据测得的结果发出相应的信号控制机床的加工过程。自动测量原理如图 8-17 所示。机床、执行机构与测量装置构成一个闭环系统，在机床加工工件的同时，自动测量头对工件进行测量，将测得的工件尺寸变化量返回机床控制系统，控制机床的执行机构控制加工过程。

图 8-17　加工过程中自动测量原理

② 三坐标测量机。在自动化制造系统使用三坐标测量机进行测量，由工件输送系统将清洗后的工件连同安装工件的托盘一起送至三坐标测量机上。测量机能够按事先编制的程序实现自动测量，效率高，而且可测量具有复杂曲面零件的形状精度。测量结束，还可以通过检验与检测系统送至机床的控制器，修正数控程序中的有关参数，补偿机床的加工误差，确保系统具有较高的加工精度。

③ 三维测头与循环内检测。三坐标测量机的测量精度很高，但它对工作环境的要求也很高，必须远离机床安装。如果零件的检测需要在几个不同的阶段进行，对于质量控制要求不是特别精确的零件，这样做显然是不经济的。因此可将三坐标测量机上用的三维测头直接安装在加工中心上，它的柄部结构与刀杆一样，可以装入加工中心的主轴中，也可由换刀机械手放入刀架，测量运动由程序控制。

(2) 自动化监控系统

加工过程的在线监控涉及很多相关技术，如传感器技术、信号处理技术、计算机技术、自动控制技术、人工智能技术以及切削机理等。自动化加工的监控系统主要由信号检测、特征提取、状态识别、决策与控制四个部分组成。

① 信号检测。加工过程的状态信号较多，它们可从不同角度反映加工状态的变化。常见的被检信号包括切削力、切削功率、电压、电流、声发射信号、振动信号、切削温度、切削参数、切削转矩等。

② 特征提取。特征提取是对检测信号的进一步加工处理，从大量检测信号中提取出与加工状态变化相关的特征参数，其目的在于提高信号的信噪比，增加系统的抗干扰能力。

③ 状态识别。状态识别实质上是通过建立合理的识别模型，根据所获取加工状态的特征参数对加工过程的状态进行分类判断。从数学角度来理解模型的功能就是特征参数与加工状态的映射。当前建模方法主要有统计方法、模式识别、专家系统、模糊推理判断、神经网络等。

④ 决策与控制。根据状态识别的结果，在决策模型指导下对加工状态中出现的故障做出判别，并进行相应的控制和调整，例如改变切削参数、更换刀具、改变工艺等。

当前在加工过程监控领域所开展的研究工作，主要包括如下方面：机床状态监控；刀具状态监控；加工过程监控；加工工件质量监控。其中机床状态监控包括机床主轴部件监控、机床导轨部件监控、机床伺服驱动系统监控、机床运行安全监控、机床磨损状态监控等。刀具状态监控包括刀具磨损状态监控、刀具破损状态监控、刀具自动识别、刀具自动调整、刀具补偿、刀具寿命管理等。加工过程监控包括加工状态监控、切削过程振动监控、切削力监控、加工中温度监控、加工工序识别、冷却润滑系统监控等。加工工件质量监控包括工件尺寸精度监控、工件形状精度监控、工件表面粗糙度监控、工件安装定位监控、工件自动识别等。

8.3.4 自动化控制技术

自动化控制技术广泛用于工业、农业、军事、科学研究、交通运输、商业、医疗、服务和家庭等方面。自动控制能自动调节、检测、加工的机器设备、仪表，按规定的程序或指令自动进行作业的技术措施，其目的在于增加产量、提高质量、降低成本和劳动强度、保障生产安全等。采用自动化控制不仅可以把人从繁重的体力劳动、部分脑力劳动以及恶劣、危险的工作环境中解放出来，极大地提高劳动生产率。因此，自动化控制是工业、农业、国防和科学技术现代化的重要条件和显著标志。

在工业方面，对于冶金、化工、机械制造等生产过程中遇到的各种物理量，包括温度、流量、压力、厚度、张力、速度、位置、频率、相位等，都有相应的控制系统。在此基础上通过采用数字计算机还建立起了控制性能更好和自动化程度更高的数字控制系统，以及具有控制与管理双重功能的过程控制系统。

早期的机械制造自动化是采用机械或电气部件的单机自动化或是简单的自动生产线。20世纪60年代以后，由于电子计算机的应用，出现了数控机床、加工中心、机器人、计算机辅助设计、计算机辅助制造、自动化仓库等。研制出适应多品种、小批量生产形式的柔性制造系统（FMS）。以柔性制造系统为基础的自动化车间，加上信息管理、生产管理自动化，出现了采用计算机集成制造系统（CIMS）的工厂自动化控制系统。

(1) 自动控制技术分类

① 按控制原理的不同，自动控制系统分为开环控制系统和闭环控制系统。

a. 闭环控制。闭环控制也就是（负）反馈控制，原理与人和动物的目的性行为相似，系统组成包括传感器（相当于感官）、控制装置（相当于脑和神经）、执行机构（相当于手腿和肌肉）。传感器检测被控对象的状态信息（输出量），并将其转变成物理（电）信号传给控制装置。控制装置比较被控对象当前状态（输出量）对希望状态（给定量）的偏差，产生一个控制信号，通过执行机构驱动被控对象运动，使其运动状态接近希望状态。在实际中，闭环（反馈）控制的方法多种多样，应用于不同领域和各个方面，当前广泛应用并快速发展的有最优控制、自适应控制、专家控制（即以专家知识库为基础建立控制规则和程序）、模糊控制、容错控制、智能控制等。

b. 开环控制。开环控制也叫程序控制，这是按照事先确定好的程序，依次发出信号去控制对象。按信号产生的条件，开环控制有时限控制、次序控制、条件控制。20世纪80年代以来，用微电子技术生产的可编程序控制器在工业控制中得到广泛应用。一些复杂系统或过程常常综合运用多种控制类型和多类控制程序。

② 按给定信号分类，自动控制系统可分为恒值控制系统、随动控制系统和程序控制系统。

a. 恒值控制系统。给定值不变，要求系统输出量以一定的精度接近给定希望值的系统。如生产过程中的温度、压力、流量、液位高度、电动机转速等自动控制系统属于恒值系统。

b. 随动控制系统。给定值按未知时间函数变化，要求输出跟随给定值的变化，如跟随卫星的雷达天线系统。

c. 程序控制系统。给定值按一定时间函数变化。

(2) 自动化控制技术在工业中的应用与发展

工业生产过程中广泛应用了工业控制自动化技术，来实现对工业生产过程实现检测、控制、优化、调度、管理和决策，以达到提高产品品质和质量、降低生产消耗、确保安全等目的。控制理论、仪表仪器、计算机和其他信息技术的应用，极大地推进了工业控制自动化的发展。工业自动化体系主要包括工业自动化软件、硬件和系统三大部分。工业控制自动化技术主要解决生产效率与一致性问题。自动化系统与计算机信息科学的紧密结合，给工业生产过程带来了新的技术革新。

① 现场总线。现场总线（Field bus）技术是工业自动化最深刻变革之一。PLC 和工控机采用现场总线之后可方便地作为 I/O 站和监控站链接在 DCS 系统中。现场总线是一种取代陈旧的 4～20mA 标准，连接现场设备和控制设备的双向数字通信技术，现场总线具有开放性和互操作性，一些控制功能得以下移到现场设备中。

② 工业过程控制 IPC。工业控制计算机是工业自动化设备和信息产业基础设备的核心。传统意义上，将用于工业生产过程的测量、控制和管理的计算机统称为工业控制计算机，包括计算机和过程输入、输出管道两部分。但现在其应用范围也已经远远超出工业过程控制，典型的工业自动化系统的三层网格结构，其底层是以现场总线将智能测试、测控设备，以及工控机或者 PLC 设备的远程 I/O 点连接在一起的设备层，中间是将 PLC、工控机以及操作员界面连接在一起的控制层网格，在上层的 Ethernet 以 PC 或工作站为主完成管理和信息服务任务。

③ 工业实时以太网。现场总线开始转向以太网，工业实时以太网技术被工业自动化系统广泛接受。

④ PLC 向微型化、网格化方向发展。当前，过程控制领域最大的发展趋势之一就是 Ethernet 技术的扩展，PLC 也不例外。现在越来越多的 PLC 供应商开始提供 Ethernet 接口。PLC 将继续向开放式控制系统方向转移，尤其是基于工业 PC 的控制系统。

⑤ 面向测、控、管一体化设计的 DCS 系统。小型化、多样化、PC 化和开放性是未来 DCS 发展的主要方向。目前小型 DCS 所占有的市场，已逐步与 PLC、工业 PC、FCS 共享。今后小型 DCS 可能首先与这三种系统融合，而且"软 DCS"技术将首先在小型 DCS 中得到发展，各 DCS 厂商也将纷纷推出基于工业 PC 的小型 DCS 系统。开放性的 DCS 系统将同时向上和向下双向延伸，使来自生产过程的现场数据在整个企业内部自由流动，实现信息技术与控制技术的无缝连接，向测控管一体化方向发展。

⑥ 数控技术向智能化、开放性、网格化、信息化发展。数控技术智能化的内容包括：追求加工效率和加工质量方面的智能化，如加工过程的自适应控制、工艺参数的自动生成；提高驱动性能及使用连接方面的智能化，如前馈控制、电机参数的自适应运算、自动识别负载、自动选定模型、自整定等；简化编程、简化操作方面的智能化，如智能化的自动编程、智能化的人机界面等；智能诊断、智能监控，以方便系统的诊断及维修等。

数控装备的网络化将极大地满足生产线、制造系统、制造企业对信息集成的需求，也是实现新的制造模式如敏捷制造、虚拟制造、全球制造的基础单元。

开放式数控系统的体系结构规范、通信规范、配置规范和运行平台、数控系统功能库以及数控系统功能软件开发工具等是当前研究的核心。

a. PC 嵌入 NC 型。将专用计算机数控系统和 PC 机结合在一起。在传统的非开放式计算机数控系统上插入一块专门的、开放的个人计算机模板，使传统计算机数控系统实现个人计算机的特性。

b. NC 嵌入 PC 型。将运动控制板或整个计算机数控单元（包括集成的可编程控制器）插入到个人计算机的标准槽中。PC 机作非实时处理，实时控制由计算机数控单元或运动控制板承担。利用 PC 机强大的 Windows 图形用户界面、多任务处理能力以及良好的软、硬件兼容能力，结合运动控制卡和运动控制软件形成高性能、高灵活性和开放性好的数控系统，从而使用户可以开发自己的应用程序。

c. 纯 PC 型。采用这种体系结构的系统的 CNC 软件全部装在计算机中，外围连接主要采用计算机的相关总线标准，这是最新的开放式 CNC 体系结构。用户可在 Windows 平台上，利用开放的 CNC 内核开发所需的各种功能，构成各种类型的高性能数控系统。

8.4 先进组织、管理技术

8.4.1 先进制造生产模式

制造生产模式是制造业为了提高产品质量、市场竞争力、生产规模和生产速度，以完成特定的生产任务而采取的一种有效的生产方式和一定的生产组织形式。制造生产模式具有鲜明的时代性。现代先进制造生产模式是从传统的制造生产模式中发展、深化和逐步创新的过程而来。

在传统制造技术逐步向现代高新技术发展、渗透、交汇和演变的过程中，形成了先进制造技术的同时，出现了一系列先进制造模式。根据国际生产工程学会（CIRP）近 10 年的统计，发达国家所涌现的先进制造系统和先进制造生产模式就多达 33 种。发达国家制造业企业，特别是跨国公司和创新型中小企业已广泛采用了一些新的制造模式和制造系统，如柔性制造系统（FMS），计算机集成制造系统（CIMS），精益生产模式（LP），清洁生产模式（CP），高效快速重组生产系统，虚拟制造模式（VM）等。目前，正在开发下一代制造和生产模式，如并行工程和协同制造（HM）、生物制造（BM）、网络化制造和下一代制造系统（NGMS）等。

(1) 柔性生产模式

柔性生产模式由英国 Molins 公司首次提出，于 20 世纪 70 年代末得到推广应用。该模式主要依靠具有高度柔性的以计算机数控机床为主的制造设备来实现多品种小批量的生产，以增强制造业的灵活性和应变能力、缩短产品生产周期、提高设备利用率和员工劳动生产率。

在柔性生产模式中，柔性制造技术（Flexible Manufacturing Technology，FMT）是一种主要用于多品种中小批量或变批量生产的自动化技术，它是对各种不同形状的加工对象进行有效地且适应性地转化为成品的各种技术的总称。柔性制造技术是电子计算机技术在生产过程及其装备上的应用，是将微电子技术、智能化技术与传统加工技术融合在一起，具有先进性、柔性化、自动化、效率高的制造技术。柔性制造技术是从机械转换、刀具更换、夹具可调、模具转位等硬件柔性化技术的基础上发展起来的,是自动化制造系统的基本单元技术。按规模大小划分为以下几种。

① 柔性制造单元 FMC。柔性制造单元是一种简单的柔性制造系统,通常由加工中心(MC)与自动交换工件(托盘站和工件交换台)的装置所组成,同时数控系统还增加了自动检测与工况自动监控等功能。其特点是实现单机柔性化及自动化,具有适应加工多品种产品的灵活性。

② 柔性制造系统 FMS。柔性制造系统就是由若干台数控加工设备、物料运输装置和计算机控制系统组成,并能根据制造任务或生产品种的变化迅速进行调整,以适应多品种、中小批量生产的自动化制造系统。其主要特征是:一是高柔性,柔性制造系统能在不停机调整的情况下,实现多种不同工艺要求的零件加工;二是高效率,柔性制造系统能采用合理的切削用量,实现高效加工,同时使辅助时间和准备终结时间缩短到最低程度;三是高度自动化,柔性制造系统可自动更换工件、刀具、夹具,实现自动装夹和输送、自动监测加工过程,有很强的系统软件功能。

③ 柔性制造生产线 FML。柔性制造生产线是针对单一或少品种大批量非柔性自动线与中小批量多品种 FMS 之间的生产线。其加工设备可以是通用的加工中心、CNC 机床;亦可采用专用机床或 NC 专用机床,对物料搬运系统柔性的要求低于 FMS,但生产率更高。它是以离散型生产中的柔性制造系统和连续生过程中的分散型控制系统(DCS)为代表,其特点是实现生产线柔性化及自动化,其技术已日臻成熟,迄今已进入实用化阶段。

④ 柔性制造工厂 FMF。FMF 是将多条 FMS 连接起来,配以自动化立体仓库,用计算机系统进行联系,采用从订货、设计、加工、装配、检验、运送至发货的完整 FMF。它包括了 CAD/CADM,并使计算机集成制造系统(CIMS)投入实际,实现生产系统柔性化及自动化,进而实现全厂范围的生产管理、产品加工及物料储运进程的全盘化。FMF 将制造、产品开发及经营管理的自动化连成一个整体,以信息流控制物质流的智能制造系统(IMS)为代表,其特点是实现工厂柔性化及自动化。

(2) 并行的生产模式

1988 年美国国家防御分析研究所(Institute of Defense Analyze,IDA)完整地提出了并行工程(Concurrent Engineering,CE)的概念。并行工程是集成、并行地设计产品及其相关过程(包括制造过程和支持过程)的系统方法。这种方法要求产品开发人员在一开始就考虑产品整个生命周期中从概念形成到产品报废的所有因素,包括质量、成本、进度计划和

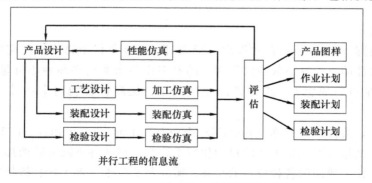

图 8-18 并行工程的内涵

用户要求。并行工程的目标为提高质量、降低成本、缩短产品开发周期和产品上市时间。由图 8-18 可知，并行工程是一种系统的集成方法。

并行工程在先进制造技术中的作用有以下几点。

① 并行工程是 CAD、CAM、CAPP 集成的关键，起着承上启下的作用。

a. 并行工程是在 CAD、CAM、CAPP 等技术支持下，将原来分别进行的工作在时间和空间上交叉、重叠，充分利用了原有技术，并吸收了当前迅速发展的计算机技术、信息技术的优秀成果，使其成为先进制造技术中的基础。

b. 在并行工程中为了达到并行的目的，必须建立高度集成的主模型，通过它来实现不同部门人员的协同工作；为了达到产品的一次设计成功，减少反复，它在许多部分应用了仿真技术；主模型的建立、局部仿真的应用等都包含在虚拟制造技术中，可以说并行工程的发展为虚拟制造技术的诞生创造了条件。

② 并行工程是面向制造和装配的产品设计的关键。

要顺利地实施和开展并行工程，离不开面向制造和装配的产品设计，只有从产品设计入手，才能够实现并行工程提高质量、降低成本、缩短开发时间的目的。可以说，面向制造和装配的产品开发是并行工程的核心部分，是并行工程中最关键的技术。掌握了面向制造和装配的产品开发技术，并行工程就成功了一大半。

(3) 智能制造模式

智能制造模式是在制造生产的各个环节中，应用智能制造技术和系统，以一种高度柔性和高度集成的方式，通过计算机模拟专家的智能活动，进行分析、判断、推理、构思和决策，以便取代或延伸制造过程中人的部分脑力劳动，并对人类专家的制造智能进行了完善、继承和发展。因智能制造可实现决策自动化，实现"制造智能"和制造技术的"智能化"，进而实现制造生产的信息化和自动化。

智能制造包括智能制造技术（Intelligent Manufacturing Technology，IMT）和智能制造系统（Intelligent Manufacturing System，IMS）。智能制造系统是一种由智能机器和人类专家共同组成的人机一体化智能系统，它在制造过程中能以一种高度柔性与集成的方式，借助计算机模拟人类专家的智能活动进行分析、推理、判断、构思和决策等，从而取代或延伸制造环境中人的部分脑力劳动。同时，收集、存储、完善、共享、继承和发展人类专家的智能。

(4) 精益生产模式

精益生产（Lean Production，LP）是 20 世纪 50 年代日本丰田汽车公司为了求得汽车行业竞争的胜利，创造出的一种新的生产模式。20 世纪 50 年代初，制造技术的发展突飞猛进，数控、机器人、可编程序控制器、自动物料搬运器、工厂局域网、基于成组技术的柔性制造系统等先进制造技术和系统迅速发展，但它们只是着眼于提高制造的效率，减少生产准备时间，却忽略了可能增加的库存而带来的成本的增加。当时日本丰田汽车公司副总裁大野耐一先生开始注意到制造过程中的浪费是造成生产率低下和增加成本的根结，他从美国的超级市场受到启迪，形成了看板系统的构想，提出了准时生产制 JIT。

精益生产的核心内容是准时制生产方式 JIT，这种方式通过看板管理，成功地制止了过量生产，实现了"在必要的时刻生产必要数量的必要产品"的目标，从而彻底消除产品制造过程中的浪费，以及由之衍生出来的种种间接浪费，实现生产过程的合理性、高效性和灵活性。JIT 方式是一个完整的技术综合体，包括经营理念、生产组织、物流控制、质量管理、成本控制、库存管理、现场管理等在内的较为完整的生产管理技术与方法体系。

(5) 敏捷制造模式 AM

敏捷制造模式，产生于 20 世纪 80 年代后期的敏捷制造模式与虚拟制造生产模式一起被美国政府作为具有划时代意义的"21 世纪制造企业的发展战略"。该模式是将柔性制造的先进技术、熟练掌握的生产技能、有素质的劳动力，以及促进企业内部和企业之间的灵活管理三者集成在一起，利用信息技术对千变万化的市场机遇做出快速响应，最大限度地满足顾客的要求。敏捷制造生产模式的新概念和新理论不断出现，推动着制造科学发展，例如分形制造、生物制造、全球制造、全能制造和智能制造等新概念的问世。

(6) 虚拟制造生产模式

虚拟制造生产模式是利用制造过程计算机模拟和仿真来实现产品的设计和研制的模式，即在计算机中实现的制造技术。它将从根本上改变设计、试制、修改设计、规模生产的传统制造模式。在产品真正制造出来之前，首先应在虚拟制造环境中完成软产品原型（Soft Prototype），代替传统的硬样品（Hard Prototype）进行试验，对其性能进行了预测和评估，从而大大缩短产品设计与制造周期，降低产品开发成本，提高其快速响应市场变化的能力，以便更可靠地决策产品研制，更经济地投入，更有效地组织生产，从而实现制造系统全面最优的制造生产模式。

(7) 绿色制造模式

绿色制造是综合运用生物技术、"绿色化学"、信息技术和环境科学等方面的成果，使制造过程中没有或极少产生废料和污染物的工艺或制造系统的综合集成生态型制造技术。绿色制造技术是在保证产品的功能、质量、成本的前提下，综合考虑环境影响和资源效率的现代制造模式，其目标是使得产品在设计、制造、包装、运输、使用到报废处理的整个产品寿命周期中，对环境的影响（负作用）最小，资源效率最高。绿色制造模式是实现制造业可持续长远发展的制造模式。

绿色制造包括绿色资源、绿色生产过程和绿色产品三项主要内容和两个层次的全过程控制。绿色制造的两个过程：产品制造过程和产品的生命周期过程。也就是说，在从产品的规划、设计、生产、销售、使用到报废淘汰的回收利用、处理处置的整个生命周期，产品的生产均要做到节能降耗、无或少环境污染。

绿色制造内容包括三部分：用绿色材料、绿色能源，经过绿色的生产过程（绿色设计、绿色工艺技术、绿色生产设备、绿色包装、绿色管理等）生产出绿色产品。

绿色制造追求两个目标：通过资源综合利用、短缺资源的代用、可再生资源的利用、二次能源的利用及节能降耗措施延缓资源能源的枯竭，实现持续利用；减少废料和污染物的生成和排放，提高工业产品在生产过程和消费过程中与环境的相容程度，降低整个生产活动给人类和环境带来的风险，最终实现经济效益和环境效益的最优化。

实现绿色制造的途径有三条：一是改变观念，树立良好的环境保护意识，并体现在具体行动上，可通过加强立法、宣传教育来实现；二是针对具体产品的环境问题，采取技术措施，即采用绿色设计和绿色制造工艺，建立产品绿色程度的评价机制等，解决所出现的问题；三是加强管理，利用市场机制和法律手段，促进绿色技术、绿色产品的发展和延伸。

8.4.2 先进生产管理技术

先进生产管理技术是指用于设计、管理、控制、评价、改善制造业中，从市场研究、产品设计、制造、质量控制、物流至销售与售后服务等一系列活动的管理思想、方法和技术的总称。它包括制造企业的制造策略、管理模式、生产组织方式以及相应的各种管理方法。

先进生产管理技术的特点有以下几点。

① 从传统的以技术为中心向以人为中心转变,充分重视人的作用,将人视为企业一切活动的主体,使技术的发展更加符合人类社会发展的需要。

② 企业的生产组织,从传统的递阶多层管理结构形式向扁平式结构转变,强调简化组织结构,减少结构层次,增强生产组织体系的灵敏性。

③ 重视发挥计算机的作用,由计算机辅助人们实时、准确地完成信息的存储、加工、交换,无论是管理信息系统还是柔性化的生产系统,都离不开计算机及其网络技术的支持。

④ 企业从传统的按功能计划部门的固定组织形式,向动态的、自主管理的群体工作小组形式转变,由传统的顺序工作方式向并行作业方式转变。

⑤ 企业从传统的单纯竞争,走向既有竞争又有结盟之路。

⑥ 强调以顾客为中心,采取面向顾客的策略,不断调查研究顾客的需求,及时作出决策,快速响应市场。

⑦ 强调技术、组织、信息与管理的集成。

(1) 物料需求计划 MRP

物料需求计划(Material Requirement Planning,MRP)是指根据产品结构各层次物品的从属和数量关系,以每个物品为计划对象,以完工时期为时间基准倒排计划,按提前期长短区别各个物品下达计划时间的先后顺序,是一种工业制造企业内物资计划管理模式。MRP 是根据市场需求预测和顾客订单制定产品的生产计划,然后基于产品生成进度计划,组成产品的材料结构表和库存状况,通过计算机计算所需物料的需求量和需求时间,从而确定材料的加工进度和订货日程的一种实用技术。

物料需求计划(MRP)是一种推式体系,根据预测和客户订单安排生产计划。因此,MRP 基于天生不精确的预测建立计划,"推动"物料经过生产流程。也就是说,传统 MRP 方法依靠物料运动经过功能导向的工作中心或生产线(而非精益单元),这种方法是为最大化效率和大批量生产来降低单位成本而设计。计划、调度并管理生产以满足实际和预测的需求组合。生产订单出自主生产计划(MPS)然后经由 MRP 计划出的订单被"推"向工厂车间及库存。

MRP 的基本原理就是由产品的交货期展开成零部件的生产进度日程与原材料、外购件的需求数量和需求日期,即将产品生产计划转换成物料需求表,并为编制能力需求计划提供信息。物料需求计划的工作原理如图 8-19 所示。

(2) 制造资源计划 MRP-Ⅱ

制造资源计划简称为 MRP-Ⅱ,它是 Manufacturing Resource Planning 的英文缩写,它是以物料需求计划 MRP(Materials Requirements Planning)为核心,覆盖企业生产活动所有领域、有效利用资源的生产管理思想和方法的人-机应用系统。MRP Ⅱ 的基本思想就是把企业作为一个有机整体,从整体最优的角度出发,通过运用科学方法对企业各种制造资源和产、供、销、财各个环节进行有效的计划、组织和

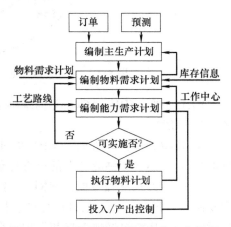

图 8-19 物料需求计划系统的工作原理

控制，使它们得以协调发展，并充分地发挥作用。

(3) 企业资源计划 ERP

企业资源计划即 ERP（Enterprise Resource Planning），由美国 Gartner Group 公司于 1990 年提出。企业资源计划是 MRP Ⅱ（企业制造资源计划）下一代的制造业系统和资源计划软件。除 MRP Ⅱ 已有的生产资源计划、制造、财务、销售、采购等功能外，还有质量管理，实验室管理，业务流程管理，产品数据管理，存货、分销与运输管理，人力资源管理和定期报告系统，如图 8-20 所示。

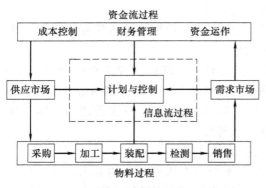

图 8-20　企业资源计划的基本思想框图

ERP 是在 MRP 基础上发展起来的，以供应链思想为基础，融现代管理思想为一身，以现代化的计算机及网络通信技术为运行平台，集企业的各项管理功能为一身，并能对供应链上所有资源进行有效控制的计算机管理系统。ERP 面向企业供应链的管理，把客户需求和企业内部的制造活动，以及供应商的制造资源整合在一起，体现了完全按用户需求制造的思想。

ERP 的基本思想是对企业中的所有资源（物料流、资金流、信息流等）进行全面集成管理，主线是计划，重心是财务，涉及企业所有供应链。

企业资源计划、物料需求计划、制造资源规划之间区别与联系如图 8-21 所示。

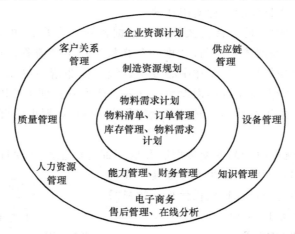

图 8-21　企业资源计划、物料需求计划、制造资源规划之间的关系

ERP 是在 MRP、MRP Ⅱ 的基础上发展起来的。ERP 的核心是 MRP Ⅱ，而 MRP Ⅱ 的核心是 MRP。

① 资源管理范畴方面。MRP 是对物料需求的管理，MRP Ⅱ 实现了物料信息同资金信息的集成，ERP 对供应链上的所有环节进行有效管理。

② 生产方式管理方面。MRP Ⅱ 系统把企业归类为几种典型的生产方式来进行管理，如重复制造、批量生产、按订单生产、按订单装配、按库存生产等，对每一种类型都有一套管理标准。ERP 能很好地支持和管理混合型制造环境，满足了企业的多种经营需求。

③ 管理功能方面。ERP 除 MRP Ⅱ 系统的制造、分销、财务管理功能外，还充分利用企业业务流程重组的思想，增加了支持整个供应链上物料流通体系中供、产、需各个环节之间的运输管理和仓库管理；支持生产保障体系的质量管理、实验室管理、设备维修和备品备件管理；支持对工作流（业务处理流程）的管理。

④ 事务处理控制方面。MRP Ⅱ 是通过计划的及时滚动来控制整个生产过程，它的实时性较差，一般只能实现事中控制。而 ERP 支持在线分析处理 OLAP，强调企业的事前控制能力，为企业提供了实时分析能力。

⑤ 计算机信息处理技术方面。ERP 采用客户机/服务器（C/S）体系结构和分布式数据处理技术，支持 Internet/Intranet/Extranet、电子商务（E-commerce）、电子数据交换 EDI，能充分利用互联网及相关的技术。

习题与思考题

8-1　先进制造技术的内涵和特征是什么，有什么样的发展趋势，我国应如何发展先进制造技术，采用什么发展战略？

8-2　先进制造技术有哪些核心技术组成？

8-3　传统设计技术和现代设计技术的区别，现代设计技术的特点？

8-4　常用的优化设计方法有哪些？

8-5　计算机辅助工程设计 CAE 的关键技术是什么？

8-6　超精密加工技术的机理和关键技术？

8-7　什么是高速加工技术，有什么特征？

8-8　特种加工技术是用于解决什么难题、有什么特点？

8-9　什么是快速成形技术？其工作原理和应用场合如何？

8-10　数控技术为什么是先进制造技术中不可缺少的高新技术？

8-11　工业机器人有什么特点和分类，在自动化制造系统中的应用？

8-12　制造自动化系统中如何实现工件的自动检测和机床的自动监控？

8-13　什么是柔性制造系统，柔性制造系统的分类设计时应主要考虑哪些问题？

8-14　并行工程的内涵是什么，在先进制造技术起到什么作用？

8-15　精益生产的基本概念是什么？

8-16　敏捷制造的基本原理是什么？其主要概念有哪些？

8-17　什么是绿色制造？实现绿色制造的途径有哪些？

8-18　有哪些先进的生产模式，各有什么特点？

8-19　ERP 的基本思想，ERP 系统的功能特点，从 MRP 发展到 ERP 经历了哪几个阶段，每个阶段所解决的问题？

参 考 文 献

[1] 王先逵. 机械制造工艺学. 北京：机械工业出版社，2015.
[2] 丁俊一，邹青. 机械制造技术基础. 北京：机械工业出版社，2009.
[3] 张世昌，李旦，高航. 机械制造技术基础. 北京：高等教育出版社，2007.
[4] 卢秉恒. 机械制造技术基础. 北京：机械工业出版社，2008.
[5] 曾志新. 机械制造技术基础. 北京：国防工业出版社，2014.
[6] 郑修本. 机械制造工艺学. 北京：机械工业出版社，2012.
[7] 于骏一，邹青. 机械制造技术基础. 北京：机械工业出版社，2009.
[8] 熊良山，严晓光，张福润. 机械制造技术基础. 武汉：华中科技大学出版社，2007.
[9] 陈明. 机械制造工艺学. 北京：机械工业出版社，2012.
[10] 李凯岭. 机械制造技术基础. 北京：清华大学出版社，2010.
[11] 任家隆. 机械制造技术. 北京：机械工业出版社，2012.
[12] 戴曙. 金属切削机床. 北京：机械工业出版社，2013.
[13] 何萍，黎震. 金属切削机床概论. 北京：北京理工大学出版社，2013.
[14] 陆剑中，孙家宁. 金属切削原理与刀具. 北京：机械工业出版社，2011.
[15] 乐兑谦. 金属切削刀具. 北京：机械工业出版社，2004.
[16] 吴拓，孙英达. 机床夹具设计. 北京：机械工业出版社，2009.
[17] 肖继德，陈宁平. 机床夹具设计. 北京：机械工业出版社，2004.
[18] 严育才，张福润. 数控技术. 北京：清华大学出版社，2012.
[19] 王先逵. 机械加工工艺手册. 北京：机械工业出版社，2007.
[20] 赵如福. 金属机械加工工艺设计手册. 上海：上海科学技术出版社，2009.
[21] 艾兴，肖诗刚. 切削用量手册. 北京：机械工业出版社，2013.
[22] 陈宏钧. 实用机械加工工艺手册. 北京：机械工业出版社，2009.
[23] 王凡. 实用机械制造工艺设计手册. 北京：机械工业出版社，2008.
[24] 宾鸿赞. 先进制造技术. 北京：华中科技大学出版社，2010.
[25] 陈立德. 先进制造技术. 北京：国防工业出版社，2009.
[26] 文秀兰. 超精密加工技术与设备. 北京：化学工业出版社，2006.
[27] 刘晋春. 特种加工. 北京：机械工业出版社，2008.
[28] 白基成. 特种加工. 北京：机械工业出版社，2014.